秦汉上林苑遗址考古资料的整理得到国家社科基金项目"秦封泥分期与秦职官郡县重构研究"（14BZS017）、国家社科基金重大项目"秦统一及其历史意义再研究"（14ZDB028）的支持

中国田野考古报告集

考古学专刊

丁种第九十八号

秦汉上林苑

2004~2012年考古报告

上　册

中国社会科学院考古研究所　西安市文物保护考古研究院　编著

文物出版社

主　编　刘　瑞

副主编　李毓芳　王自力

图书在版编目（CIP）数据

秦汉上林苑：2004~2012年考古报告／中国社
会科学院考古研究所，西安市文物保护考古研究院编著．
—北京：文物出版社，2018.10
　ISBN 978 – 7 – 5010 – 5216 – 5

　Ⅰ.①秦…　Ⅱ.①中…②西…　Ⅲ.①宫殿 – 古建筑
– 研究报告 – 西安 – 秦汉时代　Ⅳ.①TU – 092.32

　中国版本图书馆 CIP 数据核字（2017）第 214875 号

秦汉上林苑
2004~2012 年考古报告

编　　著：中国社会科学院考古研究所　西安市文物保护考古研究院

责任编辑：陈　峰　王　戈
封面设计：刘　远
责任印制：陈　杰
出版发行：文物出版社
社　　址：北京市东直门内北小街 2 号楼
邮　　编：100007
网　　址：http：//www.wenwu.com
邮　　箱：web@ wenwu.com
经　　销：新华书店
印　　刷：河北鹏润伟业印刷有限公司
开　　本：889mm×1194mm　1/16　插页 1
印　　张：40.25
版　　次：2018 年 10 月第 1 版
印　　次：2018 年 10 月第 1 次印刷
书　　号：ISBN 978 – 7 – 5010 – 5216 – 5
定　　价：860.00 元（上、下册）

目　录

上　册

前　言 …………………………………………………………………………… 013

第一章　上林苑一号遗址 ……………………………………………………… 021

　　一　2004 年上林苑一号遗址考古 ……………………………………………… 023

　　二　2012 年上林苑一号遗址考古 ……………………………………………… 037

第二章　上林苑二号遗址 ……………………………………………………… 130

　　一　地层堆积 ………………………………………………………………… 130

　　二　建筑遗迹 ………………………………………………………………… 130

　　三　出土遗物 ………………………………………………………………… 132

　　四　小结 ……………………………………………………………………… 137

第三章　上林苑三号遗址 ……………………………………………………… 139

　　一　地层堆积 ………………………………………………………………… 139

　　二　建筑遗迹 ………………………………………………………………… 140

　　三　出土遗物 ………………………………………………………………… 141

　　四　小结 ……………………………………………………………………… 160

第四章　上林苑四号建筑 ……………………………………………………… 163

　　一　高台建筑的勘探与试掘 ………………………………………………… 166

　　二　北侧建筑的勘探与试掘 ………………………………………………… 170

　　三　高台东部遗址的勘探与试掘 …………………………………………… 187

　　四　高台基址西部与南部、东南部的勘探 ………………………………… 205

五　小结 ……………………………………………………………………………… 205

第五章　上林苑五号遗址 ……………………………………………………… 207

一　地层堆积 …………………………………………………………………………… 207

二　建筑遗迹 …………………………………………………………………………… 208

三　出土遗物 …………………………………………………………………………… 209

四　小结 ………………………………………………………………………………… 217

第六章　上林苑六号遗址 ……………………………………………………… 218

一　地层堆积 …………………………………………………………………………… 218

二　建筑遗迹 …………………………………………………………………………… 218

三　出土遗物 …………………………………………………………………………… 219

四　小结 ………………………………………………………………………………… 247

第七章　上林苑七号遗址 ……………………………………………………… 249

一　一号古桥 …………………………………………………………………………… 249

二　二号古桥 …………………………………………………………………………… 269

三　小结 ………………………………………………………………………………… 271

第八章　上林苑八号遗址 ……………………………………………………… 280

一　地层堆积 …………………………………………………………………………… 280

二　遗迹 ………………………………………………………………………………… 281

三　遗物 ………………………………………………………………………………… 281

四　小结 ………………………………………………………………………………… 282

第九章　上林苑九号遗址 ……………………………………………………… 284

一　地层堆积 …………………………………………………………………………… 284

二　出土遗物 …………………………………………………………………………… 284

三　小结 ………………………………………………………………………………… 288

第十章　上林苑十号遗址 ……………………………………………………… 289

一　建筑遗迹 …………………………………………………………………………… 289

二　出土遗物 …………………………………………………………………………… 290

三　小结 ………………………………………………………………………………… 300

第十一章　上林苑十一号遗址 ………………………………………………… 302

一　遗物 ………………………………………………………………………………… 302

二　小结 ……………………………………………………………………………… 308

第十二章　其他遗址 ………………………………………………………………………… 309

一　东凹里遗址 …………………………………………………………………… 309

二　王寺遗址 ……………………………………………………………………… 312

三　小苏村遗址 …………………………………………………………………… 314

四　新军寨遗址 …………………………………………………………………… 316

五　镐京墓园遗址 ………………………………………………………………… 319

六　大原村遗址 …………………………………………………………………… 321

七　贺家村遗址 …………………………………………………………………… 321

八　岳旗寨遗址 …………………………………………………………………… 325

九　杜家村遗址 …………………………………………………………………… 327

一〇　集贤东村遗址 ……………………………………………………………… 328

一一　黄堆遗址 …………………………………………………………………… 336

第十三章　2011 年上林苑遗存调查 ……………………………………………………… 344

一　考古调查 ……………………………………………………………………… 344

二　秦汉上林苑考古地理信息系统建设 ………………………………………… 349

第十四章　结语 ……………………………………………………………………………… 353

一　上林苑的兴建与扩展 ………………………………………………………… 353

二　上林苑的范围与管理 ………………………………………………………… 354

三　上林苑的建筑与功能 ………………………………………………………… 356

四　上林苑的逐渐废弃 …………………………………………………………… 357

五　上林苑与西郊苑 ……………………………………………………………… 358

六　上林苑遗址的保护 …………………………………………………………… 360

附　录 ………………………………………………………………………………………… 368

下　册

图　版 ………………………………………………………………………………………… 379

后　记 ………………………………………………………………………………………… 623

插图目录

图一　1933～2012 年调查勘探发掘秦汉上林苑遗址分布图 ……………………………………… 014

图二　2004～2012 年调查勘探发掘秦汉上林苑遗址分布图 ……………………………………… 017

图三　2004～2012 年调查勘探发掘秦阿房宫周边秦汉上林苑遗址分布图 ……………………… 018

图四　20 世纪 30 年代的上林苑一号、二号、王寺遗址 ………………………………………… 022

图五　上林苑一号遗址 2004 年钻探遗迹平面图 ………………………………………………… 023

图六　上林苑一号遗址 04T1 平、剖面图 ………………………………………………………… 024

图七　上林苑一号遗址 04T2、T3 平、剖面图 …………………………………………………… 025

图八　上林苑一号遗址出土铺地砖、拦边砖 ……………………………………………………… 027

图九　上林苑一号遗址出土板瓦 …………………………………………………………………… 028

图一〇　上林苑一号遗址出土板瓦 ………………………………………………………………… 030

图一一　上林苑一号遗址出土板瓦、筒瓦 ………………………………………………………… 031

图一二　上林苑一号遗址出土筒瓦 ………………………………………………………………… 032

图一三　上林苑一号遗址出土筒瓦 ………………………………………………………………… 033

图一四　上林苑一号遗址出土筒瓦、瓦当 ………………………………………………………… 034

图一五　上林苑一号遗址出土瓦当 ………………………………………………………………… 035

图一六　上林苑一号遗址出土瓦当 ………………………………………………………………… 036

图一七　2012 年上林苑一号遗址钻探位置及遗迹平面图 ………………………………………… 038

图一八　2012 年上林苑一号遗址发掘东壁剖面图 ………………………………………………… 039

图一九　2012 年上林苑一号遗址发掘北壁剖面图 ………………………………………………… 039

图二〇　2012 年上林苑一号遗址发掘遗迹总平面图 ……………………………………………… 040

图二一　2012 年上林苑一号遗址出土铺地砖 ……………………………………………………… 043

图二二　2012 年上林苑一号遗址出土铺地砖 ……………………………………………………… 044

图二三　2012 年上林苑一号遗址出土铺地砖 ……………………………………………………… 045

图二四　2012 年上林苑一号遗址出土铺地砖 ……………………………………………………… 046

图二五　2012 年上林苑一号遗址出土铺地砖 ……………………………………………………… 047

图二六　2012 年上林苑一号遗址出土铺地砖 ……………………………………………………… 048

图二七　2012 年上林苑一号遗址出土铺地砖 ……………………………………………………… 049

图二八 2012 年上林苑一号遗址出土铺地砖、条砖、空心砖 …………………………… 051

图二九 2012 年上林苑一号遗址出土空心砖、板瓦 ……………………………………… 052

图三〇 2012 年上林苑一号遗址出土板瓦 ………………………………………………… 053

图三一 2012 年上林苑一号遗址出土板瓦 ………………………………………………… 054

图三二 2012 年上林苑一号遗址出土板瓦 ………………………………………………… 055

图三三 2012 年上林苑一号遗址出土板瓦 ………………………………………………… 057

图三四 2012 年上林苑一号遗址出土板瓦 ………………………………………………… 058

图三五 2012 年上林苑一号遗址出土板瓦 ………………………………………………… 060

图三六 2012 年上林苑一号遗址出土板瓦 ………………………………………………… 061

图三七 2012 年上林苑一号遗址出土板瓦 ………………………………………………… 062

图三八 2012 年上林苑一号遗址出土板瓦 ………………………………………………… 063

图三九 2012 年上林苑一号遗址出土板瓦 ………………………………………………… 064

图四〇 2012 年上林苑一号遗址出土板瓦 ………………………………………………… 065

图四一 2012 年上林苑一号遗址出土板瓦 ………………………………………………… 067

图四二 2012 年上林苑一号遗址出土板瓦 ………………………………………………… 068

图四三 2012 年上林苑一号遗址出土板瓦 ………………………………………………… 069

图四四 2012 年上林苑一号遗址出土板瓦 ………………………………………………… 070

图四五 2012 年上林苑一号遗址出土板瓦 ………………………………………………… 071

图四六 2012 年上林苑一号遗址出土板瓦 ………………………………………………… 072

图四七 2012 年上林苑一号遗址出土板瓦 ………………………………………………… 074

图四八 2012 年上林苑一号遗址出土板瓦 ………………………………………………… 075

图四九 2012 年上林苑一号遗址出土板瓦 ………………………………………………… 076

图五〇 2012 年上林苑一号遗址出土板瓦 ………………………………………………… 078

图五一 2012 年上林苑一号遗址出土板瓦 ………………………………………………… 079

图五二 2012 年上林苑一号遗址出土板瓦 ………………………………………………… 080

图五三 2012 年上林苑一号遗址出土板瓦 ………………………………………………… 081

图五四 2012 年上林苑一号遗址出土板瓦 ………………………………………………… 082

图五五 2012 年上林苑一号遗址出土板瓦 ………………………………………………… 082

图五六 2012 年上林苑一号遗址出土板瓦 ………………………………………………… 083

图五七 2012 年上林苑一号遗址出土板瓦 ………………………………………………… 084

图五八 2012 年上林苑一号遗址出土板瓦 ………………………………………………… 085

图五九 2012 年上林苑一号遗址出土板瓦 ………………………………………………… 086

图六〇 2012 年上林苑一号遗址出土筒瓦 ………………………………………………… 088

图六一 2012 年上林苑一号遗址出土筒瓦 ………………………………………………… 089

图六二 2012 年上林苑一号遗址出土筒瓦 ………………………………………………… 090

图六三　2012 年上林苑一号遗址出土筒瓦 ……………………………………………… 091

图六四　2012 年上林苑一号遗址出土筒瓦 ……………………………………………… 092

图六五　2012 年上林苑一号遗址出土筒瓦 ……………………………………………… 093

图六六　2012 年上林苑一号遗址出土筒瓦 ……………………………………………… 094

图六七　2012 年上林苑一号遗址出土筒瓦 ……………………………………………… 096

图六八　2012 年上林苑一号遗址出土筒瓦 ……………………………………………… 097

图六九　2012 年上林苑一号遗址出土筒瓦 ……………………………………………… 098

图七〇　2012 年上林苑一号遗址出土筒瓦 ……………………………………………… 099

图七一　2012 年上林苑一号遗址出土筒瓦 ……………………………………………… 100

图七二　2012 年上林苑一号遗址出土筒瓦 ……………………………………………… 101

图七三　2012 年上林苑一号遗址出土筒瓦 ……………………………………………… 102

图七四　2012 年上林苑一号遗址出土筒瓦 ……………………………………………… 103

图七五　2012 年上林苑一号遗址出土筒瓦 ……………………………………………… 105

图七六　2012 年上林苑一号遗址出土筒瓦 ……………………………………………… 106

图七七　2012 年上林苑一号遗址出土筒瓦 ……………………………………………… 107

图七八　2012 年上林苑一号遗址出土筒瓦 ……………………………………………… 108

图七九　2012 年上林苑一号遗址出土筒瓦 ……………………………………………… 109

图八〇　2012 年上林苑一号遗址出土筒瓦 ……………………………………………… 110

图八一　2012 年上林苑一号遗址出土筒瓦 ……………………………………………… 111

图八二　2012 年上林苑一号遗址出土筒瓦 ……………………………………………… 112

图八三　2012 年上林苑一号遗址出土筒瓦 ……………………………………………… 113

图八四　2012 年上林苑一号遗址出土筒瓦 ……………………………………………… 114

图八五　2012 年上林苑一号遗址出土瓦当 ……………………………………………… 115

图八六　2012 年上林苑一号遗址出土瓦当 ……………………………………………… 117

图八七　2012 年上林苑一号遗址出土瓦当 ……………………………………………… 118

图八八　2012 年上林苑一号遗址出土瓦当 ……………………………………………… 119

图八九　2012 年上林苑一号遗址出土瓦当 ……………………………………………… 121

图九〇　2012 年上林苑一号遗址出土瓦当 ……………………………………………… 122

图九一　2012 年上林苑一号遗址出土瓦当 ……………………………………………… 123

图九二　2012 年上林苑一号遗址出土瓦当 ……………………………………………… 124

图九三　2012 年上林苑一号遗址出土陶权、陶水管 …………………………………… 125

图九四　2012 年上林苑一号遗址出土陶水管 …………………………………………… 126

图九五　2012 年上林苑一号遗址出土陶水管、铁器 …………………………………… 128

图九六　上林苑二号遗址保存现状图 ……………………………………………………… 131

图九七　上林苑二号遗址 T1 平、剖面图 ………………………………………………… 132

图九八　　上林苑二号遗址采集、出土铺地砖、拦边砖、板瓦 ……………………………… 133

图九九　　上林苑二号遗址出土板瓦 ……………………………………………………………… 134

图一〇〇　上林苑二号遗址出土板瓦、筒瓦 ……………………………………………………… 135

图一〇一　上林苑二号遗址出土筒瓦 ……………………………………………………………… 136

图一〇二　上林苑二号遗址出土筒瓦、瓦当 ……………………………………………………… 137

图一〇三　上林苑三号遗址钻探遗迹平面图 ……………………………………………………… 140

图一〇四　上林苑三号遗址 T1 平、剖面图 ……………………………………………………… 141

图一〇五　上林苑三号遗址出土铺地砖、板瓦 …………………………………………………… 142

图一〇六　上林苑三号遗址出土板瓦 ……………………………………………………………… 143

图一〇七　上林苑三号遗址出土板瓦 ……………………………………………………………… 144

图一〇八　上林苑三号遗址出土板瓦 ……………………………………………………………… 146

图一〇九　上林苑三号遗址出土板瓦、筒瓦 ……………………………………………………… 147

图一一〇　上林苑三号遗址出土筒瓦 ……………………………………………………………… 148

图一一一　上林苑三号遗址出土筒瓦 ……………………………………………………………… 149

图一一二　上林苑三号遗址采集、出土筒瓦 ……………………………………………………… 150

图一一三　上林苑三号遗址出土筒瓦 ……………………………………………………………… 152

图一一四　上林苑三号遗址出土筒瓦 ……………………………………………………………… 153

图一一五　上林苑三号遗址出土筒瓦、瓦当 ……………………………………………………… 154

图一一六　上林苑三号遗址出土瓦当 ……………………………………………………………… 155

图一一七　上林苑三号遗址出土瓦当 ……………………………………………………………… 156

图一一八　上林苑三号遗址出土瓦当 ……………………………………………………………… 157

图一一九　上林苑三号遗址出土瓦当、陶水管、钱范 …………………………………………… 158

图一二〇　上林苑三号遗址出土铜钱、瓦当、空心砖 …………………………………………… 159

图一二一　上林苑四号遗址钻探遗迹分布图 ……………………………………………………… 165

图一二二　上林苑四号遗址 T1 西壁剖面图 ……………………………………………………… 166

图一二三　上林苑四号遗址 T1 平、剖面图 ……………………………………………………… 167

图一二四　上林苑四号遗址高台建筑出土板瓦 …………………………………………………… 168

图一二五　上林苑四号遗址高台建筑出土筒瓦 …………………………………………………… 169

图一二六　上林苑四号遗址 T2 东壁剖面图 ……………………………………………………… 170

图一二七　上林苑四号遗址 T2 遗迹平、剖面图 ………………………………………………… 171

图一二八　上林苑四号遗址北侧建筑出土铺地砖 ………………………………………………… 173

图一二九　上林苑四号遗址北侧建筑出土铺地砖、空心砖 ……………………………………… 174

图一三〇　上林苑四号遗址北侧建筑出土空心砖、板瓦 ………………………………………… 175

图一三一　上林苑四号遗址北侧建筑出土板瓦 …………………………………………………… 176

图一三二　上林苑四号遗址北侧建筑出土板瓦 …………………………………………………… 177

图一三三　上林苑四号遗址北侧建筑出土板瓦 ……………………………………… 178

图一三四　上林苑四号遗址北侧建筑出土板瓦 ……………………………………… 179

图一三五　上林苑四号遗址北侧建筑出土板瓦 ……………………………………… 180

图一三六　上林苑四号遗址北侧建筑出土板瓦 ……………………………………… 181

图一三七　上林苑四号遗址北侧建筑出土筒瓦 ……………………………………… 182

图一三八　上林苑四号遗址北侧建筑出土筒瓦 ……………………………………… 183

图一三九　上林苑四号遗址北侧建筑出土筒瓦、瓦当 ……………………………… 184

图一四〇　上林苑四号遗址北侧建筑出土瓦当 ……………………………………… 185

图一四一　上林苑四号遗址北侧建筑出土瓦当 ……………………………………… 188

图一四二　上林苑四号遗址北侧建筑出土瓦当 ……………………………………… 189

图一四三　上林苑四号遗址北侧建筑出土瓦当 ……………………………………… 190

图一四四　上林苑四号遗址北侧建筑出土陶水管 …………………………………… 191

图一四五　上林苑四号遗址东组排水管道平、剖面图 ……………………………… 192

图一四六　上林苑四号遗址东组排水管道弯头连接示意图 ………………………… 192

图一四七　上林苑四号遗址西组排水管道平、剖面图 ……………………………… 193

图一四八　上林苑四号遗址西组排水管道平面图 …………………………………… 193

图一四九　上林苑四号遗址西组排水管道弯头连接示意图 ………………………… 193

图一五〇　上林苑四号遗址东部建筑出土铺地砖 …………………………………… 195

图一五一　上林苑四号遗址东部建筑出土板瓦 ……………………………………… 196

图一五二　上林苑四号遗址东部建筑出土筒瓦 ……………………………………… 197

图一五三　上林苑四号遗址东部建筑出土筒瓦、陶水管 …………………………… 198

图一五四　上林苑四号遗址东部建筑出土陶水管 …………………………………… 200

图一五五　上林苑四号遗址采集空心砖、瓦当 ……………………………………… 201

图一五六　上林苑四号遗址采集瓦当 ………………………………………………… 202

图一五七　上林苑四号遗址采集瓦当 ………………………………………………… 203

图一五八　上林苑四号遗址采集瓦当 ………………………………………………… 204

图一五九　上林苑四号遗址采集陶水管 ……………………………………………… 205

图一六〇　上林苑五号遗址探坑北壁剖面图 ………………………………………… 207

图一六一　上林苑五号遗址排水管道平面分布图 …………………………………… 208

图一六二　上林苑五号遗址第一组排水管道局部平、剖面图 ……………………… 209

图一六三　上林苑五号遗址第二组排水管道局部平、剖面图 ……………………… 210

图一六四　上林苑五号遗址出土铺地砖、板瓦 ……………………………………… 211

图一六五　上林苑五号遗址出土板瓦、筒瓦 ………………………………………… 212

图一六六　上林苑五号遗址出土筒瓦 ………………………………………………… 213

图一六七　上林苑五号遗址出土瓦当 ………………………………………………… 214

图一六八　上林苑五号遗址出土瓦当 …………………………………………………………… 215

图一六九　上林苑五号遗址采集、出土瓦当 ……………………………………………………… 216

图一七〇　上林苑六号遗址平剖面图 …………………………………………………………… 219

图一七一　上林苑六号遗址出土板瓦 …………………………………………………………… 220

图一七二　上林苑六号遗址出土板瓦 …………………………………………………………… 221

图一七三　上林苑六号遗址出土板瓦 …………………………………………………………… 222

图一七四　上林苑六号遗址出土板瓦 …………………………………………………………… 223

图一七五　上林苑六号遗址出土板瓦 …………………………………………………………… 224

图一七六　上林苑六号遗址出土板瓦 …………………………………………………………… 226

图一七七　上林苑六号遗址出土板瓦 …………………………………………………………… 227

图一七八　上林苑六号遗址出土板瓦 …………………………………………………………… 228

图一七九　上林苑六号遗址出土板瓦 …………………………………………………………… 229

图一八〇　上林苑六号遗址出土板瓦 …………………………………………………………… 230

图一八一　上林苑六号遗址出土板瓦 …………………………………………………………… 231

图一八二　上林苑六号遗址出土板瓦 …………………………………………………………… 232

图一八三　上林苑六号遗址出土板瓦 …………………………………………………………… 233

图一八四　上林苑六号遗址出土板瓦、筒瓦 …………………………………………………… 235

图一八五　上林苑六号遗址出土筒瓦 …………………………………………………………… 236

图一八六　上林苑六号遗址出土筒瓦 …………………………………………………………… 237

图一八七　上林苑六号遗址出土筒瓦 …………………………………………………………… 238

图一八八　上林苑六号遗址出土筒瓦 …………………………………………………………… 239

图一八九　上林苑六号遗址出土筒瓦 …………………………………………………………… 240

图一九〇　上林苑六号遗址出土筒瓦 …………………………………………………………… 241

图一九一　上林苑六号遗址出土筒瓦 …………………………………………………………… 242

图一九二　上林苑六号遗址出土筒瓦 …………………………………………………………… 243

图一九三　上林苑六号遗址出土筒瓦 …………………………………………………………… 244

图一九四　上林苑六号遗址出土筒瓦 …………………………………………………………… 245

图一九五　上林苑六号遗址出土筒瓦、瓦当 …………………………………………………… 246

图一九六　上林苑七号遗址一、二号古桥位置示意图 ………………………………………… 250

图一九七　上林苑七号遗址一号古桥平面图 …………………………………………………… 251

图一九八　上林苑七号遗址一号古桥遗址 T3、T6、T9 南壁剖面图 ………………………… 252

图一九九　上林苑七号遗址一号古桥五排木桩排列侧视图 …………………………………… 253

图二〇〇　上林苑七号遗址一号古桥出土木桩 ………………………………………………… 254

图二〇一　上林苑七号遗址一号古桥遗址西壁 TG1 平、剖面图 ……………………………… 256

图二〇二　上林苑七号遗址一号古桥遗址北壁 TG2 平、剖面图 ……………………………… 257

图二〇三　上林苑七号遗址出土筒瓦、脊瓦、子母砖 ……………………………………………… 259

图二〇四　上林苑七号遗址出土筒瓦 ……………………………………………………………… 259

图二〇五　上林苑七号遗址出土筒瓦 ……………………………………………………………… 260

图二〇六　上林苑七号遗址出土板瓦 ……………………………………………………………… 260

图二〇七　上林苑七号遗址出土砖 ………………………………………………………………… 261

图二〇八　上林苑七号遗址出土陶水管 …………………………………………………………… 262

图二〇九　上林苑七号遗址出土瓦当 ……………………………………………………………… 263

图二一〇　上林苑七号遗址出土陶器 ……………………………………………………………… 264

图二一一　上林苑七号遗址出土铜钱 ……………………………………………………………… 266

图二一二　上林苑七号遗址出土钱范 ……………………………………………………………… 267

图二一三　上林苑七号遗址出土铁器 ……………………………………………………………… 268

图二一四　上林苑七号遗址出土石斧 ……………………………………………………………… 269

图二一五　上林苑七号遗址二号古桥遗址平、剖面图 …………………………………………… 270

图二一六　上林苑八号遗址钻探遗迹平面图 ……………………………………………………… 282

图二一七　上林苑八号遗址采集板瓦、瓦当 ……………………………………………………… 283

图二一八　上林苑九号遗址 T1 平、剖面图 ……………………………………………………… 285

图二一九　上林苑九号遗址出土铺地砖、板瓦、筒瓦 …………………………………………… 286

图二二〇　上林苑九号遗址出土板瓦、瓦当 ……………………………………………………… 287

图二二一　上林苑十号遗址采集陶水管、板瓦、筒瓦 …………………………………………… 292

图二二二　上林苑十号遗址采集筒瓦 ……………………………………………………………… 293

图二二三　上林苑十号遗址采集筒瓦、瓦当 ……………………………………………………… 294

图二二四　上林苑十号遗址采集瓦当 ……………………………………………………………… 295

图二二五　上林苑十号遗址采集瓦当 ……………………………………………………………… 297

图二二六　上林苑十号遗址采集瓦当 ……………………………………………………………… 298

图二二七　上林苑十号遗址采集瓦当、火眼 ……………………………………………………… 299

图二二八　上林苑十一号遗址位置图 ……………………………………………………………… 303

图二二九　上林苑十一号遗址采集铺地砖、筒瓦 ………………………………………………… 304

图二三〇　上林苑十一号遗址采集筒瓦、瓦当 …………………………………………………… 305

图二三一　上林苑十一号遗址采集瓦当、陶水管、钱范 ………………………………………… 306

图二三二　上林苑十一号遗址采集钱范、铜钱 …………………………………………………… 307

图二三三　东凹里遗址采集板瓦、筒瓦 …………………………………………………………… 310

图二三四　东凹里遗址采集筒瓦、瓦当、钱范 …………………………………………………… 311

图二三五　王寺遗址采集板瓦、筒瓦 ……………………………………………………………… 313

图二三六　小苏村遗址采集空心砖、瓦当 ………………………………………………………… 315

图二三七　新军寨遗址采集筒瓦、钱范 …………………………………………………………… 317

图二三八　新军寨遗址采集钱范 ·· 318

图二三九　镐京墓园遗址采集板瓦、筒瓦 ··· 320

图二四〇　大原村遗址采集板瓦、筒瓦 ·· 322

图二四一　贺家遗址采集板瓦、筒瓦 ··· 323

图二四二　贺家遗址采集筒瓦 ·· 324

图二四三　岳旗寨遗址采集板瓦、陶水管 ··· 326

图二四四　杜家村遗址采集板瓦、筒瓦 ·· 327

图二四五　2012 年集贤东村钻探探孔及遗存分布图 ···························· 329

图二四六　集贤遗址采集铺地砖 ··· 331

图二四七　集贤遗址采集铺地砖、板瓦 ·· 332

图二四八　集贤遗址采集筒瓦 ·· 333

图二四九　集贤遗址采集筒瓦、瓦当 ··· 334

图二五〇　集贤遗址采集瓦当 ·· 335

图二五一　2011 年黄堆遗址钻探探孔分布图 ····································· 337

图二五二　黄堆遗址采集铺地砖、板瓦 ·· 338

图二五三　黄堆遗址采集板瓦 ·· 339

图二五四　黄堆遗址采集板瓦、筒瓦 ··· 340

图二五五　黄堆遗址采集筒瓦 ·· 341

图二五六　黄堆遗址采集钱范 ·· 342

图二五七　2011 年上林苑考古调查范围图 ·· 345

图二五八　2011 年上林苑考古地理信息系统建设范围图 ······················ 351

前　言

（一）上林苑考古

秦汉王朝是我国统一多民族国家奠基和大发展的时代，其首都咸阳、长安是当时全国政治、经济、军事、文化、交通的中心，是当时最为重要的城市。位于秦都城咸阳、汉都城长安附近的秦汉上林苑，是秦汉时期最为重要的园林建筑，在我国古代园林史上有着不可替代的影响，在世界园林史中亦占有重要地位。

对上林苑遗存开展考古工作，大体上始于20世纪30年代。到目前为止，根据工作方式的不同，相关工作基本可分两个阶段（图一，图版一）。

第一阶段，从20世纪30年代持续到2002年。

1933年，国立北平研究院徐炳昶、常惠先生在陕西开展古迹调查，"虽考查范围，预先限定为周民族与秦民族初期的文化，然对于汉唐及以后之古迹，亦均随时随地注意"。考查中，提出传为"仓颉造字台"者，"版筑层次分明，且甚平整，与汉长安城故城霸城门之版筑相似"，认为丰镐村南村遗址"疑为汉昆明池上一建筑物之残余，非必周遗物也"，同时还调查了织女庙石刻。这大体应是现在我们所见的第一次考古学者开展的与上林苑有关的考古调查[1]。

1935年，陈子怡先生在实地调查后发表《由昆明池而溯及镐京丰邑》，用较大篇幅讨论了昆明池所在及范围[2]。

1943年，中央研究院历史语言研究所石璋如在对陕西关中进行系统考古调查中，在长安秦渡镇灵台发现"汉代之寺基"，在丰镐村发现"昆明池深约五公尺至七公尺，从西向东遗迹尚存"[3]。

1951年，中国科学院考古研究所苏秉琦、石兴邦等先生于沣西调查试掘中，在开瑞庄（又名为客省庄）发现一批"战国秦部分"墓葬[4]。

---

〔1〕 徐炳昶、常惠：《陕西调查古迹报告》，《国立北平研究院调查报告第三种》，民国二十二年（1933年）十月。

〔2〕 陈子怡：《由昆明池而溯及镐京丰邑》，《西京筹备委员会丛刊·西京访古丛稿》，民国二十四年（1935年）。

〔3〕 石璋如：《传说中周都的实地考察》，《"中央"研究院历史语言研究所集刊》，民国三十八年（1949年），第二十本，下册。

〔4〕 考古研究所陕西省调查发掘团：《1951年春季陕西考古调查工作简报》，《科学通报》1952年（第2卷）9期。

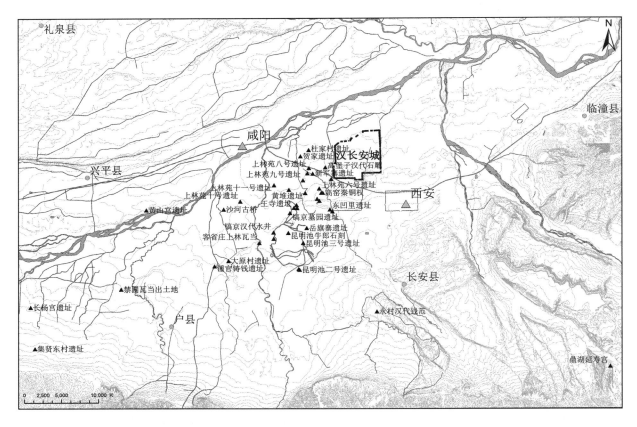

图一　1933～2012 年调查勘探发掘秦汉上林苑遗址分布图

　　至迟到 1955 年，在茹士安、何汉南先生所调查的一批秦汉遗存中，有不少与上林苑有关[1]。顾铁符调查的西安附近西汉石雕艺术也多与上林苑相关[2]。

　　1955 年，中国科学院考古研究所在客省庄进行发掘，于第六地点发掘到汉代地层，确认 M140 为西汉匈奴墓葬[3]，出土"上林"文字瓦当、云纹瓦当[4]。

　　1955 年 5 月 22 日，夏鼐先生调查阿房宫遗址，在阿房宫遗址上发现"上林"瓦当[5]。

　　1956 年，俞伟超先生调查好汉庙遗址，确定其是一个从战国末延续到西汉的建筑基址[6]。

　　1961 年，中国科学院考古研究所"进行了广泛的钻探。钻探的范围达 400 余万平方米……将与镐京有密切关系的汉昆明池范围大部探出"[7]，到"1963 年春完成昆明池等古代水道的铲探工

────────────────

〔1〕　茹士安、何汉南：《西安地区考古工作中的发现》，《考古通讯》1955 年 3 期。

〔2〕　顾铁符：《西安附近所见的西汉石雕艺术》，《文物参考资料》1955 年 11 期。

〔3〕　中国科学院考古研究所：《沣西发掘报告（1955～1957 年陕西长安县沣西乡考古发掘资料）》，文物出版社，1962 年，3 页。

〔4〕　胡谦盈：《丰镐二京都城遗址的考古工作概况及其主要收获》，《三代考古纪实》，中国社会科学出版社，2009 年，39 页。

〔5〕　夏鼐：《夏鼐日记》，1955 年 5 月 22 日，华东师范大学出版社，2011 年，卷五，158 页。

〔6〕　俞伟超：《汉长安城西北部踏查记》，《考古通讯》1956 年 5 期。

〔7〕　中国科学院考古研究所资料室：《中国科学院考古研究所一九六一年田野工作的主要收获》，《考古》1962 年 5 期；关于《中国科学院考古研究所 1961 年田野工作的主要收获》的补充说明，《考古》1962 年 8 期。

作"。但不幸的是，该次勘探的钻探图纸在"文革"中遗失[1]。

　　1961 年，西安市文物管理委员会在三桥镇高窑村发现汉代上林苑铜器窖藏，从 22 件铜器中 21 件上的铭文看，该批铜器原当为汉上林苑中某宫观所用。中国科学院考古研究所黄展岳先生对此开展考古调查，发现附近有大型秦汉建筑基础及池沼遗址[2]。

　　1962 年，陕西省博物馆、文管会考古调查组对长安县窝头寨汉代钱范遗址进行调查[3]。

　　1964 年，西安市三桥镇高窑村发现秦代铜权，并出土大量筒瓦、云纹瓦当、五角空心砖、烧土等遗存，并在铜权出土地西北约 300 米处发现夯筑"土堆"两个[4]。

　　1973 年，西安市六村堡公社高堡子村发现汉代石雕，并出土大量汉代绳纹碎瓦[5]。

　　1974 ~ 1975 年，西安鱼化寨北石桥先后发现汉代马蹄金和麟趾金[6]。

　　1980 年之前，在西安市三桥镇阿房宫村以北 200 米左右，发现一处汉代建筑遗址[7]。

　　1980 ~ 1982 年，周至县终南镇竹园头村在文物普查中发现长杨宫遗址[8]。

　　1984 年，蓝田县焦岱镇在文物普查中发现鼎湖宫遗址[9]。经 1988 年进一步调查、1989 年发掘，共揭露宫殿遗址 7 座，宫墙基址 2 道及长 3.6、宽 2.9 米回纹砖铺地面，并采集"鼎湖延寿宫"文字瓦当[10]。

　　1983 ~ 1984 年，陕西省考古研究所在镐京调查发现汉唐陶片。1984 ~ 1986 年，陕西省考古研究所对五号建筑遗址进行发掘，发现五角形下水管道、汉代水井，发掘者判断其为周代建筑[11]，胡谦盈认为其非周代[12]。据资料显示，其为汉代遗址。

　　1985 年，长安县郭杜永村在滈河北岸发现汉代五铢钱范[13]。

　　1986 年，咸阳市秦都区西屯村发现"沙河古桥"[14]。

　　1991 年，户县兆伦村发现上林锺官铸钱遗址[15]。1994 年开始，西安市文物保护修复中心对遗

[1] 胡谦盈：《汉昆明池及其有关遗存踏察记》，《考古与文物》1980 年 1 期。
[2] 西安市文物管理委员会：《西安三桥镇高窑村出土的西汉铜器群》，《考古》1963 年 2 期。
[3] 陕西省博物馆、文管会考古调查组：《长安窝头寨汉代钱范遗址调查》，《考古》1972 年 5 期。
[4] 陕西省博物馆：《西安市西郊高窑村出土秦高奴铜石权》，《文物》1964 年 9 期。
[5] 陕西省博物馆：《西安汉太液池出土一件巨型石鱼》，《文物》1975 年 6 期。
[6] 李正德、傅嘉仪、晁华山：《西安汉上林苑发现的马蹄金和麟趾金》，《文物》1977 年 1 期。
[7] 西安市文物管理委员会：《阿房宫区域内的一个汉代建筑遗址》，《考古与文物》1980 年 1 期。
[8] 刘合心：《长杨宫遗址出土的秦汉文物》，《文博》2004 年 3 期。
[9] 曹永斌：《蓝田县焦岱镇出土的一批汉代瓦当》，《文博》1987 年 5 期。
[10] 国家文物局主编：《中国文物地图集·陕西分册（下）》，西安地图出版社，1998 年，124 页。
[11] 陕西省考古研究所：《镐京西周宫室》，西北大学出版社 1995 年。
[12] 胡谦盈：《丰镐二京都城遗址的考古工作概况及其主要收获》，《三代考古纪实》，中国社会科学出版社，2009 年，53 页。
[13] 长安县文物管理处：《长安发现一件汉代五铢钱范》，《考古与文物》1992 年 5 期。
[14] 陕西省考古研究所：《西渭桥遗址》，《考古与文物》1992 年 2 期。徐涛：《中国古代最大的桥梁遗址沙河古桥》，《文博》2004 年 2 期。
[15] 姬荫槐：《户县兆伦村汉莽铸钱遗址调查》，《中国钱币》1994 年 2 期。

址进行了系统调查[1]。

1992 年，兴平市田阜乡侯村发现黄山宫遗址[2]。

1994 年，西安市文物局文物处、西安市文物保护考古所对阿房宫遗址保护范围的大量遗址进行了大面积勘探，基本上明确相关基址的分布状况及保存现状，掌握了各基址分布地点的布局、形状和大小范围，并在上天台遗址东南发现了大面积的湖相沉积，在纪阳寨以南台地新发现四处较完整遗址分布[3]。后阿房宫考古队对其中较多遗址进行复探、试掘，确认其多数是与上林苑建筑有关。

2000 年，户县甘河乡坳子村发现"禁圃"瓦当[4]。

此外，据《中国文物地图集·陕西分册》，咸阳市秦都区钓台乡西张遗址出土"上林"瓦当[5]。

第二阶段，2002 年至今（图二）。

2002 年，中国社会科学院考古研究所、西安市文物保护考古所联合组成的阿房宫考古队，由李毓芳、孙福喜担任领队，刘庆柱担任顾问，张建峰、王自力担任队员，技工闫松林、王志宏参加工作。2004～2005 年，阿房宫考古队在完成阿房宫前殿遗址的考古勘探工作后，对位于秦阿房宫遗址保护区内阿房宫前殿遗址西面和西南的两座建筑遗址进行试掘，确认"两处建筑遗址应位于战国时期的秦上林苑中，与阿房宫的修建没有关系"，分别编号为上林苑一号、二号建筑遗址[6]。

2005 年，中国社会科学院考古研究所汉长安城工作队对汉唐昆明池遗址进行勘探试掘，"基本究明了遗址的范围、时代、进水渠、出水渠、池内高地以及池岸建筑遗址的分布等情况，并在遗址以北探明了另外两个古代水池——镐池与彪池遗址"，在昆明池南侧发现一号、二号遗址，在昆明池东侧发现三号遗址[7]。

2005～2006 年，阿房宫考古队对位于秦阿房宫遗址保护区内阿房宫前殿遗址北面、东北面的两座建筑遗址进行勘探、试掘，判定它们"与阿房宫的修建没有任何关系"，编号为上林苑三号、五号建筑遗址[8]。

---

[1] 西安市文物保护中心：《汉锺官铸钱遗址》，科学出版社，2004 年。

[2] 国家文物局主编：《中国文物地图集·陕西分册（下）》，西安地图出版社 1998 年，454～455 页；孙铁山：《西汉黄山宫考》，《文博》1999 年 2 期；张海云：《黄山宫遗址出土罕见的踏步砖》，《考古与文物》2005 年 5 期；《陕西兴平侯村黄山宫遗址出土秦汉遮朽》，《考古与文物》2002 年增刊；陕西省考古研究所：《陕西兴平侯村遗址》，三秦出版社，2004 年。

[3] 西安市文物局文物处、西安市文物保护研究所：《秦阿房宫遗址考古调查报告》，《文博》1998 年 1 期。

[4] 张天恩：《"禁圃"瓦当及禁圃有关的问题》，《考古与文物》2001 年 5 期。

[5] 国家文物局主编：《中国文物地图集·陕西分册（下）》，西安地图出版社 1998 年，367 页。

[6] 中国社会科学院考古研究所、西安市文物保护考古所阿房宫考古队：《西安市上林苑遗址一号、二号建筑发掘简报》，《考古》2006 年 2 期。

[7] 中国社会科学院考古研究所汉长安城考古队：《西安市汉唐昆明池遗址的钻探与试掘简报》，《考古》2006 年 10 期。

[8] 中国社会科学院考古研究所、西安市文物保护考古所阿房宫考古队：《西安市上林苑遗址三号建筑及五号建筑排水管道遗迹的发掘》，《考古》2007 年 3 期。

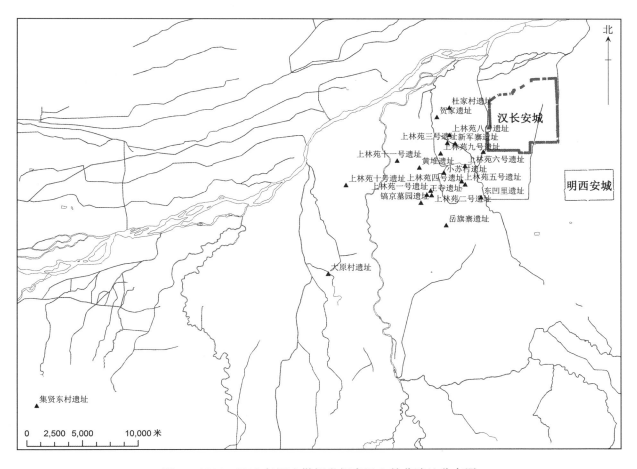

图二 2004～2012 年调查勘探发掘秦汉上林苑遗址分布图

2005～2006 年，阿房宫考古队对位于秦阿房宫遗址保护区内阿房宫前殿西侧 500 米的夯土台基进行勘探试掘，确认其"属于战国秦上林苑的一处建筑"，编号为上林苑四号遗址[1]。

2005～2007 年，西安市文物保护考古所在汉长安城西南角以西约 400 米的沣水故道发掘西汉桥梁遗址[2]。

2006 年，阿房宫考古队在小苏村采集战国瓦片和瓦当。

2007 年，阿房宫考古队对位于秦阿房宫遗址保护区内传为"阿房宫磁石门"的遗址进行了勘探试掘，确认其始建于战国，沿用至西汉早期，编号为上林苑六号建筑遗址[3]。

2007 年，阿房宫考古队对上林苑三号建筑遗址东北 2000 米处的好汉庙遗址进行勘探调查[4]。

---

[1] 中国社会科学院考古研究所、西安市文物保护考古所阿房宫考古队：《上林苑四号建筑遗址的勘探和发掘》，《考古学报》2007 年 3 期。

[2] 王自力：《汉长安城西南角外发掘的泬河木桥遗址》，《汉长安城考古与汉文化——纪念汉长安城考古五十周年国际学术研讨会论文集》，科学出版社，2008 年。

[3] 中国社会科学院考古研究所、西安市文物保护考古所 阿房宫考古队：《西安市上林苑遗址六号建筑的勘探和试掘》，《考古》2007 年 11 期。

[4] 阿房宫考古工作队李毓芳、孙福喜、王自力、张建峰：《近年来阿房宫遗址的考古收获》，《中国文物报》2008 年 1 月 4 日 7 版。

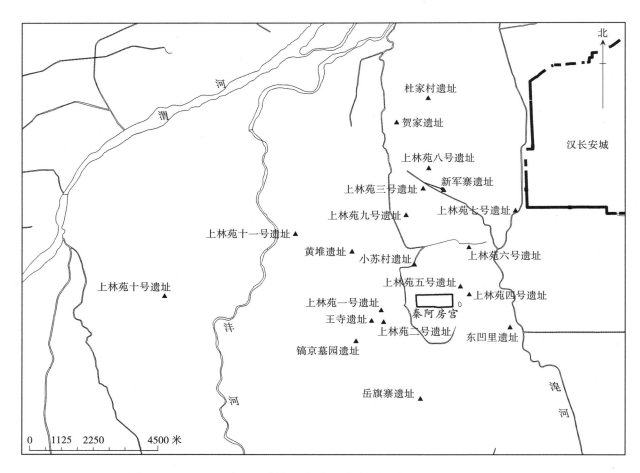

图三　2004～2012年调查勘探发掘秦阿房宫周边秦汉上林苑遗址分布图

　　2007年，阿房宫考古队对阿房宫前殿遗址北2300米处"秧歌台"遗址进行勘探试掘。在前殿遗址北约2100米清理汉代涵洞式大型排水管道。在前殿遗址西北大苏村公路两侧调查发现汉代板瓦片和筒瓦片。在前殿遗址北面狮寨发现含汉代瓦片的文化堆积层。据遗物判断，它们均为秦汉上林苑内建筑。此外，在东凹里村南还发现了汉代遗址[1]（图三，图版二）。

　　2011年，中国社会科学院考古研究所、西安市文物保护考古研究所在原阿房宫考古队的基础上，联合组成阿房宫与上林苑考古队，由刘瑞任队长，张翔宇任副队长（2012年10月之后增加王自力任副队长），刘庆柱担任顾问，李毓芳、柴怡（2011～2014年2月期间）、宁琰（2015年4月至今）担任队员，技工闫松林等参加工作。陕西文物保护专修学院学生彭浩、赵克奇、梁美超、井冯丽，长安大学陈梅丽等同学，分别参与了考古调查与地理信息系统建设的工作。2011年10月上旬至12月中旬，对西安市境内东至汉长安城景观协调区范围线、北至渭河、西至沣河、南至汉代昆明池中部约114平方公里的范围开展调查，发现700余个散落的秦汉建筑础石，并根据础石分布规律，初步确定数十处疑似秦汉建筑遗址的分布点。在三桥镇贺家村北侧、杜家村南侧、鱼化寨街

〔1〕　阿房宫考古工作队李毓芳、孙福喜、王自力、张建峰：《近年来阿房宫遗址的考古收获》，《中国文物报》
　　　2008年1月4日7版。

道岳旗寨南侧、王寺街道镐京墓园北侧等地采集到秦汉建筑材料，初步确认该地应有一定规模的秦汉遗址。

2011 年，阿房宫与上林苑考古队对东马坊遗址进行调查勘探，编号为上林苑十号遗址。对窝头寨遗址进行了大面积考古勘探，确认其为一处大型的汉代铸钱遗址，编号为上林苑十一号遗址。

2012 年，阿房宫与上林苑考古队对上林苑十一号遗址进行考古试掘，并在西安绕城高速阿房宫出口改扩建过程中，对上林苑一号遗址西垣进行勘探发掘。

（二）资料整理

本发掘报告集中整理以下几批资料：（1）2004～2008 年阿房宫考古队对上林苑一至六号遗址的钻探、发掘资料；（2）2005～2008 年阿房宫考古队对好汉庙、秧歌台、东凹里、王寺、小苏村等遗址的钻探、调查资料；（3）2005～2007 年西安市文物保护考古所对沈水（今沣河）古桥遗址的发掘资料；（4）2011 年阿房宫与上林苑考古队对窝头寨遗址的钻探、调查资料；（5）2011 年阿房宫与上林苑考古队对东马坊、贺家村、岳旗寨、杜家村、大原村等遗址的调查资料；（6）2012年阿房宫与上林苑考古队对上林苑一号遗址西垣的勘探发掘资料。

2004～2008 年上林苑一号至六号遗址钻探、发掘资料，2005～2007 年沈水古桥遗址发掘资料，之前均已由李毓芳、王自力等整理发表。本发掘报告资料整理和编写基本延续原整理结果，仅增加之前发表时受篇幅限制而删减的器物描述和相关图像，除七号遗址外，还尽可能地对遗物进行重新拓片、绘图与照相。对 2005～2008 年度阿房宫考古队试掘、调查的秧歌台、好汉庙等遗址资料，对 2011 年度阿房宫与上林苑考古队调查等未曾发表资料，均按本报告要求开展资料整理。其中，为今后遗址保护和长期考古工作的需要，我们对原来未进行统一编号的沈水古桥、秧歌台、好汉庙、窝头寨、东马坊等开展较多工作的遗址，进行统一遗址编号，对诸如王寺、大原村、镐京墓园等仅有少量采集遗物的地点暂未编号，以遗址所在地小地名命名。

本报告的整理从 2011 年 11 月开始，至 2013 年 4 月全部完成，并在 2013 年 5 月经刘庆柱先生审读完毕，后因故未出版。经多方努力，2016 年重启出版工作。参加本报告资料整理与编写工作的人员有刘瑞、李毓芳、王自力。第一章至第六章，由李毓芳负责。第一章上林苑一号遗址 2012 年发掘部分的遗物由李毓芳负责，其他由刘瑞完成。第七章，之前已由王自力执笔于《考古学报》2012 年 3 期发表，本报告收录时除适当增加图片外，其余内容延续不变。第八章至第十二章的遗物部分由李毓芳负责，遗迹等由刘瑞负责。第十三章由刘瑞负责完成，内容以 2011 年调查为主，适当增加 2011 年之后内容。本报告由刘瑞主编，李毓芳、王自力为副主编。初稿完成后，先由刘瑞统稿，再经刘庆柱先生审阅。本报告除七号遗址外，出土遗物拓片均由闫松林、张朋祥、赵克奇、彭浩、梁美超负责，遗物、遗迹描绘由张朋祥、赵克奇负责，一至六号等遗址的田野测量由张建峰负责，遗迹单体图由王志宏、闫松林绘制，遗迹照由王自力在发掘时拍摄，上林苑七号遗址的遗迹遗物由王保平、王自力、王振华拍摄，拓片由闫松林、董慧杰负责，绘图由寇小石、王志宏、王文渊负责。其他遗址遗迹、遗物由刘瑞、张朋祥、郭何伟、张弛等拍摄，附表除"上林苑遗址板瓦、筒瓦绳纹测量表"是 2012 年由郭长波整理、2016 年经张朋祥补充核对外，均由张朋祥、王镇整理。

本报告介绍地层、遗迹、遗物等文字描述，均据考古惯例，对各遗址出土遗物进行统一类型学分析，与遗迹、遗物有关的测量数据，皆在最后一项注明单位。为叙述方便，介绍遗物时除上林苑一号遗址因两次发掘而在器物前加发掘时间外（2004年发掘用04代称，2012年发掘用12代称），其他遗址均统一省略"2004XS"等表示发掘时间、地名的缩写内容，在遗址出土单位前用遗址编号的罗马字符表示，如"ⅡT2③∶1"表示上林苑二号遗址二号探方第三层的一号遗物。对出土或采集础石以遗址单位+探方号+大写字母C编号，如"ⅠT1C1"表示上林苑一号遗址一号探方的一号础石。对壁柱以遗址单位+探方号+大写字母D编号，如"ⅣT2D1"表示上林苑四号遗址二号探方一号壁柱。对采集遗物，均用汉字"采"登记，前加遗址的罗马编号，如"Ⅱ采∶1"表示上林苑二号遗址采集的一号遗物。

若本报告所公布资料与之前已发表资料有不同处，以本报告为准。

第一章　上林苑一号遗址

　　上林苑一号遗址又称"纪阳寨遗址"，位于陕西省西咸新区沣东新城王寺街道纪阳寨正西，东距阿房宫前殿台基西南角 1.2 公里左右，西距西安绕城高速公路 50 余米，南距上林苑二号遗址约 480 米，为全国重点文物保护单位阿房宫遗址的重要组成部分。1994 年 11 月至 12 月，西安市文物局文物处、西安市文物保护考古研究所联合对阿房宫遗址进行了大面积勘探，将该遗址编号为"十号遗址"，介绍当时其尚保存"三层台式断崖，最上一层为工厂所叠压"，登记台基残高 10.5 米以上[1]，《中国文物地图集·陕西分册》据此著录[2]。

　　从早期测绘及影像资料看，上林苑一号遗址与南侧的被称为"烽火台"的上林苑二号遗址，以及后调查发现的位于其西南的"王寺遗址"均共同位于一个较大的生土台地之上，但被晚近的道路、厂房等分割破坏（图四）。

　　2004 年，阿房宫考古队在完成阿房宫前殿台基的考古调查与试掘后，为确定秦阿房宫范围，从当年 10 月开始对纪阳寨遗址开展考古勘探、试掘。该遗址的建筑台基上部被厂房叠压破坏，北侧为取土形成断崖，虽夯土堆积、排水管道等历历在目，但均无法进一步开展考古工作（图版三、四）。在台基西侧为一个因取土破坏形成的大坑，坑底均为生土，在坑东、南、西壁均可见断续的夯土及排水管道暴露在外。后经工作确定，该建筑遗址可分南、北两部分，其中南侧为宫殿区，部分夯土台基在现地表以上存高 7 米，自秦代地面以上存高约 9 米。受当地工农业生产、生活活动的长期破坏，到 2004 年时建筑台基已不完整，保存台基东西最大长度 250 米、南北最大宽度 45 米，面积约 11250 平方米。在建筑台基的北侧为园林区，但破坏更加严重，且受现代建筑叠压而无法勘探，园林区范围暂难确定（图五）。工作结束后，将遗址编号为上林苑一号遗址。

　　2011 年，位于该遗址南侧的西安绕城高速公路阿房宫出口一带开始进行阿房宫立交改扩建工程建设，据设计，该立交的 A、B 匝道位于上林苑一号遗址西侧，可能与遗址保护发生冲突。2012 年 5 月，刘瑞在日常遗址调查中发现，在匝道建设的前期工程中暴露出夯土、排水管道等遗迹，并在地层中发现有较多的筒瓦、板瓦等建筑材料。从暴露遗迹的所在位置看，其正为 2004 年考古记录

---

　　[1]　西安市文物局文物处、西安市文物保护考古所：《秦阿房宫遗址考古调查报告》，《文博》1999 年 2 期，3～16 页。

　　[2]　国家文物局主编，陕西省文物事业管理局编：《中国文物地图集·陕西分册》，西安地图出版社，1998 年，101 页。在登录时，将南侧的烽火台遗址与北侧纪阳寨遗址合并，以"纪阳寨遗址"加以登记。

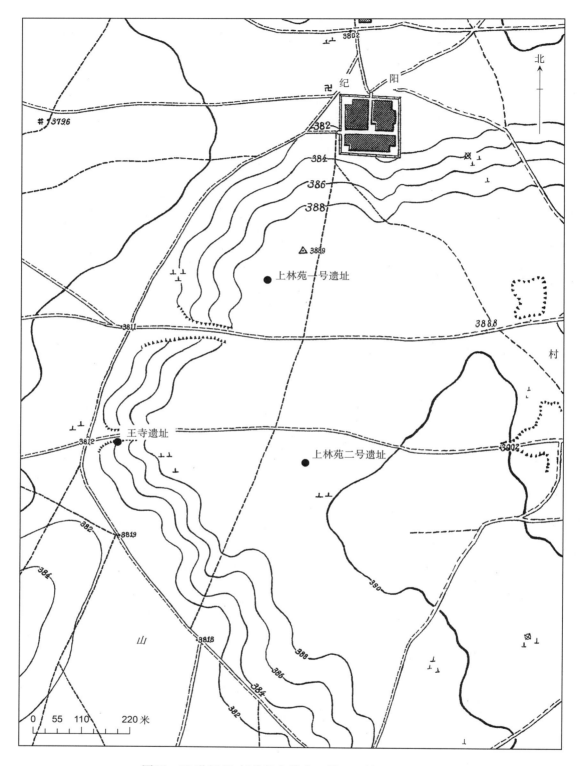

图四　20 世纪 30 年代的上林苑一号、二号、王寺遗址

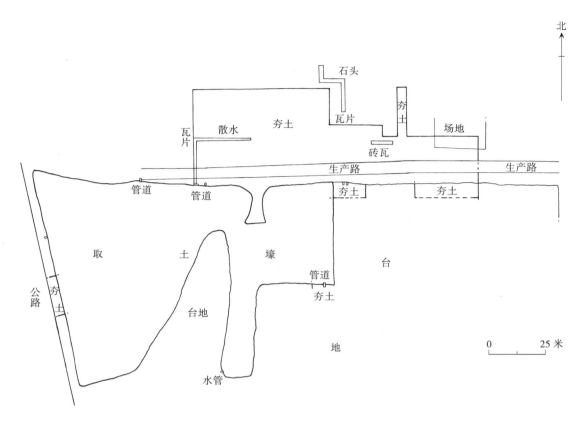

图五　上林苑一号遗址 2004 年钻探遗迹平面图

的西侧夯土。于是刘瑞随即向阿房宫保管所汇报，并在阿房宫保管所的大力支持下，由阿房宫与上林苑考古队与项目方签署协议，对匝道区域开展了抢救性考古勘探，并在发现确认相关遗存的分布后对遗迹进行考古发掘。

现将两次考古勘探、试掘收获分别介绍如下。

一　2004 年上林苑一号遗址考古

（一）地层堆积

2004 年上林苑一号遗址共清理三个探沟，其中 T1 位于台基北部，规格 5 米 × 1.5 米[1]；T2 位于北侧园林区，南距台基 19 米，规格 11.5 米 × 4 米；T3 位于 T2 南侧 11 米，规格 4.5 米 × 2 米。因三个探方位于遗址的不同位置，地层堆积不尽相同，故分别介绍如下。

T1

第 1 层：表土层。为当地群众倾倒垃圾并踩踏后形成，土质坚硬。厚 0.7 ~ 0.75 米。

---

〔1〕　东西长 × 南北宽，下同。

第2层：扰土层。黄褐色，土质稍硬。距地表深0.94~1.15、厚0.24~0.4米。内含近代瓦片和瓷片等遗物。

第3层：秦代堆积层。浅灰色和红褐色相间，土质松散。距地表深1.38~2.05、厚0.44~0.86米。该层为建筑倒塌堆积，内含大量红烧土块、秦代板瓦、筒瓦、瓦当残块。有的筒瓦片在经火烧后变形，大部瓦片被烧成红色。还有被烧红的草泥墙皮碎块。

第3层以下为秦代地面（图六）。

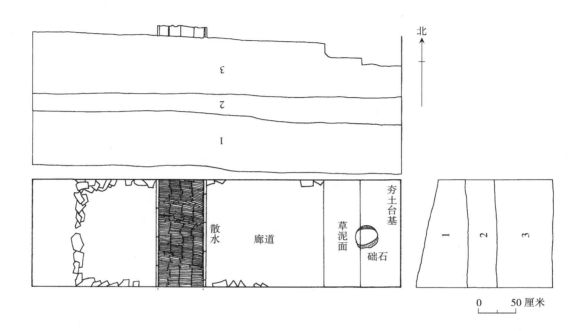

图六　上林苑一号遗址04T1平、剖面图

T2

第1层：耕土层。深黄色，土质松软。厚0.25~0.28米。内含近现代及秦汉时期砖瓦碎片。

第2层：扰土层。浅黄色，土质较硬。距地表深0.25~0.65、厚0.38~0.4米。内含近代砖、瓦残块和近代瓷片以及秦汉砖、瓦残块等。

第3层：堆积层。灰黄色，土质松散。距地表深0.46~0.8、厚0.65~1.46米。内含几何纹和绳纹方砖残块，表面细密交错绳纹、内面素面的板瓦残片及当面饰蘑菇形云纹加一左向涡纹的瓦当残块等（砖瓦残宽均碎小，边沿磨损无棱角）。

第4层：垫土层，上承战国石渠。灰黄色，土质较硬。距地表深1.1~1.6、厚0.4~0.5米。纯净。

垫土层下为生土。

T3

第1层：耕土层。深黄色，土质松软，厚0.2~0.25米。内含近现代及秦汉时期砖瓦碎片。

第2层：扰土层。浅黄色，土质较硬，距地表深0.2~0.45、厚0.25米。内含近代砖瓦残块等。

第3层：堆积层。灰黄色，土质较硬。距地表深0.45~1.3、厚1.1米。内含早期砖、瓦、瓦当残块。

第4层：垫土层。灰黄色，土质较硬。距地表深1.3、厚0.4~0.5米。纯净。

垫土层下为生土（图七）。

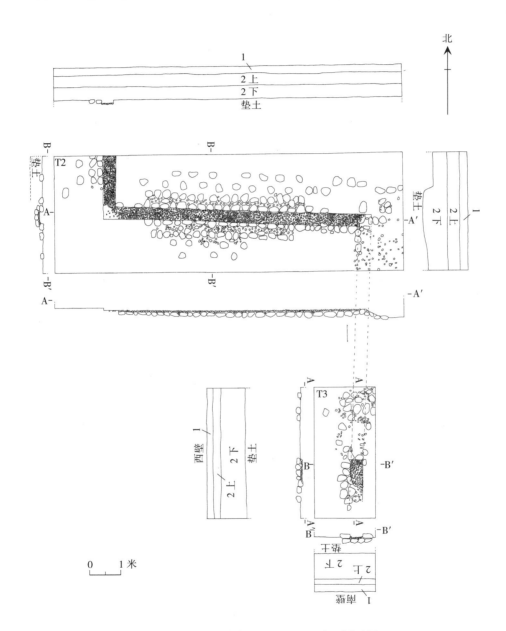

图七　上林苑一号遗址04T2、T3平、剖面图

（二）建筑遗迹

受各因素影响，对上林苑一号遗址的发掘目的，限定为通过探沟尽可能了解遗址地层堆积、遗迹保存情况，未开展遗址的全面清理。而因各探沟布方目的有异，相互间隔较远，清理出遗迹也不

尽相同。根据钻探资料，先后在南部宫殿区台基西侧清理（T1）发掘出建筑台基、廊道、散水等遗迹，在北部园林区发掘出一处流水景观遗存（T2、T3）。

夯土台基　台基在探沟内存东西宽 0.55、现存高 0.2 米。在台基南北近中部，存一壁柱础石，柱洞已无存。础石（ⅠT1C1）为花岗岩质，经解剖得知，础石东西 0.4、南北 0.35、厚 0.195 米。在靠夯土台基的西侧面，有东西宽 0.5 米的草泥面，厚 0.2 米（础石的西部已伸草泥面内）。

廊道　夯土台基（包括上述草泥面的西侧）为廊道，其东西宽 1.65 米，上面未发现铺砖及其痕迹。

散水　廊道西侧为散水。散水东西宽 0.67 米，其东西沿有拦边砖。内面板瓦残片栽置，板瓦内面大部朝南（图六；图版五:1）。

流水景观遗存　该遗存现存长 31.2 米，呈曲尺形分布。现取东西向段说明其结构。

该段流水遗存为东西向石渠（距地表 1.1 米）。石渠东西通长 11 米，南北通宽 2.9 米（包括渠外三排卵石宽度），石渠内长 8.9、内宽 0.4、内深 0.12～0.15 米。渠底铺上、下两层卵石。上层卵石较小、下层卵石较大。下层卵石最大者长 28、宽 17、厚 12 厘米。上层小卵石最小者长 5、宽 3、厚 3.5 厘米，最大者长 9、宽 8、厚 3.5 厘米。

石渠南壁、北壁为大卵石砌成，卵石呈东西向垒砌，朝渠内一面均较平整，卵石最大者东西 32、南北 23、厚 12 厘米，最小者东西 18、南北 24、厚 12 厘米，卵石间距 4～12 厘米。渠南、北壁垒砌卵石之下面垫铺一层大卵石，其大小与上面垒砌卵石相同。

石渠南壁、北壁外侧均铺装南、北三排大卵石（渠壁至最外面一排卵石外沿宽 1.25 米，石渠南北范围通宽 2.9 米，即 1.25＋0.4＋1.25 米），其布局以渠北壁外侧三排铺装卵石为例说明。

北壁北侧南数第一排卵石位于渠北壁北 22～31 厘米（与渠北壁卵石间距 7～20 厘米），分布较密，间距为 3～12 厘米。最大卵石为南北 33、东西 20、厚 13 厘米，最小者为径 20、厚 11 厘米，该排卵石与北壁卵石间加铺零散小卵石。南数二排卵石与南一排卵石间距 8～17 厘米，卵石分布较稀，其间距 30～40 厘米，最大卵石东西 33、南北 26、厚 9 厘米，最小者东西 23、南北 28，厚 17 厘米。南数三排卵石与二排卵石间距 11～15 厘米，两排卵石南北呈"品"字形分布。南数三排卵石间距 20～42 厘米，其最大卵石东西 35、南北 22、厚 13 厘米，最小者东西 23、南北 19、厚 10 厘米。渠北壁至南数三排卵石北沿南北通宽 1.25 米。渠南壁南面三排卵石东、西部分已无存。

石渠东端南拐角处已遭破坏，卵石被扰动，但还能看出大概形状，即垒砌大卵石为渠壁，渠底铺装小卵石，下面垫一层大卵石。石渠东端南拐呈南北向渠，经钻探和试掘了解到，石渠遭破坏严重，仅存零散大小卵石，排列无规律。现存南北长 17.4 米，南端位于一号建筑遗址台基北 3.8 米。石渠西端北拐呈南北向渠，拐角处亦遭破坏。通过勘探了解到，石渠南北向现存长 4.9 米。故石渠现存通长 31.2 米（图版五:2；图版六）。

在探沟内未发现石渠之基槽，但经勘探了解，一号建筑遗址夯土台基北面，在生土上面普遍垫铺一层较纯净垫土，厚约 0.4 米，石渠即在垫土过程中垒砌、铺装卵石而成（图七）。

（三）出土遗物

该建筑遗址出土遗物以砖、板瓦、筒瓦、瓦当等建筑材料为主。

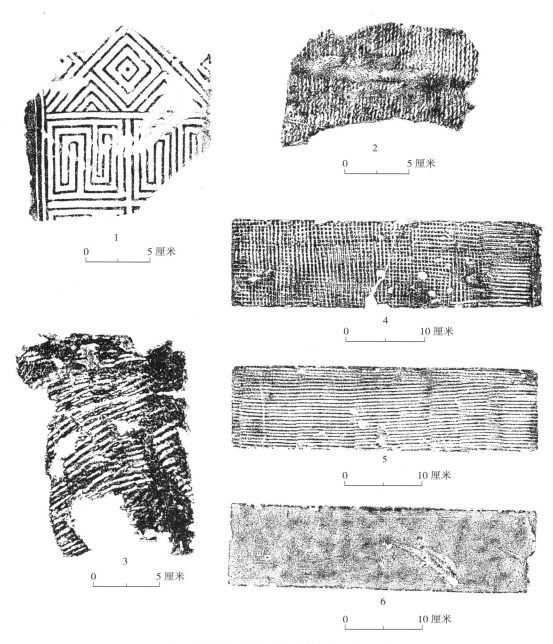

图八　上林苑一号遗址出土铺地砖、拦边砖

1、2.04ⅠT2③:1　3.04ⅠT2③:2　4.04ⅠT1③:11　5、6.04ⅠT1③:12

　　铺地砖　2件。有几何形纹和绳纹两种。

　　04ⅠT2③:1，一面几何形纹，一面细密绳纹。残长18、残宽15、厚2.8厘米（图八:1、2；图版七:1、2）[1]。

────────────

〔1〕　本报告以拓片显示砖、瓦、瓦当及其他类器物的外在轮廓与纹饰特征。一方面因各种原因拓纸会存在一
　　　定程度的伸缩变化；另一方面，各类有弧度器物的拓片均为展开图，故拓片所示规格会与器物实测数据
　　　有一定差异，应以文字中实测数据为正。又，有弧度器物的内外、正反面拓片小大规格亦存在差异。

图九　上林苑一号遗址出土板瓦

1、2.04ⅠT1③：2　3、4.04ⅠT1③：3　5.04ⅠT2③：3　6.04ⅠT1③：13

04ⅠT2③：2，一面排列无规律的间断性绳纹，一面素面。残长18、残宽13、厚3.7厘米（图八：3；图版七：3、4）。

拦边砖　2件。均为长方形，属A型。

04ⅠT1③：11，一面细密方格纹（方格纹边长0.2~0.3厘米），一面素面。砖长39.5、宽12、厚3厘米（图八：4；图版八：1、2）。

04ⅠT1③：12，一面粗直绳纹（纹宽0.2~0.3厘米），一面素面。砖长40、宽11.5、厚3厘米（图八：5、6；图版八：3、4）。

板瓦　灰色、均残。根据表面绳纹粗细，分A、B两型。

A型　表面饰细交错绳纹，内素面，一般厚度在1.2~1.5厘米，均属Aa1型，出土11件。

04ⅠT1③：1，残长28、残宽25、厚1.2厘米（图版九：1、2）。

04ⅠT1③：2，部分被烧成砖红色。残长20.5、残宽21、厚1.2厘米（图九：1、2；图版九：3、4）。

04ⅠT1③：3，表面被烧成砖红色。残长21、残宽21.5、厚1.5厘米（图九：3、4；图版九：5、6）。

04ⅠT2③：3，残长19、残宽12、厚1.4厘米（图九：5）。

04ⅠT1③：13，红褐色。残长32、残宽31.5、厚1.5厘米（图九：6）。

04ⅠT1③：14，间断性细交错绳纹，残长13.5、残宽30、厚1.2~1.8厘米（图一〇：1）。

04ⅠT1③：15，残长17.5、残宽23、厚1.5厘米（图一〇：2）。

04ⅠT1③：16，残长15.5、残宽22、厚1.5厘米（图一〇：3）。

04ⅠT1③：17，残长14.5、残宽17.5、厚1~1.8厘米（图一〇：4）。

04ⅠT1③：18，残长16、残宽16、厚1.3~1.8厘米（图一〇：5）。

04ⅠT1③：19，红褐色。残长14、残宽18.2、厚1.7厘米（图一〇：6）。

B型　表面饰中粗交错绳纹，内面素面，属Ba1型，出土1件（04ⅠT1③：20），红褐色，有二次火烧痕迹，内面素面。残长24、残宽22、厚1.2厘米（图一一：1）。

筒瓦　灰色、均残。表面饰细绳纹，泥条盘筑痕迹明显，据绳纹特征，可分Aa、Ac两型。出土10件。

Aa型　表面饰细交错绳纹，内饰麻点纹，均属Aa2型。标本2件。

04ⅠT1③：4，通长52.5、径18.5、厚1.2厘米。唇长3.5、厚0.5厘米（图一一：2、3；图版一〇：1、2）。

04ⅠT1③：6，被火烧成砖红色。残长31、径18、厚1.5厘米（图一一：4、5；图版一〇：3、4）。

Ac型表面饰细直绳纹，据内面纹饰不同，可分Ac2、Ac11两型。

Ac2型　表面饰细直绳纹，内面麻点纹。标本7件。

04ⅠT2③：4，残长16.3、残宽10.3、厚1.5厘米（图一二：1、2；图版一〇：5、6）。

04ⅠT1③：21，残长6.5、残宽11、厚1、唇长3.2、唇厚0.5厘米（图一二：3、4）。

04ⅠT1③：22，残长15.5、残宽12、厚1.1、唇长3.6、唇厚0.5厘米（图一二：5、6）。

04ⅠT1③：23，残长12.8、残宽9.5、厚1.2、唇长4.3、唇厚0.6厘米（图一三：1、2）。

04ⅠT1③：24，残长12.8、残宽9.5、厚1.2、唇长4.3、唇厚0.6厘米（图一三：3、4）。

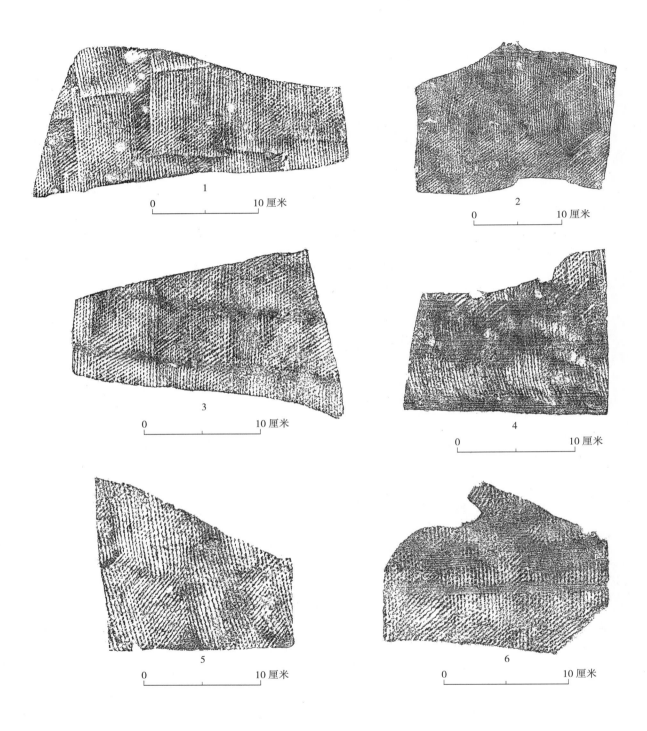

图一〇　上林苑一号遗址出土板瓦

1. 04ⅠT1③：14　2. 04ⅠT1③：15　3. 04ⅠT1③：16　4. 04ⅠT1③：17
5. 04ⅠT1③：18　6. 04ⅠT1③：19

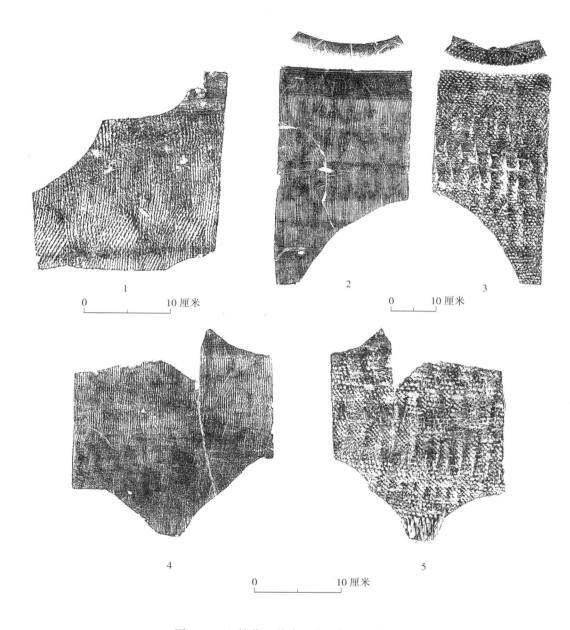

1　　　　　　　　　　　　　2　　　　　3

0　　　　　10 厘米　　　　　　　　　　0　　　　　10 厘米

4　　　　　　　　　　5

0　　　　　10 厘米

图一一　上林苑一号遗址出土板瓦、筒瓦

1. 04ⅠT1③:20　2、3.04ⅠT1③:4　4、5.04ⅠT1③:6

04ⅠT1③:25，局部红褐色。残长 22、径 15.5、厚 1.4 厘米（图一三:5、6）。

04ⅠT1③:26，残长 14.2、残宽 23、厚 0.8~1.4 厘米（图一四:1、2）。

Ac11 型　表面细直绳纹，内凸棱纹，标本 1 件（04ⅠT1③:5），被烧成砖红色，瓦残长 28.5、径 17、厚 1.5 厘米（图一四:3、4；图版一一:1、2）。

瓦当　7 件。主要为纹饰瓦当，有涡纹、云纹和凤纹瓦当三种。绳切痕迹明显，背面凹凸不平。

凤纹瓦当　1 件（04ⅠT1③:27），灰色，残块，仅见凤头上端。残长 7、宽 5、边轮宽 0.7、当心厚 1.1 厘米。所连筒瓦属 A 型，表面细直绳纹，残长 8.5、残宽 9.7、厚 1.5 厘米（图一四:5、6）。

涡纹瓦当　2 件。根据当面界格线分为 A 型和 B 型。

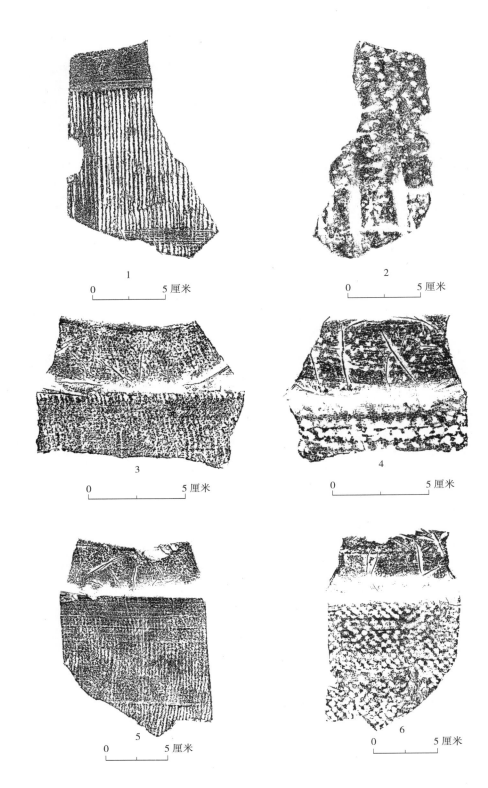

图一二　上林苑一号遗址出土筒瓦

1、2.04ⅠT2③:4　3、4.04ⅠT1③:21　5、6.04ⅠT1③:22

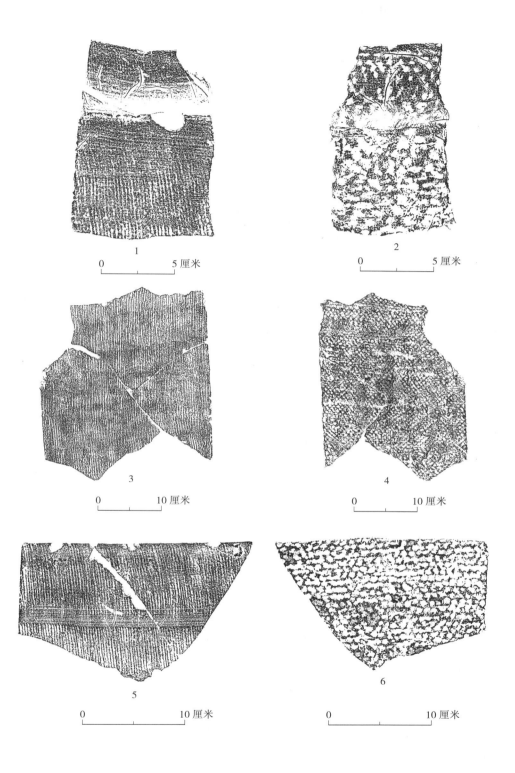

图一三　上林苑一号遗址出土筒瓦

1、2.04ⅠT1③:23　3、4.04ⅠT1③:24　5、6.04ⅠT1③:25

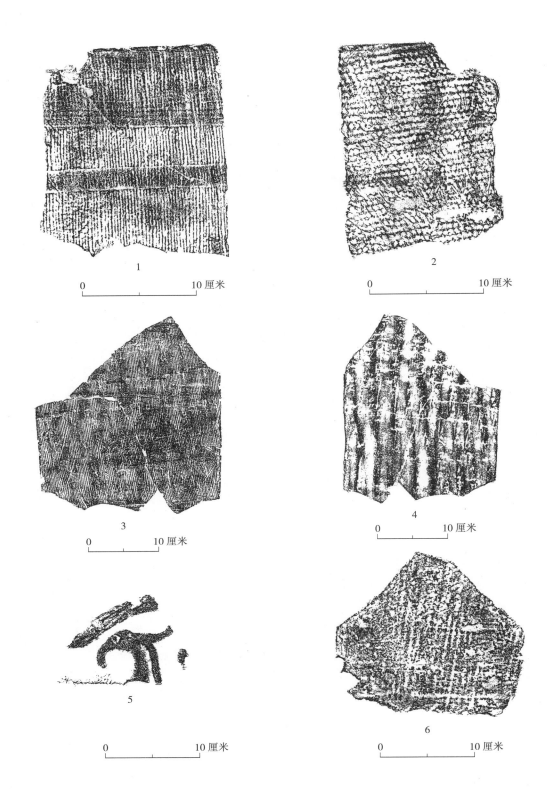

图一四　上林苑一号遗址出土筒瓦、瓦当

1、2.04ⅠT1③:26　3、4.04ⅠT1③:5　5、6.04ⅠT1③:27

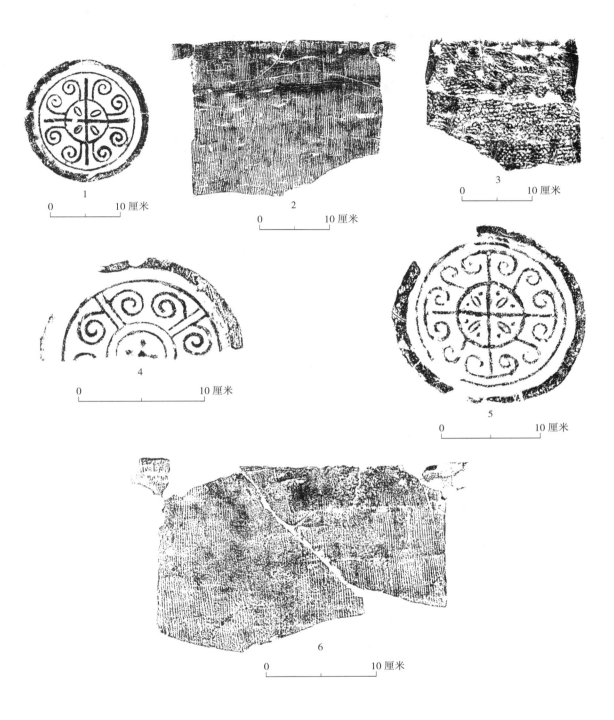

图一五　上林苑一号遗址出土瓦当

1、2、3. 04ⅠT1③:10　4. 04ⅠT2③:6　5、6. 04ⅠT1③:7

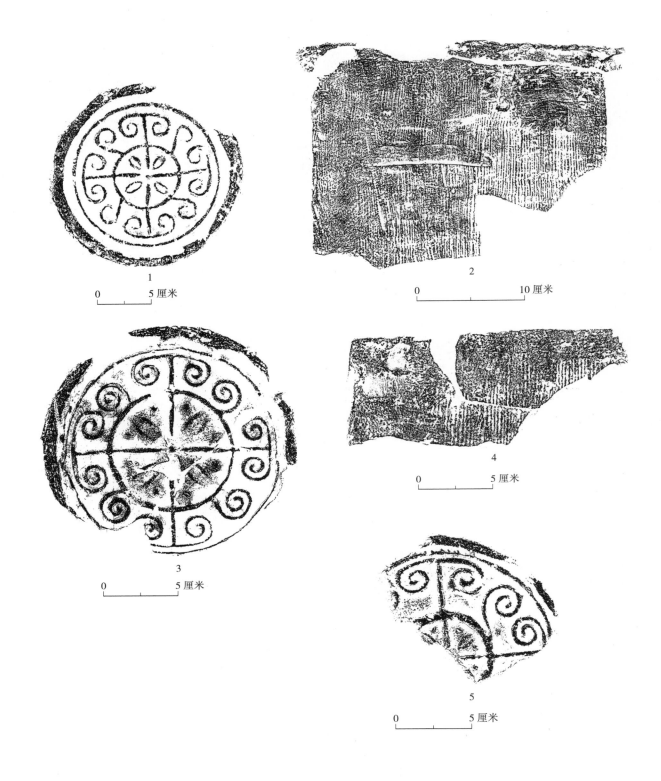

图一六　上林苑一号遗址出土瓦当

1、2.04ⅠT1③:8　3、4.04ⅠT1③:9　5.04ⅠT2③:5

A 型　1 件（04ⅠT1③:10），灰色。当面为单界格线四分当面，穿过当心。当心每界格内面一叶纹，外饰一周凸弦纹。当面每界格内面一对自当心圆伸出的相向涡纹。边轮内有一周凸弦纹。当面直径 17、圆心径 6、边轮宽 1、当厚 2.5 厘米（图一五:1、2、3；图版一一:3、4）。

B 型　1 件（04ⅠT2③:6），深灰色，存瓦当二分之一。双界格线四分当面，不过当心。当心为双圆，圆心内中央一个乳钉纹、外围四个小乳钉纹。当面每界格内面一对自界格线伸出的相向涡纹。当边轮内有一周凸弦纹。当面复原直径 16、当心复原径 5、边轮宽 1、厚 2.2 厘米。当背制作粗糙，凹凸不平（图一五:4；图版一一:5、6）。

蘑菇形云纹瓦当　4 件。属于 A 型，当面为单界格线穿过圆心，四分当面，界格线顶端饰蘑菇形云纹。

04ⅠT1③:7，灰色。当心每界格内面一叶纹，每叶纹上端左右两侧各有一小乳钉纹，外饰一周凸弦纹。当面二云纹间有一右向涡纹，当边轮内有一周凸弦纹。当面直径 17、圆心径 6.5、边轮宽 0.7、当厚 2.5 厘米（图一五:5、6；图版一二:1、2）。

04ⅠT1③:8，灰色。当心每界格内面一叶纹，界格线相交处有一小乳钉纹，外饰一周凸弦纹。当面二云纹间有一右向涡纹，当边轮内有一周凸弦纹。当面径 18、圆心径 6、边轮宽 1.2、当厚 2.2 厘米（图一六:1、2；图版一二:3、4）。

04ⅠT1③:9，砖红色。当面纹饰较浅，当心每界格内面一叶纹，叶纹上端左右两侧各有一小乳钉纹，界格线相交处有一小乳钉纹，外饰一周凸弦纹。当面二云纹间有一左向涡纹，当边轮内有一周凸弦纹。当面径 17、圆心径 8.5、边轮宽 0.7、当厚 3 厘米（图一六:3、4；图版一二:5、6）。

04ⅠT2③:5，浅灰色，残近 1/2。当心每界格内面一叶纹，每叶纹两侧各有一乳钉纹，外围一周凸弦纹。二云纹间有一右向涡纹，外一周凸弦纹。当面复原径 17、边轮宽 0.7、厚 1.5 厘米（图一六:5；图版一二:7、8）。

其他　探沟第三层建筑倒塌堆积层内还出土了一些草泥墙皮碎块（已被大火烧成粉红色）。一般厚约 5 厘米（由粗草泥、细泥和白灰面组成），其中粗草泥厚约 3、细泥厚约 2、白灰面厚约 0.1 厘米。

二　2012 年上林苑一号遗址考古

（一）　考古勘探

为配合阿房宫立交改扩建工程建设，阿房宫与上林苑考古队从 2012 年 6 月 28 日至 7 月 14 日，在西宝高速公路改扩建工程阿房宫立交 A、B 匝道占地所涉及的上林苑一号遗址西侧，北起立交桥匝道设计终点，南至红光路的范围内，在已有绕城高速公路路面两侧的匝道占地范围及相关区域进行考古勘探。排除因工程前期施工造成路面硬化、垃圾堆砌、废水坑、茂密植物等导致勘探无法进行的情况外，实际勘探面积约 35000 平方米。勘探范围内地势南高北低、东高西低。

勘探工作严格执行国家文物局颁布的《田野考古工作规程》，根据勘探用地的实际情况采取
1～3米间距布孔、中间加孔的方式开展勘探。勘探中，每个探孔均单独编号并填表登记，并用PTK
全程测量，详细登记各探孔位置及探孔内地层堆积情况，所有钻探资料均纳入已构建的阿房宫与上
林苑考古地理信息系统进行管理与分析。

经勘探，发现夯土基址、古池沼、古河道各一处，另还发现少量新石器时代遗存（图一七）。

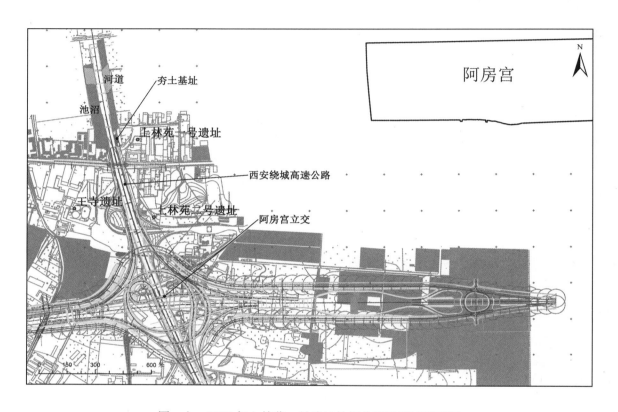

图一七　2012年上林苑一号遗址钻探位置及遗迹平面图

1. 夯土基址

位于上林苑一号遗址西侧，在绕城高速东侧扩建范围之内发现南北长约25米，东侧土坑断面
有夯土裸露，西侧延伸至现有公路路面之下，向东延伸，东西残宽约12米，夯土厚约1.5米，夯
层厚6～8厘米，在夯土中埋有东西向陶排水管道一条，长度不详。在夯土上部文化堆积层中包含
有细绳纹板、筒瓦残片、云纹瓦当残块。

2. 古池沼

在夯土基址的西侧、北侧发现大片池沼类堆积。该池沼在探区内有较明显的分界。在绕城高速
的路东探区，其大体位于夯土基址北侧10～20米处，向北延伸出探区之外；在路西探区，从南侧
红光路桥北侧开始，向北延伸至探区之外。在路东、路西探区，均被一条古河道打破。从勘探情况
看，该池沼底部为灰褐色沉积层，内含细绳纹板瓦及螺壳。从暴露出的细绳纹板瓦看，池沼至少在
战国秦时即已存在。

3. 古河道

在探区北侧发现一条大体东西向古河道遗存。从勘探情况看，地表下 0.8 ~ 1 米为细沙土或粗沙土，偶尔见纯净粗沙。路东探区河道宽约 140 米，路西探区宽约 90 米。在该河道北侧、南侧均为古池沼遗存。探孔中未见遗物，从河道打破古池沼的情况看，其时代应晚于池沼。但因勘探范围有限，河流在延伸出探区东西后的走向及河道时代均尚未确定。

4. 其他

在绕城高速路东探区的南部东侧，在红光路北侧高地的断面上，发现有新石器时代灰坑遗存，包含有夹砂红陶绳纹陶片等遗物。此外在绕城高速路西探区外的高地断面上，也发现有新石器时代灰坑遗存，含夹砂红陶、烧土块等遗物。

（二）考古发掘

在完成前期勘探获得地下遗存的分布情况后，根据施工用地情况，从 2012 年 8 月 2 日至 28 日，对施工范围内发现的上林苑一号遗址建筑基址西南约 150 米的夯土分布区进行布方发掘（图版一三）。发掘共布设两个南北长 20 米、东西宽 12 米探方，由北向南分布编号为 T1、T2。发掘中探方东边的 1 米宽隔梁未清理，各探方实际发掘面积 20×11 平方米。后为了解发掘清理的 G1 分布范围及走向，在 T2 西南部向南扩方 14.5 米×6 米，北边 1 米宽隔梁未清理，实际扩方面积 13.5 米×6 米，合计发掘总面积 521 平方米。为确定相关遗迹、地层的相互关系，在发掘区内布设小型探沟 6 条。共清理汉代水沟两条、战国陶排水管道两条、夯土墙基一处。

1. 地层堆积

根据土质、土色及包含物，以发掘区东壁、北壁为例，地层分 5 层（图一八、一九）。

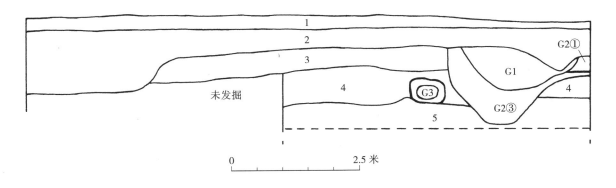

图一九　2012 年上林苑一号遗址发掘北壁剖面图

第 1 层：表土层。厚 5 ~ 30 厘米。浅黄色土，土质坚硬，内含碎石子、垃圾等。为发掘前施工机械清表时碾压形成，分布于全发掘区，堆积近平坦。

第 2 层：堆积层。深 5 ~ 30、厚 5 ~ 125 厘米。浅黄色土，小五花，较致密。出土绳纹瓦片、砖块、云纹瓦当残块等，并出土五铢钱一枚。该层分布于全发掘区，层下遗迹有 G1、G2、Q1。

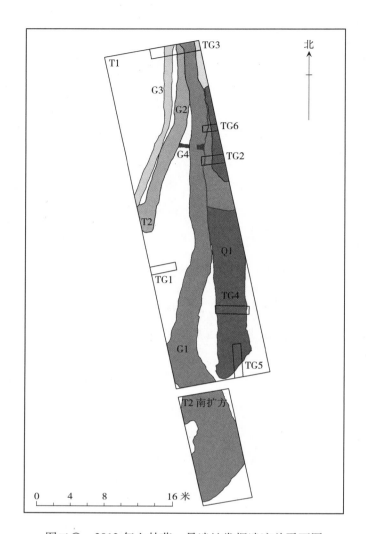

图二〇　2012 年上林苑一号遗址发掘遗迹总平面图

第 3 层：堆积层。深 50～125、厚 0～65 厘米。黄色五花土，较致密，人为加工形成。含极少量绳纹瓦片、砖瓦、云纹瓦当残块等。该层分布在 T1 和 T2 探方西半部，为汉代而成。

第 4 层：垫土层。深 85～150、厚 45～80 厘米。浅褐色土、致密。包含有少量外细绳纹内麻点纹和外交错细绳纹内素面的筒瓦、板瓦、云纹瓦当残块。该层分布于 T1、T2 探方西部。该层底部发现预埋层底的排水管道 G3，为战国时期形成。

第 5 层：池沼淤积层。深 155～185 厘米，未发掘到底，深褐色淤土、细密。其厚度和分布范围不详。解剖发现极少量夹砂红陶器物碎片、鬲足等。

2. 遗迹

清理汉代水沟两条、战国陶排水管道两条、夯土墙基一处（图二〇；图版一四）。分述如下。

G1：汉代水沟，分布于 T1、T2 及 T2 南扩方内，开口于 2 层下，沟口距地表深 50～70 厘米。打破 G2、G4、Q1。平面不规则，西南—东北向，从 T1 东北自发掘区外进入探方，在 T1、T2 交接处向东分叉出探方外，在 T2 南扩探方变宽，向西南方向延伸出探方。发掘区内 G1 南北长 55.3、沟口宽 1.74～5.75、沟深 0.8～1.1 米，沟壁向下斜收，底部不平，沟底南北高差约 0.25 米。沟内填浅灰色淤积土，土质较硬。出土有较多的外饰细绳纹、内麻点纹，外交错绳纹、内素面及外粗绳纹内布纹的筒瓦、板瓦残片、云纹瓦当、素面半瓦当残块等。

G2：汉代水沟，主要分布在 T1 内。开口于 2 层下，沟口距地表深 60～75 厘米，打破 G3，被 G1 打破，打破 Q1、G4。平面不规则，西南—东北向，从 T1 东北自发掘区外进入探方，在 T2 西北角西延伸出探方。沟东西清理长 21.3、沟口宽 1.35～5.6、沟深 0.65～1.15 米。沟壁向下斜收，底部不平，沟底西南至东北高差约 0.27 米。沟内填黄花土或浅灰色淤积土。出土有外细绳纹内麻点或布纹的筒瓦、板瓦残片。

G3：战国陶排水管道，位于 T1 探方内，沟铺于 4 层底部，属目前在上林苑内仅见的预埋式排水管道。西南端上部被③层、G2 破坏，两侧均延伸出探方。沟顶部距地表深 125～135 厘米，管道基本水平，顶部高差约 0.05 米。根据陶管放置套合情况分析，管道走向为西南—东北。从清理情况看，建设时应是先铺设泥，再在上铺设管道，后在管道外包泥，之后在包泥管道外铺设第 4 层。发掘清理长 19.6 米，清理管道包泥形成的类"沟槽"宽 0.56～0.85、深 0.3～0.5 米。清理陶管道 38 节，大头位于西侧，小头插入大头约 4～5 厘米，接头处用细泥勾缝防止漏水。清理时管内已被泥土淤满（图版一四：2；图版一五）。

G4：战国陶排水管道，位于 T1 探方中部偏东，被 G1、G2 打破，上部被 Q1 叠压。其自东向西从 Q1 夯土带底部穿过，向西延伸一段后被 G1 打破，残存的陶管向西到 G2 边缘后消失。清理 Q1 西侧的沟槽残长 2.9、宽 0.35～0.75 米。从 Q1 夯土剖面看，夯土下沟槽宽 0.64、深 0.52 米，沟槽到夯土表面约 0.5 米。陶管铺设于沟槽底部，由东向西，东端高于西端约 0.12 米，陶管道大头直径 37、小头直径 30.5、长 58 厘米，壁厚约 1.5 厘米。陶管向西延伸出夯土后置于池沼淤泥之上，据此判断管内之水应是流入池沼（图版一六：1）。

Q1：战国夯土墙，位于 T1、T2 探方东部，开口于 2 层下，叠压在 4 层之上，被 G1、G2 打破。开口距地表深 0.35～0.85 米。墙呈南北向，北部延伸出探方，被晚期取土坑打破，南侧在 T2 南部消失。发掘区内南北残长 35.3、宽 3.4～3.75 米。夯土南薄北厚，厚约 0.1～1.45 米，夯层厚 6～12 厘米，夯层底部距地表深约 0.55～1.95 米。从清理情况看，发掘的 Q1 为墙体的基础部分，南侧打破黄生土，北部墙下为淤泥。从区域遗迹分布情况看，推测 Q1 为上林苑一号遗址的西侧垣墙（图版一四：1；图版一六：2）。

（三）遗物

2012 年发掘出土遗物以砖、板瓦、筒瓦、瓦当等建筑材料为主，还出土少量铁器、钱币。

1. 陶器

（1）建筑材料

① 砖

有铺地砖、条砖和空心砖三种。

铺地砖

有素面、绳纹、密集小方格纹、几何纹四种。

a. 素面砖　出土 12 块，标本 9 块。均灰色，残。

12ⅠT1②：1，残长 29.1、残宽 11.5、厚 2.9 厘米（图版一七：1）。

12ⅠT1②：2，残长 28.5、残宽 21、厚 3 厘米（图版一七：2）。

12ⅠT1②：3，残长 18.4、残宽 15.2、厚 4.2 厘米。

12ⅠT2②：1，残长 26.8、残宽 20.5、厚 3.3 厘米（图版一七：3）。

12ⅠG1：1，残长 23.3、残宽 15.7、厚 4.3 厘米。

12ⅠG1：2，残长 17、残宽 12、厚 4.3 厘米。

12ⅠG2：2，残长 16.5、残宽 14.3、厚 3.6 厘米。

12ⅠG2：3，残长 15.5、残宽 14.5、厚 3.7 厘米。

12ⅠG2：4，残长 14.8、残宽 11.2、厚 3.2 厘米。

b. 绳纹砖　分直绳纹、交错绳纹、斜绳纹、区段绳纹四种。均灰色，残。出土 18 块，标本 18 块。

直绳纹砖，出土 9 块，标本 9 块。

12ⅠT2②：2，一面细直绳纹，一面粗绳纹。残长 17.5、残宽 14.5、厚 3.6 厘米（图二一：1；图版一七：4、5）。

12ⅠT2②：3，一面粗直绳纹，一面素面。残长 13、残宽 13、厚 3.6 厘米（图二一：2；图版一七：6）。

12ⅠT2②：4，两面为粗直绳纹。残长 13.4、残宽 14.2、厚 3 厘米（图二一：3、4）。

12ⅠT2②：5，一面粗直绳纹，一面素面。残长 15.2、残宽 18.5、厚 3.5 厘米（图二一：5）。

12ⅠG2：6，一面直粗绳纹，一面斜绳纹。残长 14.5、残宽 8.2、厚 3.5 厘米（图二二：1、2）。

12ⅠT1②：5，两面均为直绳纹。残长 15.1、残宽 11.3、厚 3 厘米（图二二：3、4）。

12ⅠG1：5，一面粗横纹，一面粗竖绳纹。残长 16.5、残宽 11、厚 3.2 厘米（图二二：5、6）。

12ⅠG1：8，一面直粗绳纹，一面素面。残长 13.8、残宽 9、厚 2.9 厘米（图二三：1）。

12ⅠT1④：1，一面中粗绳纹，一面粗绳纹。残长 14.1、残宽 12、厚 3.4 厘米（图二三：2、3）。

交错绳纹砖出土 3 块，标本 3 块。

12ⅠT2②：6，一面交错绳纹，一面斜绳纹。残长 26.9、残宽 23.8、厚 3.1 厘米（图二三：4、5；图版一八：1、2）。

12ⅠT2②：7，一面交错绳纹，一面直绳纹。残长 29、残宽 24、厚 3.2 厘米（图二四：1、2）。

12ⅠG1：6，一面交错粗绳纹，一面粗直绳纹。残长 20.5、残宽 16、厚 3.8 厘米（图二四：3、4；图版一八：3、4）。

斜绳纹，出土 5 块，标本 5 块。

12ⅠG2：7，两面为斜粗绳纹。残长 13、残宽 6.6、厚 3.5 厘米（图二四：5、6）。

12ⅠT1②：4，一面斜绳纹，一面素面。残长 14.5、残宽 14.2、厚 3.1 厘米（图二五：1）。

12ⅠT1②：7，一面斜绳纹，一面直绳纹。残长 16.8、残宽 11.9、厚 3.8 厘米（图二五：2、3；图版一九：1、2）。

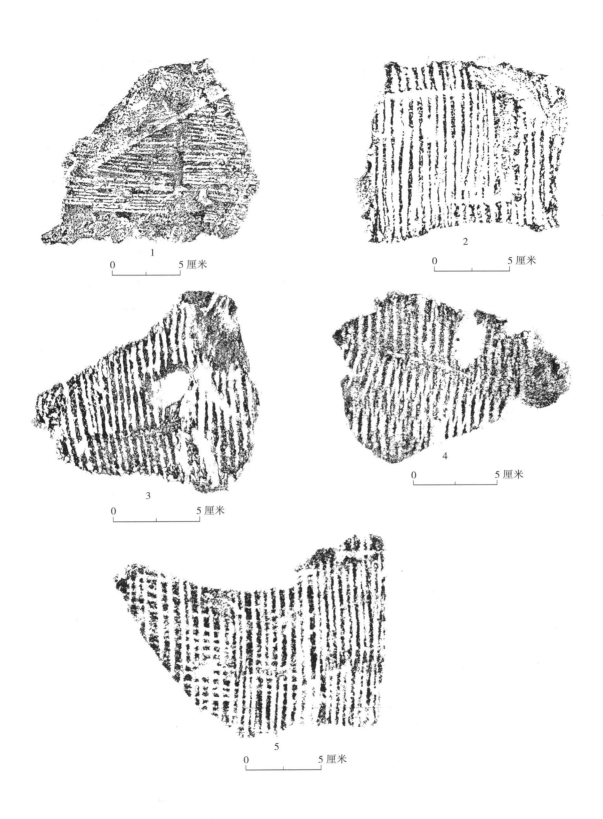

图二一　2012 年上林苑一号遗址出土铺地砖

1. 12ⅠT2②：2　2. 12ⅠT2②：3　3、4. 12ⅠT2②：4　5. 12ⅠT2②：5

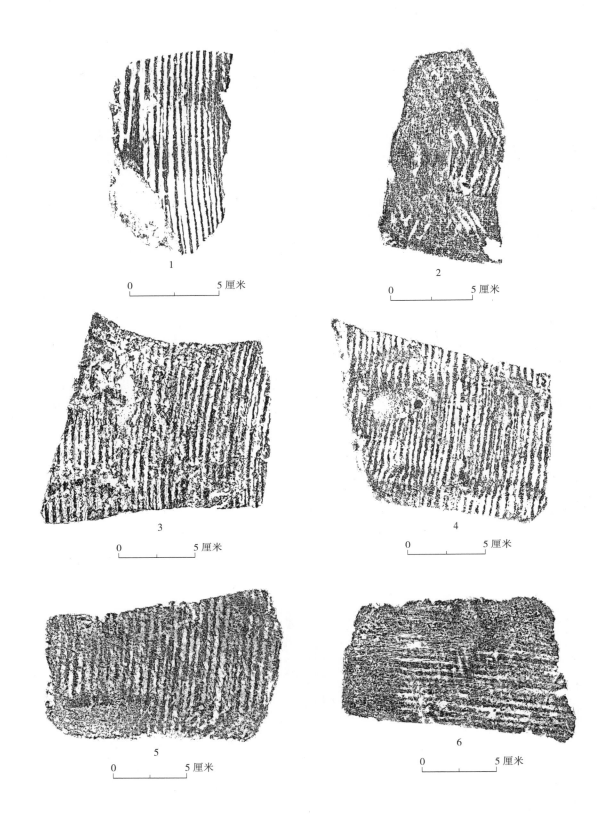

图二二　2012 年上林苑一号遗址出土铺地砖

1、2. 12 Ⅰ G2：6　3、4. 12 Ⅰ T1②：5　5、6. 12 Ⅰ G1：5

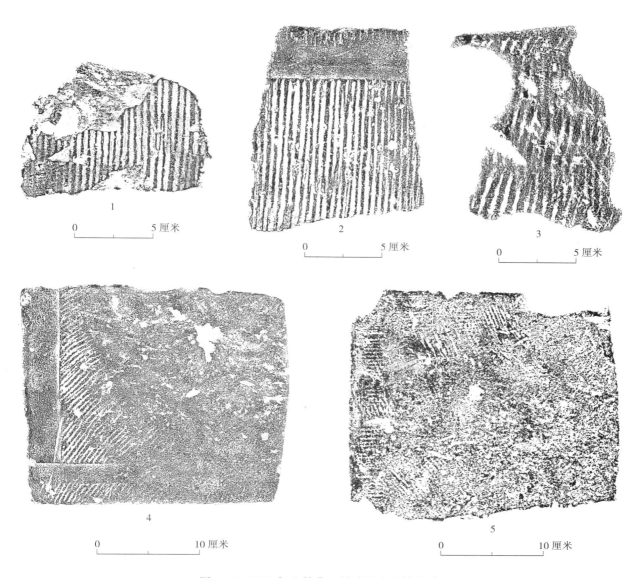

图二三 2012年上林苑一号遗址出土铺地砖

1.12ⅠG1：8 2、3.12ⅠT1④：1 4、5.12ⅠT2②：6

12ⅠT1②：6，一面斜绳纹，一面素面。残长17、残宽9.8、厚4厘米（图二五：4；图版一八：5）。

12ⅠG1：7，一面斜粗绳纹，一面素面，残长18、残宽16.5、厚4.1厘米（图二五：5）。

区段绳纹砖出土1块，标本1块。

12ⅠT2②：8，一面区段绳纹，一面粗直绳纹。残长18、残宽12.5、厚3.3厘米（图二六：1、2；图版一八：6）。

c. 密集小方格纹砖 出土7块，标本6块。灰色，残。

12ⅠT1②：8，一面密集小方格纹，一面素面，上有戳印阴文“宫□”。残长10.5、残宽7.6、厚3.3厘米（图二六：3、4）。

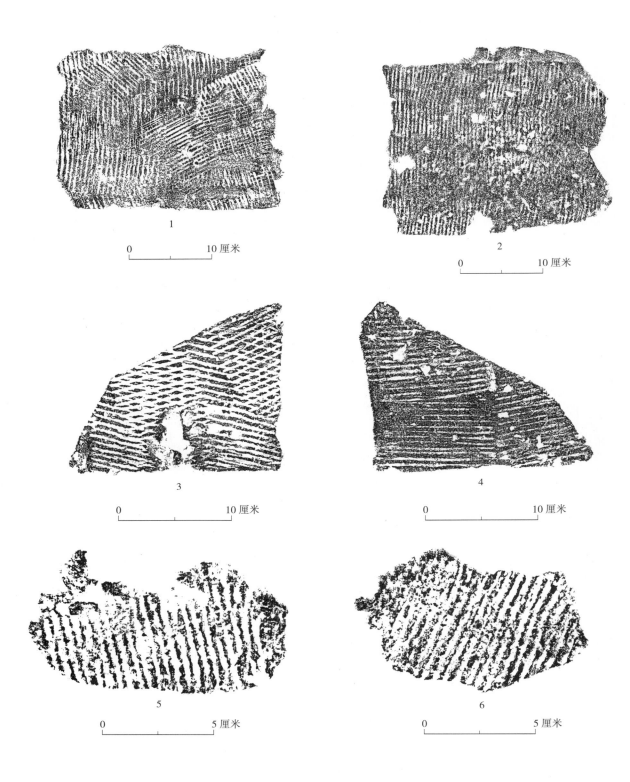

图二四　2012 年上林苑一号遗址出土铺地砖

1、2. 12 Ⅰ T2②：7　3、4. 12 Ⅰ G1：6　5、6. 12 Ⅰ G2：7

图二五　2012 年上林苑一号遗址出土铺地砖

1. 12ⅠT1②:4　2、3. 12ⅠT1②:7　4. 12ⅠT1②:6　5. 12ⅠG1:7

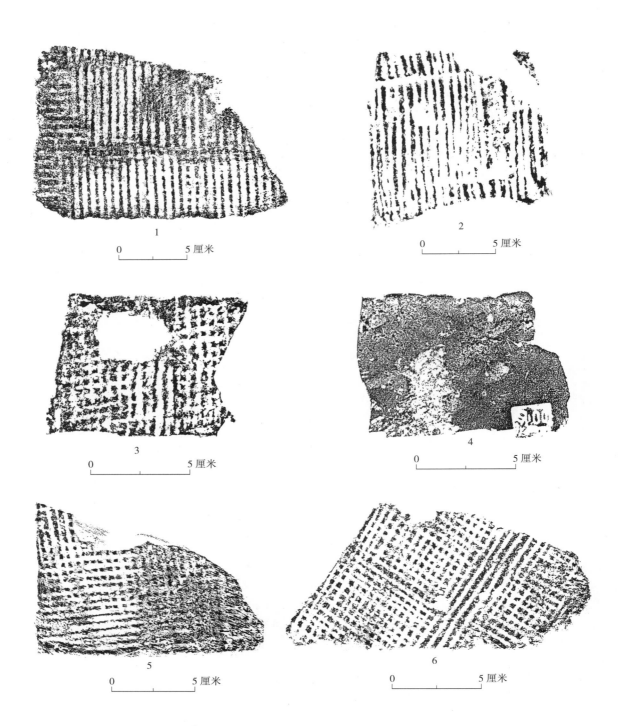

图二六　2012 年上林苑一号遗址出土铺地砖

1、2.12ⅠT2②：8　3、4.12ⅠT1②：8　5.12ⅠT1②：9　6.12ⅠT1②：10

　　12ⅠT1②：9，一面密集小方格纹，一面细密篦纹。残长 14、残宽 9.8、厚 3.3 厘米（图二六：5；图版一九：3、4）。

　　12ⅠT1②：10，一面密集小方格纹，一面细密篦纹。残长 13.4、残宽 8.8、厚 2.9 厘米（图二六：6）。

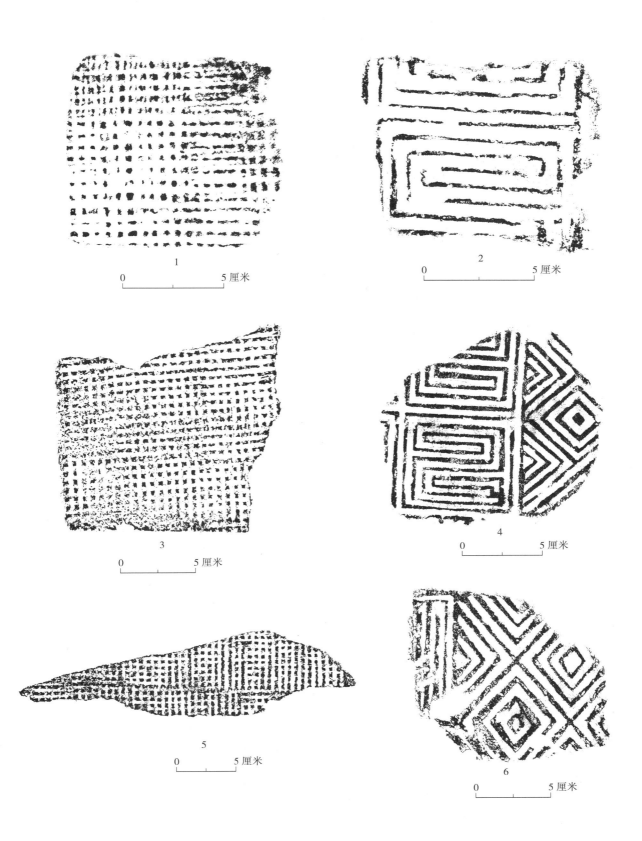

图二七　2012 年上林苑一号遗址出土铺地砖

1. 12 I T2②：9　2. 12 I G1：11　3. 12 I G2：5　4. 12 I T2②：10　5. 12 I T2②：11　6. 12 I T2②：12

12ⅠT2②：9，一面密集小方格纹，一面素面。残长10.8、残宽10、厚3.2厘米（图二七：1）。

12ⅠG1：11，残长29.5、残宽7.5、厚3.4厘米（图二七：2）。

12ⅠG2：5，一面小方格纹，一面素面。残长15.5、残宽14.5、厚3.6厘米（图二七：3）。

d. 几何纹砖　灰色，残。出土5块，标本5块。

12ⅠT2②：10，一面几何纹，一面绳纹。残长14.8、残宽13.5、厚3厘米（图二七：4；图版一九：5）。

12ⅠT2②：11，一面几何纹，一面小方格纹。残长12.6、残宽11.2、厚2.8厘米（图二七：5）。

12ⅠT2②：12，一面几何纹，一面素面。残长14、残宽13、厚2.8厘米（图二七：6；图版一九：6）。

12ⅠG1：3，一面几何纹，一面小方格纹，残长8.8、残宽6.5、厚3.1厘米（图二八：1、2）。

12ⅠG1：4 一面几何纹，一面素面，残长14、残宽11、厚2厘米（图二八：3）。

条砖

出土2块，标本2块。灰色，残。

12ⅠT2②：13，素面。残长16.5、宽14.2、厚6.5厘米。

12ⅠG2：1，完整，一端宽，一端窄。一面有斜细绳纹，一面局部有绳纹。长29.7、宽端宽16.8、厚3.8厘米，窄端宽15.2、厚3.4厘米（图二八：4；图版二〇：1、2）。

空心砖

有素面和几何纹两种。

a. 素面空心砖　均残，出土6块，标本5块。灰色，素面。

12ⅠT1②：11，残长26.5、宽17.5、残高15.4、壁厚3.5厘米（图版二〇：3、4）。

12ⅠT1②：12，残长10.5、残宽10.2、残高7、壁厚3.3厘米。

12ⅠT2②：14，残长33、残宽23、残高11.5、壁厚4厘米。

12ⅠT2②：15，残长18.2、残宽20、壁厚4厘米。

12ⅠG1：9，残长17.2、残宽15.8、高10.7、壁厚2.3厘米。

b. 几何纹空心砖　灰色，残，出土4块，标本3块。

12ⅠT1②：13，几何纹，残长17.2、残宽10.9、壁厚3.1厘米（图二八：5）。

12ⅠT1②：14，几何纹，砖内面底部有绳纹。残长17、残宽14.2、残高4、壁厚2.6厘米（图二八：6；图版二〇：5、6）。

12ⅠG1：10，残长9.5、残宽7.8、高10、壁厚2.1厘米（图二九：1）。

② 瓦

为板瓦、筒瓦两种。

板瓦

灰色、均残。表面细交错绳纹、细绳纹，内面素面、细箆纹或麻点纹。根据表面绳纹粗细，分A、B、C三型。

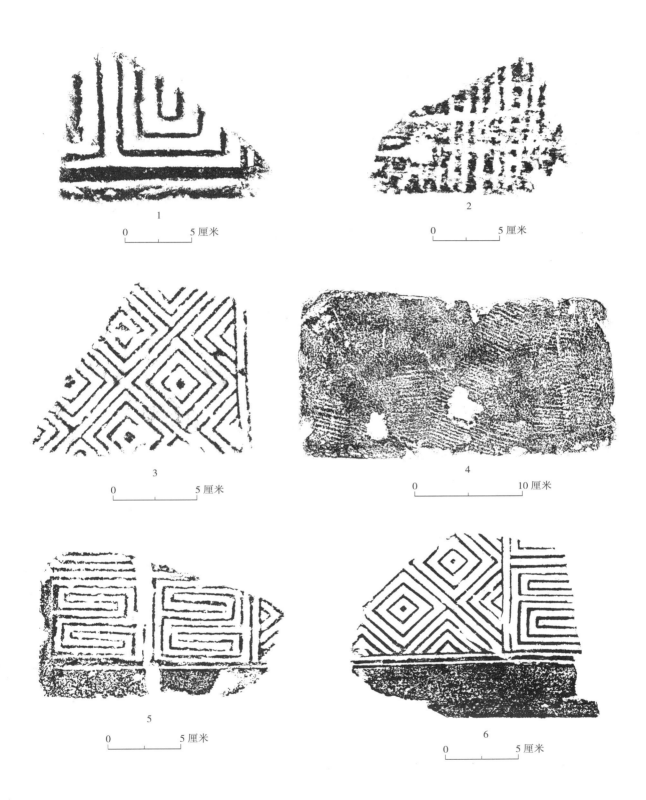

图二八 2012年上林苑一号遗址出土铺地砖、条砖、空心砖

1、2. 12ⅠG1:3　3. 12ⅠG1:4　4. 12ⅠG2:1　5. 12ⅠT1②:13　6. 12ⅠT1②:14

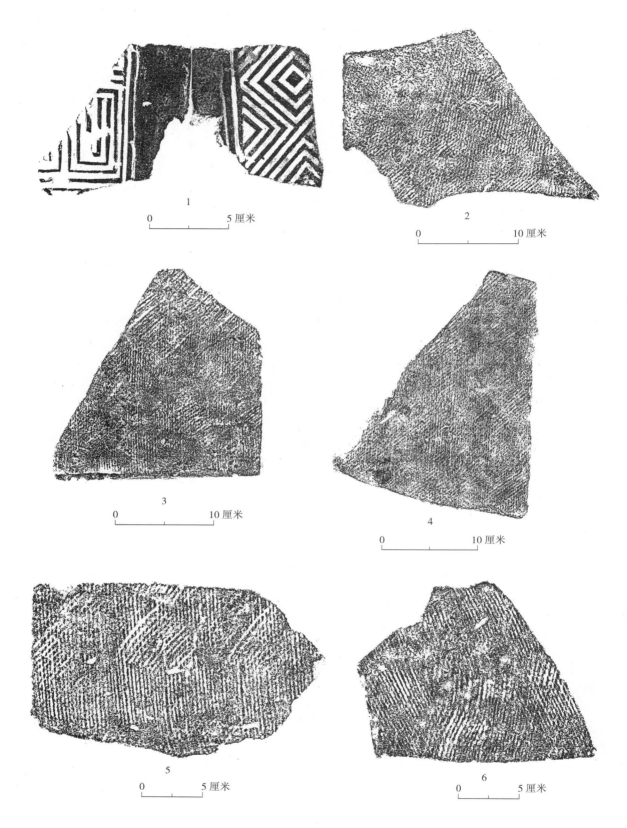

图二九　2012 年上林苑一号遗址出土空心砖、板瓦

1. 12ⅠG1：10　2. 12ⅠT1②：15　3. 12ⅠT1②：16　4. 12ⅠT1②：17　5. 12ⅠT1②：18　6. 12ⅠT1②：20

图三〇　2012 年上林苑一号遗址出土板瓦

1. 12ⅠT1②:22　2. 12ⅠT1②:23　3. 12ⅠT2②:16　4. 12ⅠT2②:17　5. 12ⅠT2②:18　6. 12ⅠT2②:19

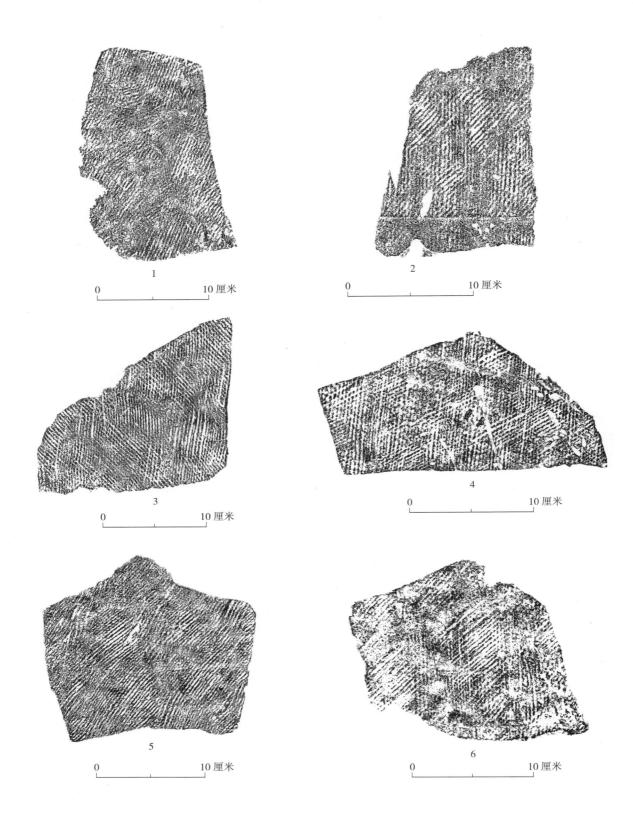

1

0   10 厘米

2

0   10 厘米

3

0   10 厘米

4

0   10 厘米

5

0   10 厘米

6

0   10 厘米

图三一　2012 年上林苑一号遗址出土板瓦

1. 12ⅠT2②:20　2. 12ⅠT2②:21　3. 12ⅠT2②:22　4. 12ⅠT2②:23　5. 12ⅠT2②:25　6. 12ⅠT2②:26

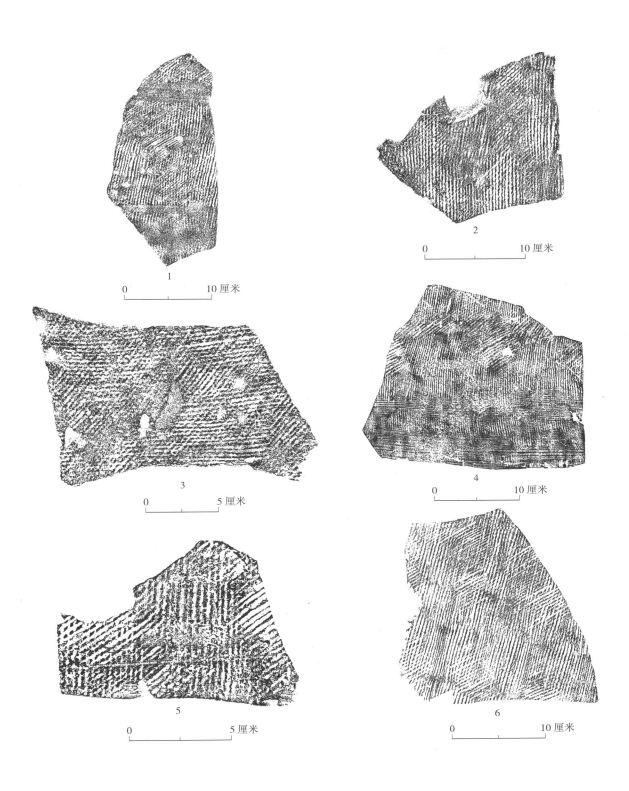

图三二　2012年上林苑一号遗址出土板瓦

1. 12 Ⅰ T2②：27　2. 12 Ⅰ T2②：28　3. 12 Ⅰ T2②：29　4. 12 Ⅰ T2②：33　5. 12 Ⅰ T2 南扩②：2　6. 12 Ⅰ T1④：3

A 型　表面饰细绳纹，据绳纹特征，分 Aa、Ab、Ac 三型，共出土 489 件。

Aa 型　表面饰细交错绳纹，据内面纹饰特征不同，分 Aa1、Aa3 两型。

Aa1 型　表面细交错绳纹，内素面。标本 78 件。

12 I T1②:15，残长 19.8、残宽 26.5、厚 1.6 厘米（图二九:2；图版二一:1）。

12 I T1②:16，残长 22.2、残宽 21.4、厚 1.9 厘米（图二九:3）。

12 I T1②:17，残长 26.5、残宽 21.2、厚 2.1 厘米（图二九:4）。

12 I T1②:18，残长 15.1、残宽 14.4、厚 1.7 厘米（图二九:5）。

12 I T1②:20，残长 15.6、残宽 18.3、厚 1.9 厘米（图二九:6）。

12 I T1②:22，残长 21.5、残宽 24、厚 1.4 厘米（图三〇:1；图版二一:2）。

12 I T1②:23，残长 15.8、残宽 16.2、厚 1.7 厘米（图三〇:2）。

12 I T2②:16，残长 25、残宽 14、厚 1.6 厘米（图三〇:3；图版二一:3）。

12 I T2②:17，深灰色。残长 24.3、残宽 24、厚 1.6 厘米（图三〇:4）。

12 I T2②:18，残长 17.1、残宽 15.5、厚 1.8 厘米（图三〇:5）。

12 I T2②:19，残长 12、残宽 18.5、厚 1.5 厘米（图三〇:6）。

12 I T2②:20，残长 20、残宽 13、厚 2 厘米（图三一:1）。

12 I T2②:21，残长 17、残宽 13.5、厚 1.5 厘米（图三一:2）。

12 I T2②:22，残长 14、残宽 25.5、厚 1.5 厘米（图三一:3）。

12 I T2②:23，残长 12、残宽 22、厚 1.5 厘米（图三一:4）。

12 I T2②:25，残长 17、残宽 20、厚 1.9 厘米（图三一:5）。

12 I T2②:26，残长 17、残宽 17、厚 1.7 厘米（图三一:6）。

12 I T2②:27，残长 25.6、残宽 13、厚 1.8 厘米（图三二:1）。

12 I T2②:28，残长 15.6、残宽 19、厚 1.6 厘米（图三二:2）。

12 I T2②:29，残长 18、残宽 14、厚 1.9 厘米（图三二:3）。

12 I T2②:33，残长 22.2、残宽 26.5、厚 1.3 厘米（图三二:4）。

12 I T2 南扩②:2，残长 8.5、残宽 12.2、厚 1.1 厘米（图三二:5）。

12 I T1④:3，残长 23.5、残宽 20.9、厚 0.8 厘米（图三二:6；图版二一:4）。

12 I T1④:4，残长 20.1、残宽 17、厚 1.6 厘米（图三三:1；图版二一:5）。

12 I T1④:5，残长 11.5、残宽 13.5、厚 1.6 厘米（图三三:2）。

12 I T1④:6，残长 15.5、残宽 19.5、厚 1.8 厘米（图三三:3）。

12 I T1④:7，残长 14.5、残宽 18、厚 1.3 厘米（图三三:4）。

12 I T1④:11，残长 27.5、残宽 28.5、厚 1.6 厘米（图三三:5）。

12 I T1④:12，残长 11.5、残宽 21、厚 2 厘米（图三三:6）。

12 I T1④:14，残长 11、残宽 18.5、厚 1.4 厘米（图三四:1）。

12 I T1④:16，残长 15.5、残宽 15、厚 1.5 厘米（图三四:2）。

12 I T1④:18，残长 23、残宽 12.5、厚 1.5 厘米（图三四:3）。

图三三　2012 年上林苑一号遗址出土板瓦

1. 12ⅠT1④：4　2. 12ⅠT1④：5　3. 12ⅠT1④：6　4. 12ⅠT1④：7　5. 12ⅠT1④：11　6. 12ⅠT1④：12

图三四　2012 年上林苑一号遗址出土板瓦

1. 12ⅠT1④：14　2. 12ⅠT1④：16　3. 12ⅠT1④：18　4. 12ⅠT1④：19　5. 12ⅠT1④：20　6. 12ⅠT1④：21

12 I T1④:19，残长 10.5、残宽 14、厚 1.3 厘米（图三四:4）。

12 I T1④:20，残长 15.3、残宽 21.5、厚 1.3 厘米（图三四:5）。

12 I T1④:21，残长 13、残宽 12.5、厚 1.3 厘米（图三四:6）。

12 I T1④:22，残长 15、残宽 14.5、厚 1.5 厘米（图三五:1）。

12 I T1④:23，残长 26、残宽 29.5、厚 1.5 厘米（图三五:2）。

12 I T1④:24，残长 12.7、残宽 15.5、厚 1.5 厘米（图三五:3）。

12 I T1④:25，残长 13、残宽 19、厚 1.3 厘米（图三五:4）。

12 I T1④:26，残长 11.5、残宽 15、厚 1.4 厘米（图三五:5）。

12 I T1④:27，残长 22、残宽 19.5、厚 1.4 厘米（图三五:6）。

12 I T2④:1，残长 20、残宽 22、厚 1.3 厘米（图三六:1；图版二一:6）。

12 I T2④:2，残长 11.5、残宽 17、厚 1.3 厘米（图三六:2）。

12 I T2④:3，残长 14、残宽 9.2、厚 1.5 厘米（图三六:3）。

12 I T2④:4，残长 12.6、残宽 13.5、厚 1.3 厘米（图三六:4）。

12 I T2④:5，残长 7.6、残宽 12、厚 1.5 厘米（图三六:5）。

12 I T2④:6，残长 8.9、残宽 13.5、厚 1.5 厘米（图三六:6）。

12 I G1:17，残长 14、残宽 15、厚 1.3 厘米（图三七:1）。

12 I G1:18，残长 17.7、残宽 14、厚 1.4 厘米（图三七:2）。

12 I G1:20，残长 20.2、残宽 12.2、厚 1.5 厘米（图三七:3）。

12 I G1:21，残长 17.7、残宽 14.5、厚 1.6 厘米（图三七:4）。

12 I G1:22，残长 16、残宽 10.8、厚 1.5 厘米（图三七:5）。

12 I G1:23，残长 16、残宽 14、厚 1.3 厘米（图三七:6）。

12 I G1:24，残长 20.7、残宽 14.5、厚 1.5 厘米（图三八:1）。

12 I G1:25，残长 13.5、残宽 11.5、厚 2 厘米（图三八:2）。

12 I G1:26，残长 11.5、残宽 18、厚 1.6 厘米（图三八:3）。

12 I G1:27，残长 15、残宽 11.5、厚 1.8 厘米（图三八:4）。

12 I G1:28，残长 11、残宽 15.5、厚 1.5 厘米（图三八:5）。

12 I G1:29，残长 22.5、残宽 12.5、厚 1.6 厘米（图三八:6）。

12 I G1:30，残长 16.5、残宽 14、厚 1.5 厘米（图三九:1）。

12 I G1:31，残长 12、残宽 14、厚 1.5 厘米（图三九:2）。

12 I G1:32，残长 10.8、残宽 20.2、厚 1.5 厘米（图三九:3）。

12 I G1:34，残长 15、残宽 10.5、厚 1.5 厘米（图三九:4）。

12 I G1:35，残长 10.8、残宽 13、厚 1.7 厘米（图三九:5）。

12 I G2:8，残长 21.1、残宽 19.5、厚 1.5 厘米（图三九:6）。

12 I G2:9，残长 22.3、残宽 12.5、厚 1.5 厘米（图四〇:1）。

12 I G2:10，残长 13.2、残宽 23.5、厚 1.5 厘米（图四〇:2）。

图三五　2012 年上林苑一号遗址出土板瓦

1. 12ⅠT1④:22　2. 12ⅠT1④:23　3. 12ⅠT1④:24　4. 12ⅠT1④:25　5. 12ⅠT1④:26　6. 12ⅠT1④:27

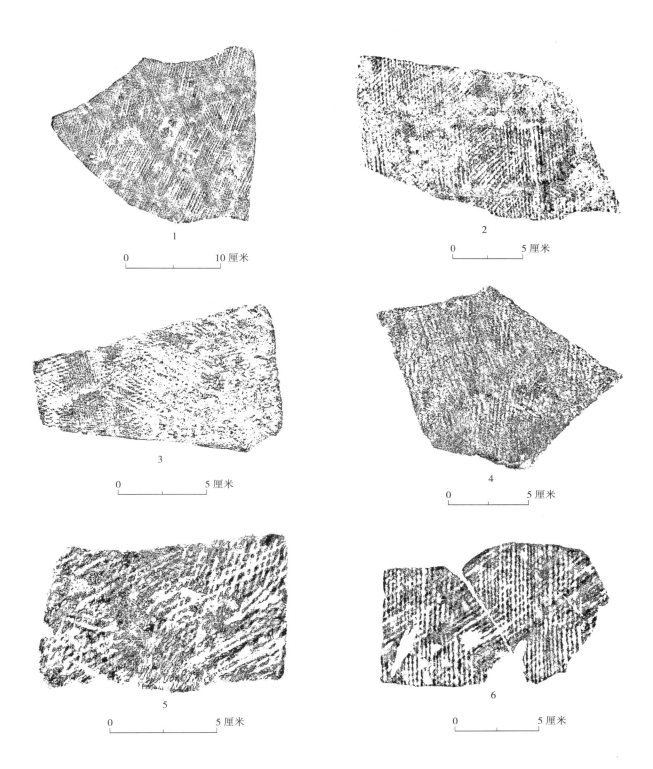

图三六 2012 年上林苑一号遗址出土板瓦

1. 12ⅠT2④:1 2. 12ⅠT2④:2 3. 12ⅠT2④:3 4. 12ⅠT2④:4 5. 12ⅠT2④:5 6. 12ⅠT2④:6

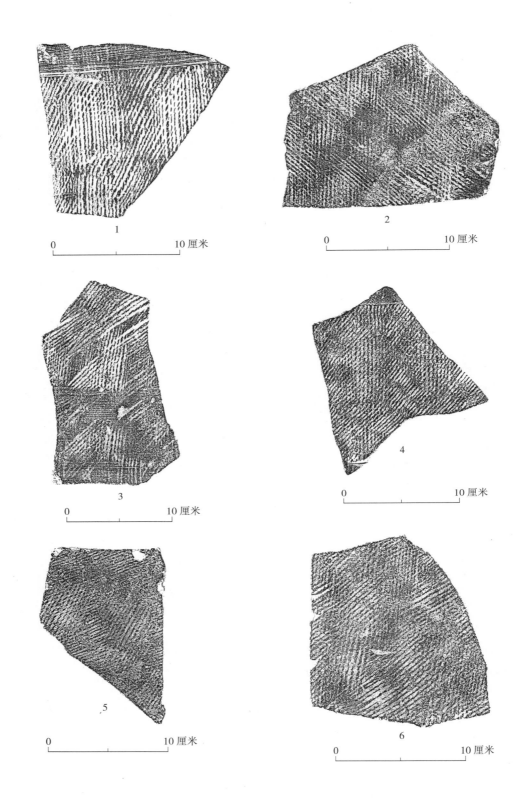

图三七　2012 年上林苑一号遗址出土板瓦

1. 12 Ⅰ G1：17　2. 12 Ⅰ G1：18　3. 12 Ⅰ G1：20　4. 12 Ⅰ G1：21　5. 12 Ⅰ G1：22　6. 12 Ⅰ G1：23

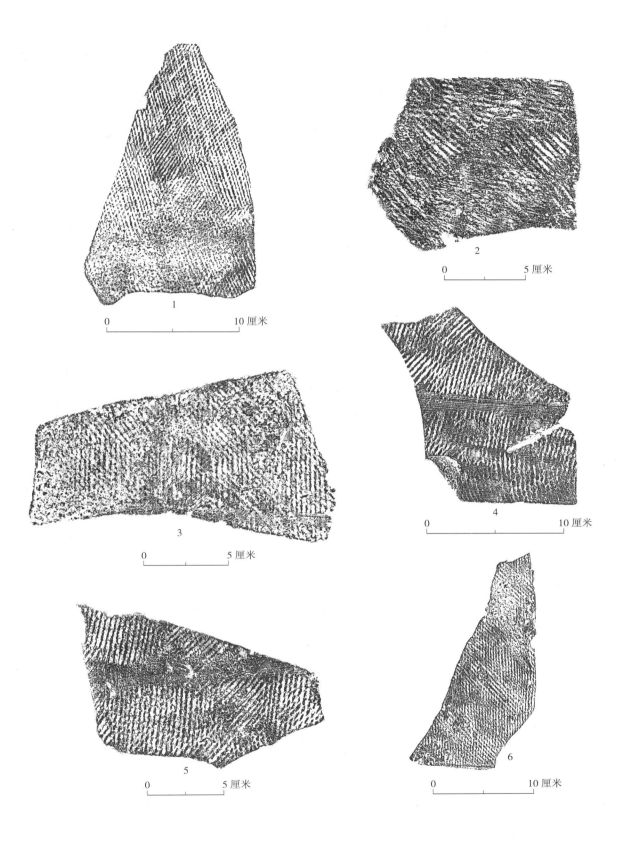

图三八　2012 年上林苑一号遗址出土板瓦

1. 12 Ⅰ G1：24　2. 12 Ⅰ G1：25　3. 12 Ⅰ G1：26　4. 12 Ⅰ G1：27　5. 12 Ⅰ G1：28　6. 12 Ⅰ G1：29

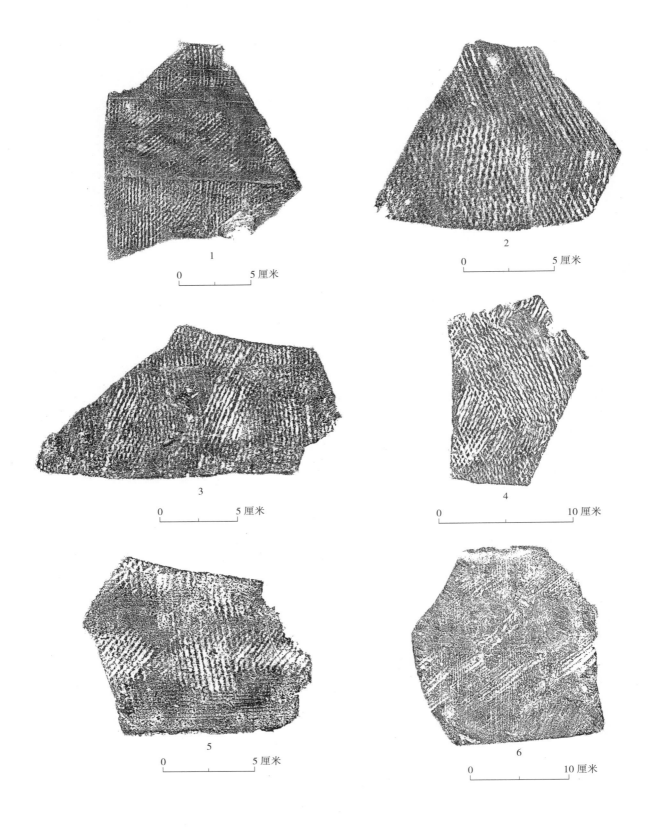

1   0   5 厘米

2   0   5 厘米

3   0   5 厘米

4   0   10 厘米

5   0   5 厘米

6   0   10 厘米

图三九　2012 年上林苑一号遗址出土板瓦

1. 12ⅠG1：30　　2. 12ⅠG1：31　　3. 12ⅠG1：32　　4. 12ⅠG1：34　　5. 12ⅠG1：35　　6. 12ⅠG2：8

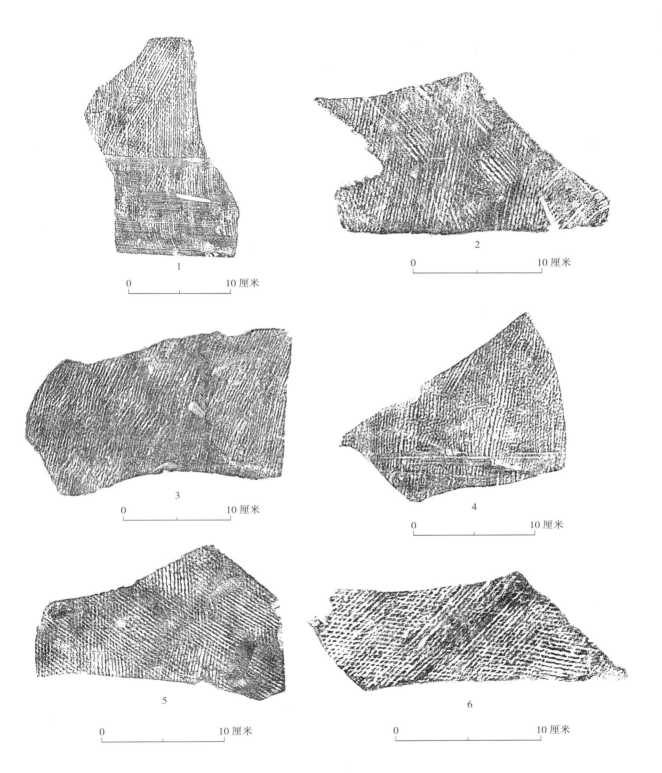

图四○　2012 年上林苑一号遗址出土板瓦

1. 12 I G2∶9　2. 12 I G2∶10　3. 12 I G2∶11　4. 12 I G2∶12　5. 12 I G2∶13　6. 12 I G2∶14

12 I G2：11，残长 14、残宽 25.5、厚 1.4 厘米（图四〇：3）。

12 I G2：12，残长 14、残宽 19.2、厚 1.2 厘米（图四〇：4）。

12 I G2：13，残长 21.5、残宽 18.3、厚 1.5 厘米（图四〇：5）。

12 I G2：14，残长 14、残宽 23、厚 1.6 厘米（图四〇：6）。

12 I G2：15，残长 11.7、残宽 14.6、厚 1.9 厘米（图四一：1）。

12 I G2：16，残长 12、残宽 16、厚 2 厘米（图四一：2）。

12 I G2：17，残长 10、残宽 12、厚 1.6 厘米（图四一：3）。

12 I G2：19，残长 16、残宽 13、1.6 厘米（图四一：4）。

12 I G2：20，残长 10.5、残宽 11、厚 1.4 厘米（图四一：5）。

12 I G2：21，残长 8.5、残宽 17.5、厚 1.4 厘米（图四一：6）。

12 I G2：23，残长 9.5、残宽 13、厚 1.5 厘米（图四二：1）。

Aa3 型　表面细交错绳纹，内细篦纹。标本 4 件。

12 I T1④：2，残长 25、残宽 28、厚 0.9 厘米（图四二：2；图版二二：1、2）。

12 I G1：12，残长 22.5、残宽 23、厚 1.5 厘米（图四二：3）。

12 I G1：13，残长 13、残宽 13、厚 1.1 厘米（图四二：4；图版二二：3、4）。

12 I G1：15，残长 11、残宽 10.7、厚 1.3 厘米（图四二：5）。

B 型　表面饰中粗绳纹，据绳纹特征，可分 Ba、Bb、Bc 三型，共出土 36 件。

Ba 型　表面饰中粗交错绳纹，据内面纹饰特征不同，可分 Ba1、Ba2、Ba3、Ba4、Ba9 五型。

Ba1 型　表面中粗交错绳纹，内面素面。标本 22 件。

12 I T1②：19，残长 11.9、残宽 21.2、厚 2 厘米（图四三：1；图版二二：5）。

12 I T1②：21，残长 24、残宽 14.5、厚 1.6 厘米（图四三：2）。

12 I T1②：24，残长 18、残宽 22.8、厚 1.5 厘米（图四三：3）。

12 I T1②：27，残长 16.2、残宽 19.2、厚 1.6 厘米（图四三：4）。

12 I T2②：24，残长 20.5、残宽 19、厚 1.1 厘米（图四三：5）。

12 I T2②：30，残长 20.7、残宽 22、厚 1.6 厘米（图四三：6）。

12 I T2②：31，残长 10.5、残宽 15.2、厚 1.4 厘米（图四四：1）。

12 I T2②：32，残长 14.6、残宽 23.5、厚 1.5 厘米（图四四：2）。

12 I T2 南扩②：1，残长 14，残宽 21.5、厚 1.4 厘米（图四四：3）。

12 I T1④：8，残长 12.5、残宽 22.5、厚 1.7 厘米（图四四：4；图版二二：6）。

12 I T1④：9，残长 20、残宽 12.7、厚 1.5 厘米（图四四：5）。

12 I T1④：10，残长 21、残宽 26、厚 1.3 厘米（图四四：6）。

12 I T1④：15，残长 11.6、残宽 17.5、厚 1.5 厘米（图四五：1）。

12 I T1④：17，残长 33.5、残宽 17.5、厚 1.6 厘米（图四五：2）。

12 I G1：16，残长 18.5、残宽 22.3、厚 1.5 厘米（图四五：3）。

12 I G1：19，残长 13、残宽 22.5、厚 1.2 厘米（图四五：4）。

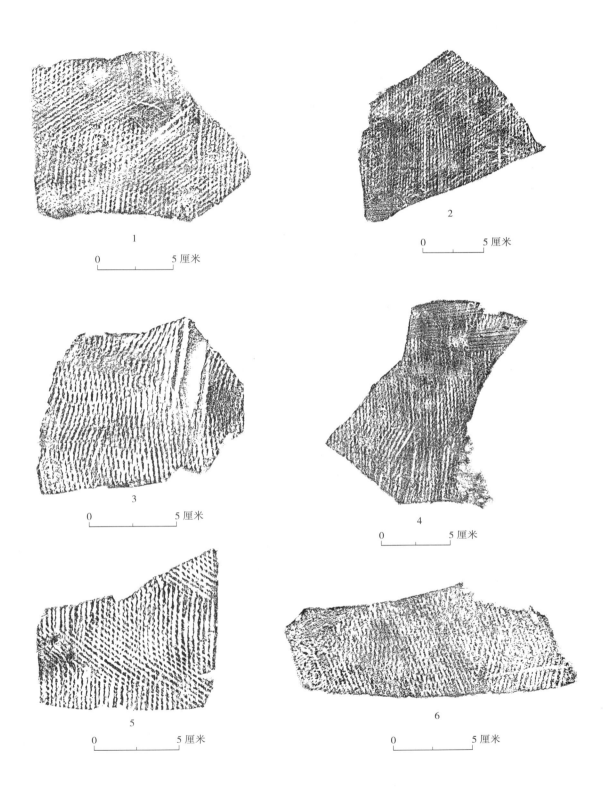

图四一　2012 年上林苑一号遗址出土板瓦

1. 12 Ⅰ G2：15　2. 12 Ⅰ G2：16　3. 12 Ⅰ G2：17　4. 12 Ⅰ G2：19　5. 12 Ⅰ G2：20　6. 12 Ⅰ G2：21

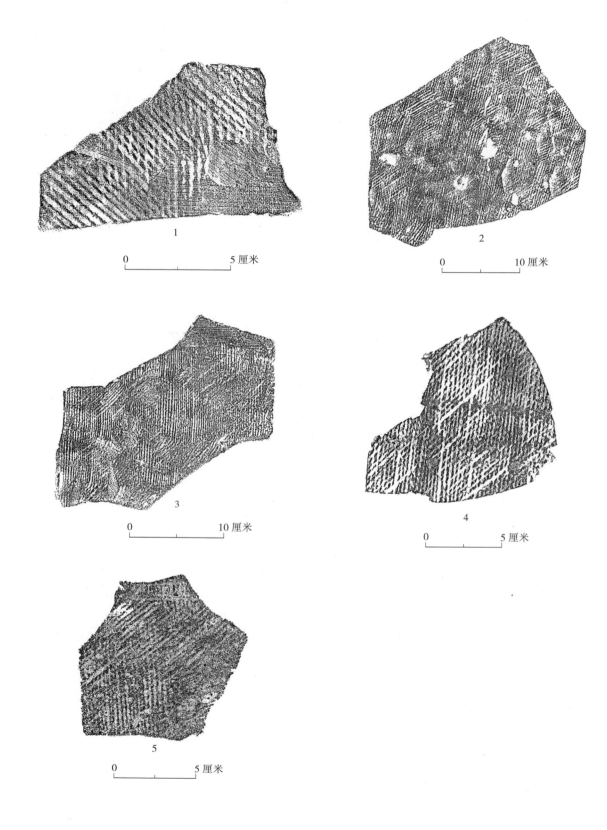

图四二　2012 年上林苑一号遗址出土板瓦

1. 12ⅠG2:23　2. 12ⅠT1④:2　3. 12ⅠG1:12　4. 12ⅠG1:13　5. 12ⅠG1:15

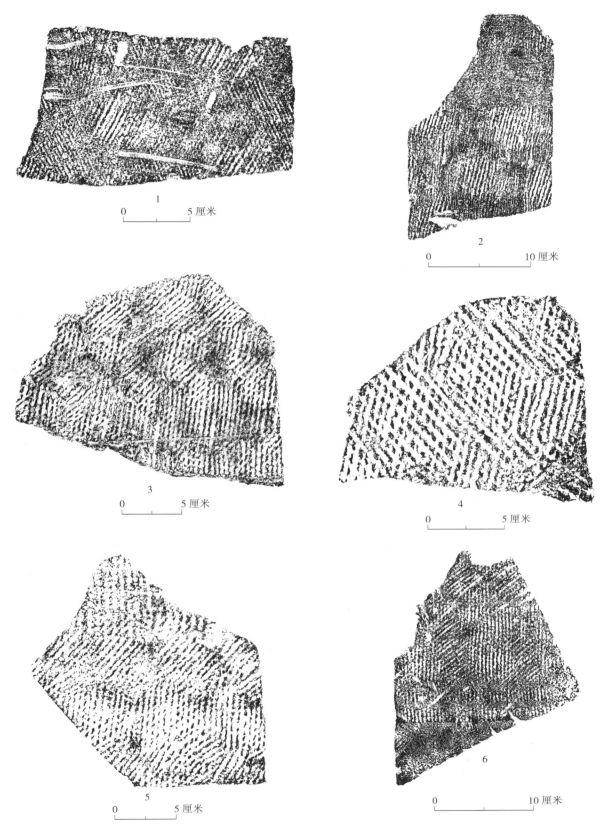

0 ⊢———⊣ 5 厘米

1

0 ⊢————⊣ 10 厘米

2

0 ⊢———⊣ 5 厘米

3

0 ⊢———⊣ 5 厘米

4

0 ⊢———⊣ 5 厘米

5

0 ⊢————⊣ 10 厘米

6

图四三 2012 年上林苑一号遗址出土板瓦

1. 12ⅠT1②:19 2. 12ⅠT1②:21 3. 12ⅠT1②:24 4. 12ⅠT1②:27 5. 12ⅠT2②:24 6. 12ⅠT2②:30

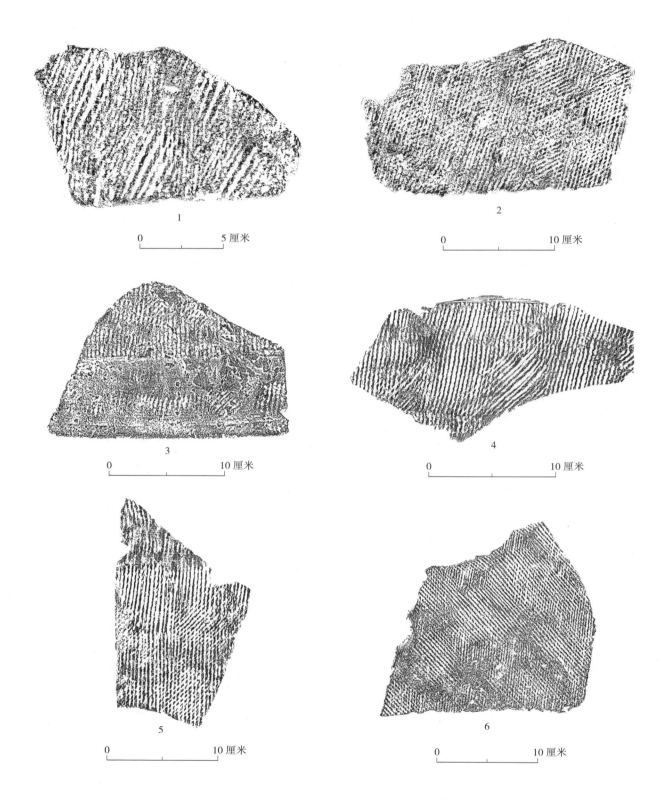

图四四　2012年上林苑一号遗址出土板瓦

1. 12ⅠT2②：31　2. 12ⅠT2②：32　3. 12ⅠT2南扩②：1　4. 12ⅠT1④：8　5. 12ⅠT1④：9　6. 12ⅠT1④：10

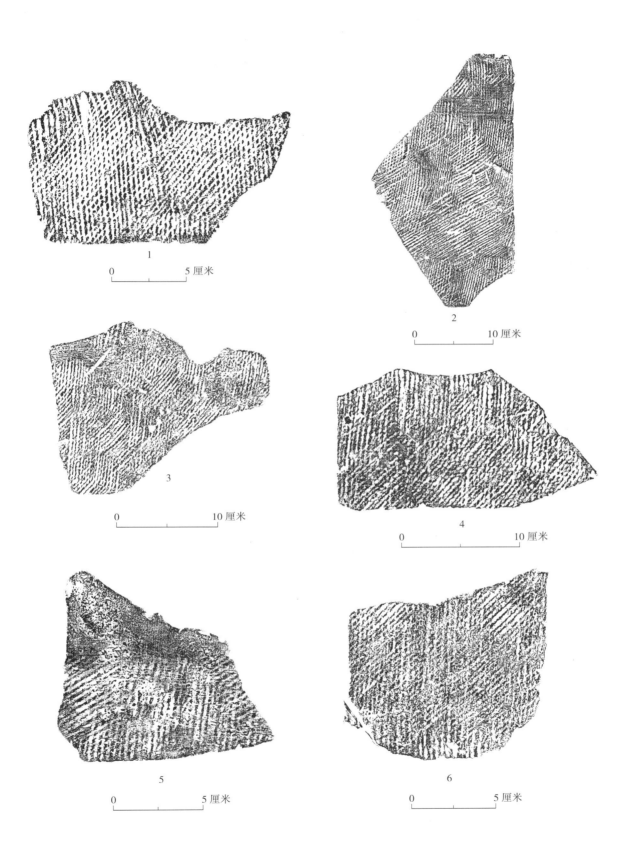

图四五　2012 年上林苑一号遗址出土板瓦

1. 12ⅠT1④：15　2. 12ⅠT1④：17　3. 12ⅠG1：16　4. 12ⅠG1：19　5. 12ⅠG1：33　6. 12ⅠG1：36

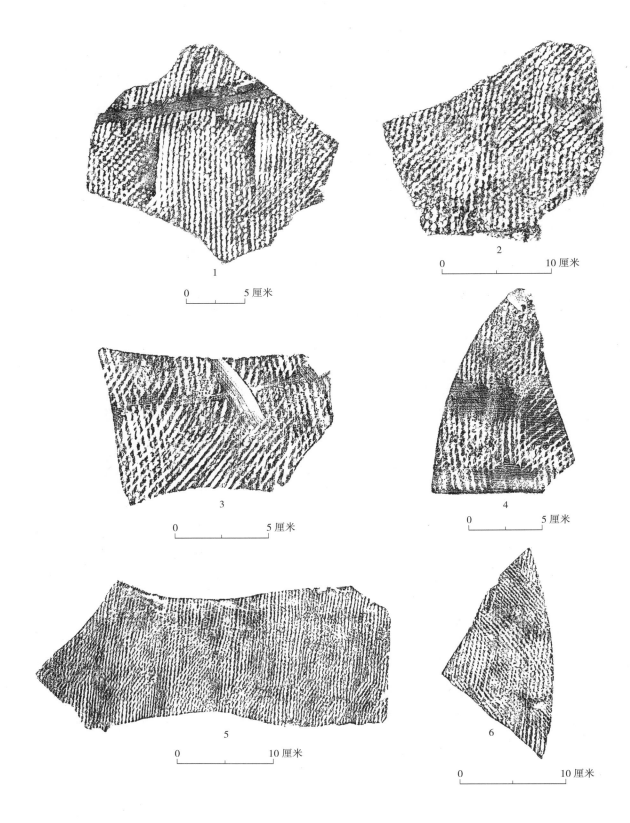

图四六　2012 年上林苑一号遗址出土板瓦

1. 12 Ⅰ G1：42　2. 12 Ⅰ G1：45　3. 12 Ⅰ G2：18　4. 12 Ⅰ G2：22　5. 12 Ⅰ T1④：13　6. 12 Ⅰ G1：14

12ⅠG1:33，残长 11.5、残宽 12、厚 1.1 厘米（图四五:5）。

12ⅠG1:36，残长 12.5、残宽 12、厚 1.1 厘米（图四五:6）。

12ⅠG1:42，残长 20、残宽 21.5、厚 1.5 厘米（图四六:1）。

12ⅠG1:45，残长 17、残宽 21、厚 1.9 厘米（图四六:2）。

12ⅠG2:18，残长 9.5、残宽 12、厚 1.2 厘米（图四六:3）。

12ⅠG2:22，残长 14.8、残宽 9.8、厚 1.6 厘米（图四六:4）。

Ba2 型　表面中粗交错绳纹，内局部麻点纹。标本 1 件（12ⅠT1④:13），残长 15、残宽 34.5、厚 1.2 厘米（图四六:5；图版二三:1、2）。

Ba3 型　表面中粗交错绳纹，内细篦纹。标本 1 件（12ⅠG1:14），残长 13.5、残宽 15.3、厚 1.1 厘米（图四六:6；图版二三:3、4）。

Ba4 型　表面中粗交错绳纹，内粗布纹局部斜绳纹或麻点纹。标本 5 件。

12ⅠG1:37，残长 18、残宽 18、厚 1.5 厘米（图四七:1；图版二三:5、6）。

12ⅠG1:38，残长 16、残宽 15.5、厚 1.4 厘米（图四七:2）。

12ⅠG1:39，残长 16、残宽 12.5、厚 1.3 厘米（图四七:3）。

12ⅠG1:40，残长 12.5、残宽 9.6、厚 1.3 厘米（图四七:4）。

12ⅠG1:52，残长 14.5、残宽 17.3、厚 1.5 厘米（图四七:5）。

Ba9 型　表面中粗交错绳纹，内小菱形纹局部布纹。标本 1 件（12ⅠG1:53），残长 17.7、残宽 12.5、厚 1.5 厘米（图版二四:1、2）。

Bb 型　表面饰中粗斜绳纹，据内面纹饰不同，有 Bb1、Bb4、Bb5 三型。

Bb1 型　表面中粗斜绳纹，内素面。标本 3 件。

12ⅠT2②:45，残长 14、残宽 18、厚 1.7 厘米（图四八:1；图版二四:3、4）。

12ⅠG1:65，残长 12、残宽 14.3、厚 1.6 厘米（图四八:2）。

12ⅠG1:26，残长 19、残宽 19.5、厚 1.5 厘米（图四八:3）。

Bb4 型　表面中粗斜绳纹，内布纹或小菱形纹。标本 2 件。

12ⅠG1:68，残长 14、残宽 24.2、厚 1.5 厘米（图四八:4；图版二四:5、6）。

12ⅠG1:69，残长 16.8、残宽 22、厚 1.6 厘米（图四八:5）。

Bb5 型　表面中粗斜绳纹，内绳纹。标本 1 件（12ⅠG2:30），残长 15、残宽 14.8、厚 1.6 厘米（图四九:1、2）。

C 型　表面饰粗绳纹，据绳纹特征不同，可分 Ca、Cb 两型，出土 139 件。

Ca 型　表面饰粗交错绳纹，据内面纹饰不同，可分为 Ca1、Ca4 两型。

Ca1 型　表面粗交错绳纹，内面素面。标本 15 件。

12ⅠT1②:25，残长 15、残宽 25.5、厚 1.7 厘米（图四九:3；图版二五:1、2）。

12ⅠT1②:26，残长 16.3、残宽 17.2、厚 1.4 厘米（图四九:4）。

12ⅠT1②:28，残长 16、残宽 16.5、厚 1.5 厘米（图四九:5）。

12ⅠT2②:34，残长 16.3、残宽 18、厚 1.8 厘米（图五〇:1）。

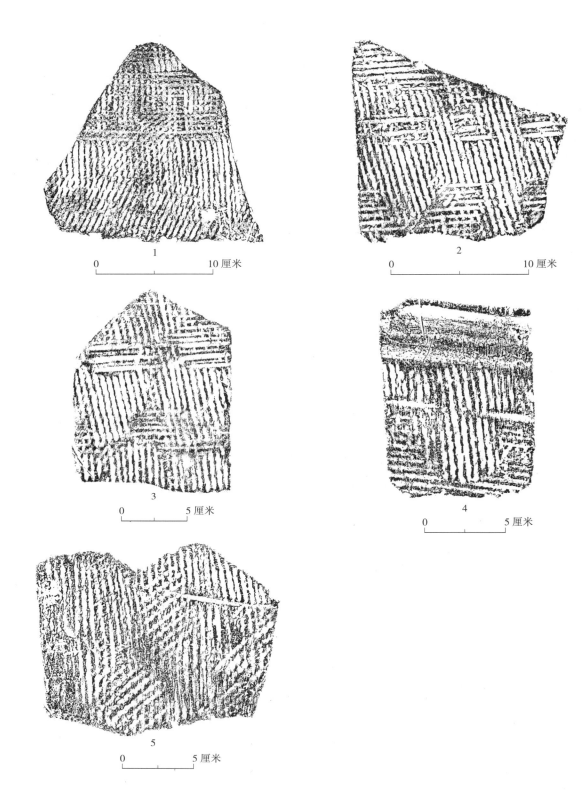

图四七　2012 年上林苑一号遗址出土板瓦

1. 12 Ⅰ G1∶37　2. 12 Ⅰ G1∶38　3. 12 Ⅰ G1∶39　4. 12 Ⅰ G1∶40　5. 12 Ⅰ G1∶52

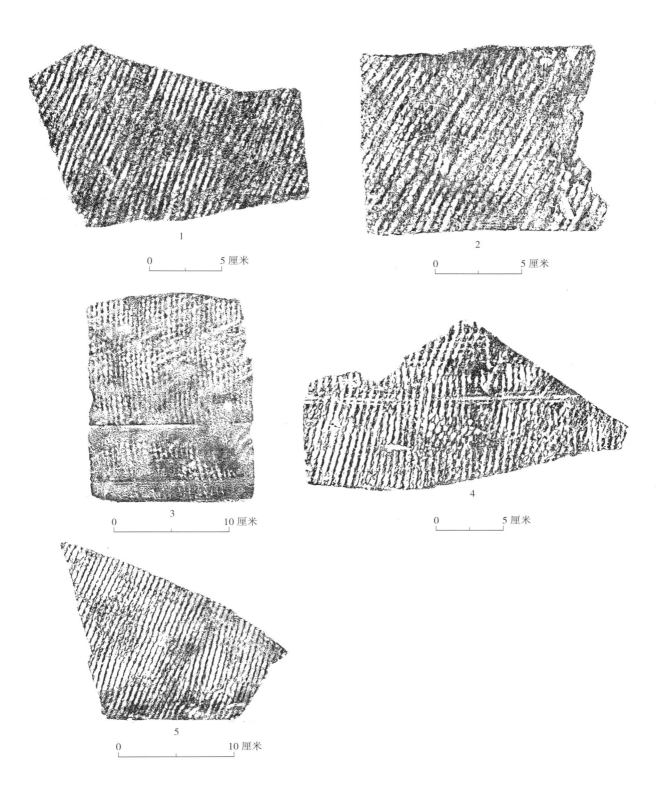

图四八　2012 年上林苑一号遗址出土板瓦

1. 12 I T2②:45　2. 12 I G1:65　3. 12 I G1:26　4. 12 I G1:68　5. 12 I G1:69

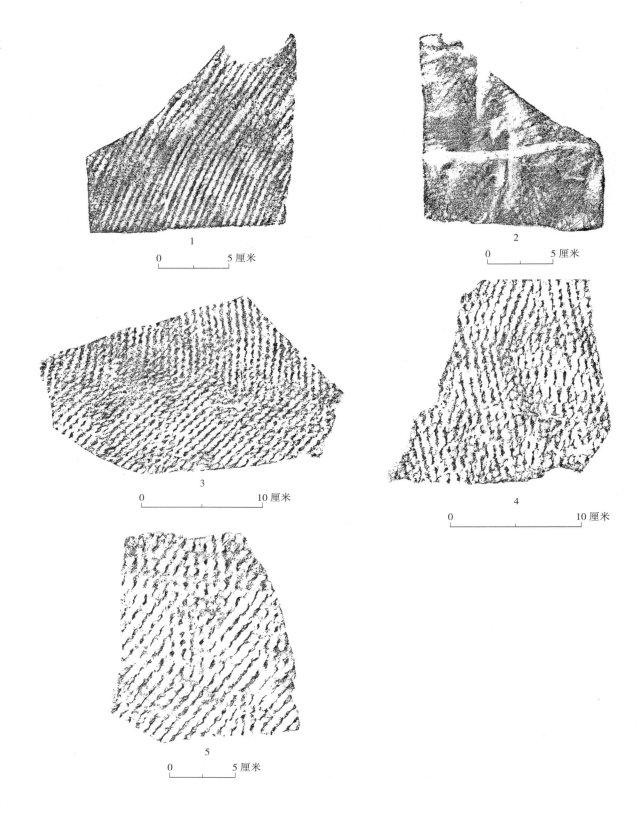

图四九　2012 年上林苑一号遗址出土板瓦

1、2. 12 I G2：30　3. 12 I T1②：25　4. 12 I T1②：26　5. 12 I T1②：28

12ⅠT2②：40，残长15、残宽13.8、厚0.9厘米（图五〇：2）。

12ⅠT2②：41，残长11.5、残宽15、厚1.2厘米（图五〇：3）。

12ⅠG1：41，残长14.5、残宽19、厚1.5厘米（图五〇：4）。

12ⅠG1：43，残长15.5、残宽12、厚1.4厘米（图五〇：5）。

12ⅠG1：44，残长12、残宽20、厚1.3厘米（图五〇：6）。

12ⅠG1：46，残长11、残宽11.5、厚1.4厘米（图五一：1）。

12ⅠG1：47，残长11、残宽16.5、厚1.4厘米（图五一：2）。

12ⅠG1：48，残长10.5、残宽16、厚1.3厘米（图五一：3）。

12ⅠG1：49，残长14、残宽11、厚1.5厘米（图五一：4）。

12ⅠG1：50，残长10.6、残宽14、厚1.1厘米（图五一：5）。

12ⅠG1：51，残长15、残宽16、厚1.1厘米（图五一：6）。

Ca4型　表面粗交错绳纹，内粗布纹。标本1件（12ⅠG1：54），残长19.3、残宽19、厚1.2厘米（图五二：1；图版二五：3、4）。

Cb型　表面饰粗斜绳纹，据内面纹饰不同，可分Cb1、Cb4、Cb6、Cb10等4型。

Cb1型表面粗斜绳纹，内素面。标本32件。

12ⅠT1②：29，残长12.1、残宽16.3、厚1.5厘米（图五二：2；图版二五：5、6）。

12ⅠT1②：30，残长11、残宽15.2、厚1.5厘米（图五二：3）。

12ⅠT1②：31，残长12.8、残宽15.5、厚1.6厘米（图五二：4）。

12ⅠT1②：32，残长18.9、残宽14.2、厚1.2厘米（图五二：5）。

12ⅠT1②：33，残长16.3、残宽18.2、厚1.7厘米（图五二：6）。

12ⅠT2②：35，残长16.2、残宽17、厚1.2厘米（图五三：1）。

12ⅠT2②：36，残长15.9、残宽23.5、厚1.5厘米（图五三：2）。

12ⅠT2②：37，残长16、残宽21、厚1厘米（图五三：3）。

12ⅠT2②：38，残长16.3、残宽15.5、厚1.3厘米（图五四：1）。

12ⅠT2②：39，残长17.7、残宽17.5、厚1.5厘米（图五四：2）。

12ⅠT2②：42，残长11.7、残宽13.8、厚1.2厘米（图五四：3）。

12ⅠT2②：44，残长14.3、残宽19.5、厚1.4厘米（图五五：1）。

12ⅠT2南扩②：4，残长12、残宽17.6、厚1.3厘米（图五五：2）。

12ⅠG1：55，残长12.2、残宽20.5、厚1.4厘米（图五五：3）。

12ⅠG1：56，残长14.7、残宽22.3、厚1.3厘米（图五五：4）。

12ⅠG1：57，残长10.5、残宽17.5、厚1.2厘米（图五五：5）。

12ⅠG1：58，残长12.2、残宽16、厚1.5厘米（图五六：1）。

12ⅠG1：59，残长12.8、残宽15.2、厚1.6厘米（图五六：2）。

12ⅠG1：60，残长20、残宽14.3、厚1.7厘米（图五六：3）。

12ⅠG1：61，残长16.3、残宽12.2、厚1.4厘米（图五六：4）。

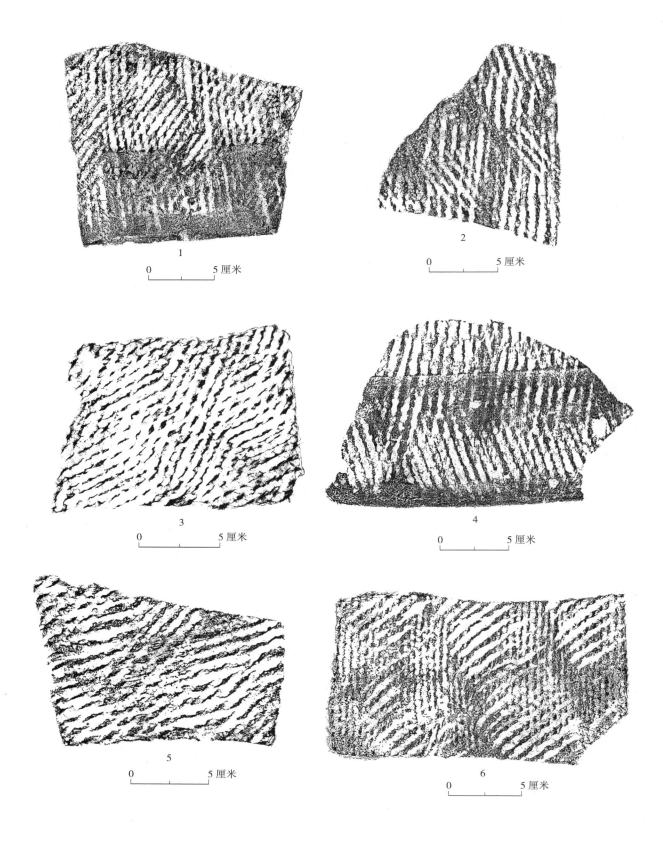

图五〇　2012 年上林苑一号遗址出土板瓦

1. 12ⅠT2②:34　2. 12ⅠT2②:40　3. 12ⅠT2②:41　4. 12ⅠG1:41　5. 12ⅠG1:43　6. 12ⅠG1:44

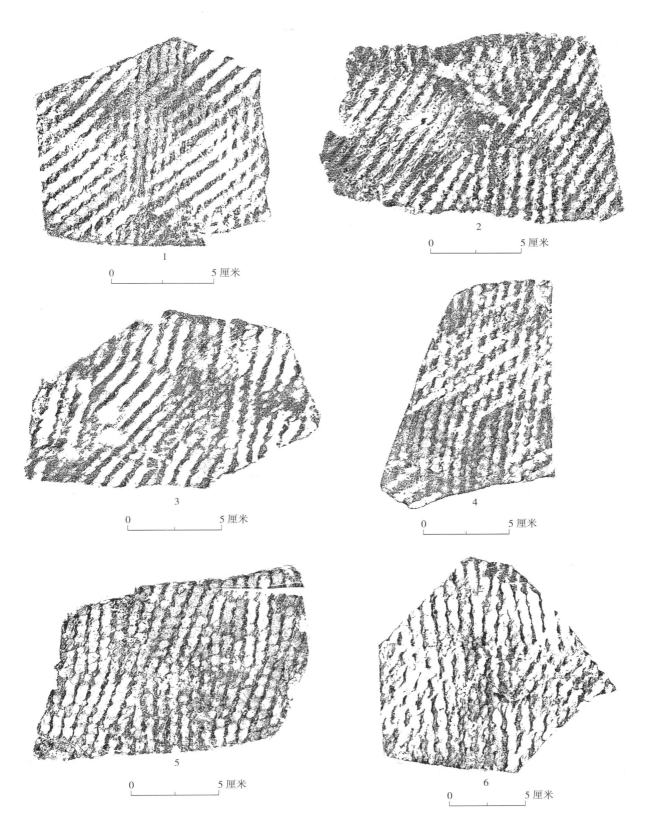

图五一　2012 年上林苑一号遗址出土板瓦

1. 12 Ⅰ G1∶46　2. 12 Ⅰ G1∶47　3. 12 Ⅰ G1∶48　4. 12 Ⅰ G1∶49　5. 12 Ⅰ G1∶50　6. 12 Ⅰ G1∶51

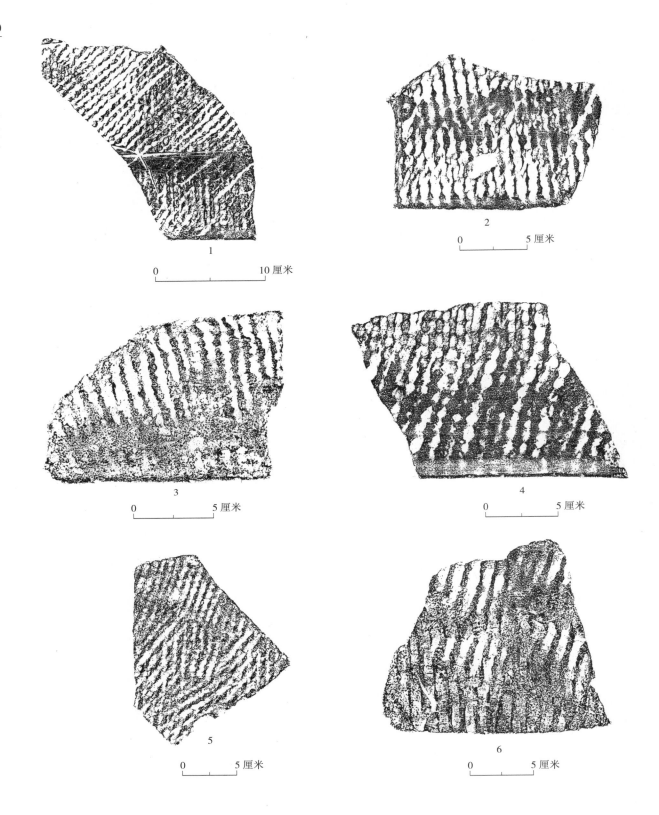

图五二　2012年上林苑一号遗址出土板瓦

1. 12 I G1：54　　2. 12 I T1②：29　　3. 12 I T1②：30　　4. 12 I T1②：31　　5. 12 I T1②：32　　6. 12 I T1②：33

1

0   5 厘米

2

0   5 厘米

3

0   5 厘米

图五三　2012 年上林苑一号遗址出土板瓦

1. 12ⅠT2②：35　2. 12ⅠT2②：36　3. 12ⅠT2②：37

12ⅠG1：62，残长 14.5、残宽 15.7、厚 1.8 厘米（图五六：5）。

12ⅠG1：63，残长 12、残宽 12、厚 1.6 厘米（图五六：6）。

12ⅠG1：64，残长 14、残宽 15.5、厚 1.3 厘米（图五七：1）。

12ⅠG1：66，残长 23、残宽 20、厚 1.5 厘米（图五七：2）。

12ⅠG1：67，残长 19、残宽 18、厚 1.5 厘米（图五七：3）。

12ⅠG2：24，残长 20、残宽 28、厚 1.7 厘米（图五七：4）。

12ⅠG2：27，残长 14、残宽 15.5、厚 1.4 厘米（图五七：5）。

12ⅠG2：28，残长 16、残宽 17.8、厚 1.3 厘米（图五七：6）。

12ⅠG2：29，残长 11、残宽 17.5、厚 1.2 厘米（图五八：1）。

12ⅠG2：31，残长 15.7、残宽 15.3、厚 1.1 厘米（图五八：2）。

12ⅠG2：32，残长 13.5、残宽 12.5、厚 1.6 厘米（图五八：3）。

12ⅠG2：33，残长 10.2、残宽 13.5、厚 1.4 厘米（图五八：4）。

Cb4 型　表面粗斜绳纹，内粗布纹。标本 1 件（12ⅠG1：70），残长 15.3、残宽 18.5、厚 1.5 厘米（图五八：5；图版二六：1、2）。

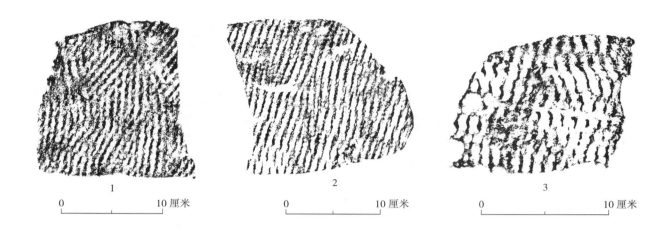

图五四　2012 年上林苑一号遗址出土板瓦

1. 12ⅠT2②：38　2. 12ⅠT2②：39　3. 12ⅠT2②：42

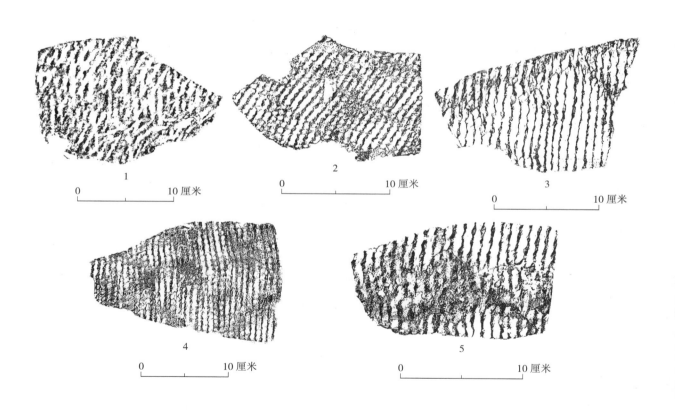

图五五　2012 年上林苑一号遗址出土板瓦

1. 12ⅠT2②：44　2. 12ⅠT2 南扩②：4　3. 12ⅠG1：55　4. 12ⅠG1：56　5. 12ⅠG1：57

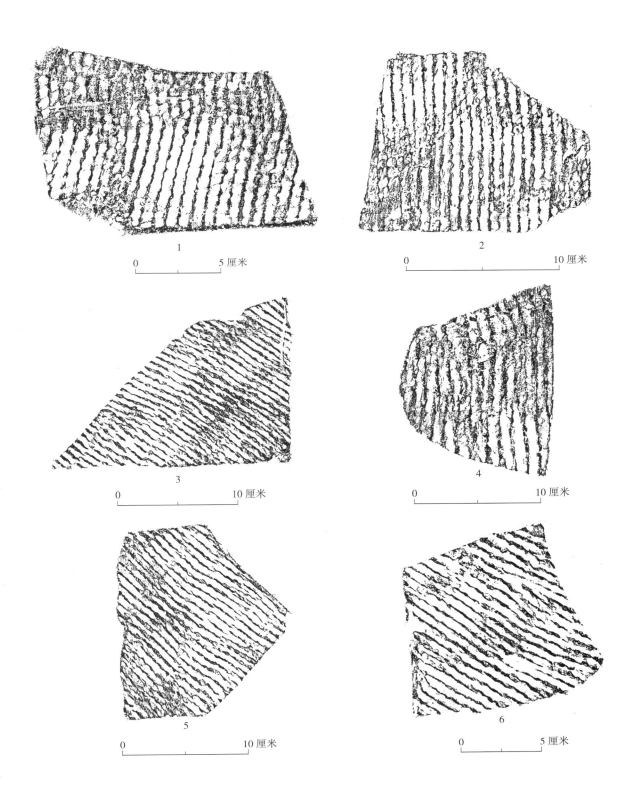

1

0   5 厘米

2

0   10 厘米

3

0   10 厘米

4

0   10 厘米

5

0   10 厘米

6

0   5 厘米

图五六　2012 年上林苑一号遗址出土板瓦

1. 12 I G1：58　2. 12 I G1：59　3. 12 I G1：60　4. 12 I G1：61　5. 12 I G1：62　6. 12 I G1：63

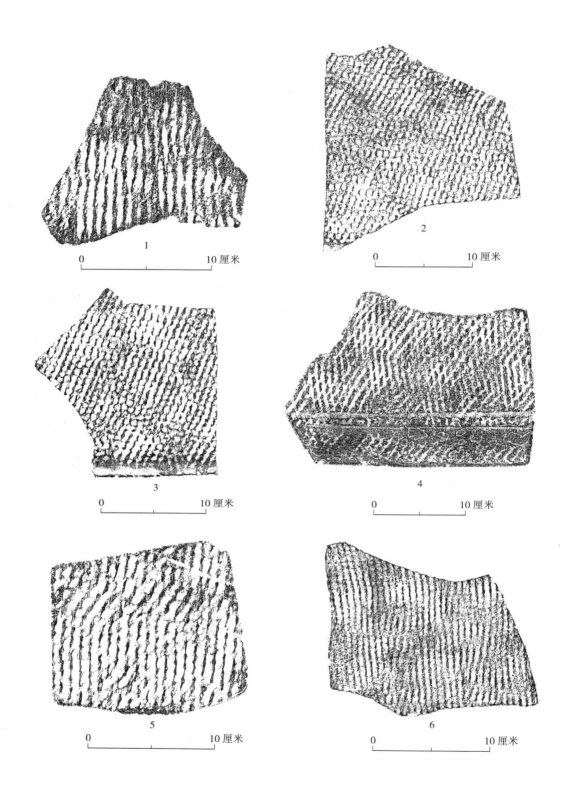

图五七　2012年上林苑一号遗址出土板瓦

1. 12ⅠG1：64　2. 12ⅠG1：66　3. 12ⅠG1：67　4. 12ⅠG2：24　5. 12ⅠG2：27　6. 12ⅠG2：28

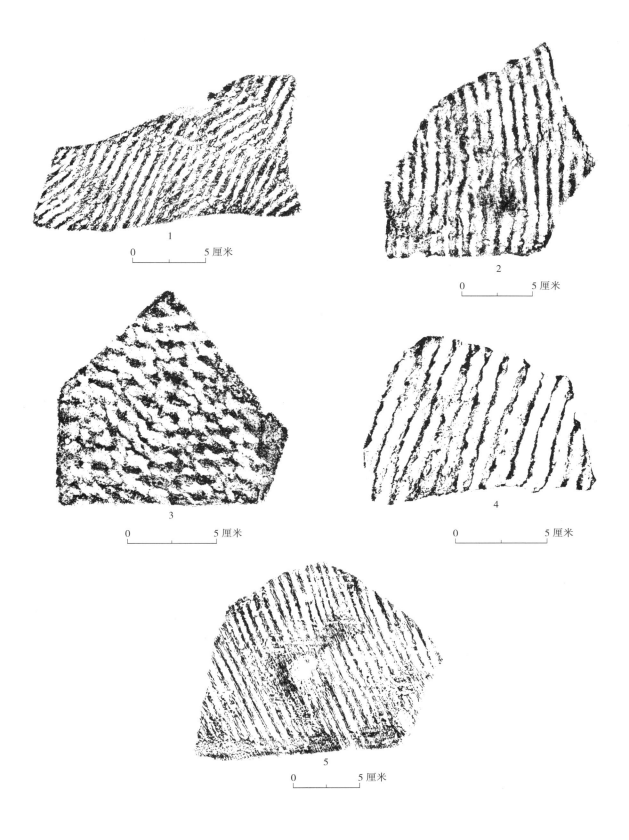

图五八　2012 年上林苑一号遗址出土板瓦

1. 12ⅠG2：29　2. 12ⅠG2：31　3. 12ⅠG2：32　4. 12ⅠG2：33　5. 12ⅠG1：70

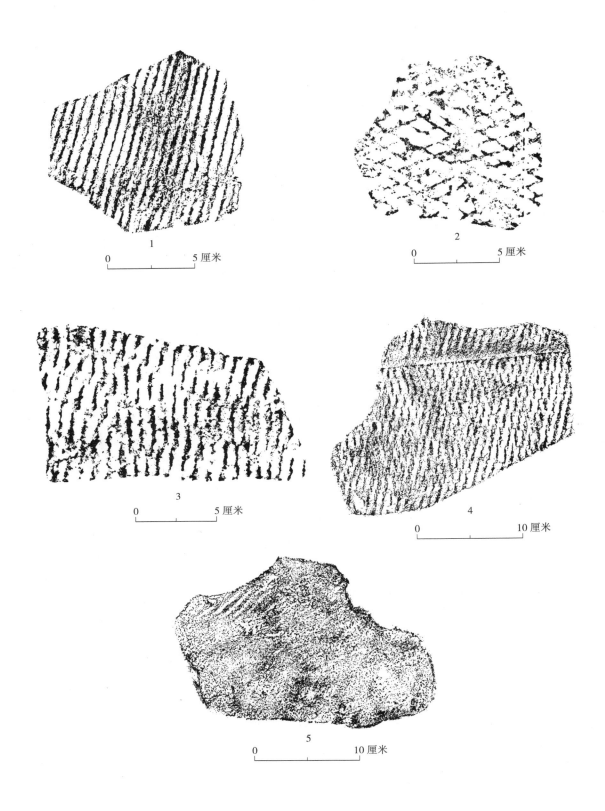

图五九　2012年上林苑一号遗址出土板瓦

1、2.12ⅠG2：34　3.12ⅠT2②：43　4、5.12ⅠG2：25

Cb6 型　表面粗斜绳纹，内方格纹。标本 1 件（12ⅠG2：34），残长 12、残宽 12、厚 1.1 厘米（图五九：1、2；图版二六：3、4）。

Cb9 型　表面粗斜绳纹，内小菱形纹。标本 1 件（12ⅠT2②：43），残长 11、残宽 16.5、厚 1.7 厘米（图五九：3；图版二六：5、6）。

Cb10 型　表面粗斜绳纹，内抹平绳纹。标本 1 件（12ⅠG2：25），残长 19、残宽 23、厚 1.2 厘米（图五九：4、5；图版二七：1、2）。

筒瓦

根据表面纹饰特征，可分 A、B 两型。

A 型　表面饰细绳纹，据绳纹特征，可分 Aa、Ab、Ac 三型，共出土 226 件。

Aa 型　表面饰细交错绳纹，据内面纹饰不同，仅见 Aa2 一型。

Aa2 型　表面饰细交错绳纹，内面麻点纹。标本 7 件。

12ⅠT1②：41，残长 14.5、残径 14、厚 2.6 厘米（图六〇：1、2）。

12ⅠT2②：47，残长 26.8、残径 15.5、厚 1.5 厘米（图六〇：3、4）。

12ⅠT1④：29，土黄色。残长 17.1、残径 13.5、厚 1.7 厘米。瓦一端残存一小部分瓦当，看不出形制（图六〇：5、6）。

12ⅠT1④：36，残长 13.5、残径 15、厚 1.6 厘米（图六一：1、2）。

12ⅠT1④：40，残长 18、残径 13.6、厚 1.6 厘米（图六一：3、4；图版二七：3、4）。

12ⅠG1：73，残长 16、径 16、厚 1.5 厘米（图六一：5、6）。

12ⅠG1：79，残长 15、残径 13.3、厚 1.4 厘米（图六二：1、2）。

Ab 型　表面饰细斜绳纹，据内面纹饰不同，可分为 Ab2、Ab4 两型。

Ab2 型　表面细斜绳纹，内麻点纹。标本 11 件。

12ⅠT1②：35，残长 13.9、残径 12.1、厚 1.5 厘米。唇长 3.4、厚 1.1 厘米（图六二：3）。

12ⅠT2②：51，有泥条盘筑痕迹。残长 15、残径 13.5、厚 1.2 厘米（图六二：4、5）。

12ⅠT1④：30，残长 16、残径 13.2、厚 1.8 厘米（图六三：1、2）。

12ⅠT1④：32，残长 27、径 16.4、厚 1.2 厘米（图六三：3、4）。

12ⅠT1④：42，残长 16、残径 12.3、厚 1.8 厘米（图六三：5、6）。

12ⅠT1④：47，残长 18.8、残径 9.8、厚 1.3 厘米。唇长 2.8、厚 1 厘米（图六四：1、2）。

12ⅠT2④：10，残长 19.5、残径 12.5、厚 1 厘米（图六四：3；图版二七：5、6）。

12ⅠT2④：11，残长 13.5、残径 13.5、厚 1.1 厘米（图六四：4）。

12ⅠG2：35，残长 22.5、径 16.6、厚 1.1 厘米。唇长 2.7、厚 1 厘米（图六四：5、6）。

12ⅠG2：36，残长 18.3、残径 12.5、厚 1.3 厘米。唇长 3、厚 1 厘米（图六五：1、2）。

12ⅠG2：37，残长 11.5、残径 9.5、厚 0.8 厘米。唇长 2、厚 1 厘米（图六五：3、4）。

Ab4 型　表面细斜绳纹，内布纹。标本 1 件（12ⅠG1：84），残长 17.3、残径 11.7、厚 1.4 厘米。唇长 2.7、厚 1.2 厘米（图六五：5、6；图版二八：1、2）。

Ac 型　表面饰细交错绳纹，据内面纹饰不同，可分为 Ac2、Ac4 两型。

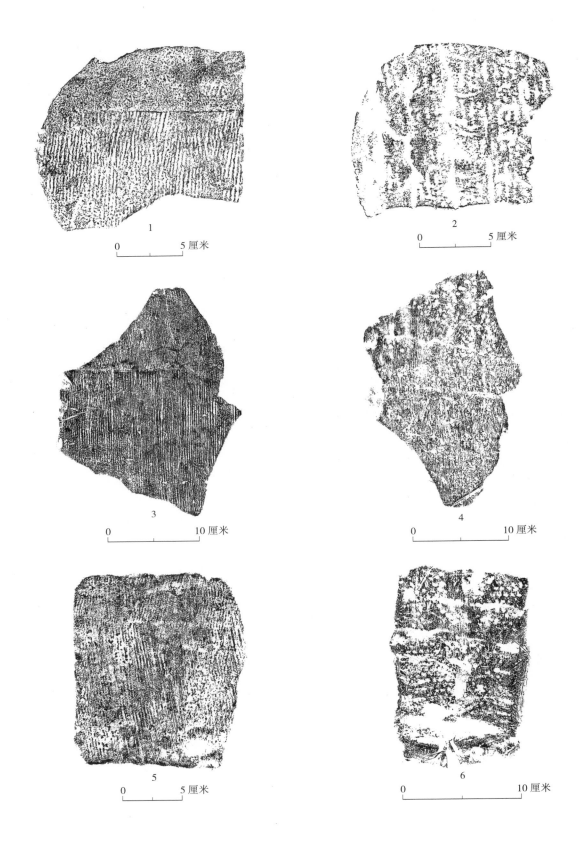

图六〇　2012 年上林苑一号遗址出土筒瓦

1、2.12ⅠT1②：41　3、4.12ⅠT2②：47　5、6.12ⅠT1④：29

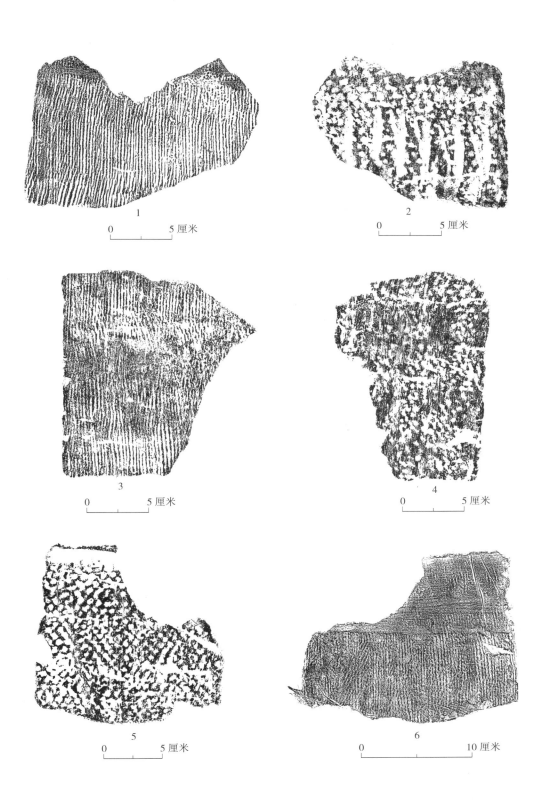

图六一　2012 年上林苑一号遗址出土筒瓦

1、2. 12 ⅠT1④：36　3、4. 12 ⅠT1④：40　5、6. 12 ⅠG1：73

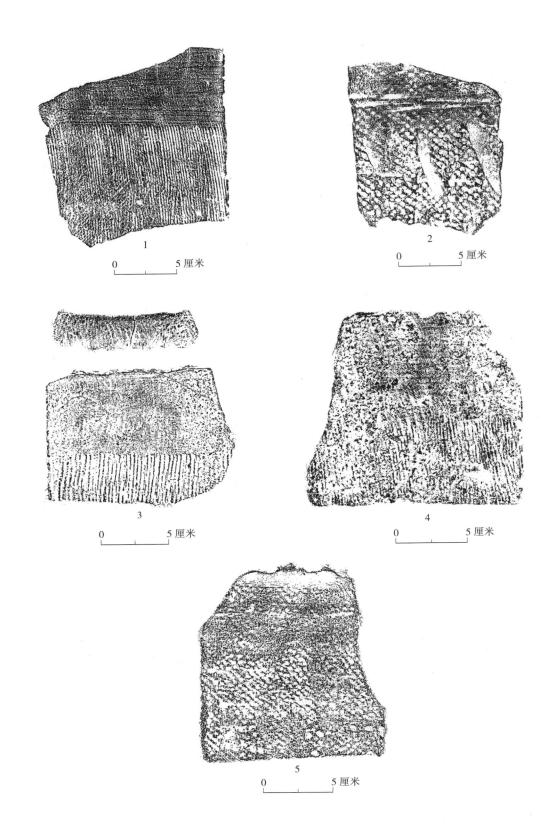

图六二　2012 年上林苑一号遗址出土筒瓦

1、2. 12ⅠG1∶79　3. 12ⅠT1②∶35　4、5. 12ⅠT2②∶51

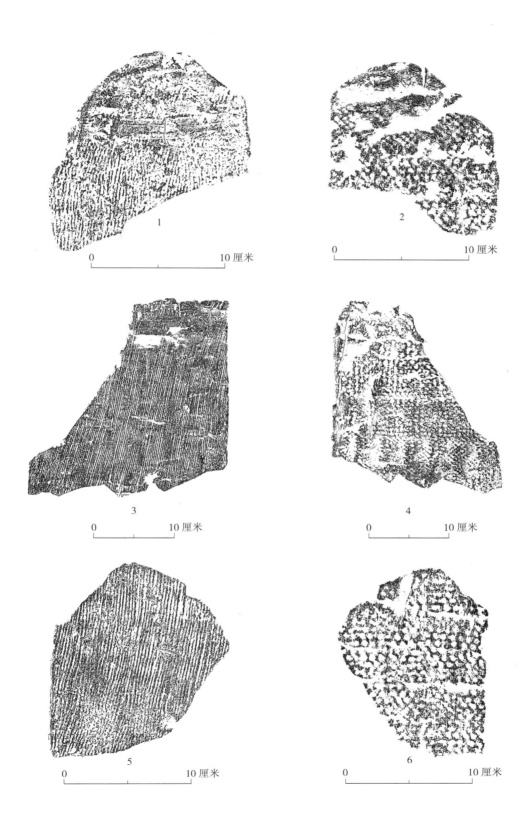

图六三　2012 年上林苑一号遗址出土筒瓦

1、2. 12ⅠT1④：30　3、4. 12ⅠT1④：32　5、6. 12ⅠT1④：42

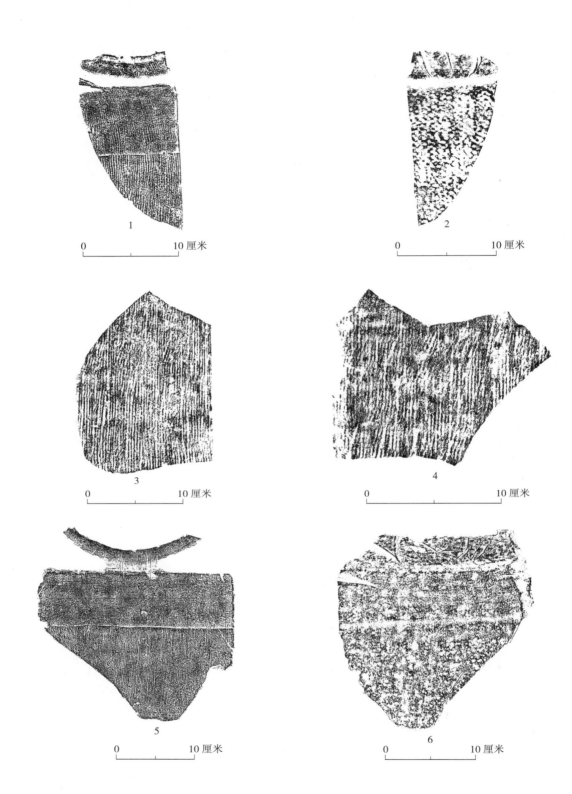

图六四　2012 年上林苑一号遗址出土筒瓦

1、2.12ⅠT1④:47　3.12ⅠT2④:10　4.12ⅠT2④:11　5、6.12ⅠG2:35

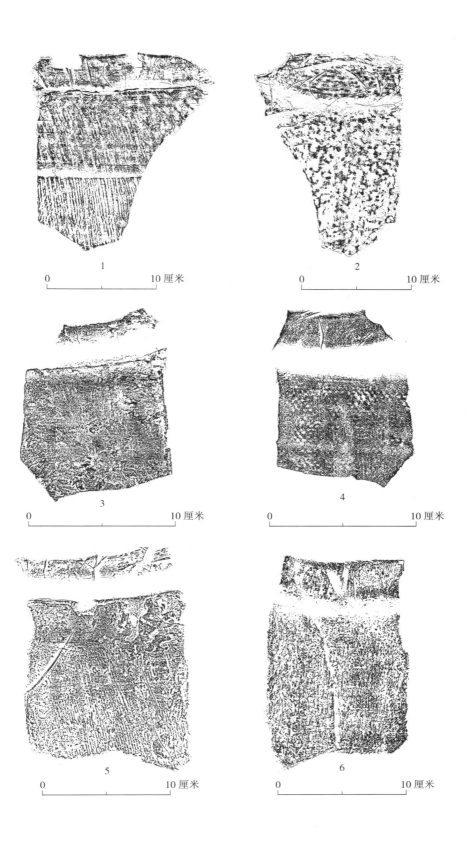

图六五　2012 年上林苑一号遗址出土筒瓦

1、2. 12 Ⅰ G2：36　　3、4. 12 Ⅰ G2：37　　5、6. 12 Ⅰ G1：84

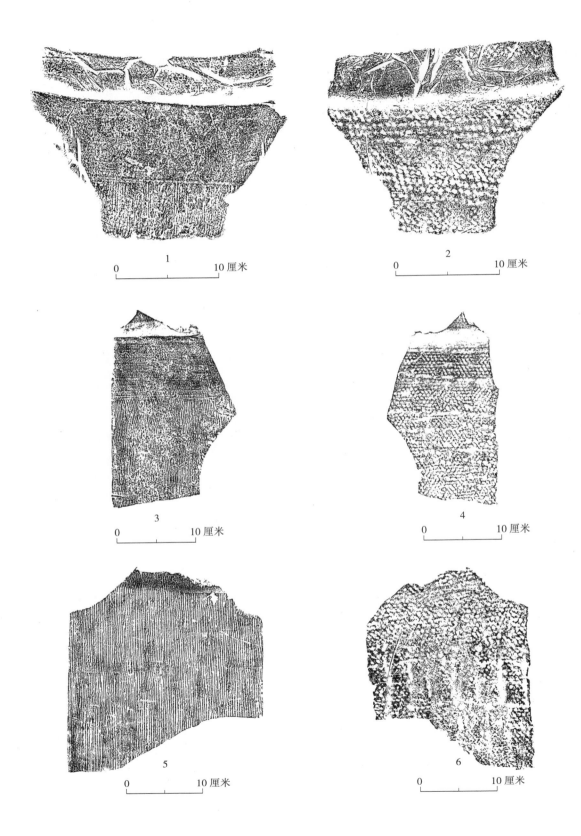

图六六　2012 年上林苑一号遗址出土筒瓦

1、2. 12 Ⅰ T1②：34　3、4. 12 Ⅰ T1②：36　5、6. 12 Ⅰ T1②：37

Ac2 型　表面细直绳纹，内麻点纹。标本 40 件。

12ⅠT1②：34，残长 18、径 17.7、厚 1.4 厘米。唇长 3.7、厚 1.1 厘米（图六六：1、2）。

12ⅠT1②：36，残长 25.5、残径 14.1、厚 1.5 厘米。唇残长 2.6、厚 0.8 厘米（图六六：3、4）。

12ⅠT1②：37，深灰色。残长 28、径 17.1、厚 1.8 厘米（图六六：5、6）。

12ⅠT1②：38，深灰色。残长 19.5、残径 15、厚 1.3 厘米（图六七：1、2）。

12ⅠT1②：39，残长 16.2、残径 13、厚 1.5 厘米（图六七：3、4）。

12ⅠT1②：40，残长 21.8、残径 12.3、厚 1.4 厘米（图六七：5、6）。

12ⅠT2②：46，残长 16.4、残径 17.5、厚 2.3 厘米（图六八：1、2）。

12ⅠT2②：48，残长 18.1、径 17.2、厚 1.8 厘米（图六八：3、4）。

12ⅠT2②：49，残长 22.5、残径 12.3、厚 1.8 厘米（图六八：5、6）。

12ⅠT2②：50，残长 14、残径 13、厚 1.8 厘米（图六九：1、2）。

12ⅠT2②：52，有泥条盘筑痕迹。残长 25.5、径 15.2、厚 1.1 厘米，唇长 3.5、厚 0.8 厘米（图六九：3、4）。

12ⅠT2 南扩②：5，残长 15.2、残径 14.7、厚 1.2 厘米（图六九：5、6）。

12ⅠT2 南扩②：6，残长 9、残径 7.8、厚 1.6 厘米（图六九：7、8）。

12ⅠT1④：28，残长 22、径 16.6、厚 1.6 厘米（图七〇：1、2）。

12ⅠT1④：31，残长 20.3、残径 13.7、厚 1.7 厘米（图七〇：3、4）。

12ⅠT1④：35，残长 21、残径 15、厚 1.6 厘米（图七〇：5、6；图版二八：3、4）。

12ⅠT1④：37，残长 13.3、残径 13、厚 1.2 厘米（图七一：1、2）。

12ⅠT1④：38，残长 4.1、残径 14.5、厚 1.7 厘米（图七一：3、4）。

12ⅠT1④：39，残长 18.6、残径 12.5、厚 1.4 厘米（图七一：5、6）。

12ⅠT1④：41，残长 17、残径 13.2、厚 1.2 厘米（图七二：1、2）。

12ⅠT1④：43，残长 15.7、残径 14.2、厚 1.6 厘米（图七二：3、4）。

12ⅠT1④：44，残长 16.6、残径 13.5、厚 1.3 厘米（图七二：5、6）。

12ⅠT1④：45，残长 15.4、残径 11.8、厚 1.8 厘米。瓦一端残存一小部分瓦当，看不出形制（图七三：1、2）。

12ⅠT1④：46，深灰色。瓦表面凹凸不平。残长 21.1、残径 10.5、厚 1.8 厘米（图七三：3、4）。

12ⅠT2④：7，残长 17.7、残径 13.5、厚 1.4 厘米（图七三：5）。

12ⅠT2④：8，残长 33.5、径 16.8、厚 1.6 厘米（图七三：6）。

12ⅠT2④：9，残长 22、径 17.9、厚 1.6 厘米（图七四：1）。

12ⅠT2④：12，残长 30、径 17.5、厚 1.5 厘米。唇长 3.6、厚 1 厘米（图七四：2；图版二八：5、6）。

12ⅠG1：71，内面凹凸不平，瓦基本完整。通长 50.5、径 16、厚 1.1 厘米。唇长 3.2、厚 0.8 厘米（图七四：3、4）。

12ⅠG1：72，残长 19、残径 13.5、厚 1.5 厘米（图七四：5、6）。

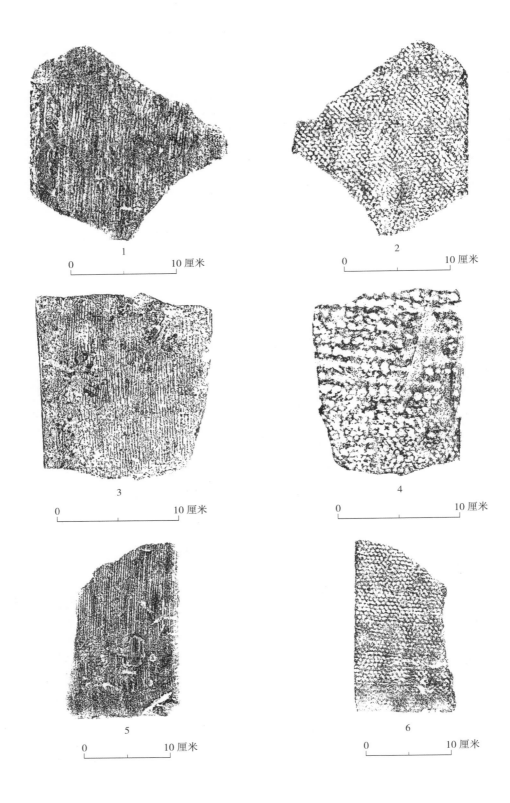

图六七　2012 年上林苑一号遗址出土筒瓦

1、2. 12ⅠT1②：38　3、4. 12ⅠT1②：39　5、6. 12ⅠT1②：40

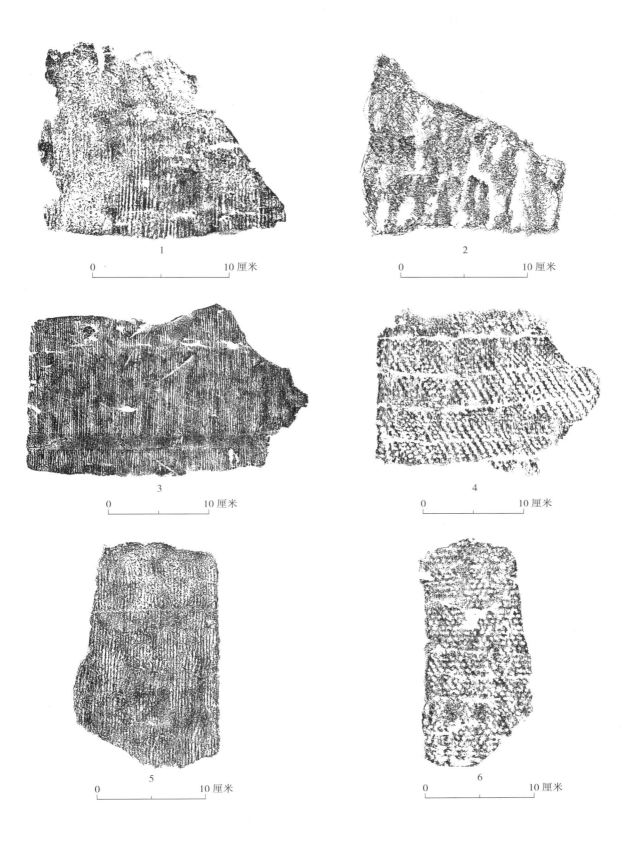

图六八　2012 年上林苑一号遗址出土筒瓦

1、2. 12ⅠT2②:46　3、4. 12ⅠT2②:48　5、6. 12ⅠT2②:49

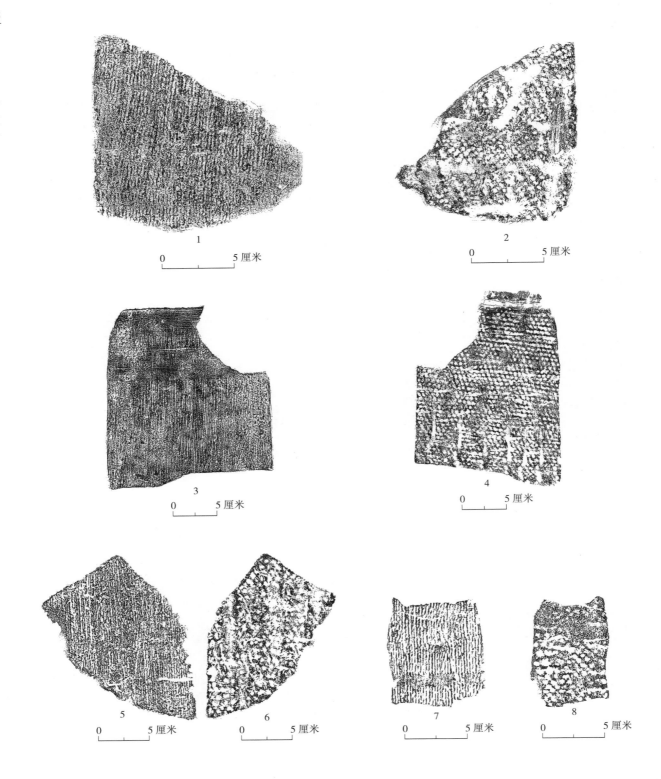

图六九　2012 年上林苑一号遗址出土筒瓦

1、2.12 I T2②：50　3、4.12 I T2②：52　5、6.12 I T2 南扩②：5　7、8.12 I T2 南扩②：6

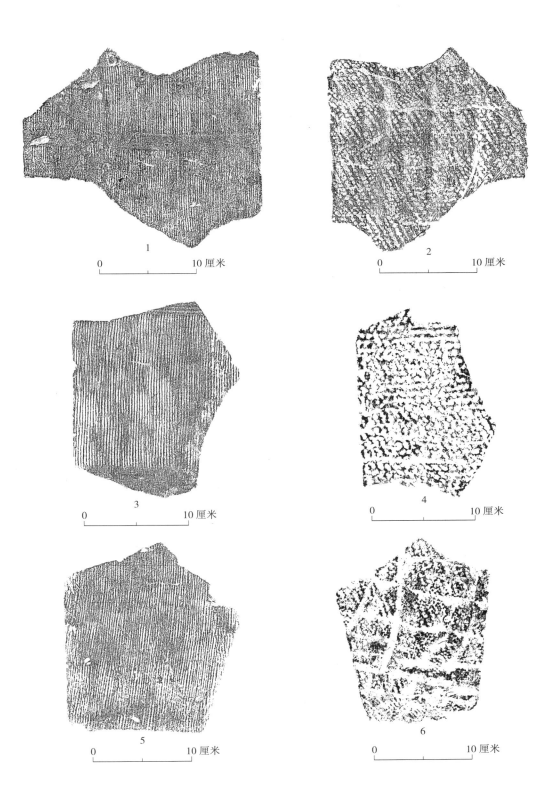

图七〇 2012 年上林苑一号遗址出土筒瓦

1、2. 12 Ⅰ T1④：28 3、4. 12 Ⅰ T1④：31 5、6. 12 Ⅰ T1④：35

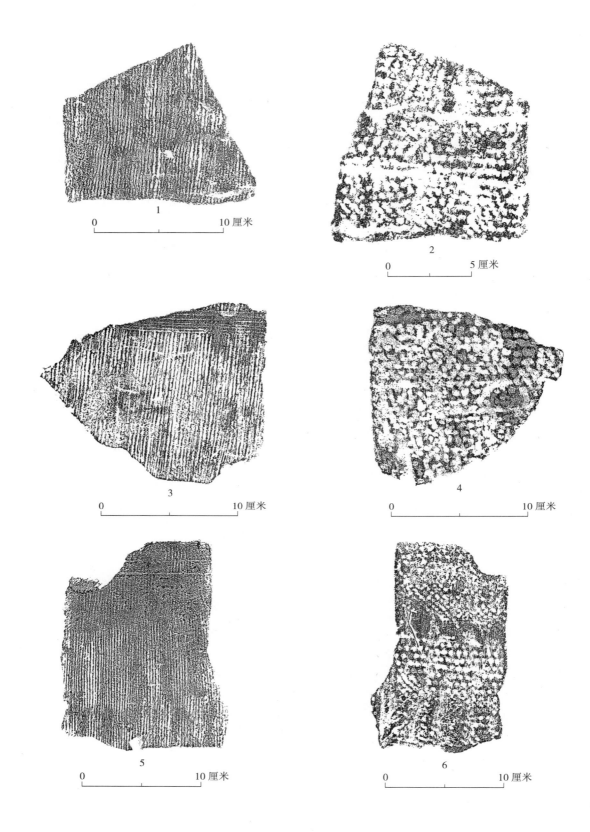

图七一　2012 年上林苑一号遗址出土筒瓦

1、2. 12ⅠT1④∶37　3、4. 12ⅠT1④∶38　5、6. 12ⅠT1④∶39

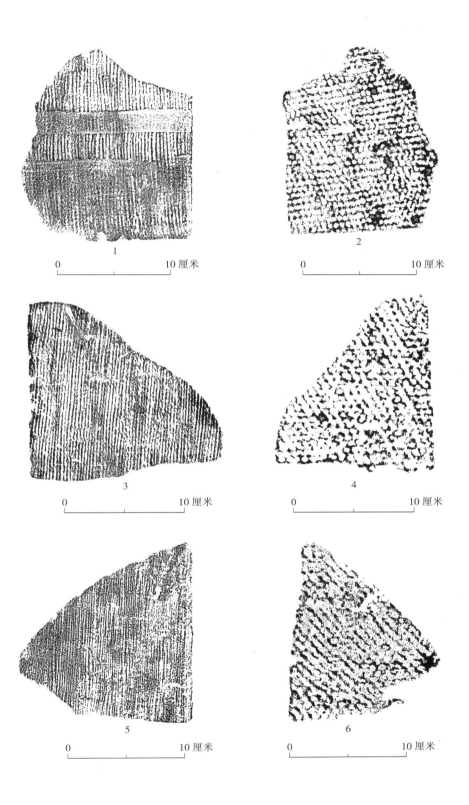

图七二　2012 年上林苑一号遗址出土筒瓦

1、2. 12ⅠT1④:41　3、4. 12ⅠT1④:43　5、6. 12ⅠT1④:44

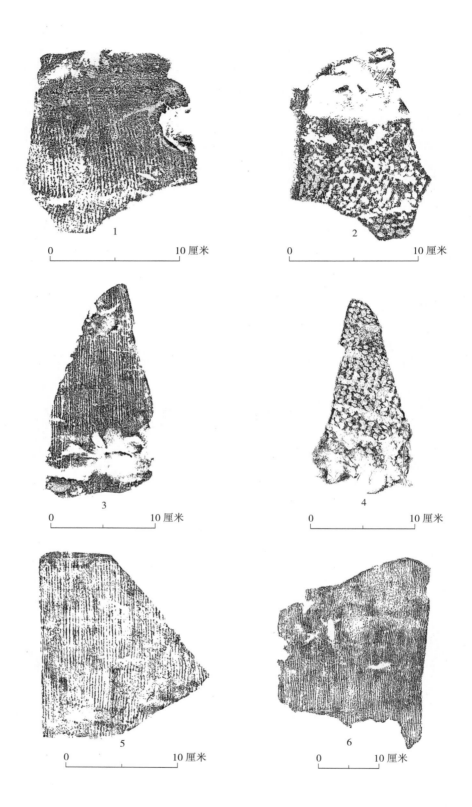

图七三　2012 年上林苑一号遗址出土筒瓦

1、2.12ⅠT1④:45　3、4.12ⅠT1④:46　5.12ⅠT2④:7　6.12ⅠT2④:8

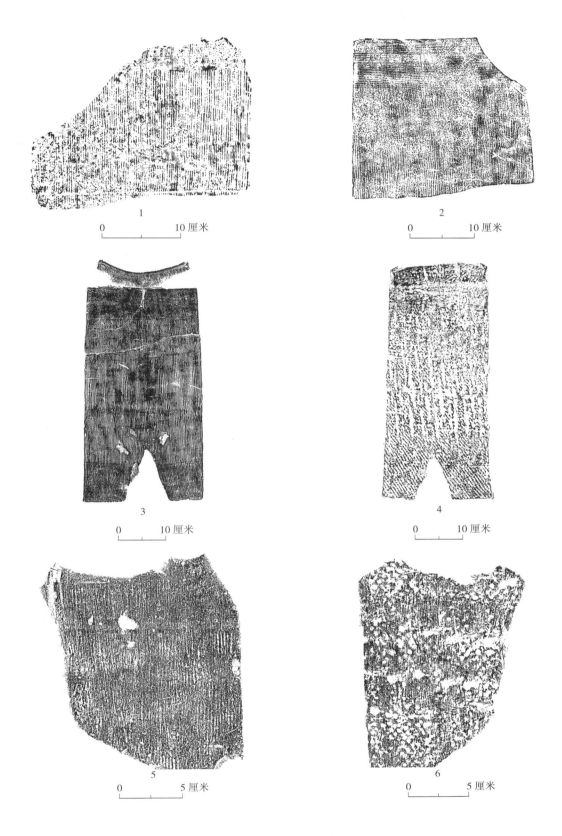

图七四　2012 年上林苑一号遗址出土筒瓦

1. 12ⅠT2④︰9　2. 12ⅠT2④︰12　3、4. 12ⅠG1︰71　5、6. 12ⅠG1︰72

12ⅠG1:74，残长16.3、残径12.5、厚1.7厘米（图七五:1、2）。

12ⅠG1:75，残长27、残径13.3、厚1.6厘米（图七五:3、4）。

12ⅠG1:80，残长15、残径13、厚1.5厘米（图七五:5、6）。

12ⅠG1:81，残长14、残径12、厚1.5厘米（图七六:1、2）。

12ⅠG1:82，残长19、残径14.7、厚1.4厘米（图七六:3、4）。

12ⅠG2:38，残长16、残径12.6、厚1.7厘米（图七六:5、6）。

12ⅠG2:39，残长13.5、残径11.5、厚1.5厘米（图七七:1、2）。

12ⅠG2:41，残长14、残径14、厚2.3厘米（图七七:3、4）。

12ⅠG2:42，残长13.5、残径11.7、厚2.3厘米（图七七:5、6）。

12ⅠG2:43，残长18.5、残径12.5、厚1.6厘米（图七八:1、2）。

Ac4型　表面细直绳纹，内布纹。标本3件。

12ⅠG1:83，内面布纹。残长13.5、残径14.2、厚1厘米。唇部表面横绳纹，唇长4.7、厚1.5厘米（图七八:3、4；图版二九:1、2）。

12ⅠG2:45，内面布纹，无泥条盘筑痕迹。残长21、残径14、厚1.5厘米（图七八:5、6）。

12ⅠG2:46，内面布纹，无泥条盘筑痕迹。残长11.5、残径9.7、厚1.3厘米（图七九:1、2）。

B型　表面饰中粗绳纹，据绳纹特征不同，可分Bb、Bc两型，出土45件。

Bb型　表面饰中粗斜绳纹，内素面，属Bb1型。标本3件。

12ⅠT2②:54，残长25、径17.5、厚1.7厘米（图七九:3；图版二九:3）。

12ⅠT2②:55，残长17.3、残径11、厚1.6厘米（图七九:4、5）。

12ⅠT2②:56，残长16.5、残径13、厚1厘米（图八〇:1、2）。

Bc型　表面饰中粗直绳纹，据内面纹饰特征不同，可分为Bc2、Bc4两型。

Bc2型　表面中粗直绳纹，内面麻点纹，标本2件。

12ⅠT1②:44，内面局部麻点纹。残长12.8、残径11、厚1.1厘米（图八〇:3、4）。

12ⅠG2:40，灰色，残。表面中绳纹，内面麻点纹，制作粗糙，泥条盘筑痕迹显著。残长16、残径13.7、厚1.4厘米（图八〇:5、6；图版二九:4）。

Bc4型　表面中粗直绳纹，内布纹。标本11件。

12ⅠT1②:42，残长21.5、残径11.3、厚1.3厘米，唇长2.6、厚1.2厘米（图八一:1、2）。

12ⅠT1②:43，残长18.5、残径12.9、厚1.2厘米（图八一:3、4）。

12ⅠT2②:53，内面布纹。残长12.5、残径8.8、厚1.1厘米（图八一:5、6；图版二九:5）。

12ⅠG1:85，残长14.5、径15、厚1.5厘米。唇部有横绳纹，唇长4.9、厚1.4厘米（图八二:1、2）。

12ⅠG1:86，残长14.7、残径13、厚1.4厘米。唇部有横绳纹，唇长4.8、厚1.5厘米（图八二:3、4）。

12ⅠG1:87，残长13.6、残径13.5、厚1.5厘米。唇部有横绳纹，唇长4.7、厚1.3厘米（图八二:5、6）。

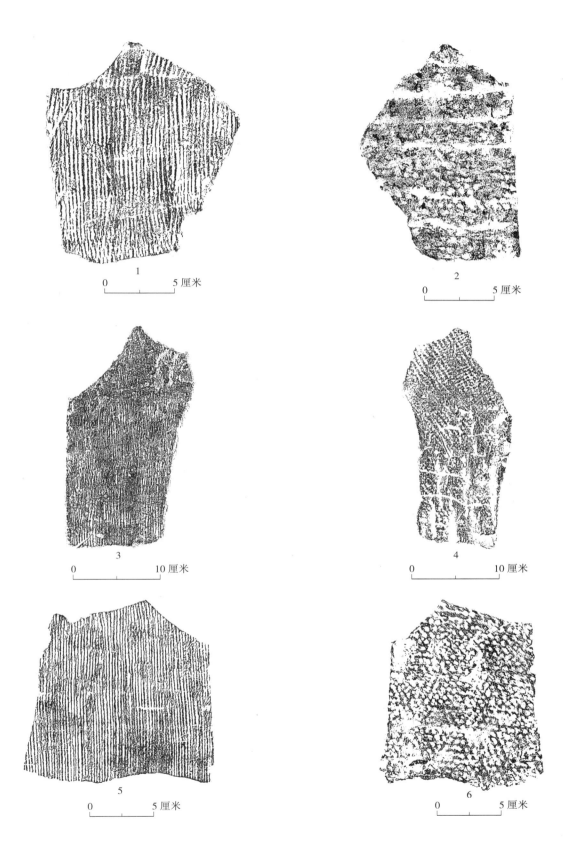

图七五　2012 年上林苑一号遗址出土筒瓦

1、2. 12ⅠG1：74　3、4. 12ⅠG1：75　5、6. 12ⅠG1：80

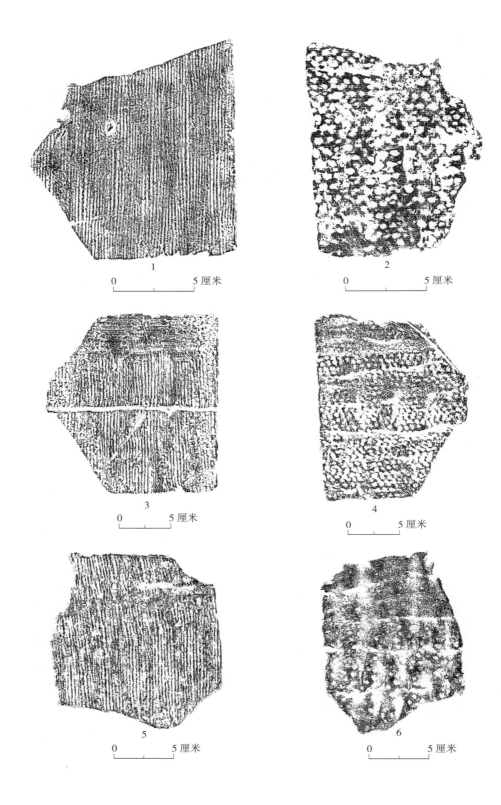

图七六　2012 年上林苑一号遗址出土筒瓦

1、2. 12 I G1：81　　3、4. 12 I G1：82　　5、6. 12 I G2：38

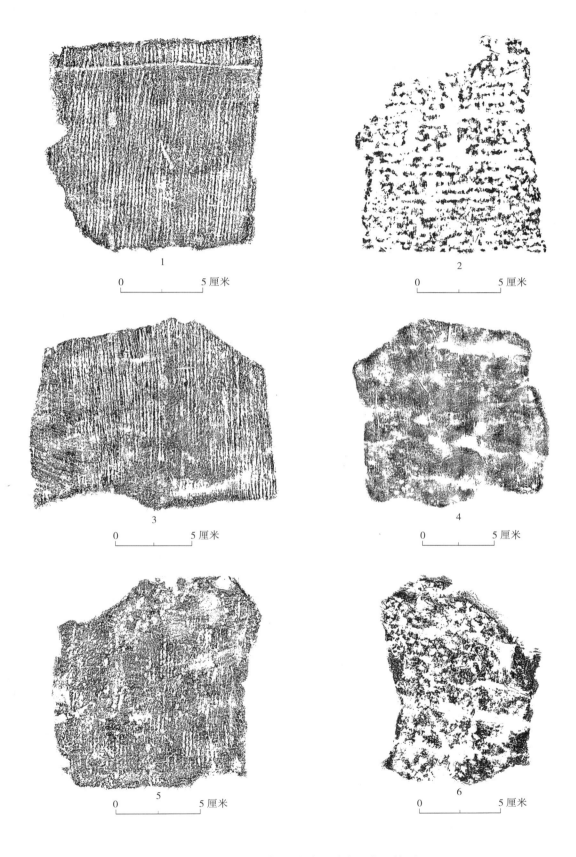

图七七　2012 年上林苑一号遗址出土筒瓦

1、2. 12 Ⅰ G2：39　　3、4. 12 Ⅰ G2：41　　5、6. 12 Ⅰ G2：42

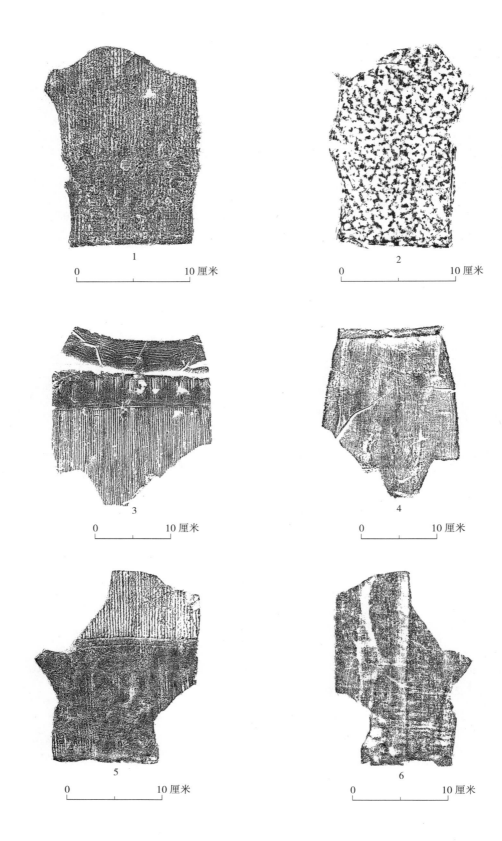

图七八　2012 年上林苑一号遗址出土筒瓦

1、2.12ⅠG2：43　3、4.12ⅠG1：83　5、6.12ⅠG2：45

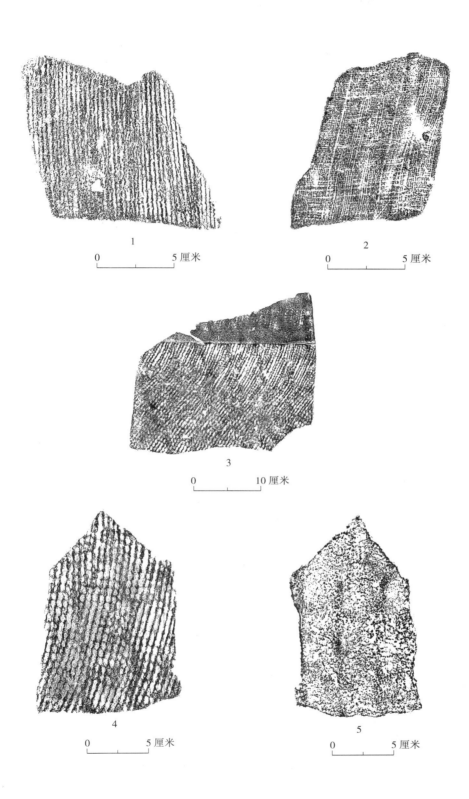

1

0　　　　　5 厘米

2

0　　　　　5 厘米

3

0　　　　　10 厘米

4

0　　　　　5 厘米

5

0　　　　　5 厘米

图七九　2012 年上林苑一号遗址出土筒瓦

1、2. 12 I G2：46　3. 12 I T2②：54　4、5. 12 I T2②：55

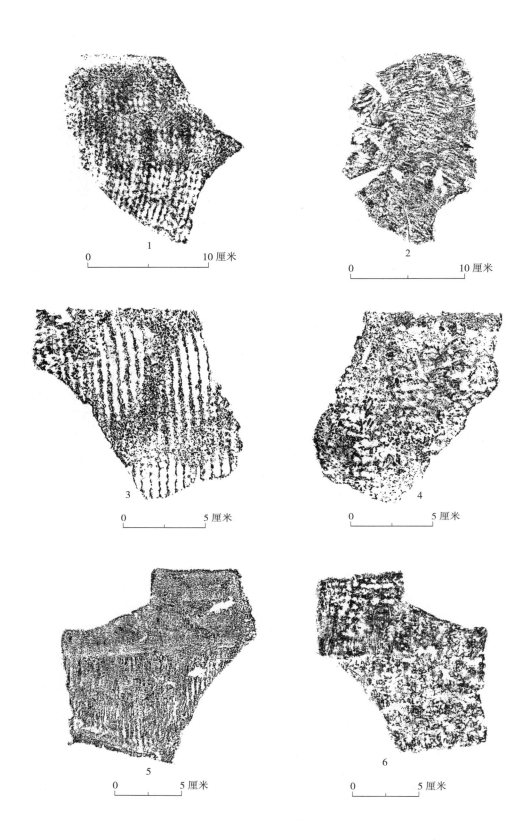

图八〇　2012年上林苑一号遗址出土筒瓦

1、2.12ⅠT2②：56　3、4.12ⅠT1②：44　5、6.12ⅠG2：40

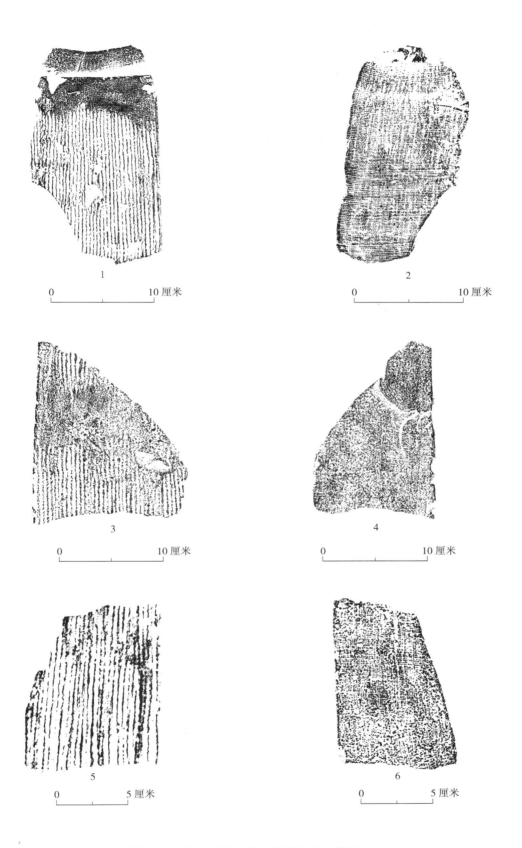

图八一　2012 年上林苑一号遗址出土筒瓦

1、2. 12ⅠT1②：42　3、4. 12ⅠT1②：43　5、6. 12ⅠT2②：53

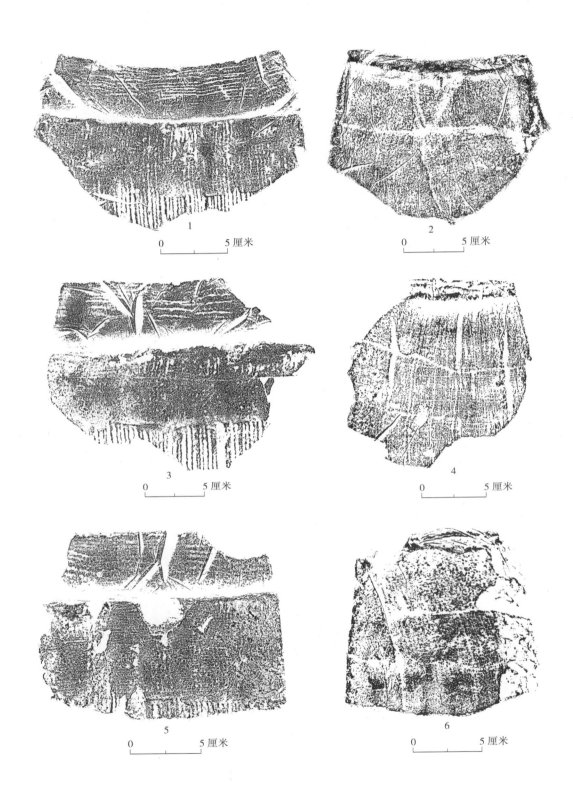

图八二　2012 年上林苑一号遗址出土筒瓦

1、2. 12 Ⅰ G1：85　　3、4. 12 Ⅰ G1：86　　5、6. 12 Ⅰ G1：87

图八三 2012 年上林苑一号遗址出土筒瓦

1、2.12ⅠG1：88　3、4.12ⅠG1：89　5、6.12ⅠG1：90

图八四　2012 年上林苑一号遗址出土筒瓦

1、2. 12 Ⅰ G1：91　3、4. 12 Ⅰ G2：44

12 Ⅰ G1：88，残长 19.3、残径 14.3、厚 1.1 厘米。唇长 2.5、厚 1.2 厘米（图八三：1、2）。

12 Ⅰ G1：89，残长 12.8、径 13.8、厚 1 厘米（图八三：3、4）。

12 Ⅰ G1：90，残长 12.5、残径 9.8、厚 1.4 厘米（图八三：5、6）。

12 Ⅰ G1：91，残长 14.7、残径 11.5、厚 1.4 厘米（图八四：1、2；图版二九：6）。

12 Ⅰ G2：44，残长 15.5、残径 10、厚 1.4 厘米。唇长 4.6、厚 1.7 厘米（图八四：3、4）。

③ 瓦当

根据外形，分半瓦当和圆瓦当两种。

　　a. 半瓦当　出土 1 件（12 Ⅰ T2 南扩②：7），灰色。表面细绳纹。径 15.6、厚 1.6 厘米，所连筒瓦属 A 型，表面细绳纹，内面麻点纹，泥条盘筑痕迹显著。残长 15、径 16、厚 1.8 厘米（图八五：1、2、3；图版三〇：1）。

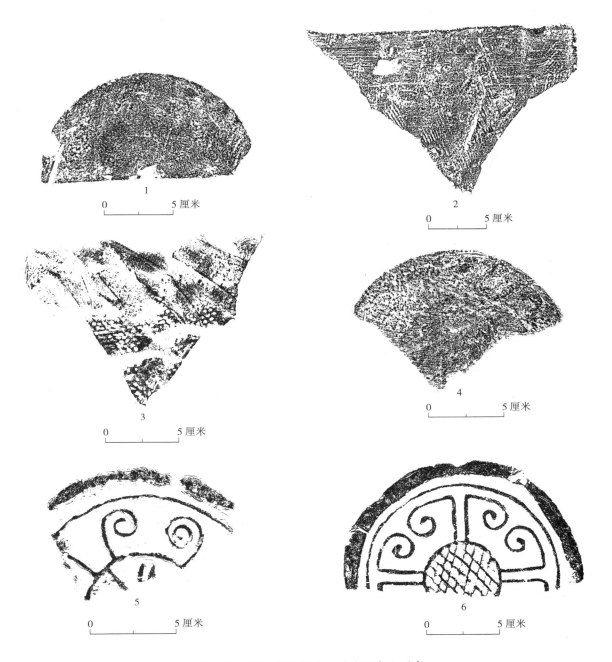

图八五　2012年上林苑一号遗址出土瓦当

1、2、3.12ⅠT2南扩②:7　4.12ⅠT2②:57　5.12ⅠG1:96　6.12ⅠG1:99

b. 圆瓦当　分为素面瓦当和纹饰瓦当两种。

素面瓦当　出土1件（12ⅠT2②:57），灰色，残。素面。背面凹凸不平，有绳切痕迹。残径10.5、当厚2.1厘米（图八五:4；图版三〇:2）。

纹饰瓦当，根据当面纹饰，可分涡纹瓦当、连云纹瓦当、蘑菇形云纹瓦当三种。出土12件，标本12件。

（1）涡纹瓦当　分A型和B型两种。

A 型　出土 1 件（12 Ⅰ G1：96），灰色，残。当心被单界格线四分，每界格内有一叶纹。当面内有四对相向涡纹。当边轮内有一周凸弦纹。当背面凹凸不平，有绳切痕迹。瓦当残块长 11、宽 7.4、边轮宽 1.1、厚 2.8 厘米（图八五：5；图版三〇：3）。

B 型　出土 1 件（12 Ⅰ G1：99），灰色，残。当面双界格线不穿当心，当心为菱形网格涡纹。当面每条界格线顶端均有一条向左或向右单线涡纹，在当面内构成四对相向涡纹。当背面凹凸不平，有绳切痕迹。当径 16.3、边轮宽 1.1、厚 2.9 厘米（图八五：6；图版三〇：4）。

（2）连云纹瓦当　出土 1 件（12 Ⅰ T1②：45），灰色，残。当心为同心涡纹，当面为内外各四个云纹连绕成环。外层双线云纹，内层为单线云纹。内外层云纹尾端相衔。边轮内有一周凸弦纹。当背面凹凸不平，有绳切痕迹。当径 16.4、边轮宽 1.1、厚 2.2 厘米（图八六：1；图版三〇：5）。

（3）蘑菇形云纹瓦当　根据纹饰可分为 A 型、B 型和 1 件形制不明。

蘑菇形云纹 A 型　灰色，制作粗糙。当面为单界格线穿过当心，四分当面。当心中央为一小乳钉，周饰四叶纹，每个叶纹外端两侧各有一小乳钉。当面每界格线顶部有一朵云纹，呈蘑菇状。边轮内有一周凸弦纹。当背面凹凸不平，有绳切痕迹。出土 26 面，标本 25 面。根据云纹间纹饰不同，可分为 Aa、Ab 两型。

Aa 型　当面每界格线顶部有一朵云纹，呈蘑菇状。云纹间有一左向或右向单线涡纹。

12 Ⅰ T1②：48，云纹间为左向涡纹。当径 17.8、边轮宽 1.4、厚 1.7 厘米。所连筒瓦属 A 型，表面细绳纹，内面麻点纹，泥条盘筑痕迹显著。瓦残长 27.6、径 18、厚 1.6 厘米（图八六：2、3、4；图版三〇：6）。

12 Ⅰ T1②：49，云纹间为右向涡纹。当径 16.7、边轮宽 1.3、厚 2.7 厘米。所连筒瓦属 A 型，表面细绳纹，内面麻点纹，泥条盘筑痕迹显著。瓦残长 11.2、径 17.2、厚 2.1 厘米（图八六：5；图版三一：1）。

12 Ⅰ T1②：50，云纹间为右向涡纹。当径 17、边轮宽 1.3、厚 3.1 厘米。所连筒瓦属 A 型，表面细绳纹，内面麻点纹，有泥条盘筑痕迹。瓦残长 8、径 16.7、厚 2.2 厘米（图八六：6）。

12 Ⅰ T1②：51，云纹间为右向涡纹。当径 16.9、边轮宽 1、厚 2.7 厘米。所连筒瓦属 A 型，表面素面，内面凹凸不平，有泥条盘筑痕迹。瓦残长 8.6、径 17.4、厚 1.9 厘米（图八七：1）。

12 Ⅰ T1②：52，当心中心无乳钉，四叶纹外端两侧有乳钉。云纹间为右向涡纹。当径 17.4、边轮宽 1.5、厚 2.3 厘米（图八七：2）。

12 Ⅰ T1②：54，云纹间为右向涡纹。当径 17、边轮宽 1.5、厚 3 厘米（图八七：3）。

12 Ⅰ T1②：55，当心中心有一乳钉，四叶纹外端两侧无乳钉。云纹间为右向涡纹。当径 16.6、边轮宽 1.3、厚 2.6 厘米（图八七：4）。

12 Ⅰ T1②：56，云纹间为右向涡纹。当径 17.4、边轮宽 1.1、厚 2.9 厘米（图八七：5）。

12 Ⅰ T1②：53，灰色，残，制作粗糙。当面为单界格线穿过当心，四分当面。当心中心无乳钉，周饰四叶纹。当面每界格线顶部有一朵云纹，呈蘑菇状。云纹间有一右向单线涡纹。边轮内有一周凸弦纹。当背面凹凸不平，有绳切痕迹。当径 16.8、边轮宽 1、厚 2.9 厘米（图八七：6）。

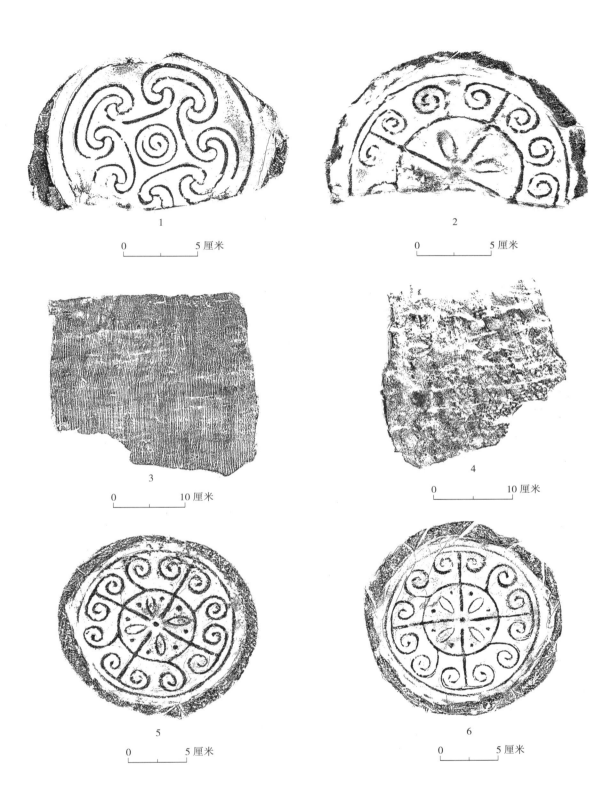

图八六　2012 年上林苑一号遗址出土瓦当

1. 12ⅠT1②:45　2、3、4. 12ⅠT1②:48　5. 12ⅠT1②:49　6. 12ⅠT1②:50

秦汉上林苑（上册）

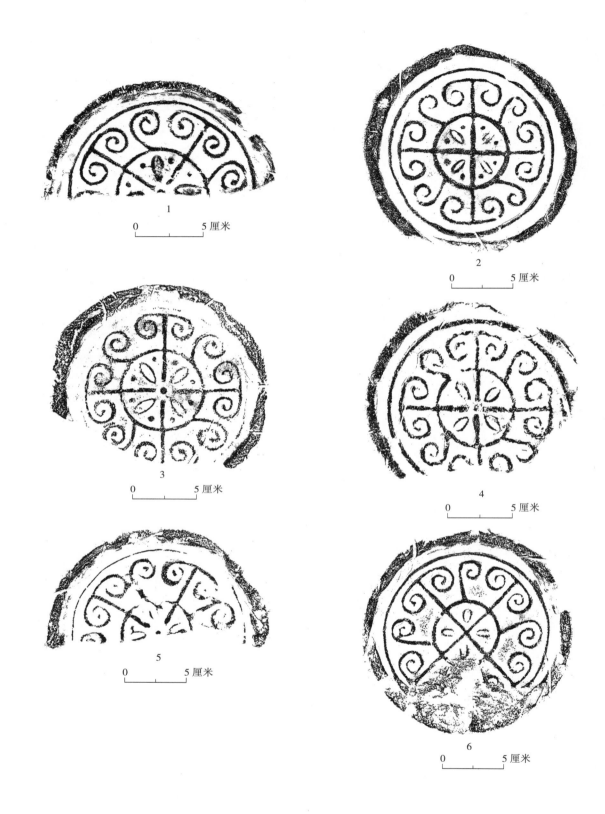

图八七　2012 年上林苑一号遗址出土瓦当

1. 12ⅠT1②:51　2. 12ⅠT1②:52　3. 12ⅠT1②:54　4. 12ⅠT1②:55　5. 12ⅠT1②:56　6. 12ⅠT1②:53

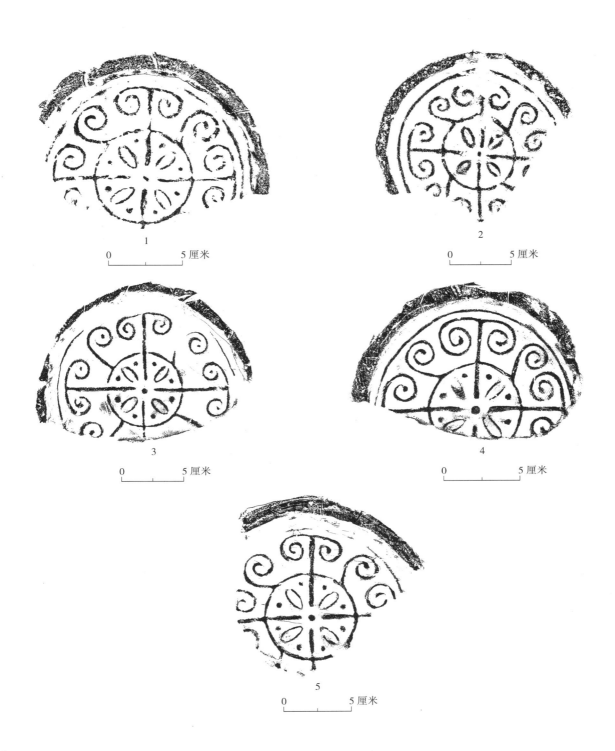

1

0　　　　　5厘米

2

0　　　　　5厘米

3

0　　　　　5厘米

4

0　　　　　5厘米

5

0　　　　　5厘米

图八八　2012 年上林苑一号遗址出土瓦当

1. 12 Ⅰ T1④：49　2. 12 Ⅰ T1④：50　3. 12 Ⅰ T2②：58　4. 12 Ⅰ T2②：59　5. 12 Ⅰ T2②：60

12ⅠT1④:49，灰色，残。当面为单界格线穿过当心，四分当面。当心中央为一小乳钉，周饰四叶纹，每叶纹外端两侧各有一小乳钉，当面界格线顶端有一朵云纹呈蘑菇状。云纹间有一右向单线涡纹。当背面凹凸不平。当径16.5、边轮宽1.4、厚3.1厘米（图八八:1）。

12ⅠT1④:50，灰色，残。当面为单界格线穿过当心，四分当面。当心中央为一小乳钉，周饰四叶纹，当面界格线顶端有一朵云纹呈蘑菇状。云纹间有一右向单线涡纹，边轮内有一周凸弦纹。当背面凹凸不平，有绳切痕迹。当径16.5、边轮宽1.2、厚2.8厘米（图八八:2；图版三一:2）。

12ⅠT2②:58，当径17.3、边轮宽0.9、厚2.8厘米（图八八:3）。

12ⅠT2②:59，当复原径17、边轮宽1.5、厚3.5厘米（图八八:4）。

12ⅠT2②:60，当复原径18、边轮宽1.6、厚3.3厘米（图八八:5）。

12ⅠT2②:61，当复原径17.8、边轮宽1.2、厚2.7厘米。所连筒瓦属A型，表面细绳纹，内面麻点纹，有泥条盘筑痕迹。瓦残长10.9、径17.5、厚2厘米（图八九:1、2、3）。

12ⅠT2②:62，灰色，残。当面为单界格线穿过当心，四分当面，当心每界格内有一小乳钉，每乳钉上端有左右两片叶纹，当面每界格线顶端有一朵云纹，呈蘑菇状。当边轮内有一周凸弦纹。当背面凹凸不平，有绳切痕迹。当复原径17.2、边轮宽1.5、厚1.9厘米（图八九:4）。

12ⅠT2南扩②:8，当心中央无乳钉，当心每界格内有一叶纹，叶纹上端左右两侧无乳钉。当复原径17、边轮宽1.3、厚3厘米（图八九:5）。

12ⅠT2南扩②:9，当残块长16、宽7.5、边轮宽1.2、厚2.5厘米（图八九:6）。

12ⅠT2南扩②:10，当残块，边轮无存。残长15.3、宽9.5、厚1.4厘米（图九〇:1）。

12ⅠG1:92，当面纹饰较粗，云纹间有一右向单线涡纹。复原径16.6、边轮宽1.1、厚1.6厘米。所连筒瓦属A型，表面细绳纹，内面凹凸不平，不见麻点纹，泥条盘筑痕迹显著。瓦残长8.2、径17.2、厚2.3厘米（图九〇:2）。

12ⅠG1:93，当面纹饰较粗，云纹间有一右向单线涡纹。径17.2、边轮宽1.2、厚3.3厘米（图九〇:3）。

12ⅠG1:94，当面纹饰较细，云纹间有一右向单线涡纹。径17.1、边轮宽0.9、厚2.2厘米（图九〇:4）。

12ⅠG1:95，当面纹饰较细，云纹间有一左向单线涡纹。径16.4、边轮宽1.2、厚2.5厘米（图九〇:5）。

Ab型　当面三个蘑菇形云纹，云纹间无涡纹。

12ⅠT1②:46，灰色，残。纹饰较粗。当心为一圆分为两半，一半内有两个小乳钉，另一半被又被分为3等份，中间一等份内有一小乳钉，当面内有三个蘑菇形云纹。边轮内有一周凸弦纹，当背面凹凸不平，有绳切痕迹。当径17.6、边轮宽1.5、厚3厘米（图九〇:6；图版三一:3）。

12ⅠG2:47，灰色，残。当心被单界格线平分二等分，其中一等分内有左右两个小乳钉，另外一等分又平分为三分，中间一分内有一个小乳钉。当面内有三朵蘑菇形云纹，其中一朵云纹内有左右两个小乳钉。边轮内有一周凸弦纹，当背面凹凸不平，有绳切痕迹。当径17.2、边轮宽1.3、厚2.4厘米（图九一:1；图版三一:4）。

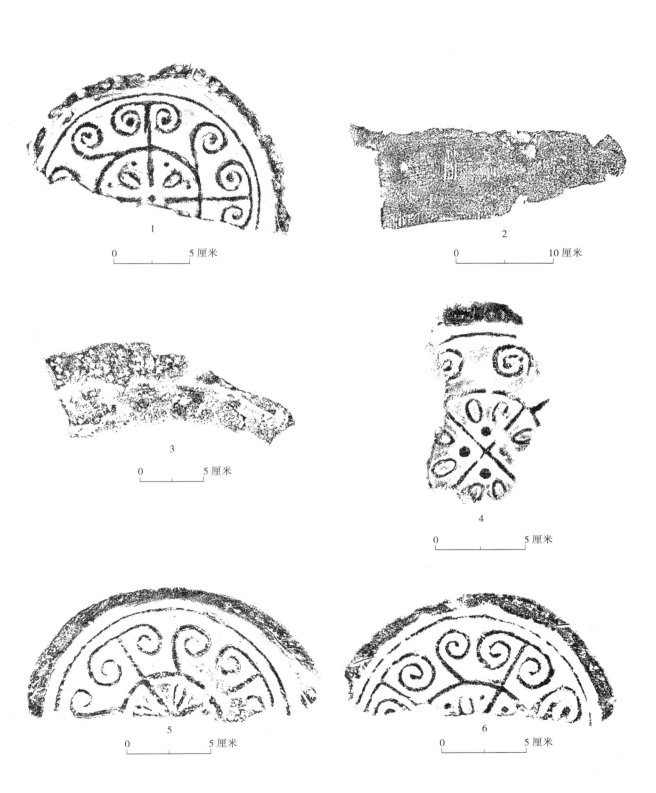

图八九　2012 年上林苑一号遗址出土瓦当

1、2、3. 12 Ⅰ T2② : 61　4. 12 Ⅰ T2② : 62　5. 12 Ⅰ T2 南扩② : 8　6. 12 Ⅰ T2 南扩② : 9

图九〇　2012 年上林苑一号遗址出土瓦当

1. 12ⅠT2 南扩②：10　　2. 12ⅠG1：92　　3. 12ⅠG1：93　　4. 12ⅠG1：94　　5. 12ⅠG1：95　　6. 12ⅠT1②：46

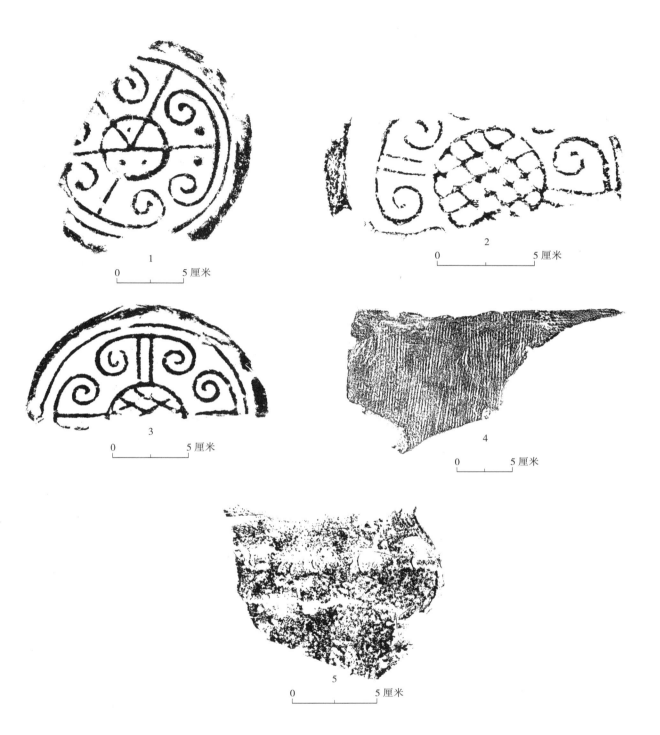

图九一　2012 年上林苑一号遗址出土瓦当

1. 12ⅠG2∶47　2. 12ⅠT1②∶47　3、4、5∶12ⅠT2②∶64

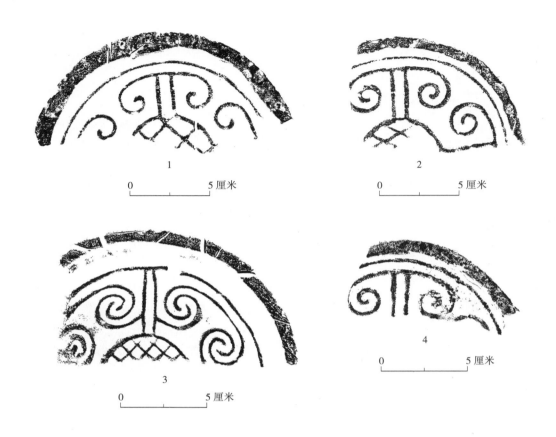

图九二　2012 年上林苑一号遗址出土瓦当

1. 12ⅠG1:97　2. 12ⅠG1:98　3. 12ⅠT2②:63　4. 12ⅠT2④:13

蘑菇形云纹 B 型　出土 6 件，标本 6 件。

12ⅠT1②:47，灰色，残。双界格线四分当面，不穿当心。当心内面方格纹，当面每界格线顶端有一朵云纹呈蘑菇状，当背面凹凸不平。残径 14.7、边轮宽 1.3、厚 2.8 厘米（图九一:2）。

12ⅠT2②:64，灰色，残。当面为双界格线四分当面，不穿当心。当心内面斜方格纹。当面每界格线顶部有一朵云纹，呈蘑菇状。当边轮内有一周凸弦纹。当背面凹凸不平，有绳切痕迹。当复原径 15.6、边轮宽 0.9、厚 1.8 厘米。所连筒瓦属 A 型，表面细绳纹，内面素面，凹凸不平，有泥条盘筑痕迹。瓦残长 13.7、残径 13.5、厚 1.5 厘米（图九一:3、4、5；图版三一:5）。

12ⅠG1:97，灰色，残。当面为双界格线不穿当心，四分当面。当心为方格纹，当面双界格线顶端有一朵云纹，呈蘑菇状。边轮内有一周凸弦纹。当背面有绳切痕迹。瓦当残块长 15.7、宽 8 厘米，边轮宽 1.3、厚 2.9 厘米（图九二:1）。

12ⅠG1:98，灰色，残。当面为双界格线四分当面，不穿当心。当心为斜方格纹。当面双界格线顶端有一朵云纹，呈蘑菇状。边轮内有一周凸弦纹。当背面凹凸不平，有绳切痕迹。瓦当残块长 11、宽 7.6 厘米，边轮宽 0.9、厚 2.3 厘米（图九二:2）。

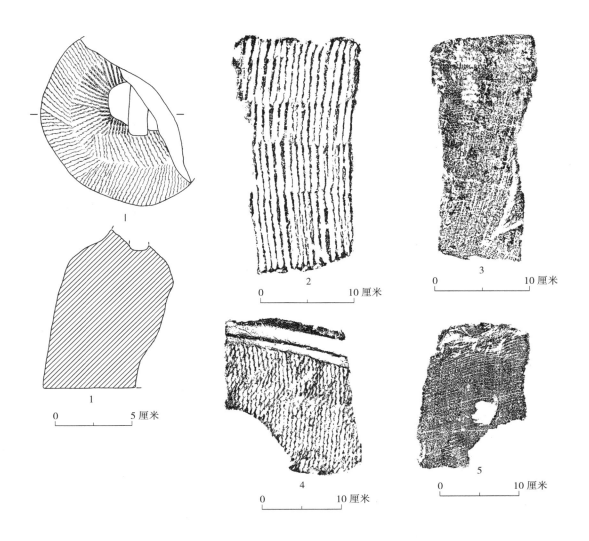

图九三　2012年上林苑一号遗址出土陶权、陶水管

1. 12ⅠT2②:65　2、3. 12ⅠT2南扩②:11　4、5. 12ⅠT2南扩②:12

　　12ⅠT2②:63，灰色，残。当面为双界格线不穿当心，四分当面。当心内面方格纹，当面每界格内有一朵云纹，云纹末端连至界格线近内端。当边轮内有一周凸弦纹。当背面凹凸不平，有绳切痕迹。当复原径17、边轮宽1、厚2.8厘米（图九二:3；图版三一:6）。

　　12ⅠT2④:13，灰色。双界格线四分当面。界格线顶部有一云纹，呈蘑菇状。边轮内有一周凸弦纹，当背面凹凸不平，有绳切痕迹。当残块长10、宽4.5厘米，边轮宽0.8、厚2.1厘米（图九二:4）。

　　（2）生活用品

　　陶权　1件（12ⅠT2②:65），灰色，泥质陶，残，馒头形，周身饰斜绳纹。残高11.3、底部残径6.2厘米（图九三:1；图版三二:1）。

　　陶水管　地层出土7件，标本5件；G3提取6件。灰色，表面绳纹，内面粗布纹。

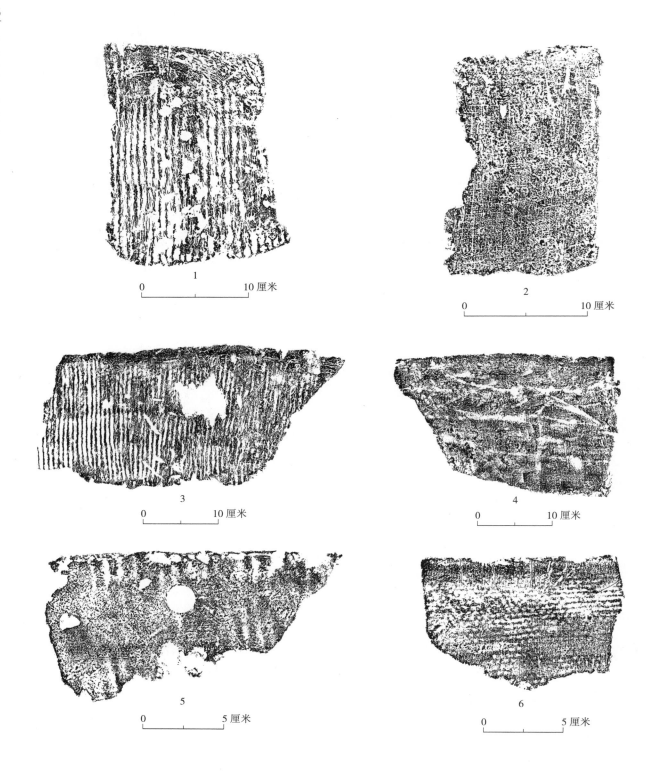

图九四　2012 年上林苑一号遗址出土陶水管

1、2. 12ⅠT2 南扩②：13　3、4. 12ⅠG1：100　5、6. 12ⅠG1：101

12ⅠT2南扩②：11，残长37.2、残宽16.4、壁厚3厘米。头部满饰粗绳纹，宽4.8厘米（图九三：2、3）。

12ⅠT2南扩②：12，表面中斜绳纹。残长19.3、残宽17、壁厚2.7厘米。前端有一道凸棱。头部素面，宽3.3厘米（图九三：4、5）。

12ⅠT2南扩②：13，残长21.5、残宽17.5、壁厚3.5厘米。头部素面，宽3.1厘米（图九四：1、2）。

12ⅠG1：100，灰色，残。表面粗直绳纹，内面粗布纹，有泥条盘筑痕迹。管残长20、残径33.5、厚3.8厘米（图九四：3、4）。

12ⅠG1：101，灰色，残。个体较小，表面素面，内面绳纹。残长9.7、残宽19.5、壁厚3.7厘米，口部厚5厘米（图九四：5、6）。

12ⅠG3：1，表面散乱斜细绳纹，内面较整齐麻点纹，有泥条盘筑痕迹。管通长57.5、壁厚1厘米。粗端外径37、厚1厘米，细端外径32、厚1厘米。

12ⅠG3：2，表面散乱细绳纹，内面凹凸不平，有散乱麻点纹，泥条盘筑痕迹不明显。管通长58、壁厚1.2厘米。粗端外径37、厚1.4厘米，细端外径29.5、厚0.8厘米。

12ⅠG3：3，表面有较整齐细绳纹，内面凹凸不平，有较整齐麻点纹，泥条盘筑痕迹不明显。管通长59、壁厚1.1厘米。粗端外径37.3、厚1.2厘米，细端外径30.4、厚1.2厘米。

12ⅠG3：4，表面有较散乱细绳纹，内面较整齐麻点纹，泥条盘筑痕迹不显著。管通长57.8、壁厚1.1厘米。粗端外径37.5、厚1.1厘米，细端外径29.5、厚0.8厘米。

12ⅠG3：5，表面有较整齐细绳纹，内面较散乱麻点纹，泥条盘筑痕迹不显著。管通长58.7、壁厚1.3厘米。粗端外径36.2、厚1.2厘米，细端外径30.8、厚0.8厘米。

12ⅠG3：6，表面有散乱细绳纹，内面较整齐麻点纹，泥条盘筑痕迹不明显。管通长58.7、壁厚1.3厘米。粗端外径36.2、厚1.2厘米，细端外径30.8、厚0.8厘米（图九五：1）。

2. 铁器

（1）铁铧　出土1件（12ⅠT1②：57），锈蚀严重，残缺不全，呈牛舌状。上宽8.8、长11.5厘米（图九五：2；图版三二：2）。

（2）铁䦆　出土2件，形状不同。

① 凹字形䦆　12ⅠT1②：58，锈蚀严重，残缺一半。高10、残宽9.3厘米（图九五：3；图版三二：3）。

② 一字形䦆　12ⅠT1②：59，锈蚀严重，残缺。残长16.5、宽4厘米。銎口宽1.7厘米。

T2第2层出土铁器残片，锈蚀严重，最大者（12ⅠT2②：66）长15.7、宽11、厚0.3厘米（图版三二：4）。

3. 货币

五铢钱　出土1枚（12ⅠT1②：60），径2.55、穿边长0.95、廓宽0.1、厚0.2厘米（图版三二：5）。

（四）小结

从发掘情况看，上林苑一号遗址的废弃应与大火焚烧直接相关。在遗址中，建筑倒塌堆积层内

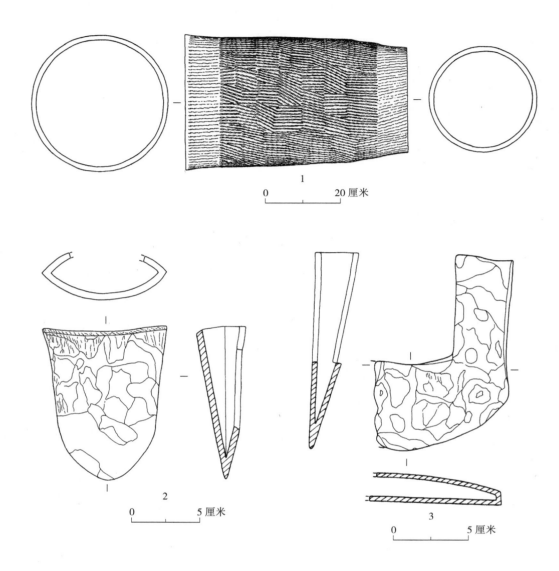

0   20 厘米

0   5 厘米

0   5 厘米

图九五　2012 年上林苑一号遗址出土陶水管、铁器

1. 12 I G3：6　　2. 12 I T1②：57　　3. 12 I T1②：58

出土的板瓦、筒瓦、瓦当等，都有明显经大火烧过的痕迹。此外，还有被火烧毁的墙皮残块出土，说明该建筑遗址的最后废弃与火灾相关。

　　上林苑一号遗址出土的板瓦表面细密交错绳纹，筒瓦表面皆为细绳纹、内面麻点纹或手抹成的凸棱、泥条盘筑痕迹明显，出土拦边砖纹饰为粗直绳纹和细密小方格纹。这些建筑材料的形制均具有明显的战国时期特征。此外，出土瓦当的制作方法和当面纹饰类型，也具有战国时期特征。上述建筑材料，无论是纹饰特征，还是从制作粗糙、表面不光滑，纹饰较浅、纹路不清晰的特点分析，均与秦都咸阳宫出土建筑材料特点相同[1]。同时，该遗址出土的板瓦、筒瓦，时代明显早于阿房

〔1〕　陕西省考古研究所：《秦都咸阳考古报告》，科学出版社，2004 年。

宫前殿遗址北墙顶部倒塌堆积中的板瓦、筒瓦[1]。由此判断，一号建筑遗址的时代应早于阿房宫修建的战国秦时期。从建筑所在地，上林苑一号遗址地处渭河以南秦上林苑内，其应是位于战国秦上林苑中的建筑遗址之一。从其时代明显早于兴建于秦统一后的阿房宫的情况看，它与阿房宫无关。

当然，因历年破坏及发掘有限，该遗址的具体废弃时间目前还尚难判定。它是否在秦阿房宫兴建期间依然使用，二者是否存在一段时间的统辖关系，是否会是建设阿房宫管理机构的驻地等问题，据现有资料均无法判断。

从 2012 年上林苑一号遗址西垣的发掘看，上林苑一号遗址西垣位于上林苑一、二号遗址所在台地西北缘，垣墙以西为池沼，以东为建筑所在高地。根据出土遗物，2012 年发掘的 G3 及第 4 层的时代为战国时期，而据遗迹地层关系，G3 及第 4 层均晚于 Q1 和 G4。在 G3 和第 4 层形成后，原从 Q1 底部穿过向墙外池沼排水的 G4 被主动废弃，形成西垣外以 G3 为地下排水设施的建筑。因晚期破坏和发掘面积限制，该建筑规模和形制已难确定。根据出土遗物，G1、G2 的时代为汉代，是汉代遗存在上林苑一号遗址区域内的首次发现。从 G1、G2 打破 Q1、G3 所属建筑的地层关系看，上林苑一号遗址至迟到 G1 形成的西汉时期应已遭毁灭性破坏，这与在上林苑一号遗址多个地点发掘中均未见到汉代遗物所揭示出的遗存情况正相一致。

---

[1]　中国社会科学院考古研究所、西安市文物保护考古所阿房宫考古队：《阿房宫前殿遗址的考古勘探与发掘》，《考古学报》2005 年 2 期。

第二章　上林苑二号遗址

　　上林苑二号遗址位于一号遗址南约 500 米，阿房宫前殿遗址西南 1200 米，西侧为西安绕城高速公路、南侧为西安绕城高速公路阿房宫出口，东侧为取土坑。当地传说其为"阿房宫烽火台"。1994 年，西安市文物局、西安市文物保护考古所在阿房宫遗址调查中，对该遗址进行了调查勘探。该遗址高 4、半径 5.9、周长 47 米，在台基周围尚保存有 3 块大型础石。钻探资料显示遗址为"凸"字形建筑台基，东西长 265、南北最宽 40 米，面积 6354 平方米[1]。2005 年 3～4 月，阿房宫考古队为寻找阿房宫范围，确定阿房宫西界，搞清该遗址的具体时代和性质，对其进行了勘探与试掘。

一　地层堆积

　　上林苑二号遗址的试掘共布探沟（T1）一条，规格 3 米×53 米。以 T1 西壁为例，其中部表土下即为台基夯土，而南部和北部的地层堆积可分三层，现以南部地层堆积介绍如下：

　　第 1 层：表土层。深灰色，土质松软。厚 0.16～0.36 米。

　　第 2 层：扰土层。浅褐色，土质稍硬。距地表深 0.36～1.84、厚 0.1～1.64 米。该层较纯净，包含的遗物较少。

　　第 3 层：战国时代文化层。灰黄色，土质稍松散。距地表深 1.1～1.96、厚 0.1～0.84 米。该层为建筑物倒塌堆积，含较多的战国时代板瓦和筒瓦残片。

　　该探沟大部分区域的第三层以下为战国时代地面。而自台基南沿向南宽 3.3 米的第三层下面亦为台基夯土的一部分，厚 2 米，其下为生土。

二　建筑遗迹

　　该遗迹分为上、下两部分，上部为建筑物残迹，下部为夯土台基。台基通厚 3.6 米，分两层。

---

[1]　西安市文物局文物处、西安市文物保护考古所：《秦阿房宫遗址考古调查报告》，《文博》1999 年 2 期，3～16 页。

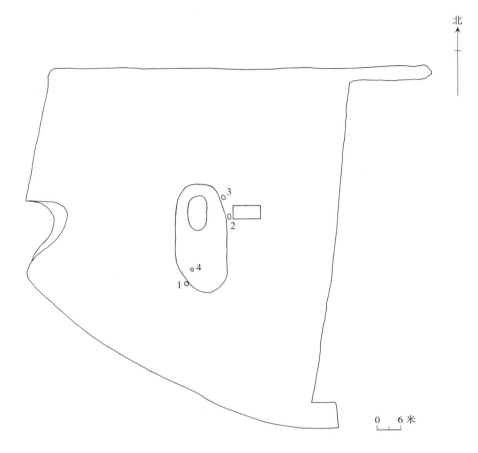

图九六　上林苑二号遗址保存现状图

1~4. 础石

台基上层现存东西 73.5、南北宽 42.1 米，下层东西现存 73.5、南北 48.7 米。台基下层的南、北两侧各比上层台基边沿向外延伸 3.3 米，表面低于台基上层现存面 1.6 米，夯土皆厚 2 米，夯层厚 5~7 厘米。在台基上层的南沿向南 2 米处，发现东西向建筑物倒塌后形成的瓦片带，宽约 3 米（图九六）。

台基上为建筑物，据了解，在 1949 年前后此建筑还保存着较大规模，后因群众取土等原因不断缩小。目前残存的部分大体位于台基中部偏南，距台基南沿 5.5、距台基现存东沿 27 米。该建筑物为夯筑，夯层厚 5~7 厘米；其底部较大，东西残宽 13.2、南北残长 28 米；顶部较小，东西残宽 5.5、南北残长 9 米，现存高 4.1 米（图版三三）。

在建筑残迹的底部和中部，分别残存一些花岗岩质础石。从下往上，ⅡT1C1（已扰动）位于建筑物南侧底部，长 0.7、宽 0.65、厚 0.25 米；ⅡT1C2（已扰动）位于建筑物东北侧底部，长 1.4、宽 0.65、厚 0.22 米；ⅡT1C3（已扰动）位于建筑物东北侧底部、ⅡT1C2 础石北侧，长 0.8、宽 0.7、厚 0.2 米；ⅡT1C4 位于该建筑南部，自底部向上 1.4 米处，长 0.7、宽 0.92、厚 0.3 米。根据这些础石的位置推测，该建筑底部和中腰应有房屋和回廊一类的建筑（图九七；图版三四、三五）。

→ 北

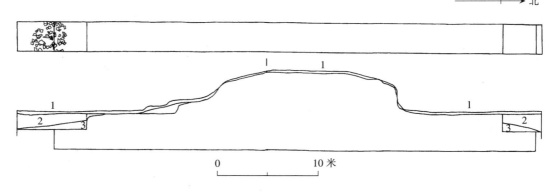

图九七　上林苑二号遗址 T1 平、剖面图

三　出土遗物

该建筑遗址出土的遗物以板瓦、筒瓦、瓦当等建筑材料为主。此外，还采集到一些残砖块。

铺地砖　1 件（Ⅱ采:1），采集，仅存残件，灰色。一面细绳纹，一面间断绳纹。残长 18、残宽 16、厚 3 厘米（图九八:1、2；图版三六:1、2）。

拦边砖　1 件（Ⅱ采:2），属 A 型，采集。仅存残件，灰色。一面中绳纹，一面素面。残长 15.5、宽 11、厚 3 厘米（图九八:3；图版三六:3、4）。

板瓦　灰色、均残。遗址所出表面均饰细绳纹，属 A 型。

A 型　据绳纹特征，遗址所出仅见 Aa 型，共出土 6 件。

Aa 型表面饰细交错绳纹，据内面纹饰特征不同，分 Aa1、Aa7 两型。

Aa1 型　表面细交错绳纹，内素面。标本 4 件。

Ⅱ T1③:3，残长 13、残宽 17、厚 1.4 厘米（图九八:4、5）。

Ⅱ T1③:4，残长 15、残宽 13、厚 1.5 厘米（图九八:6、7）。

Ⅱ T1③:5，残长 9、残宽 14.5、厚 2 厘米（图九八:8）。

Ⅱ T1③:6，残长 12.5、残宽 23、厚 1.7 厘米（图九九:1、2）。

Aa7 型　表面细交错绳纹，内饰细密弦纹。标本 2 件。

Ⅱ T1③:1，残长 12.5、残宽 17、厚 1.5 厘米（图九九:3、4；图版三六:5、6）

Ⅱ T1③:2，其间有竖道划痕（宽 0.2 厘米）。残长 16、残宽 14、厚 1.7 厘米（图一〇〇:1、2）。

筒瓦　灰色、均残。表面饰细绳纹，泥条盘筑痕迹明显，制作粗糙，表面均饰细直绳纹，属 Ac 型。出土 6 件。据内面纹饰，均属 Ac2 型。

Ac2 型　表面饰细直绳纹，内面麻点纹。标本 6 件。

Ⅱ T1③:7，残长 10、残宽 15、厚 1.4 厘米。唇长 3、厚 1 厘米（图一〇〇:3、4）。

Ⅱ T1③:8，残长 16、残宽 10.5、厚 1.3 厘米（图一〇〇:5、6；图版三七:1、2）。

图九八　上林苑二号遗址采集、出土铺地砖、拦边砖、板瓦

1、2. Ⅱ采：1　3. Ⅱ采：2　4、5. ⅡT1③：3　6、7. ⅡT1③：4　8. ⅡT1③：5

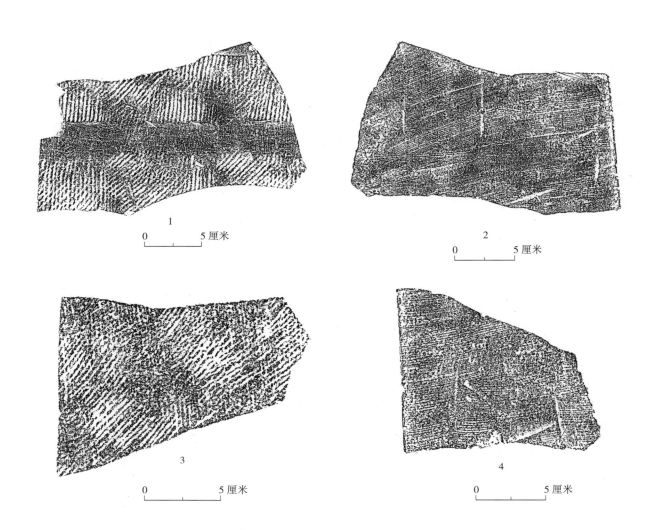

图九九　上林苑二号遗址出土板瓦

1、2. ⅡT1③：6　3、4. ⅡT1③：1

ⅡT1③：9，残长 13、残宽 13.5、厚 1.4 厘米（图一〇一：1、2；图版三七：3、4）。

ⅡT1③：10，深灰色。残长 10、残宽 8.5、厚 1.4 厘米（图一〇一：3、4）。

ⅡT1③：11，残长 13.5、残宽 13、厚 1.5 厘米（图一〇一：5、6）。

ⅡT1③：12，内面麻点纹个体稍大，泥条盘筑痕迹不太明显。残长 11、残宽 14、厚 1.4 厘米（图一〇二：1、2）。

瓦当　2 件，1 件为蘑菇形云纹瓦当，属 B 型。1 件形制不明。

B 型　1 件（ⅡT1②：1），双界格线，四分当面，不过当心。当面圆心为菱形纹，外饰一周凸弦纹。界格线顶端饰一蘑菇形云纹，外似有一圈凸弦纹。残长 7.5、残宽 8、当心径 4.8、当心厚 1.5 厘米（图一〇二：3；图版三七：5）。

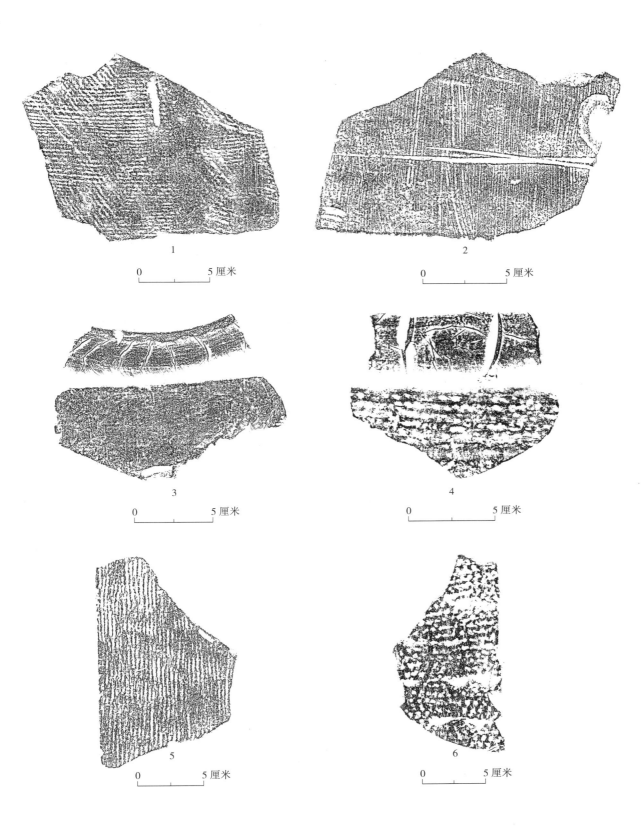

图一〇〇　上林苑二号遗址出土板瓦、筒瓦

1、2. ⅡT1③:2　3、4. ⅡT1③:7　5、6. ⅡT1③:8

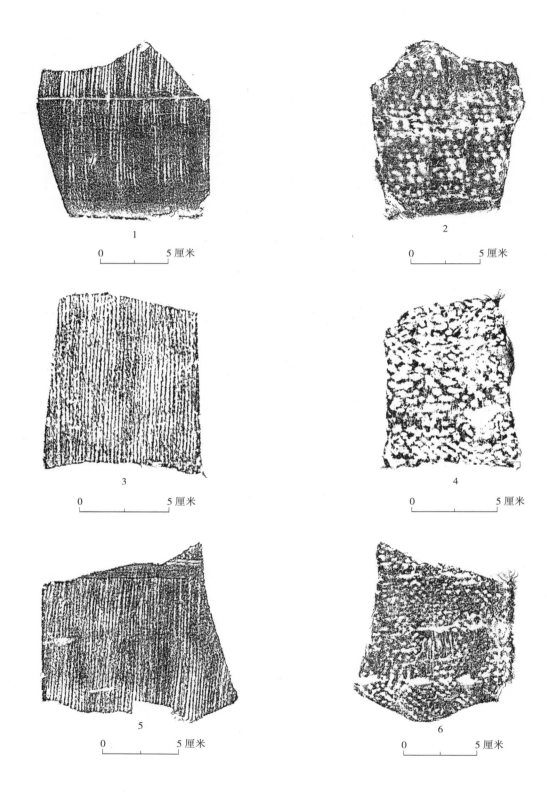

图一〇一　上林苑二号遗址出土筒瓦

1、2. ⅡT1③:9　3、4. ⅡT1③:10　5、6. ⅡT1③:11

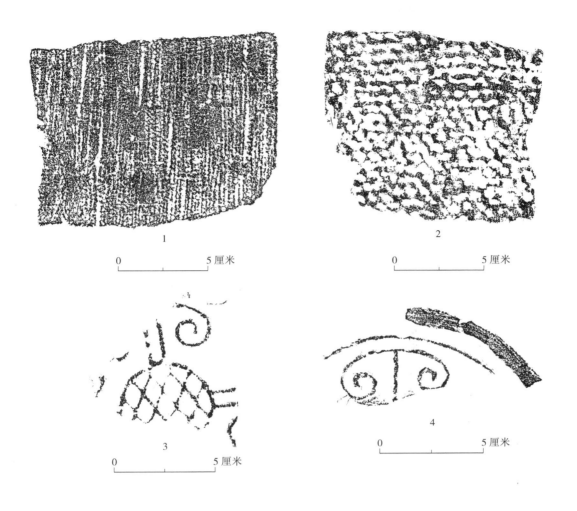

图一〇二　上林苑二号遗址出土筒瓦、瓦当
1、2. ⅡT1③∶12　3. ⅡT1②∶1　4. ⅡT1③∶13

形制不明　1件（ⅡT1③∶13），仅存一小块，当面有单界格线四分当面，当心不明。界格线顶端饰蘑菇形云纹，当背绳切痕迹明显。边轮宽0.9、当心厚2.3厘米（图一〇二∶4；图版三七∶6）。

四　小结

上林苑二号遗址仅出土一些板瓦、筒瓦残片，制作均粗糙。板瓦表面均饰细密交错绳纹，筒瓦表面均饰细绳纹，内面麻点纹，且泥条盘筑痕迹明显。它们的特点均与上林苑一号遗址出土板瓦、筒瓦相同。该遗址内采集的绳纹铺地砖和绳纹拦边砖残块，也与上林苑一号遗址出土铺地砖和拦边砖完全相同。因此，该建筑遗址的时代与上林苑一号遗址的时代应该一致，同属战国时期，它的修建时间明显比阿房宫早。

该遗址破坏严重，下部夯土台基东部和西部已被挖掉。据当地群众回忆，上部建筑四面呈斜坡状，向中部逐渐升高，在 1949 年前后保存的高度要比现在高出 2 米多。该建筑现存的部分仅为当时建筑的一小部分，同时也应是当时建筑的最高部分。

在残存建筑底部存在经扰动的础石，南侧自底部向上 1.4 米处还发现一个未经扰动的础石，说明该建筑底部和中腰原应有建筑物，顶部因破坏殆尽，建筑物已无存。综合这些现象，推测该遗址原当是一座高台宫殿建筑，形制与秦都咸阳宫相似，这也是战国建筑形式的一大特点。它应是战国秦上林苑中的高台建筑遗址之一，不仅在建筑时间上早于阿房宫，而且也不是如民间所传的"阿房宫烽火台"一类的烽燧建筑。

从 1932 年西京筹备委员会测绘的大比例地形图资料、20 世纪 50 年代中期实测图、1967 年 12 月美国卫星拍摄的影像资料看，上林苑一号遗址、上林苑二号遗址分别处在阿房宫遗址西侧一个宽大平台的南、北两端。在两个遗址之间，1994 年勘探还发现分布有数量较多、形制各异的各种建筑基址，但后均遭破坏。从上林苑一号、二号遗址时代相同、相距甚近，且其间有较多建筑分布的情况分析，它们应是同一庞大建筑群的不同组成部分[1]。

---

〔1〕 国家文物局主编，陕西省文物事业管理局编：《中国文物地图集·陕西分册》，西安地图出版社，1998 年，101 页。在《中国文物地图集·陕西分册》著录时，已将位于高地北侧的纪阳寨遗址与南侧的烽火台遗址统一起来，以"纪阳寨遗址"为名登记，同时还包含了 1994 年在高地上钻探发现的其他 5 处建筑基址。

第三章　上林苑三号遗址

上林苑三号遗址西安市未央区后围寨（亦名后卫寨）村北侧，南距阿房宫前殿遗址约 3800 米。遗址北侧为西安咸阳城际公路，南侧为西宝高速。据《中国文物地图集·陕西分册》介绍，1959 年该遗址曾出土羊头形铜车饰，长 22.6 厘米。当时遗址为不规则形夯土台基，面积约 200 平方米，高 6 米，夯层厚 7~8 厘米，夯窝直径约 7 厘米；并在遗址发现有空心砖砌成的踏步和排列有序的柱础石，此外还暴露有陶水管道长约 20 米；地表散布绳纹板瓦、条砖、方砖等建筑材料[1]。2005 年阿房宫考古队为寻找确认阿房宫遗址北界，对该遗址进行了钻探、试掘。

一　地层堆积

该遗址已遭严重破坏，建筑物仅残留位于北部一小部分（图版三八：1）。遗址的试掘共布探沟（T1）一条，规格 3 米 ×51 米。遗址区内地层堆积状况基本一致，层位关系较为简单，以 T1 西壁为例，地层堆积情况如下：

第 1 层：表土层。灰色，土质松软。厚 0.1~0.5 米。

第 2 层：扰土层。灰黄色，土质较松散。距地表深 0.15~0.3、厚 0.1~0.15 米。内含战国筒瓦、板瓦残片，以及现代瓷片、粉笔等。

第 3 层：汉代文化层，为建筑物的倒塌堆积层。灰色局部灰红色，土质松散。距地表深 0.15~1.25、厚 0.1~1 米。中部建筑倒塌堆积中，包含物以战国筒瓦、板瓦残片为主（多被烧成浅红色），还出土被烧成红色的草泥墙皮残块及朱红色地面残块，另伴有 1 枚汉代五铢钱出土。而在底部的建筑倒塌堆积中，包含物以汉代筒瓦、板瓦残片为主，还出土少量战国时期的素面半瓦当和山形云纹半瓦当及绳纹铺地砖等。

第 4 层：为建筑的夯土部分，未继续向下清理。

---

[1]　国家文物局主编，陕西省文物事业管理局编：《中国文物地图集·陕西分册》，西安地图出版社，1998 年，48 页。

二 建筑遗迹

该遗址原为一座高台建筑，但因当地农民常年在此取土、建房及平整土地，已遭到严重破坏。现存的遗址分为下部夯土台基和上部建筑两部分（图一○三；图版三八：2、图版三九）。

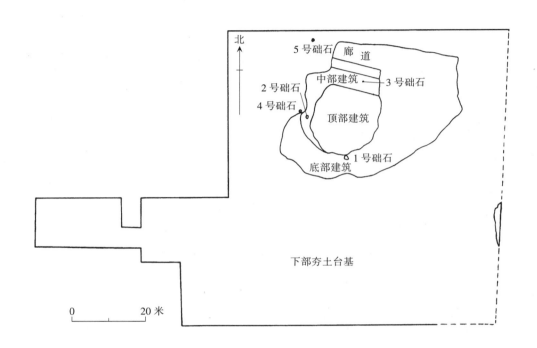

图一○三 上林苑三号遗址钻探遗迹平面图

1. 下部夯土台基 现存的主体部分东西最长 92、南北最宽 84、厚 1.2～2 米，台基下为生土或细沙。台基偏南部向西延伸，保存的范围长 59、宽 15～20 米。在台基西北部存一被扰动过的础石ⅢT1C5，花岗岩石质，长 0.73、宽 0.65、厚 0.34 米。在所发掘的探方内，夯土台基北面是加工过的院落地面。

2. 上部建筑 上部建筑仅发现于遗址的偏北部，残存部分呈不规则形，现存通高 7 米，夯层厚 6～10 厘米。可分为顶部、中部和底部建筑三部分。

底部建筑 残存部分形状呈不规则形，基址东西最长 54、南北最长 42 米，其上的建筑物已无存。

中部建筑 残存部分呈不规则形，基址东西最长 24、南北最长 28 米。在所发掘的探沟内，基址之上还残存有少量的廊房建筑遗迹。北部廊房进深约 5.1 米，其南壁尚存一壁柱残迹，ⅢT1D1 柱洞面阔 0.32、进深 0.22、现存深 1 米，底部础石已无；柱洞内还残存黑色木柱灰，柱灰高 0.4、宽 0.1、厚 0.1 米。此壁柱的北侧 2.8 米有一明柱痕迹，ⅢT1D2 柱洞圆形，直径 0.34、现存深 0.06 米；底部础石ⅢT1C3，为花岗岩石质，呈圆形，直径 1.13、厚 0.32 米。廊房北面是廊道，宽约 2.6 米，表面未见铺砖痕迹（图版四○）。

在探方南部，也残存一廊房内的未扰动的壁柱础石ⅢT1C1，为花岗岩石质，长 1.2、宽 1.1、厚 0.45 米。在中部建筑的西部，还保存有一廊房内的未经扰动的明柱础石ⅢT1C2，为油母页岩质，长 1.2、宽 0.97、厚 0.32 米。该础石西北约 2 米、下面 3 米处存一已经扰动的础石ⅢT1C4，为油母页岩质，础石长 0.68、宽 0.59、厚 0.3 米（图版四一）。

在中部建筑的倒塌堆积中，出土有草泥墙皮残块和朱红地面残块。据残块观察，建筑物的草泥墙皮分为三层，通厚 3.8 厘米；从里到外，粗草泥层厚 2.7、细泥层厚 1、白灰面厚 0.1 厘米。其中一残块墙皮上遗留有壁画痕迹，墙皮残块长 7、宽 5、厚 3 厘米，下部饰黑、白双线画的勾云纹。地面残块通厚 4.3 厘米，其中草泥层厚 3、细泥层厚 1、朱红地表面厚 0.3 厘米。

顶部建筑　因遗址上部已被取土破坏近 2 米，故顶部建筑物没有留下痕迹，现存基址东西最长 19、南北最长 21 米（图一○四）。

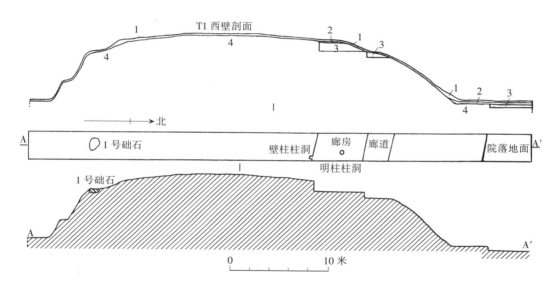

图一○四　上林苑三号遗址 T1 平、剖面图

三　出土遗物

该遗址出土遗物以建筑材料为主，包括砖、板瓦、筒瓦、瓦当和陶管道等。此外，还发现铸钱的陶背范残块及少量货币等。现分述如下。

铺地砖　2 件。灰色，一面绳纹，一面素面，均残。

ⅢT1③：1，残长 20、残宽 15、厚 3 厘米（图一○五：1；图版四二：1）。

ⅢT1③：2，部分绳纹被压成细密的小方格纹。砖残长 14、残宽 12、厚 3 厘米（图一○五：2、3；图版四二：2）。

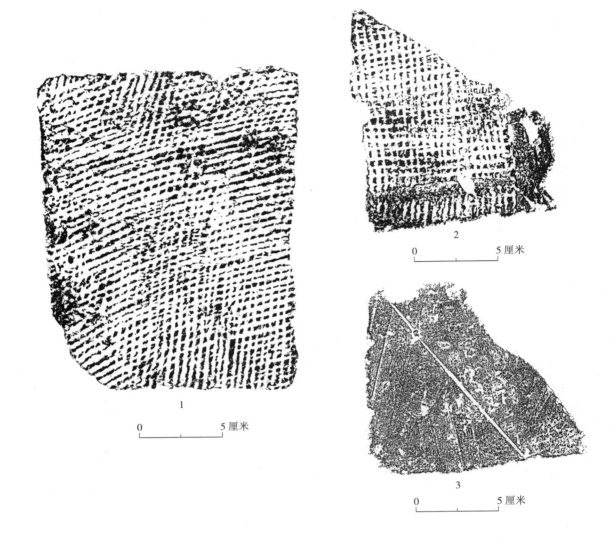

图一〇五　上林苑三号遗址出土铺地砖、板瓦

1. ⅢT1③：1　2、3. ⅢT1③：2

拦边砖　2件。属 B 型，灰色，素面，一边沿向上折起。均残。

ⅢT1③：3，残长 33、残宽 20、厚 3 厘米。边沿向上折起部分高 3、宽 4 厘米（图版四二：3、4）。

ⅢT1③：4，残长 20、残宽 19、厚 3 厘米。边沿向上折起部分高 3.5、宽 3.2 厘米。

板瓦　灰色、均残。根据表面绳纹粗细，分 A、B、C 三型。共 17 件。

A 型　表面饰细绳纹，据绳纹特征，可分 Aa、Ab 两型，出土 3 件。

Aa 型　表面饰细交错绳纹，内素面，被火烧成红色或灰红色，均属 Aa1 型。标本 2 件。

ⅢT1③：6，残长 16、残宽 25、厚 1 厘米（图一〇六：1、2；图版四二：5）。

ⅢT1③：7，残长 11.5、残宽 24、厚 0.7 厘米（图一〇六：3）。

Ab 型　表面细斜绳纹，内素面，属 Ab1 型，标本 1 件（ⅢT1③：32），残片，灰褐色。残长

图一〇六　上林苑三号遗址出土板瓦

1、2. ⅢT1③:6　3. ⅢT1③:7　4. ⅢT1③:32　5、6. ⅢT1③:5

12、残宽23、厚1.4厘米（图一〇六:4；图版四二:6）。

B型　表面饰中粗绳纹，据绳纹饰特征，均属Ba型，共出土3件。

Ba型　表面饰中粗绳纹，据内面纹饰特征，可分Ba1、Ba5两型。

Ba1型　表面中粗绳纹，内素面，被火烧成红色或灰红色，均残。标本2件。

秦汉上林苑（上册）

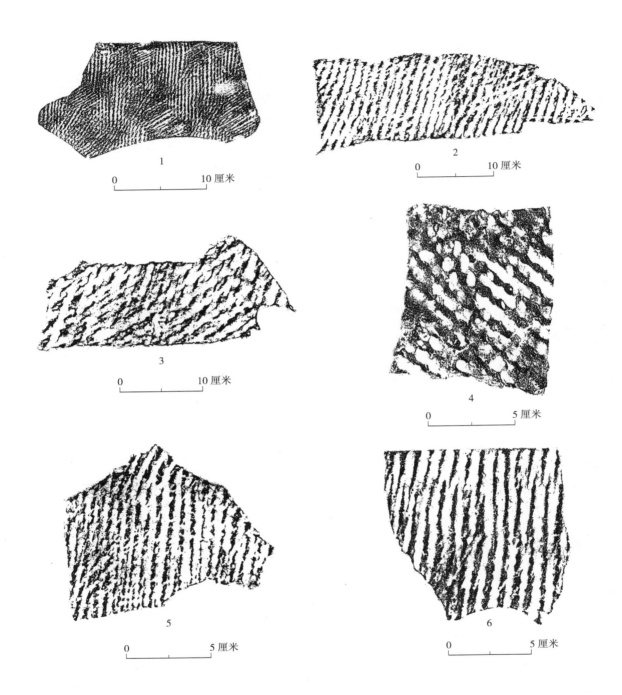

图一〇七　上林苑三号遗址出土板瓦

1. ⅢT1③：8　2. ⅢT1③：33　3. ⅢT1③：34　4. ⅢT1③：9　5. ⅢT1③：10　6. ⅢT1③：11

ⅢT1③：5，残长18、残宽27、厚1.3厘米（图一〇六：5、6；图版四三：1）。

ⅢT1③：8，残长13.5、残宽15、厚1.3厘米（图一〇七：1）。

Ba5型，表面中交错绳纹，内绳纹。标本1件（ⅢT1③：33），浅灰色，内面有横向的绳纹痕迹。残长6、残宽18、厚1.5厘米（图一〇七：2；图版四三：2、3）。

C型　表面饰粗绳纹，据绳纹饰特征不同，可分Ca、Cc两型，出土11件。

Ca 型　表面粗交错绳纹，内素面，属 Ca1 型。标本 1 件（ⅢT1③：34），残长 6.5、残宽 15、厚 1.8 厘米（图一〇七：3；图版四三：4）。

Cc 型　表面饰粗直绳纹，内素面，属 Cc1 型。标本 10 件。

ⅢT1③：9，残长 9、残宽 11、厚 1 厘米（图一〇七：4；图版四三：5）。

ⅢT1③：10，残长 10、残宽 12、厚 1.6 厘米（图一〇七：5）。

ⅢT1③：11，残长 11、残宽 10.5、厚 1.5 厘米（图一〇七：6）。

ⅢT1③：12，残长 10.2、残宽 10.5、厚 0.9 厘米（图一〇八：1；图版四三：6）。

ⅢT1③：35，瓦表面有两道凹弦纹。残长 6、残宽 13.5、厚 1.7 厘米（图一〇八：2）。

ⅢT1③：36，残长 9、残宽 12、厚 1.7 厘米（图一〇八：3）。

ⅢT1③：37，残长 12.5、残宽 8、厚 1.6 厘米（图一〇八：4）。

ⅢT1③：38，残长 13、残宽 11、厚 1.7 厘米（图一〇八：5）。

ⅢT1③：39，残长 11、残宽 12.5、厚 1.7 厘米（图一〇八：6）。

ⅢT1③：40，瓦表有两道凹弦纹。残长 7、残宽 11、厚 1.3 厘米（图一〇九：1）。

筒瓦　灰色、均残。根据表面绳纹粗细，分 A、B、C、D 四型。标本 20 件。

A 型　表面饰细绳纹，据绳纹特征，分 Aa、Ab、Ac 型，标本 11 件。

Aa 型　表面饰细交错绳纹，内麻点纹。标本 1 件（ⅢT1③：14），残长 16.5、残径 12.5、厚 0.9 厘米（图一〇九：2、3；图版四四：1、2）。

Ab 型　表面饰细斜绳纹，据内面纹饰特征，可分 Ab2、Ab4 两型。

Ab2 型　表面饰细斜绳纹，内面麻点纹。标本 2 件。

ⅢT1③：13，残长 18、径 16、厚 1.1 厘米。瓦唇长 3、厚 0.3 厘米（图一〇九：4、5；图版四四：3、4）。

ⅢT1③：16，残长 8.5、残径 11、厚 1.3 厘米（图一一〇：1、2）。

Ab4 型　表面细斜绳纹，内布纹。标本 1 件（ⅢT1③：51），灰色，残片。残长 15.5、残宽 8.5、厚 1.0 厘米（图版四四：5）。

Ac 型　表面饰细直绳纹，内麻点纹，均属 Ac2 型。标本 7 件。

ⅢT1③：15，残长 16.5、残径 14、厚 1.1 厘米（图一一〇：3、4；图版四四：6）。

ⅢT1③：41，灰褐色，为筒瓦前端残块。残长 6.5、残宽 13.5、厚 0.8、唇长 3.5、厚 0.7 厘米（图一一〇：5、6）。

ⅢT1③：42，残片。残长 7、残宽 18、厚 0.8 厘米（图一一一：1、2）。

ⅢT1③：43，砖红色，残片。残长 12.5、残宽 12.7、厚 1.3 厘米（图一一一：3、4）。

ⅢT1③：44，深灰色，残片。残长 11、残宽 9、厚 1.2 厘米（图一一一：5、6）。

ⅢT1③：45，残片，瓦身上有一圆孔。内面素面，泥条盘筑痕迹明显。残长 6、残宽 17.5、厚 1.4，瓦身圆孔径 1.4 厘米（图一一二：1、2；图版四五：1、2）。

Ⅲ采：4，属筒瓦 A 型，残块，深灰色。内面部分为麻点纹、部分为素面。表面戳印陶文，为竖行阳文，长 6、宽 1 厘米，自上而下释读为"安台居室"四字，可能与该建筑名称有关（图一一二：3、4；

秦汉上林苑（上册）

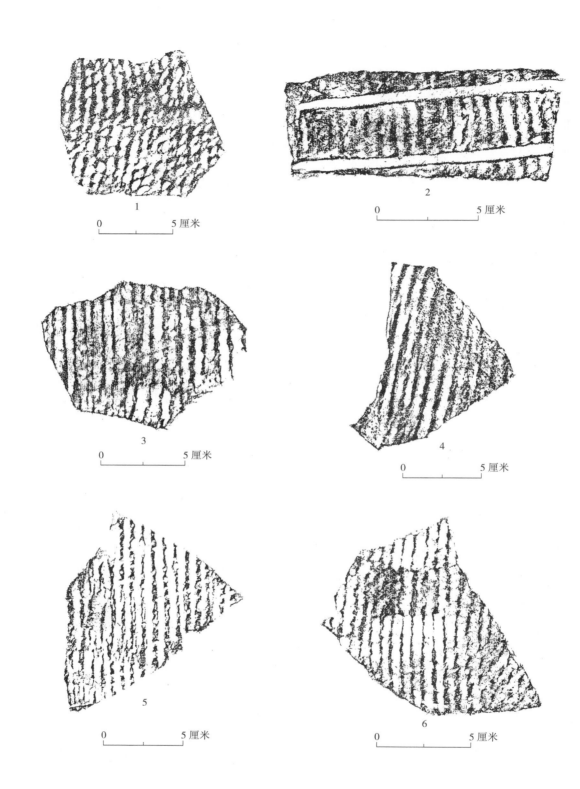

图一〇八　上林苑三号遗址出土板瓦

1. ⅢT1③：12　2. ⅢT1③：35　3. ⅢT1③：36　4. ⅢT1③：37　5. ⅢT1③：38　6. ⅢT1③：39

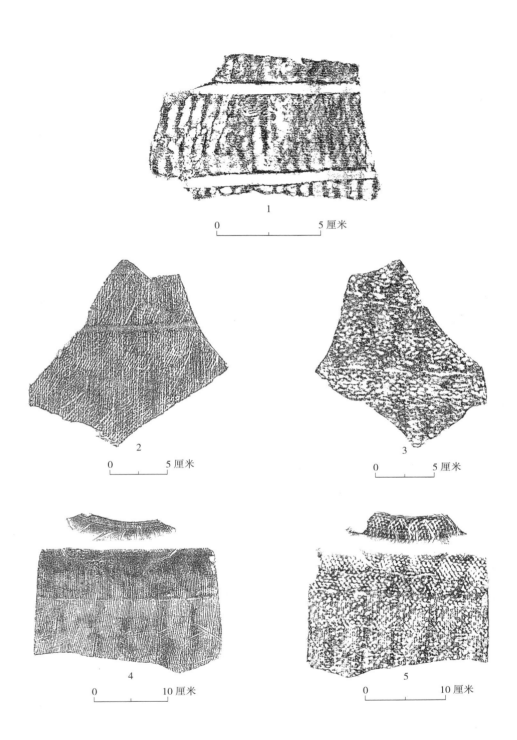

图一〇九　上林苑三号遗址出土板瓦、筒瓦

1. ⅢT1③:40　2、3. ⅢT1③:14　4、5. ⅢT1③:13

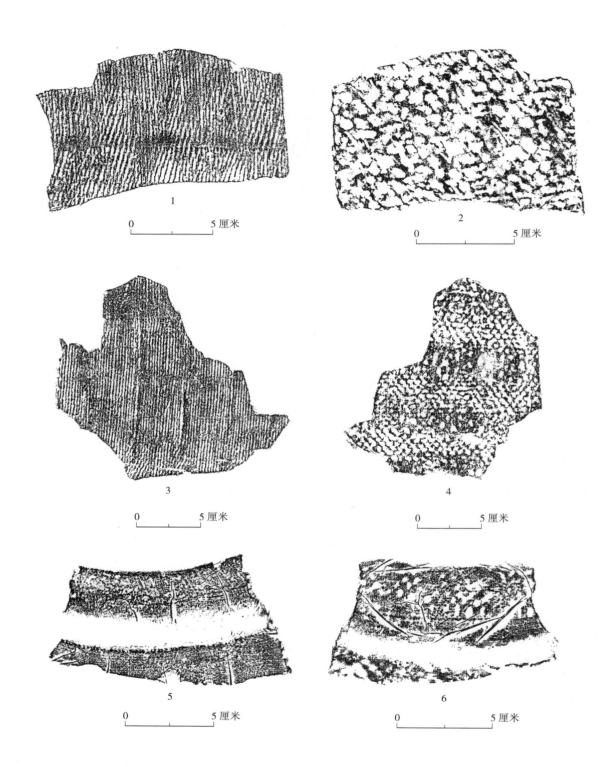

图一一〇　上林苑三号遗址出土筒瓦

1、2. ⅢT1③：16　3、4. ⅢT1③：15　5、6. ⅢT1③：41

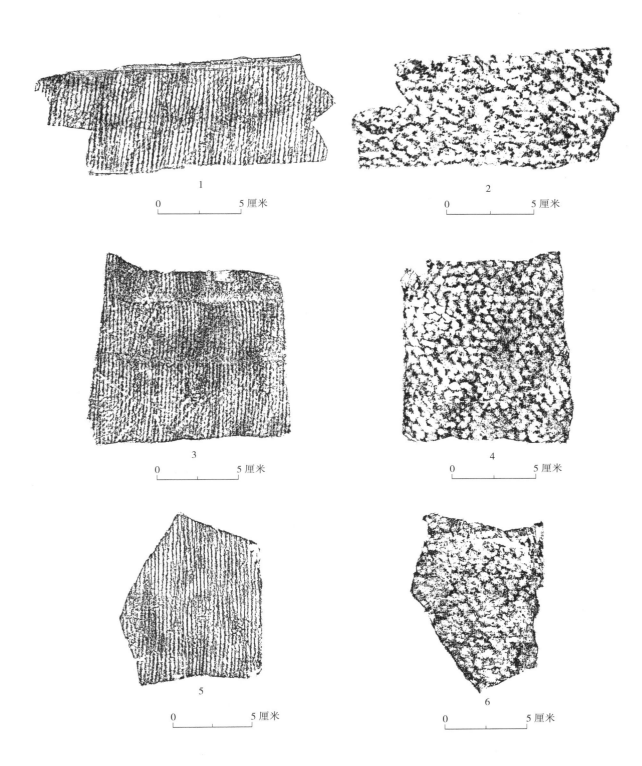

图一一一　上林苑三号遗址出土筒瓦

1、2. ⅢT1③：42　3、4. ⅢT1③：43　5、6. ⅢT1③：44

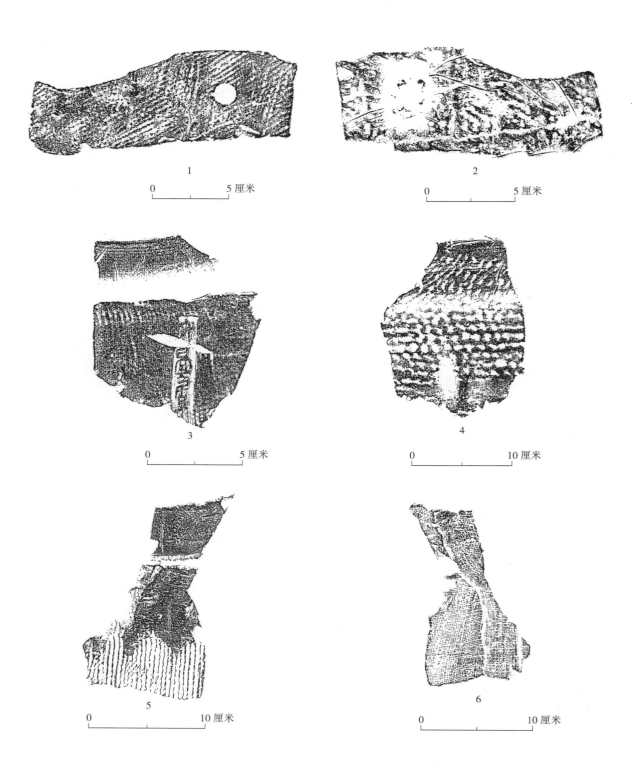

图一一二　上林苑三号遗址采集、出土筒瓦

1、2. ⅢT1③:45　3、4. Ⅲ采:4　5、6. ⅢT1③:17

図版四五：3、4）。

B 型 灰色、均残。表面饰中粗直绳纹，内面布纹，属 Bc4 型。出土 7 件。

ⅢT1③：17，残长 11.5、残径 10、厚 1.2 厘米。瓦唇长 5、厚 1.1 厘米（图一一二：5、6）。

ⅢT1③：18，残长 13.5、残径 9.5、厚 1.5 厘米。瓦唇长 5、厚 0.9 厘米（图一一三：1、2）。

ⅢT1③：20，残长 11.5、残径 11、厚 1 厘米（图一一三：3、4；图版四五：5）。

ⅢT1③：47，残长 7、残宽 9、厚 1.5 厘米（图一一三：5、6）。

ⅢT1③：48，残长 9.5、残宽 8.2、厚 1.5 厘米（图一一四：1、2）。

ⅢT1③：49，残长 9.5、残宽 8、厚 1.2 厘米（图一一四：3、4）。

ⅢT1③：50，残长 11、残宽 8、厚 1.5 厘米（图一一四：5、6）。

C 型 灰色、均残。表面饰粗直绳纹，内面布纹，属 Cc4 型。标本 1 件（ⅢT1③：19），残长 11、残径 9.5、厚 1 厘米（图一一五：1、2；图版四五：6）。

D 型 1 件（ⅢT1③：46），灰色，残片，筒瓦前端残片，表面素面。内面布纹。残长 11、残宽 8、厚 1.4、唇长 5、厚 1.3 厘米（图一一五：3、4；图版四六：1）。

瓦当 根据形制分半瓦当和圆瓦当。

半瓦当 9 件。半瓦当制作粗糙，背面凹凸不平，根据纹饰不同，分为两种。

山形云纹半瓦当，2 件。

ⅢT1③：23，灰色。当面中心为双山形纹，其左右两侧各向外侧伸出一条直线，顶部饰方向相背的两个涡纹。当面直径 16.2、厚 1.4 厘米。所连筒瓦属 A 型表面细绳纹，内面麻点纹，泥条盘筑痕迹明显。筒瓦残长 10、瓦径 16.5、厚 2.2～2.5 厘米（图一一五：5、6；图版四六：2、3）。

ⅢT1③：52，灰色。双线山纹仅余部分，山纹右侧向外侧伸出一条直线，顶部饰方向相背的两个涡纹。复原径 16、边轮宽 0.8～1.2、当厚 1.2 厘米。所连筒瓦属 A 型，表面细直绳纹，内面麻点纹，有泥条盘筑痕迹，残长 8、残宽 12.5、厚 2.2 厘米（图一一六：1、2）。

素面半瓦当，灰色，完整者 5 件。所连筒瓦均为 A 型，表面细绳纹，内面麻点纹，泥条盘筑痕迹明显。此外，还有一些素面半瓦当残块出土。

ⅢT1③：24，当面直径 16、厚 1.1 厘米。所连筒瓦属 A 型，表面细绳纹，内面麻点纹，残长 13.2、径 16.2、厚 1.4～1.7 厘米（图一一六：3、4；图版四六：4、5）。

ⅢT1③：25，当面直径 16、厚 0.9 厘米。所连筒瓦属 A 型，表面细绳纹，内面麻点纹，残长 9、径 16、厚 1～1.3 厘米（图一一六：5、6）。

ⅢT1③：26，当面直径 16、厚 1.1 厘米。所连筒瓦属 A 型，表面细绳纹，内面麻点纹，残长 10.5、径 16.2、厚 1.2～2 厘米（图一一七：1、2）。

ⅢT1③：27，当面直径 14、厚 1.6 厘米（图一一七：3、4）。

ⅢT1③：28，当面直径 12.5、厚 1.3 厘米（图一一七：5）。

ⅢT1③：53，素面半瓦当，灰色，素面，当背粗糙，凹凸不平。复原径 14、当厚 1.7 厘米，所连筒瓦属 A 型，表面细绳纹，内面素面，有泥条盘筑痕迹。残长 6、残宽 15.5、厚 1.5 厘米（图一一八：1、2）。

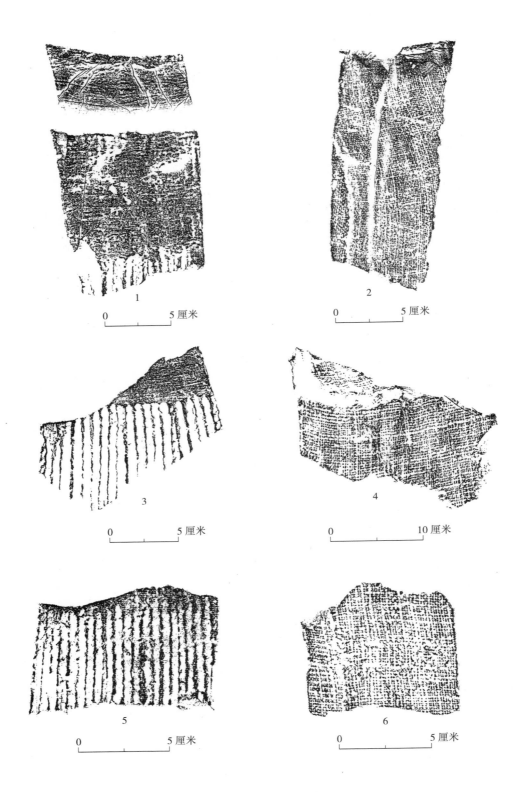

图一一三　上林苑三号遗址出土筒瓦

1、2. ⅢT1③：18　3、4. ⅢT1③：20　5、6. ⅢT1③：47

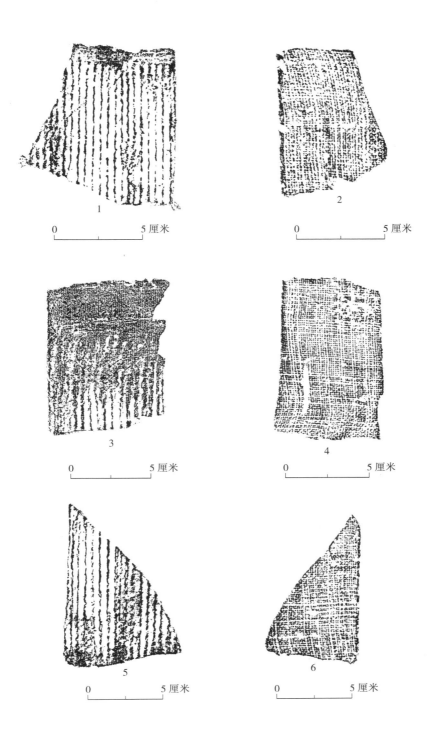

图一一四 上林苑三号遗址出土筒瓦

1、2. ⅢT1③:48　3、4. ⅢT1③:49　5、6. ⅢT1③:50

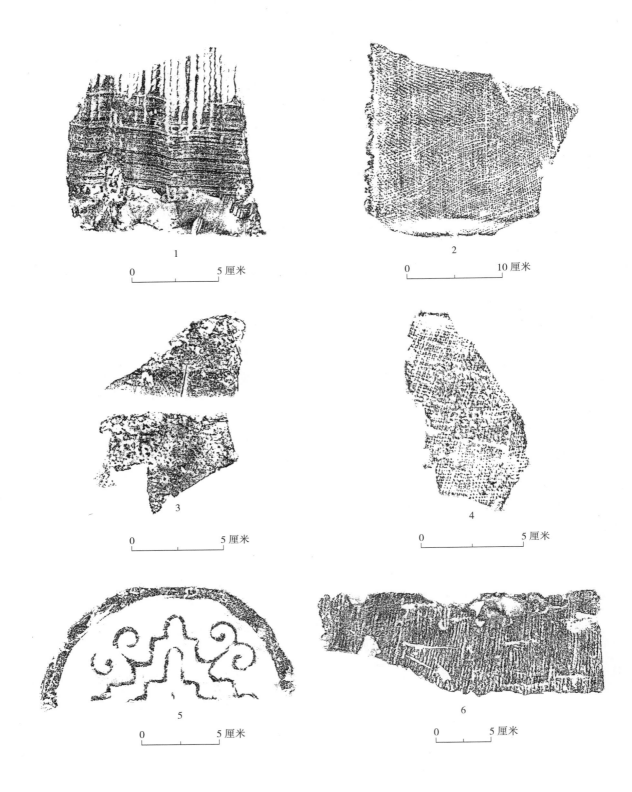

图——五　上林苑三号遗址出土筒瓦、瓦当

1、2. ⅢT1③:19　3、4. ⅢT1③:46　5、6. ⅢT1③:23

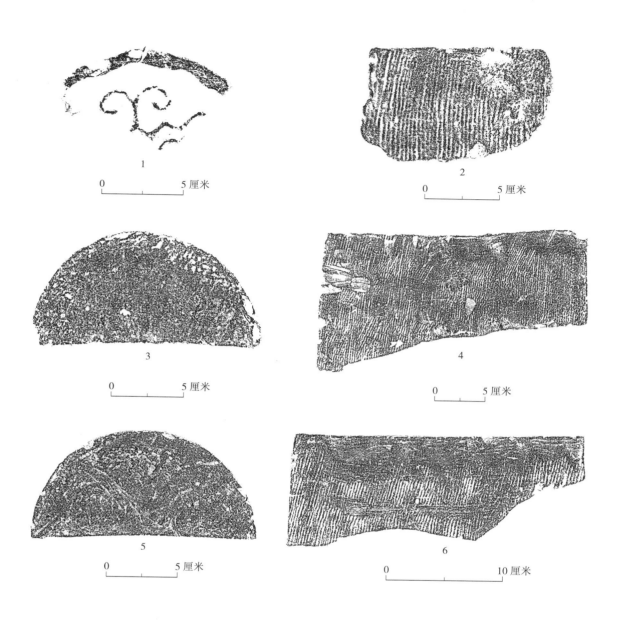

图一一六　上林苑三号遗址出土瓦当

1、2. ⅢT1③:52　3、4. ⅢT1③:24　5、6. ⅢT1③:25

　　ⅢT1③:54，素面半瓦当，灰色，素面，当背粗糙，凹凸不平。复原径15、当厚1.5厘米，所连筒瓦属A型，表面细斜绳纹，内面素面，泥条盘筑痕迹明显。残长7.5、残宽18、厚1.5厘米（图一一八:3、4）。

　　圆瓦当　2件。灰色，均残，背面凹凸不平。

　　蘑菇形云纹瓦当　1件（ⅢT1③:22），属B型。仅存当心及周边一部分，双界格线四分当面，不穿过当心。当心饰菱形纹，外饰一周凸弦纹。当面双界格线顶部各饰一朵蘑菇形云纹，边轮内面一周凸弦纹。瓦当残长9.5、宽8、厚1.5厘米（图一一八:5；图版四六:6）。

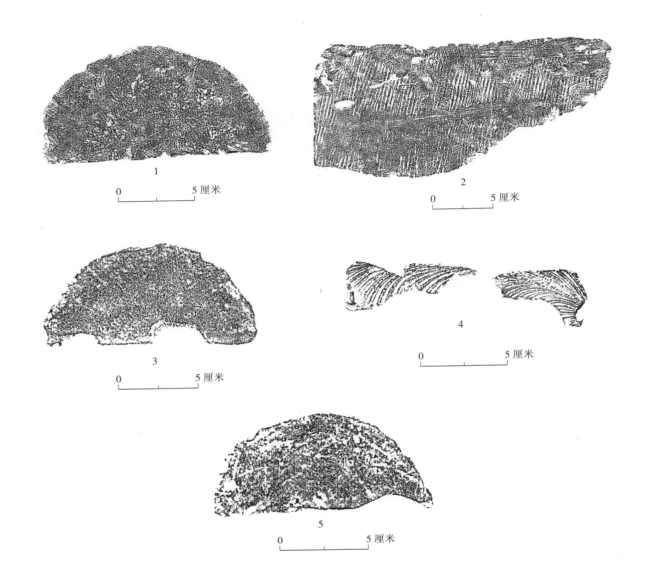

图一一七　上林苑三号遗址出土瓦当

1、2. ⅢT1③：26　3、4. ⅢT1③：27　5. ⅢT1③：28

云纹瓦当　1件（ⅢT1③：21），属 B 型。双界格线四分当面，不穿当心。当心内面菱形纹，外饰一周凸弦纹。当面每界格内面一朵云纹，边轮内面一周凸弦纹。当背凹凸不平，绳切痕迹明显。复原当面直径 15、边轮宽 1、厚 2.2 厘米（图一一九：1、2；图版四七：1）。

陶水管　1件（ⅢT1③：30），灰色，残块。正面饰粗绳纹、内面麻点纹。残长 23、残宽 18、唇部厚 2.5 厘米（图一一九：3、4；图版四七：3）。

钱范　1件（ⅢT1③：31），夹砂红陶，表面有一层细泥，上有范痕。钱模径 2.61、穿边长 1.05 厘米。范块残长 9.5、残宽 9、厚 7 厘米（图一一九：5；图版四七：4）。

铜钱　1件（ⅢT1③：29），为西汉五铢。直径 2.5、穿宽 0.9、厚 0.1 厘米（图一二〇：1、2；图版四七：6）。

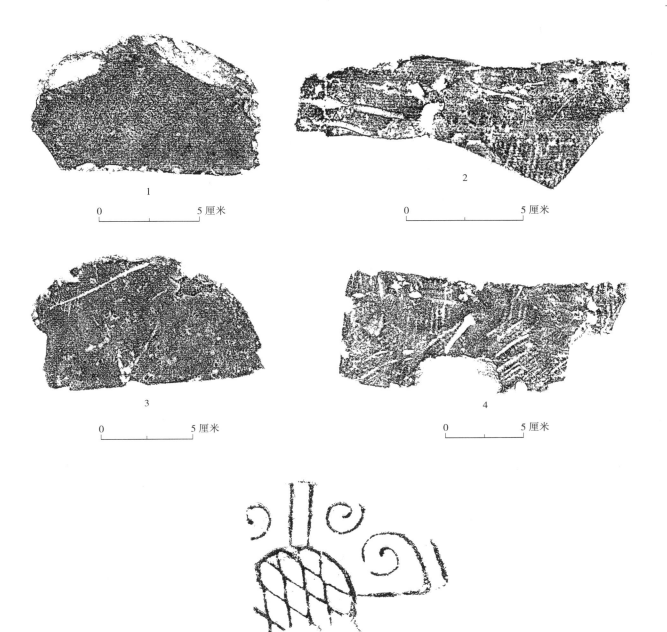

0   5 厘米

0   5 厘米

0   5 厘米

0   5 厘米

0   10 厘米

图一一八　上林苑三号遗址出土瓦当

1、2. ⅢT1③：53　3、4. ⅢT1③：54　5. ⅢT1③：22

秦汉上林苑（上册）

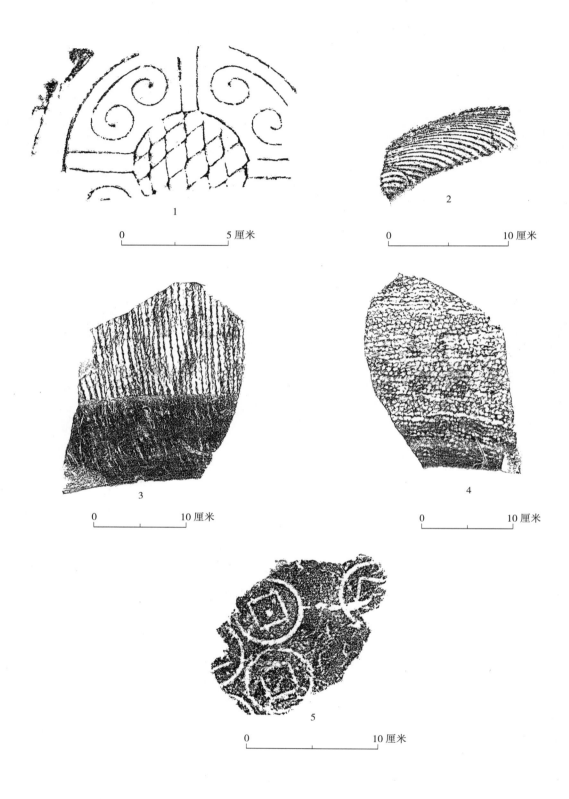

图一一九　上林苑三号遗址出土瓦当、陶水管、钱范

1、2. ⅢT1③:21　3、4. ⅢT1③:30　5. ⅢT1③:31

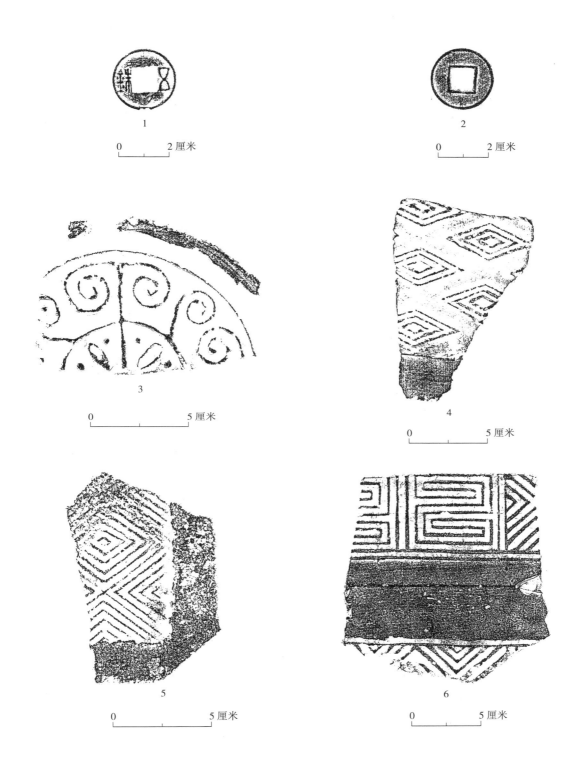

图一二〇　上林苑三号遗址出土铜钱、瓦当、空心砖

1、2. ⅢT1③:29　3. Ⅲ采:1　4. Ⅲ采:2　5. Ⅲ采:3　6. Ⅲ采:6

此外，在遗址南部还采集到部分颇具特色的遗物。

Ⅲ采：1，瓦当残块，属 A 型蘑菇形云纹瓦当。单界格线，四分当面，穿过当心。当心界格线交会处有一小乳钉纹，已残缺。每界格内面一叶纹，每叶纹左右两侧各有一乳钉，外饰一周凸弦纹。当面界格线顶端各饰一蘑菇形云纹，云纹间各有一右向涡纹。其外为一圈凸弦纹。瓦当复原直径17、边轮宽1.1、当心厚0.9厘米（图一二〇：3；图版四七：2）。

Ⅲ采：2，空心砖残块，被火烧成红色。表面菱形纹。残长13.5、残宽9.3、厚1.8厘米（图一二〇：4；图版四七：5）。

Ⅲ采：3，空心砖残块，被火烧成红色。表面菱形纹。残长11.5、残宽8.5、边宽2.1、厚2.8厘米（图一二〇：5；图版四八：1、2）。

Ⅲ采：5，五角形水管，残，灰色。正面满饰粗绳纹，内面素面。残长54、宽32.5、高38、壁厚4~5厘米（图版四八：3、4）。

Ⅲ采：6，几何纹空心砖，残块，灰褐色。表面几何纹图案，表面抹光，内面素面，残长15、残宽8.4、厚2.5厘米（图一二〇：6；图版四八：5、6）。

四　小结

上林苑三号遗址的上部建筑遗存中，在中部廊房倒塌堆积内出土大量制作粗糙的板瓦、筒瓦残片。其中板瓦表面交错细绳纹、内面素面；筒瓦表面细绳纹、内面麻点纹，泥条盘筑痕迹明显。上述遗物与上林苑一号建筑遗址出土瓦片特征基本相同。而在底部建筑的倒塌堆积中，发现不少战国时期绳纹铺地砖和山形云纹及素面半瓦当，它们与秦都咸阳宫建筑遗址出土铺地砖和半瓦当基本相同。从建筑形制来看，该遗址下部为夯土台基、上部建筑可分为三层，现存通高7米，这与秦咸阳宫一号建筑遗址的形制基本相似，应是一座典型的战国高台宫殿建筑。根据文献记载，渭河以南是战国秦上林苑故地。由以上分析来推断，三号建筑遗址应建成于秦统一六国之前，属于秦上林苑中的一座建筑，它比阿房宫的建筑时间要早，与后者没有所属关系。

在该遗址的底部建筑倒塌堆积中，出土有不少汉代遗物，包括表面粗绳纹、内面素面板瓦片，以及表面中绳纹或粗绳纹、内面均为粗布纹的筒瓦片。此外，在中部倒塌堆积中还出土西汉五铢钱。由此看来，这座建筑遗址应沿用至西汉时期，并经改建或翻修。据文献记载，西汉武帝时，在秦上林苑的基础之上又扩建成汉上林苑。推测这座建筑遗址原为战国秦上林苑建筑，后来又作为汉代上林苑的建筑。

该遗址的中部建筑倒塌堆积内，出土有大量红烧土、建筑构件熘渣及被烧红的瓦片，从这些现象推断，三号遗址应毁于大火。而从遗址中未出土比西汉更晚遗物的情况看，推测建筑的毁弃年代应大体在西汉末年。

上林苑三号遗址采集瓦片有"安台居室"陶文，可据此大体确定该遗址原名即"安台"。

"安台"，见于《史记·孝武本纪》"乃令越巫立越祝祠，安台无坛，亦祠天神上帝百鬼，而以鸡卜"，《史记·封禅书》《汉书·郊祀志》近同，但安台何在，旧均无注。《三辅黄图》卷五、《长安志》卷四、《类编长安志》卷三上林苑有"安台观"，《三辅黄图》《长安志》引《关中记》均谓安台在长安城外。此外，《通典》卷一百四十五汉"巴渝舞"："舞曲有矛渝、安台、弩渝、行辞本歌曲，有四篇。其辞既古，莫能晓其句度"，亦有"安台"之名。而在西安相家巷等地出土秦封泥中，还有相当数量的"安台丞印"封泥[1]，历史上也出土过"安台左蹯"封泥。

学者在秦封泥研究中，较多讨论涉及"安台"及其地望。任隆指出，《长安志》引《关中记》上林苑中有"观二十五……仙人观、霸昌观、安台观、沧沮观……在长安城外"，安台为秦时上林苑观名[2]。王辉提出安台为秦观，释"安台左蹯"时引赵超"《三辅黄图》（毕沅校本）卷五：'安台观、沧沮观在城外。'（观与馆同）可能该印即为安台馆左蹯印"，并按印文"台"字与长沙出土二十九年漆奁"工大人台"之台字接近，"蹯"上"既"亦与泰山刻石"既"字近，赵氏定秦印近是[3]。周晓陆、路东之《秦封泥集》指出，安台应为秦都咸阳的佚名台榭[4]，傅嘉仪亦同[5]。陈晓捷在对安台考证后，提出《长安志》引《关中记》上林苑中有"长门宫、钩弋宫、渭桥宫、仙人观、霸昌观、安台观、沧沮观，以上三宫四观在长安城外"，而安台观的得名，应与秦安台有关（汉宫之名多有沿用秦代者），判断秦安台亦应在上林苑中，具体位置从前揭三宫四观名称看，似在秦章台宫、兴乐宫之西，即在汉长安城之西侧[6]。

据《汉书·百官公卿表》，少府"属官有尚书、符节、太医、汤官、导官乐府、考工室、左弋、居室、甘泉居室、左右司空、东织、西织、东园匠十六官令丞。……武帝太初元年，更名……居室为保宫，甘泉居室为昆台……"在出土秦封泥中，除大量"居室丞印"封泥外，还有"居室寺从"封泥。据文献，居室在很多时候是一处拘禁犯罪官吏的重要场所。如《汉书·灌夫列传》载："劾灌夫骂坐不敬，系居室。"《苏武列传》载："陵始降时，忽忽如狂，自痛负汉，加以老母系保宫，子卿不欲降，何以过陵？"又司马迁《报任少卿书》："季布为朱家钳奴，灌夫受辱居室。"王辉已指出，居室职责不应属此。从字面看，居室最初可能与管理住宅有关。《礼记·曲礼下》："君子将营宫室，宗庙为先，厩库为次，居室为后。"居室与庙、库并列，指住宅。秦时居室当是宫室管理之官。《周礼·天官冢宰》有官正一职，"掌王宫之戒令纠禁"；又有宫人，"掌王府六秦之修"，秦汉时居室的职责应该相近。因其掌"戒令纠禁"，故有时拘禁有罪者[7]。在汉长安城未央宫前殿B区遗址、椒房殿遗址和少府遗址均出土有"居室"或"居"字陶文的板瓦、筒瓦，可作为居室掌宫内宫殿建筑的佐证[8]。

〔1〕 周晓陆、路东之：《秦封泥集》，三秦出版社，2000年。

〔2〕 任隆：《秦封泥官印考》，《秦陵秦俑研究动态》1997年3期，32页。

〔3〕 王辉：《秦文字集证》，台湾艺文印书馆，1999年，204、181页。

〔4〕 周晓陆、路东之：《秦封泥集》，三秦出版社，2000年，212～213页。

〔5〕 傅嘉仪：《秦封泥汇考》，上海书店出版社，2007年，140页。

〔6〕 陈晓捷：《学金小札》，《考古与文物·古文字论集（二）》，2001年，199页。

〔7〕 王辉：《秦文字集证》，台湾艺文印书馆，1999年，160页。

〔8〕 刘庆柱、李毓芳：《西安相家巷址秦封泥考略》，《考古学报》2001年4期，427～451页。

文献中，专置有居室的秦汉宫室，目前仅知有甘泉宫——"甘泉居室"。除《汉书·百官公卿表》有载外，《史记·卫将军骠骑列传》也记卫青曾"从入至甘泉居室"。在"甘泉居室"中，甘泉为秦宫名，建于秦统一前。《史记·秦始皇本纪》载："秦王乃迎太后于雍而入咸阳，复居甘泉宫。"秦始皇二十七年扩修甘泉，"极庙道通郦山，作甘泉前殿。筑甬道，自咸阳属之"，之后更成为秦直道起点。到汉武帝时，《史记·孝武本纪》载其"作甘泉宫，中为台室，画天、地、泰一诸神，而置祭具以致天神"，扩建甘泉。文献中，甘泉宫不仅是汉代最重要的一处祭天场所，同时汉还"朝诸侯甘泉，甘泉作诸侯邸"，对甘泉宫多有特殊政策。如《史记·平准书》云："令民能入粟甘泉各有差，以复终身，不告缗"，而汉代帝王"幸甘泉"的记载更不绝于书。因此，从"甘泉居室"中"甘泉"的地位看，拥有"安台居室"的"安台"亦当拥有类似地位。不过从《张家山汉墓竹简·二年律令》中已无"安台居室"的情况看，到二年律令制定的汉代早期，安台原有的居室当已裁撤。

因此，据"安台居室"陶文，上林苑三号遗址大体即秦汉著名宫观"安台"。从秦安台设置"居室"而到汉代再无设置的情况看，安台的地位在汉代当有降低。不过，从文献中有"安台无坛，亦祠天神上帝百鬼，而以鸡卜"的记载看，在汉代的一段时间内，安台还应是一个重要的祭祀场所，进行过较多的祭祀活动。

第四章 　上林苑四号建筑

上林苑四号建筑遗址位于陕西省西安市未央区三桥镇阿房宫村南、赵家堡村东北，西距阿房宫前殿遗址约 500 米，地面之上有高大土台，习称"上天台"（图版四九∶1）。遗址北侧有村名"阿房宫村"，20 世纪 30 年代中期之前，该遗址往往被认为是秦阿房宫的所在。1933 年，国立北平研究院史学研究所徐旭生先生开始在陕西进行以探索"周民族与秦民族初期的文化"为目标的考古工作。春天的调查由徐炳昶、常惠两先生开展，调查对象为渭河两岸的相关古迹。在八月完成调查报告后，当年的《北平研究院院务汇刊》第四卷第六期将其刊发。该调查报告的"（乙）关于秦之遗迹"的第四部分即为调查所获的"阿房宫"。

> 四月二十六日，旭考查丰镐村后，上车北行，向阿房宫故址出发。过聚驾庄，东北行。下土濠，观断崖，有墓塌出，露白骨，但墓似非古。再前，登一极大之塚，但似非墓。上绝无陶片，时露版筑迹。其版筑法与仓颉造字台者相类。西面塚腰，有大石凸出。西北有一腿伸出，似当日之台背。上亦有石。此塚疑古阿房宫中之一高台，台基处略有陶片。下塚正北行，未远，得一堡。问村名，知即名阿房宫，遂入观。有妇人问，来作啥的？引路人代答：老远听说阿房宫，进来看看阿房宫啥样子。妇人言：人都快饿死了，还看阿房宫哩！村中房屋已拆毁过半！入人空院中一观，旧砖瓦异常得多，拾得数片。村人争问，要这些作啥？答言，不做啥，看着好玩，你们有没有？要有就全拿来，我们可以出钱。他们听说破砖乱瓦可以换钱也，就大家各处地搜。不多时，搜得瓦当、回文砖、各种绳纹砖不少。旭辈乃用不多的钱购得一大包，以备将来比较的研究。大体看起，砖文、瓦当文，与丰镐村及未央宫附近所得，相类之处甚多。考之地望，证之实物，此地为古阿房宫一部分之遗址，当属不虚[1]。

从其描述的考察顺序看，当时由南而北经丰镐村、聚驾庄、上天台，再到阿房宫村，调查认为"上天台"、阿房宫村均为"古阿房宫一部分遗址"。

不过，这样的认识很快改变。1933 年秋，徐炳昶带领何士骥、张嘉懿开展了第二次考古调查，其结果在民国二十三年（1934 年）九月印行的《国立北平研究院五周年工作报告》中得以体现。在其介绍陕西考古时，重新确认了"阿房宫"的所在。

---

[1] 徐炳昶、常惠：《陕西调查古迹报告》，《国立北平研究院院务汇刊》第四卷第六期，11～12 页。

（七）阿房宫遗址　此遗址在今长安城西二十里之阿房宫村附近。其地残砖瓦不少。村南有一大土台，俗名上天台，通常认为阿房宫遗址。但据同人考查所得，则遗址尚在台偏西二三里之古城村东南。同人并在此遗址，掘得唐代之一大石佛头，约三尺高，颇为庄严[1]。

此处的阿房宫认识已与《陕西调查古迹报告》完全不同。从 1934 年开始，北平研究院史学研究所与陕西方面合作开展了"在斗鸡台的发掘"。在战后出版的《斗鸡台沟东区墓葬》第一章《绪论》三"遗址的选择与发掘区确定"中，苏秉琦先生记述了民国二十二年古迹调查过的七处"重要遗址"，第七处即"阿房宫遗址"。

地在今长安城西二十余里之阿房宫村附近。其地残砖瓦不少。村南有大土台，俗名"上天台"，通常认为即阿房宫址。根据调查，其遗址所在，约尚在台西二三里，古城村之东南。

其对"阿房宫遗址"的描述与《国立北平研究院五周年工作报告》中的"阿房宫遗址"认识完全一致。

1951 年 4 月开始，中国科学院考古研究所苏秉琦先生带队开始了新中国成立后陕西地区的第一次考古调查[2]。1956 年，作为调查工作的总结，苏秉琦、吴汝祚先生在《考古通讯》1956 年 2 期发表《西安附近古文化遗存的类型和分布》。该文所附《西安附近古文化遗存分布图》中，同样将"阿房宫"标绘在"上天台"西南。虽该图的描绘与民国二十四年西京筹备委员会《西京胜迹图》一致，但从《西安附近古文化遗存分布图》集中标注大量调查点分布的情况看，其图中所标"阿房宫"三字，当是在苏秉琦先生调查后的认可。

1955 年 5 月下旬，夏鼐先生到西安进行了一系列的会谈、调研，期间即开展了阿房宫考古调查。据其 5 月 22 日日记载：

归途至阿房宫故址参观，俗传故址乃一小土台，现为三角测量站054，面积太小；其西之大台基，东西几达千米，厚五六米（每层约5.5~8厘米），有瓦当作×形【按：作S形螺旋纹】及"上林"【按：仅留上部右半】，背面有刺点纹[3]。

从日记看，夏鼐先生实地考察认为"上天台"非阿房宫，该意见与徐旭生、苏秉琦先生的意见完全一致。此后，在一系列的学术发表中，再无学者认为"上天台"即阿房宫。之后不久公布的第一批全国重点文物保护单位名录中，上天台遗址被列入"阿房宫遗址"加以保护。

该遗址地面保留有高大的夯土台基，日本人足立喜六在 1906~1910 年担任陕西教习期间，曾到此踏访，其所留影像中遗址夯土台基保留甚大。而正因其高大，故在西京筹备委员会开展的西安大地测量中，就在该遗址顶部设立了名为"阿房宫"的测绘基点（即夏鼐先生日记言"三角测量

---

〔1〕《国立北平研究院五周年工作报告》，民国二十三年九月，119 页。

〔2〕《1951 年春季陕西考古调查工作简报》，《科学通讯》第 2 卷 9 期。

〔3〕夏鼐：《夏鼐日记》卷五，华东师范大学出版社，2011 年，158 页。

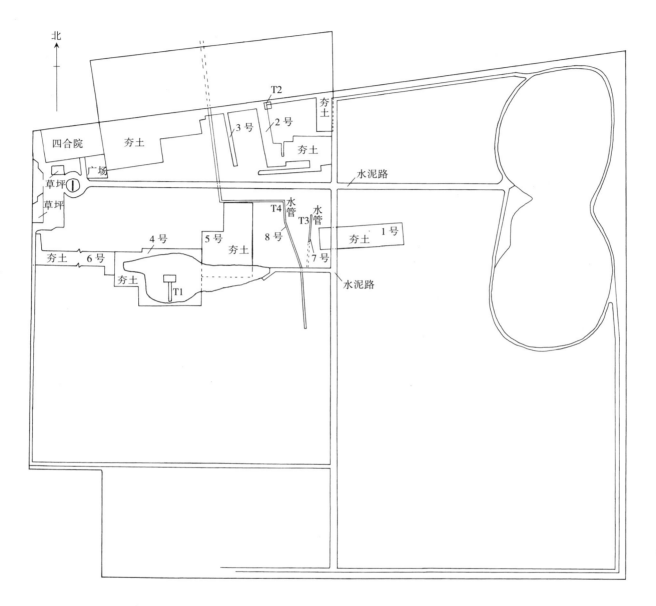

北

四合院　夯土

广场

草坪

草坪

T2

3号　2号

夯土

夯土

水泥路

水管

水管

T4

T3

4号　5号

8号

夯土　1号

夯土　6号

夯土

7号

水泥路

T1

0　　　50 米

图一二一　上林苑四号遗址钻探遗迹分布图

站 054"），至今尚存。

　　多年来，该遗址范围内地貌变化较大。20 世纪 40 年代，曾在这里挖过战壕；50 ~ 70 年代，当地农民在遗址内取土，进行修筑梯田和大规模平整土地等农田基本建设。而当年平整土地的指挥部就设在遗址高台之上，进行"千亩平地大会战"，致使周边遗址遭到严重破坏（图版四九：2）。2005 年 4 月至 2006 年 12 月，为了确定遗址的规模和建筑分布，阿房宫考古队对遗址进行勘探，勘探面积 34 万平方米。

　　通过勘探，确认高台建筑北侧有一片结构复杂、面积较大的建筑遗迹，其位于高台建筑北约 30 米，东西长 240、南北宽 118 ~ 148 米，面积 28320 ~ 35520 平方米，一般在今地表下 0.5 ~ 1.3 米即可发现建筑夯基，夯土厚 1.6 米左右。在高台建筑东侧 62 米，也有一处东西长 85、南北宽 21 米、面积 1785 平方米的建筑遗迹，一般在今地表下 1 ~ 1.2 米可发现建筑夯基，夯土厚 1 米左右。高台建筑西侧建筑紧临高台西边缘，东西长 122、南北宽 15 ~ 23 米，面积 1830 平方米，一般在今地表下 0.7 ~ 1 米即可发现建筑夯基，夯土厚 1.7 ~ 1.9 米。在高台建筑东侧建筑、西侧建筑的勘探中各发现 1 座近代窑址，在高台建筑西南发现墓葬规模较小的唐代墓葬，在高台建筑南侧及东南侧均为沙地，古代或为河道或为湖沼，一般在今地表下 0.5 ~ 1 米可见沙土，其下为细沙、粗沙，有的地方粗沙下为淤土（图一二一）。为搞清以高台建筑为核心建筑群的时代、性质，阿房宫考古队选择三处建筑遗迹进行了试掘。

一　高台建筑的勘探与试掘

遗址中部偏西为高台建筑，以现存高台为核心，其东面、西面、北面均勘探发现有建筑遗存，南面未发现建筑遗迹。为了进一步了解高台情况，在其南坡布探沟一条（T1），规格 4 米 × 20 米（图版五〇、五一、五二）。

（一）地层堆积

其地层堆积，以 T1 西壁为例说明（图一二二）。

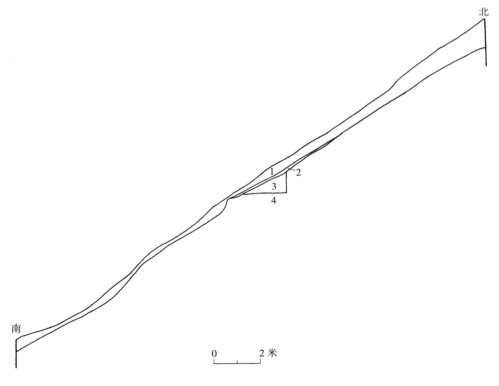

图一二二　上林苑四号遗址 T1 西壁剖面图

第1层：表土层。厚0.1~1.3米。

第2层：扰土层。黄色，土质稍硬。距地表深0.1~0.6、厚0.05~0.15米。垫土是从高台建筑东面挖鱼池时取来的土垫在高台坡面而成，内含战国时期筒瓦、板瓦残片及汉代"长生无极"（残存"长"和"无"的一部分）瓦当残块等。

第3层：战国文化堆积层，为建筑物的倒塌堆积层。灰黄色，土质稍疏松。距地表深0.3~1.5、厚0.05~0.92米。内含少量战国时期板瓦、筒瓦残片。

第4层：夯土层，高台全部为夯筑。

（二）建筑遗迹

高台夯筑，从高台南侧地表向上现存通高15.2米，上下可分三层（图一二三）。底部建筑已被破坏，现存基址东西50~73、南北62、高8.1米。中部现存东西残长5.1、南北残宽1.9~2.5、残高0.9米，仅在中部南沿发现一花岗岩础石ⅣT1C1，应为廊房地面上明柱暗础的础石，东西0.8、南北0.65、厚0.18米。上部建筑无存，现存基址东西长21、南北宽13、高6.2米。从勘探和发掘看，该建筑没有遭遇过火灾的痕迹。

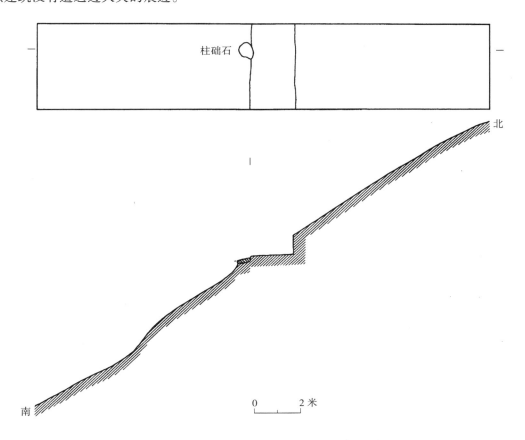

图一二三 上林苑四号遗址T1平、剖面图

高台之下的夯土台基，东西长111、南北宽74、厚2.5米。其西部向西伸出部分，东西25、南北36米。其东北延伸部分，东西30、南北40米。

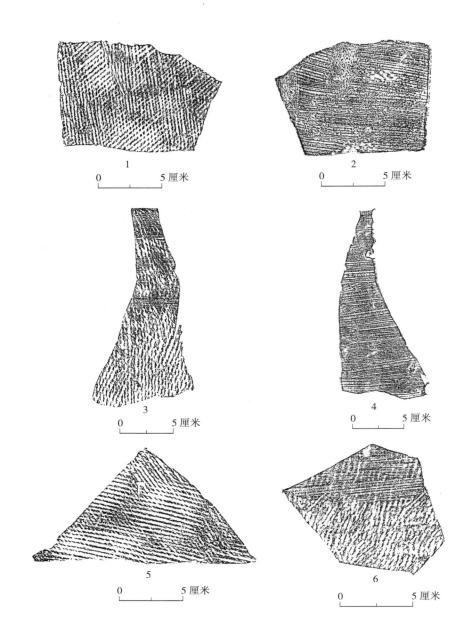

图一二四　上林苑四号遗址高台建筑出土板瓦

1、2. ⅣT1③：1　3、4. ⅣT1③：2　5. ⅣT1③：3　6. ⅣT1③：7

（三）出土遗物

发掘出土遗物仅有少量板瓦和筒瓦残片，均为灰色。

板瓦　灰色、均残。根据表面绳纹粗细，属 A 型。出土 4 件。

A 型　表面饰细交错绳纹，内素面，属 Aa1 型。标本 4 件。

ⅣT1③：1，残长 9、残宽 13、厚 1.3 厘米（图一二四：1、2；图版五三：1）。

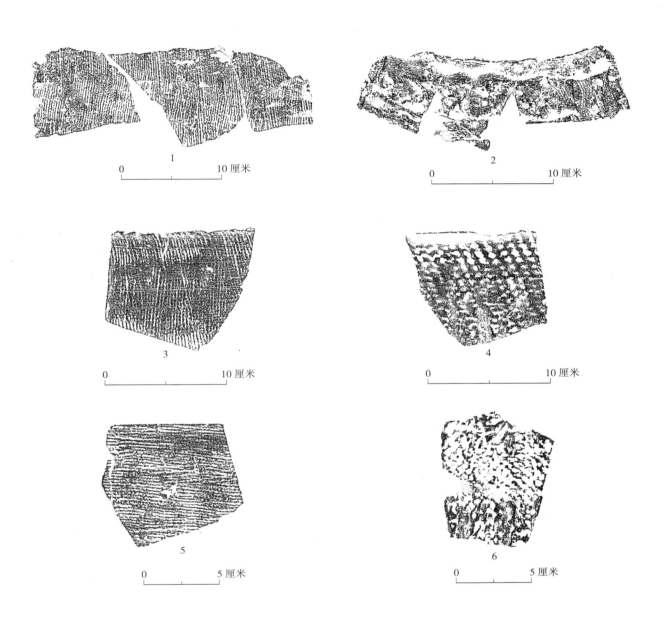

图一二五　上林苑四号遗址高台建筑出土筒瓦

1、2. ⅣT1③:6　3、4. ⅣT1③:5　5、6. ⅣT1③:4

　　ⅣT1③:2，残长19.5、残宽10、厚1.2厘米（图一二四:3、4）。

　　ⅣT1③:3，残长17、残宽11、厚1.2厘米（图一二四:5；图版五三:2）。

　　ⅣT1③:7，残长9、残宽10、厚1厘米（图一二四:6）。

　　筒瓦，灰色、均残。有泥条盘筑痕迹，据表面绳纹粗细，属A型。出土3件。

　　A型　表面饰细绳纹，据绳纹特征，可分Aa、Ab、Ac三型，共出土3件。

　　Aa型　表面饰细交错绳纹，内饰麻点纹，属Aa2型。1件（ⅣT1③:6），深灰色，制作粗糙，内面凹凸不平，触摸扎手。残长10.5、径17.5、厚1.7厘米（图一二五:1、2；图版五三:3、4）。

Ab 型　表面无规律细绳纹，内面大粗麻点纹，属 Ab2 型。1 件（ⅣT1③:5），灰色。残长 10、残径 11、厚 1 厘米（图一二五:3、4；图版五三:5）。

Ac 型　表面饰粗直绳纹，内面饰麻点纹，属 Ac2 型。1 件（ⅣT1③:4），灰色。残长 9、残径 8.5、厚 1.1 厘米（图一二五:5、6；图版五三:6）。

二　北侧建筑的勘探与试掘

高台北部建筑位于高台建筑北 30 米，是以高台建筑为核心建筑群的北侧建筑。钻探显示，其范围东西长 240、南北宽 118～148 米，面积 28320～35520 平方米，地表下 0.5～1.3 米即为建筑夯基，夯土厚 1.6 米左右。建筑遗址结构复杂，面积较大。为究明建筑物的时代，阿房宫考古队在遗址建筑倒塌堆积较多之处，进行了布方清理（T2），规格 8 米×6 米。

（一）地层堆积

以 T2 东壁为例，其地层堆积情况如下（图一二六）。

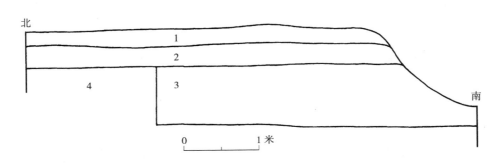

图一二六　上林苑四号遗址 T2 东壁剖面图

第 1 层：表土层。厚 0.2～0.3 米。

第 2 层：扰土层。黄色，土质稍硬。距地表深 0.2～0.62、厚 0.2～0.32 米。含少量汉代瓦片和现代砖残块。

第 3 层：汉代文化层。灰黄色，土质疏松。距地表深 0.4～1.42、厚 0.8～0.86 米。为建筑物的倒塌堆积，内含大量铺地砖残块、空心砖残块、板瓦、筒瓦残片和瓦当及其残块等建筑材料。此外还出土极少量铁器和货币。

第 4 层：夯土，为建筑物的夯土基址。现存厚 1～1.82 米。

（二）建筑遗迹

T2 内清理遗迹为建筑基址拐角处，由东西向建筑和南北向建筑基址组成，其上层建筑遗迹绝大部分在平整土地中遭到破坏。东西向建筑基址长 91、宽 75 米，现存基址高出南侧廊道地面 0.82

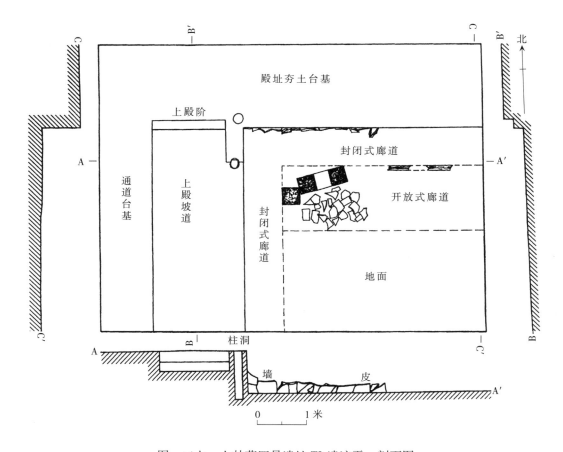

图一二七　上林苑四号遗址 T2 遗迹平、剖面图

米，在建筑地面下夯土厚 1.8 米。南北向建筑基址长 65、宽 7.5、现存高 0.2~0.85 米，建筑地面下夯土厚 1.6 米，应为连接建筑遗址中的一条通道遗存。由于遗址所在区域树木繁多，仅对建筑遗址西部进行了发掘（图一二七；图版五四、五五）。

建筑遗迹南壁夯土外面残存部分草泥墙皮，被火烧成红色。墙皮厚 7 厘米，自里向外依次分为粗草泥，厚 5 厘米；细草泥，厚 1.5 厘米；细泥，厚 0.49 厘米；白灰面，厚 0.1 厘米。

建筑基址南侧有用木坎墙封闭的廊道，宽 0.8、木墙厚 0.1 米。廊道地面存较多木灰。

封闭廊道南侧为开放式廊道，宽 1.3 米。廊道地面铺设铺地砖，其中 4 块铺地砖保存完整，它们均为一面细密小方格纹砖，一面素面。自东向西，第一砖，长 36.2、宽 34、厚 3.3 厘米；第二砖，素面朝上铺设，长 36.3、宽 34、厚 3.5 厘米；第三砖，略残。长 36.5、宽 32、厚 3.3 厘米；第四砖，长 37、宽 36、厚 3.2 厘米。廊道面北向南呈坡状，坡 5 度。廊道外未见散水遗迹。

通道基址北部东侧有南北向上殿坡道，自北向南坡 10 度，其东西宽 1.9 米，现发掘长 4.44 米。坡道东侧为木坎墙封闭式廊道，宽 0.8 米。坡道现存北部和南部，分别各自低于其西侧现存通道基址 0.4 与 0.2 米，分别各自高于东侧廊地面 0.38 米（东壁有存留墙皮和贴板瓦片遗迹）与 0.25 米。坡道北端有踏步，现存一台阶，台阶宽 1.54、长 0.2、高 0.2 米，低于北面现存基址 0.2 米。

坡道东部北端有南北向夯墙，北端与基址连接，长 0.9、宽 0.36 米，现存部分高于坡道 0.4 米。夯墙南端有一壁柱 ⅣT2D1 遗迹，柱洞面阔 0.16、进深 0.18、现存深 0.6 米，底部未见础石。

夯墙北端与宫殿基址交界处有一角柱ⅣT2D2，柱洞呈圆形，径0.2、现存深1米，底部有木柱灰高0.25米，未见础石（图版五六）。

从勘探和发掘看，该建筑遗址曾遭大火焚烧。

（三）出土遗物

该建筑遗址出土大量砖、板瓦、筒瓦和瓦当等建筑材料及少量铁钉和货币等。

建筑材料有砖、瓦、瓦当和水管等。

砖　有铺地砖和空心砖两类。

铺地砖　灰色。有素面、绳纹、小方格纹砖三种。

素面砖　3件。均残。

ⅣT2③：6，残长24、残宽20.5、厚3厘米（图版五七：1）。

ⅣT2③：7，残长10、残宽5.5、厚5厘米。

ⅣT2③：45，灰色。残长11、残宽9.8、厚3.2厘米。

绳纹砖　4件。表面中或粗绳纹。

ⅣT2③：4，砖两面中直绳纹。砖残长10、残宽14.5、厚3厘米（图一二八：1、2；图版五七：2）。

ⅣT2③：5，一面中竖直绳纹，一面素面。残长13.5、残宽10.5、厚3.5厘米（图一二八：3）。

ⅣT2③：43，灰褐色，残块，一面由粗直绳纹相交形成的方格纹，一面素面，残长13、残宽12.5、厚3.5厘米（图一二八：4；图版五七：3）。

ⅣT2③：44，灰褐色，残块，一面粗直绳纹，一面素面。残长12、残宽9.5、厚3.5厘米（图一二八：5；图版五七：4）。

小方格纹砖　3件。一面密集小方格纹，一面素面。

ⅣT2③：2，小方格边长0.2厘米。砖残长18、残宽13、厚3厘米（图一二九：1）。

ⅣT2③：27，小方格边长0.3～0.4厘米。砖长36.3、宽34、厚3.5厘米（图一二九：2；图版五七：5、6）。

ⅣT2③：42，灰褐色。残长10、残宽9、厚2.7厘米（图一二九：3）。

空心砖　4件。均残。

ⅣT2③：3，灰色，几何纹。残长14、残宽14、厚2.2厘米（图一二九：4、5）。

ⅣT2③：46，灰褐色，表面几何纹。残长12、残宽8、厚2厘米（图一三〇：1；图版五八：1）。

ⅣT2③：47，灰褐色，表面几何纹。残长12、残宽7、厚2厘米（图一三〇：2）。

ⅣT2③：48，灰褐色，表面几何纹。残长9.5、残宽8、厚2.7厘米（图一三〇：3）。

瓦　在北侧建筑中发掘出土了大量的板瓦和筒瓦，并有一部分带有戳印陶文。

板瓦　灰色、均残。根据表面绳纹粗细，分A、B、C三型。共23件。

A型　表面饰细绳纹，据绳纹特征，分Aa、Ac两型，出土4件。

Aa型，表面饰细交错绳纹，内素面，属Aa1型。标本3件。

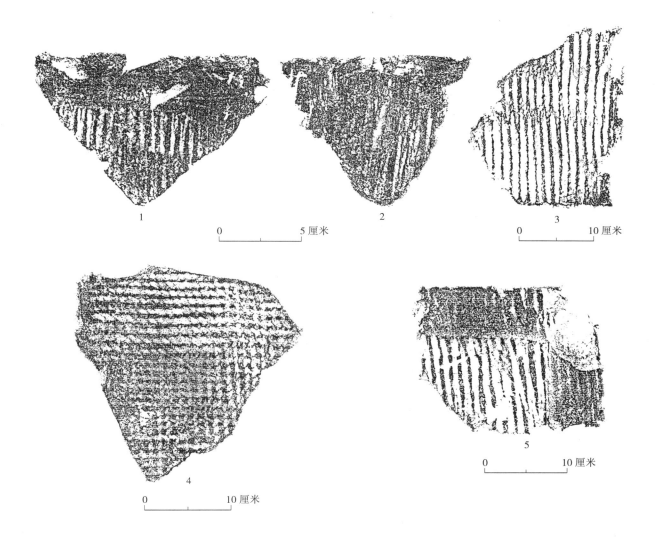

图一二八　上林苑四号遗址北侧建筑出土铺地砖

1、2. ⅣT2③：4　3. ⅣT2③：5　4. ⅣT2③：43　5. ⅣT2③：44

　　ⅣT2③：8，残长 18、残宽 14、厚 1 厘米（图一三〇：4；图版五八：2）。

　　ⅣT2③：9，残长 13.7、残宽 9.5、厚 1.2 厘米（图一三〇：5；图版五八：3）。

　　ⅣT2③：10，残长 9、残宽 10.5、厚 1.1 厘米（图一三一：1）。

　　Ac 型　表面饰细直绳纹，内素面，属 Ac1 型。标本 1 件（ⅣT2③：20），浅灰色。残长 7、残宽 13、厚 1.3 厘米。内面戳印陶文"宫巳"，陶文长 2、宽 1.1 厘米（图一三一：2、3；图版五八：4）。

　　B 型　表面饰中粗绳纹，据绳纹特征，可分 Ba、Bc 两型。出土 4 件。

　　Ba 型　表面饰中粗交错绳纹，内素面，属 Ba1 型。标本 2 件。

　　ⅣT2③：18，残长 7、残宽 12、厚 1.7 厘米。内面戳印陶文"衣"，陶文略呈梯形，上边长 1.5、下边长 2、宽 1.7 厘米（图一三一：4、5；图版五八：5、6）。

　　ⅣT2③：51，灰褐色。残长 15.5、残宽 8、厚 1.5 厘米。内面戳印陶文"右司"，陶文长 1.8、宽 1.1 厘米（图一三一：6、7）。

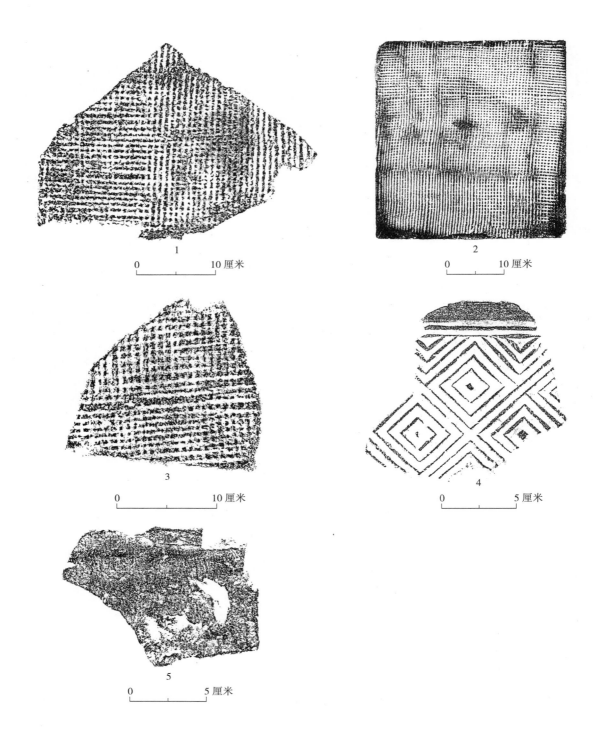

图一二九　上林苑四号遗址北侧建筑出土铺地砖、空心砖

1. ⅣT2③：2　2. ⅣT2③：27　3. ⅣT2③：42　4、5. ⅣT2③：3

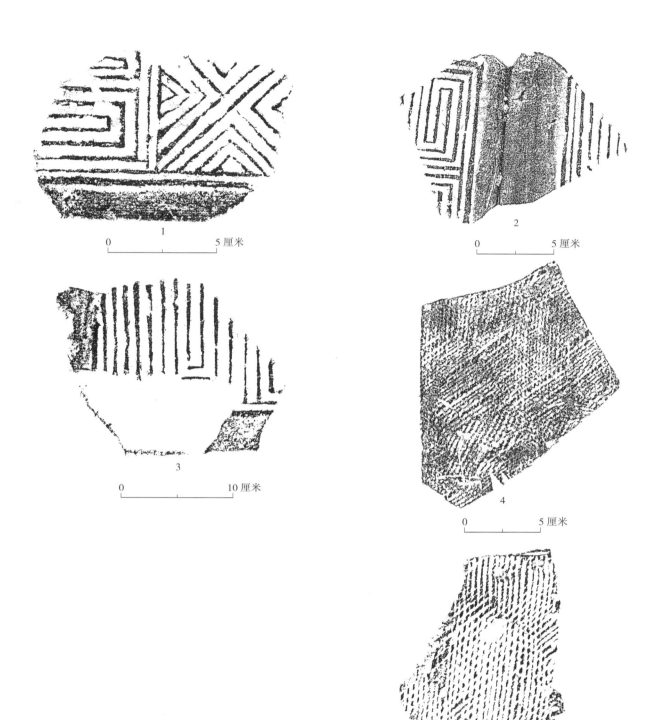

图一三〇　上林苑四号遗址北侧建筑出土空心砖、板瓦

1. ⅣT2③：46　2. ⅣT2③：47　3. ⅣT2③：48　4. ⅣT2③：8　5. ⅣT2③：9

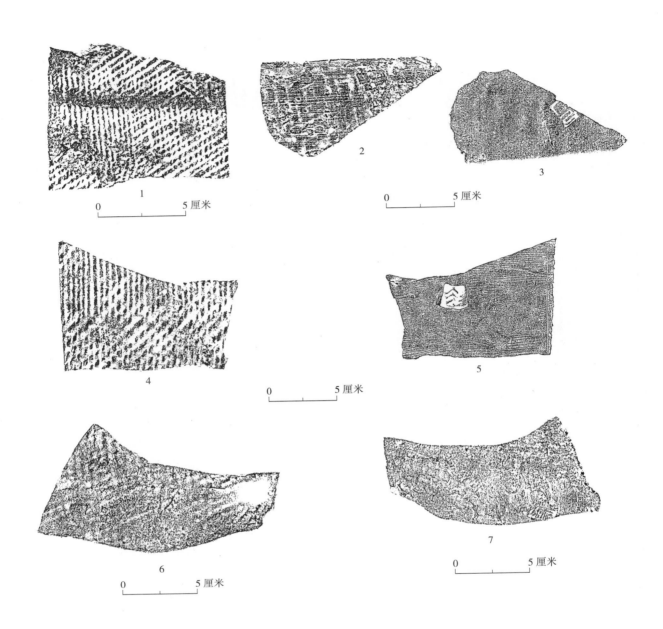

图一三一　上林苑四号遗址北侧建筑出土板瓦

1. ⅣT2③:10　2、3. ⅣT2③:20　4、5. ⅣT2③:18　6、7. ⅣT2③:51

　　Bc 型　表面饰中粗直绳纹，内素面，属 Bc1 型。标本 2 件。

　　ⅣT2③:19，残长 6、残宽 1.5、厚 1.2 厘米。内面刻划陶文"未"，陶文呈椭圆形，长径 3、短径 2.8 厘米（图一三二:1、2；图版五九:1、2）

　　ⅣT2③:50，灰褐色。残长 12、残宽 18、厚 1.5 厘米（图一三二:3）。

　　C 型　表面饰粗绳纹，据绳纹饰特征，分 Ca、Cb、Cc 三型，出土 15 件。

　　Ca 型　表面饰粗交错绳纹，内素面，属 Ca1 型。标本 3 件。

　　ⅣT2③:14，浅褐色。残长 20、残宽 20、厚 1.4 厘米（图一三二:4）。

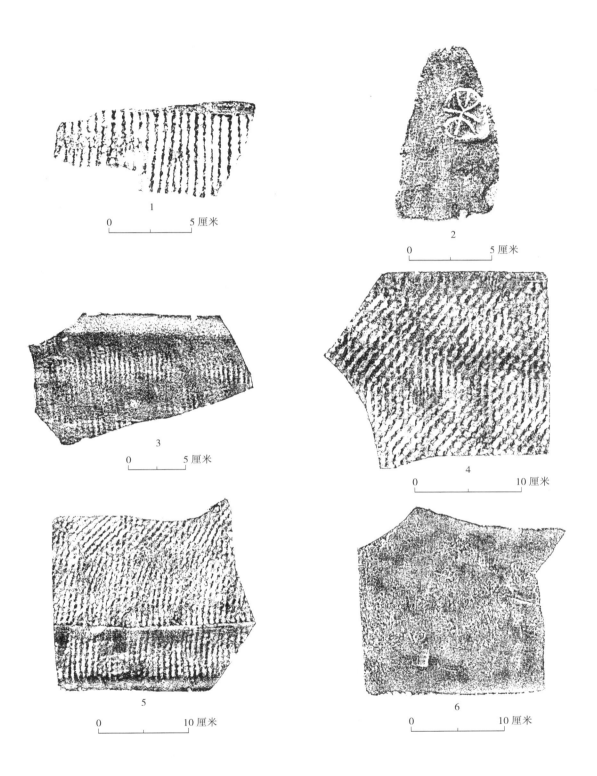

图一三二　上林苑四号遗址北侧建筑出土板瓦

1、2. ⅣT2③：19　3. ⅣT2③：50　4. ⅣT2③：14　5、6. ⅣT2③：15

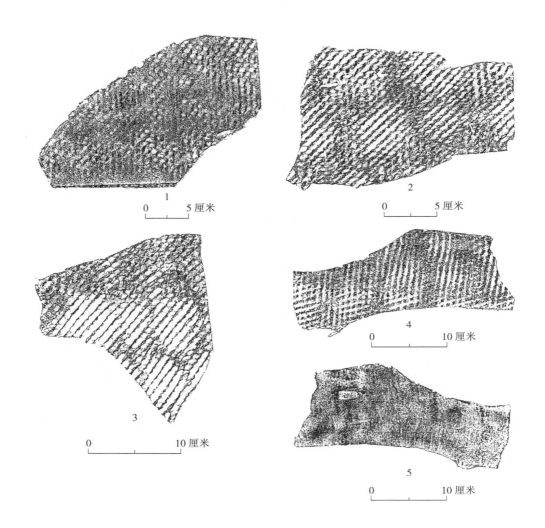

图一三三　上林苑四号遗址北侧建筑出土板瓦

1. ⅣT2③:49　2. ⅣT2③:12　3. ⅣT2③:13　4、5. ⅣT2③:17

　　ⅣT2③:15，褐色。残长23、残宽23、厚1.8厘米。内面戳印陶文"宫□"，陶文长2、宽1.1厘米（图一三二:5、6；图版五九:3、4）。

　　ⅣT2③:49，灰褐色，残片，表面粗交错绳纹，内面素面。残长18、残宽28、厚1.4厘米（图一三三:1）。

　　Cb 型　表面饰粗斜绳纹，据内面纹饰特征不同，可分Cb1、Cb4两型。

　　Cb1 型　表面粗斜绳纹，内素面，标本6件。

　　ⅣT2③:12，残长14、残宽21、厚1.6厘米（图一三三:2）。

　　ⅣT2③:13，残长17、残宽21、厚1.2厘米（图一三三:3）。

　　ⅣT2③:17，褐色。残长11、残宽26、厚1.5厘米。戳印陶文"寺右"，陶文长2.3、宽1厘米（图一三三:4、5；图版五九:5、6）。

　　ⅣT2③:21，浅褐色。残长6.7、残宽5、厚1.2厘米。内面戳印陶文"宫卯"，陶文长2、宽1.1厘米（图一三四:1、2；图版六〇:1、2）。

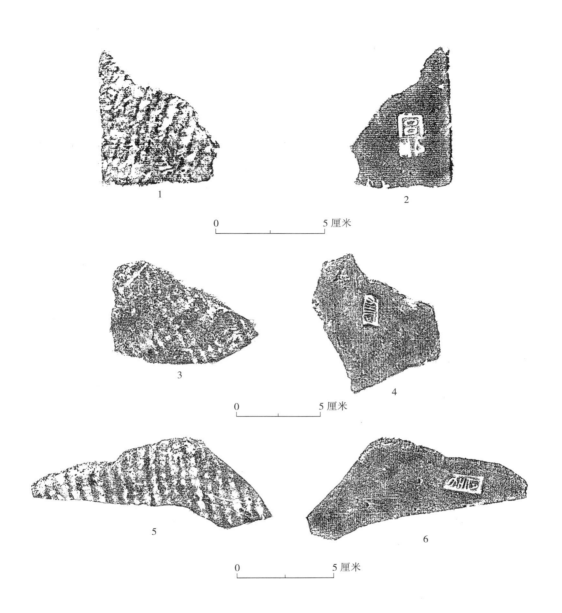

图一三四　上林苑四号遗址北侧建筑出土板瓦

1、2. ⅣT2③：21　3、4. ⅣT2③：24　5、6. ⅣT2③：26

ⅣT2③：24，浅灰色。残长2.7、残宽9、厚1.6厘米。内面戳印陶文"左司"，陶文长1.9、宽0.9厘米（图一三四：3、4；图版六〇：3、4）。

ⅣT2③：26，浅褐色。残长4.5、残宽12、厚1.6厘米。内面戳印陶文"左司"，陶文长1.8、宽0.9厘米（图一三四：5、6）。

Cb4型　表面粗斜绳纹，内布纹。标本1件（ⅣT2③：11），残长10、残宽9.5、厚1.7厘米（图一三五：1、2；图版六〇：5、6）。

Cc型　表面饰粗直绳纹，内素面，属Cc1型。标本5件。

ⅣT2③：16，残长17.5、残宽20、厚1.3厘米（图一三五：3）。

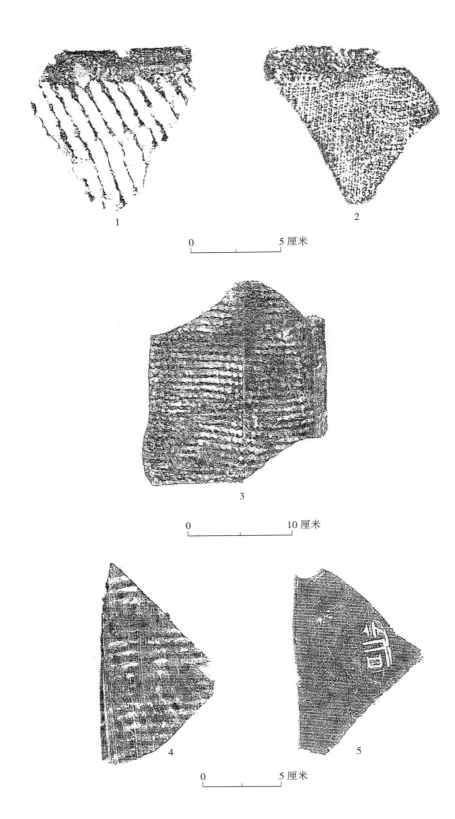

图一三五　上林苑四号遗址北侧建筑出土板瓦

1、2. ⅣT2③：11　3. ⅣT2③：16　4、5. ⅣT2③：22

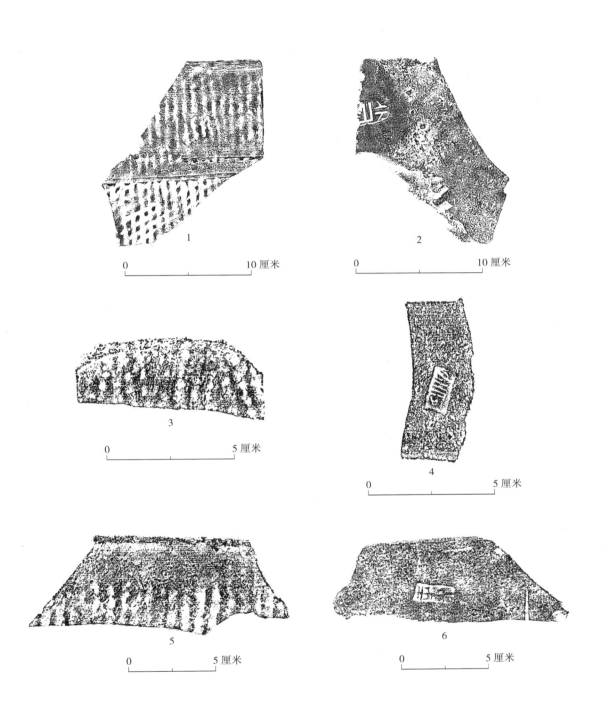

图一三六　上林苑四号遗址北侧建筑出土板瓦

1、2. ⅣT2③：23　3、4. ⅣT2③：25　5、6. ⅣT2③：52

秦汉上林苑（上册）

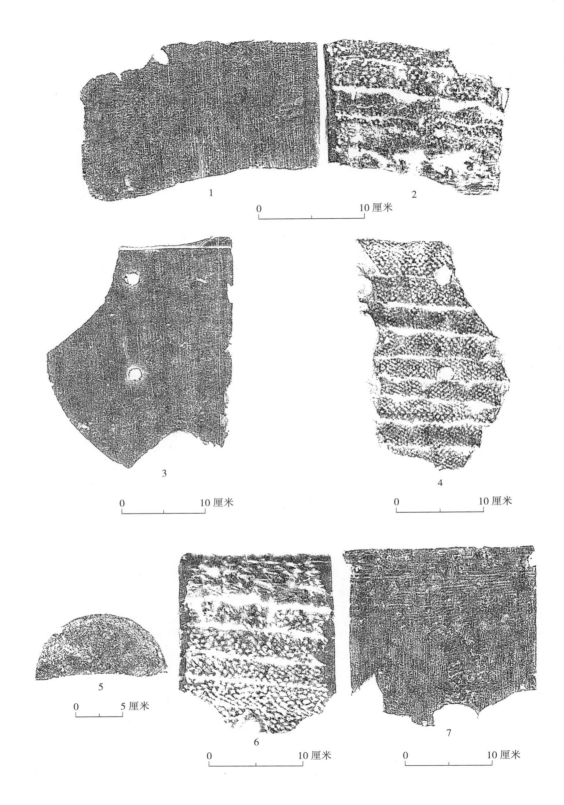

图一三七　上林苑四号遗址北侧建筑出土筒瓦

1、2. ⅣT2③：30　3、4. ⅣT2③：28　5、6、7、8. ⅣT2③：29

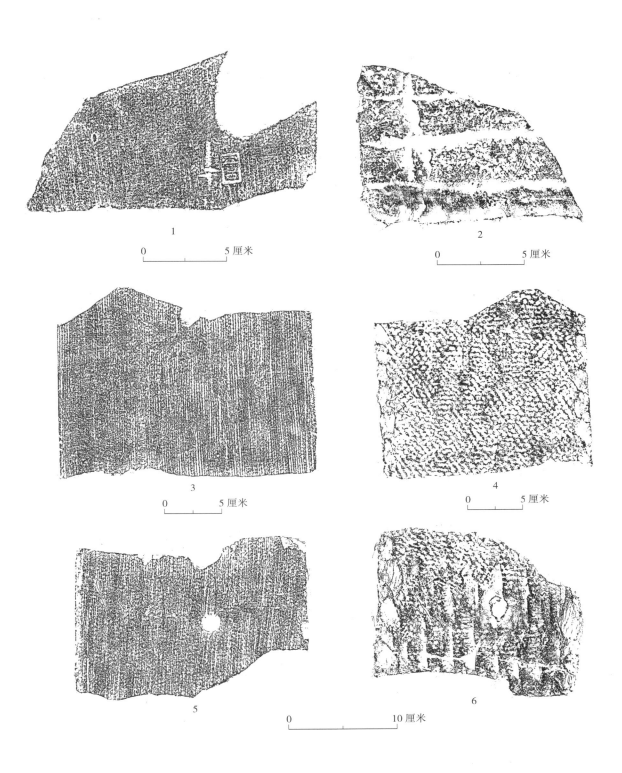

图一三八　上林苑四号遗址北侧建筑出土筒瓦

1、2. ⅣT2③：31　3、4. ⅣT2③：32　5、6. ⅣT2③：33

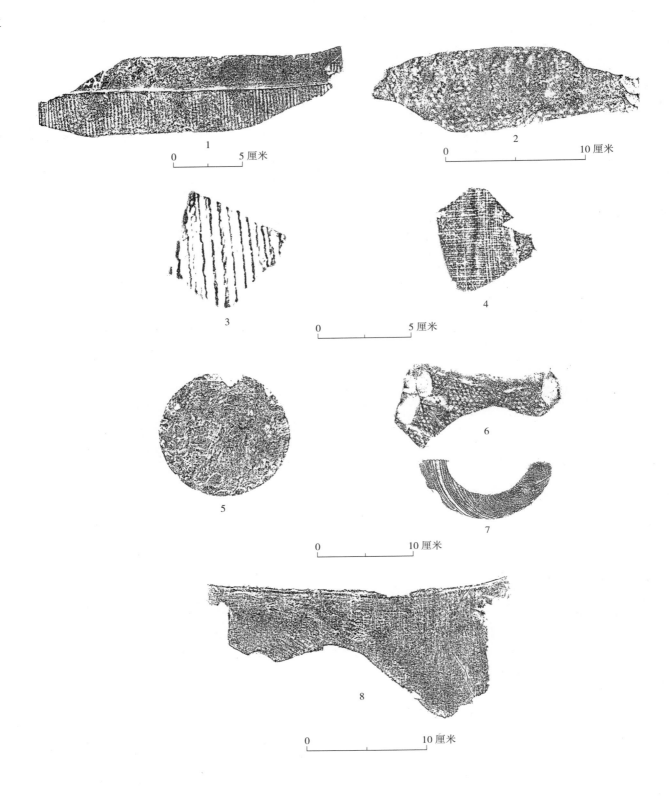

图一三九　上林苑四号遗址北侧建筑出土筒瓦、瓦当

1、2. ⅣT2③∶53　3、4. ⅣT2③∶34　5、6、7、8. ⅣT2③∶37

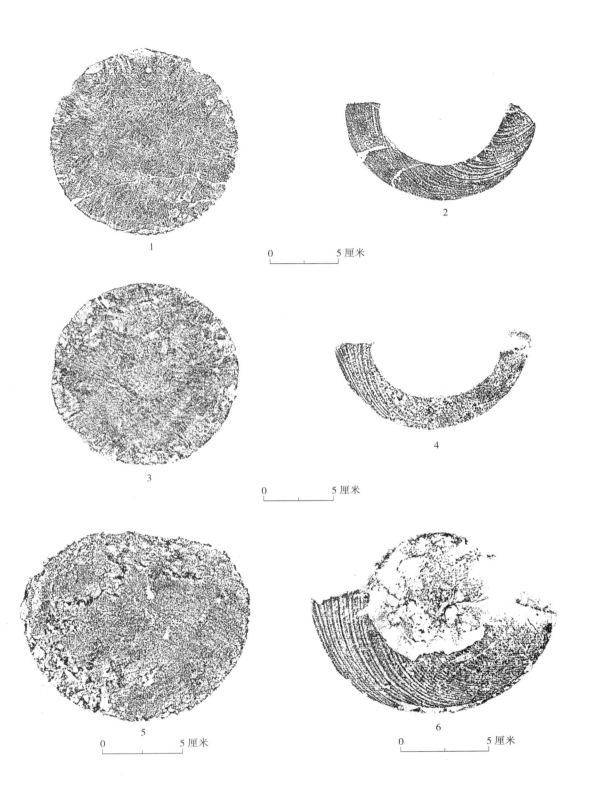

図一四〇　上林苑四号遗址北侧建筑出土瓦当

1、2. ⅣT2③：38　3、4. ⅣT2③：39　5、6. ⅣT2③：54

ⅣT2③：22，残长8.5、残宽13.5、厚1.5厘米。内面戳印陶文"北司"，陶文长3、宽1.7厘米（图一三五：4、5；图版六一：1、2）。

ⅣT2③：23，残长15.5、残宽12.5、厚1.7厘米。内面戳印陶文"北司"，陶文残长2.5、宽1.8厘米（图一三六：1、2；图版六一：3、4）。

ⅣT2③：25，浅褐色。残长2.7、残宽7、厚1.5厘米。内面戳印陶文"左司"，陶文长1.8、宽0.9厘米（图一三六：3、4；图版六一：5、6）。

ⅣT2③：52，灰褐色。残长5.5、残宽15、厚1.3厘米。内面戳印陶文"寺右"，陶文长2.2、宽1.1厘米（图一三六：5、6；图版六二：1、2）。

筒瓦，灰色、均残。根据表面绳纹粗细，分A、B两型。出土8件。

A型 表面饰细绳纹，据绳纹特征，分Ab、Ac两型，出土7件。

Ab型 表面饰细斜绳纹，内麻点纹，属Ab2型。标本1件（ⅣT2③：30），残长14、径14.5、厚1.5厘米（图一三七：1、2；图版六二：3、4）。

Ac型 表面饰细直绳纹，内麻点纹，属Ac2型。标本6件。

ⅣT2③：28，筒瓦上有两个钉孔。残长30、径14.5、厚1.3厘米（图一三七：3、4；图版六二：5、6）。

ⅣT2③：29，瓦身带有一圆形素面残瓦当。残长21、径14.5、厚1.4厘米（图一三七：5、6、7；图版六三：1、2）。

ⅣT2③：31，残长10、残径13、厚1.3厘米。外表面戳印陶文"宫辛"，陶文长1.9、宽1.1厘米（图一三八：1、2；图版六三：3、4）。

ⅣT2③：32，残长17、径14.8、厚0.7厘米（图一三八：3、4）。

ⅣT2③：33，瓦身存一钉孔，内面八道竖直宽凸棱痕迹。残长14、径14.3、厚0.6厘米（图一三八：5、6；图版六三：5、6）。

ⅣT2③：53，灰褐色。残长6、径15、厚1.1厘米。瓦表有两处戳印陶文，一为"司"、一为"?"，陶文长1.2、宽0.8厘米（图一三九：1、2；图版六四：1、2）。

B型 表面中粗直绳纹，内面布纹，属Bc4型。标本1件（ⅣT2③：34），残长7、残径6、厚1.3厘米（图一三九：3、4；图版六四：3、4）。

瓦当 灰色，当背面绳切痕迹明显，分素面瓦当和纹饰瓦当两类。所连筒瓦制作粗糙，触摸扎手。

素面圆瓦当 17件，完整者3件。有的连A型筒瓦，表面细绳纹，内面麻点纹。

ⅣT2③：37，面径13.8、厚1.8厘米。所连筒瓦属A型，表面细绳纹，内面麻点纹，残长11、厚1.2厘米（图一三九：5、6、7、8；图版六四：5、6）。

ⅣT2③：38，面径14、厚1.8厘米。所连筒瓦形制不明。残长6.5、厚1.8厘米（图一四〇：1、2）。

ⅣT2③：39，面径13.7、厚1.5厘米（图一四〇：3、4；图版六五：1、2）。

ⅣT2③：54，灰褐色，残1/5，当面平整，当背绳切痕迹明显。当径14.5、厚1.5厘米（图一四〇：5、6）。

ⅣT2③：55，浅灰色，残1/3，当面平整，当背绳切痕迹明显，凹凸不平。当径14.5、厚1.5

厘米（图一四一：1、2）。

ⅣT2③：56，灰褐色，残2/5，当面平整，当背粗糙，凹凸不平。当径14.5、厚2厘米。所连筒瓦属A型，表面细绳纹，内面素面，泥条盘筑痕迹明显。残长5.2、残宽16.6、厚1.7厘米（图一四一：3；图版六五：3、4）。

ⅣT2③：57，灰褐色，残1/3，当面平整，当背粗糙，有绳切痕迹。当复原径14、厚1.5厘米（图一四一：4；图版六五：5、6）。

ⅣT2③：58，浅灰色，残1/3，当面平整，当背有绳切痕迹。当复原径14、厚1.6厘米（图一四一：5）。

ⅣT2③：59，灰褐色，残2/5，当面平整，当背粗糙，绳切痕迹明显。当径14、厚1.5厘米（图一四二：1、2；图版六六：1、2）。

ⅣT2③：60，浅灰色，残1/3，当面不平，当背绳切痕迹明显。当复原径14、厚1.6厘米（图一四二：3、4；图版六六：3、4）。

ⅣT2③：61，浅灰色，残2/5，当面平整，当背绳切痕迹明显。凹凸不平。当复原径14、厚2厘米（图一四二：5、6；图版六六：5、6）。

ⅣT2③：62，灰褐色，残约1/2，当面平整，当背绳切痕迹明显。当复原径14、厚1.5厘米（图一四三：1、2）。

ⅣT2③：63，灰褐色，残约2/3，当面平整，当背粗糙，凹凸不平。当复原径14、厚1.7厘米。所连筒瓦属A型，表面细直绳纹，内面素面，有泥条盘筑痕迹。残长6、残宽15、厚1.5厘米（图一四三：3、4）。

纹饰瓦当　2件，均为葵纹瓦当。根据表面纹饰不同，有A型和B型两种。

A型　1件（ⅣT2③：35）。当心饰三个三线左向葵纹，外饰一周绳索纹。当面饰八个三线右向葵纹。当面直径13.5、边轮宽0.6~1、缘深0.3、当厚1.5厘米。所连筒瓦形制不明，残长7、厚1.5厘米（图一四三：5、6；图版六七：1、2）。

B型　1件（ⅣT2③：36），当面为葵瓣纹。当心饰菊瓣纹，外一周乳钉纹，当面存五个三线右向葵瓣纹。当边轮宽0.7、缘深0.5、当厚2.2厘米（图一四三：7；图版六七：3、4）。

陶水管　1件

ⅣT2③：40，灰色，残。截面饰五边形。表面斜粗绳纹，内面素面，似为水管顶部。残长12、残宽23、厚3厘米（图一四四：1、2）。

铁钉　1件（ⅣT2③：41），直角钉。钉身长7、刃宽0.9、钉帽残长1、宽0.9、厚0.5厘米。

货币　1件（ⅣT2③：1），"半两"钱。铜钱直径2.4、方孔边长0.9厘米、钱厚0.05厘米。

三　高台东部遗址的勘探与试掘

东部建筑遗址在高台东侧62米，其范围东西长85、南北宽21米，面积1785平方米。勘探中

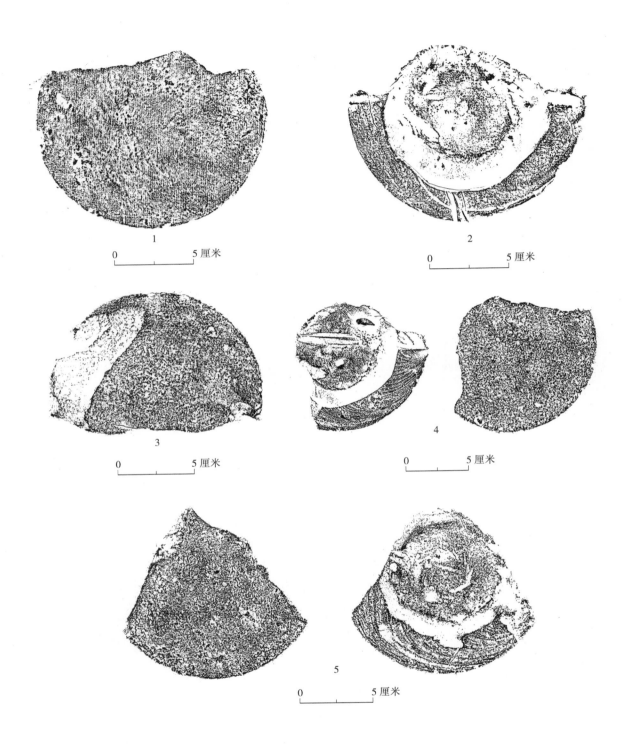

1   2

3   4

5

图一四一　上林苑四号遗址北侧建筑出土瓦当

1、2. ⅣT2③:55　3. ⅣT2③:56　4. ⅣT2③:57　5. ⅣT2③:58

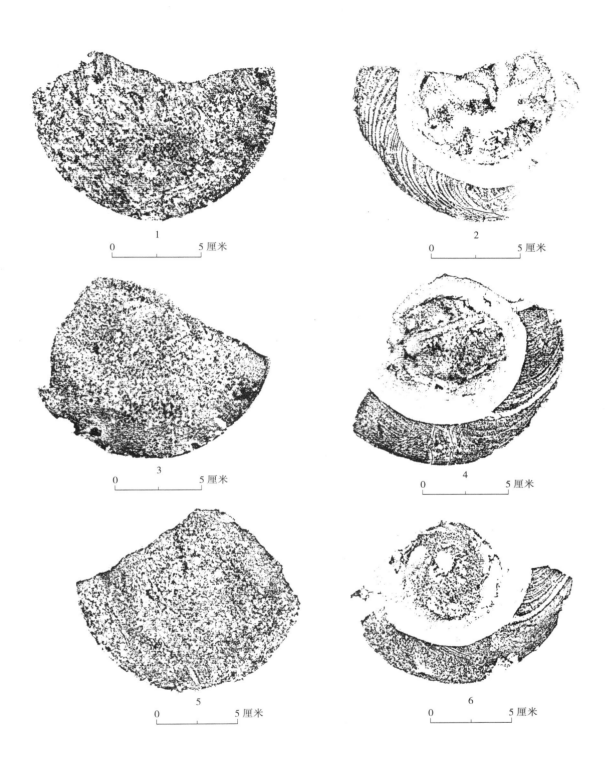

图一四二　上林苑四号遗址北侧建筑出土瓦当

1、2. ⅣT2③:59　3、4. ⅣT2③:60　5、6. ⅣT2③:61

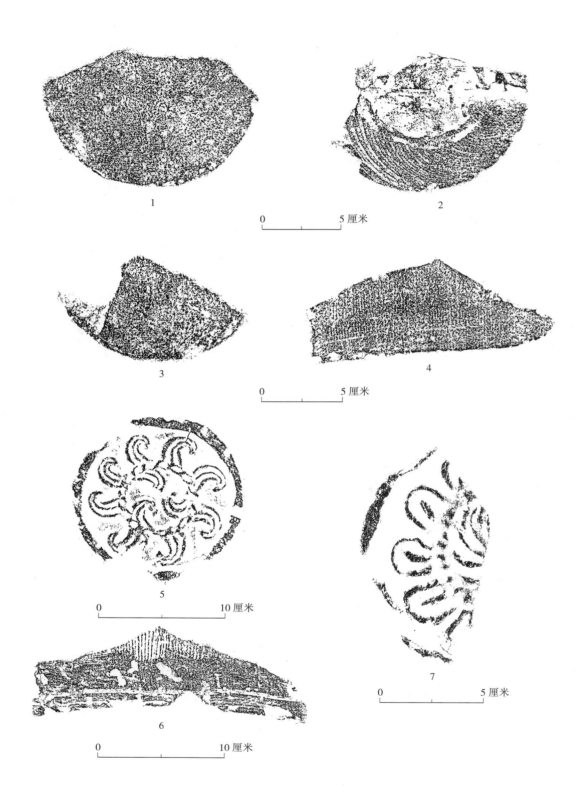

图一四三　上林苑四号遗址北侧建筑出土瓦当

1、2. ⅣT2③∶62　3、4. ⅣT2③∶63　5、6. ⅣT2③∶35　7. ⅣT2③∶36

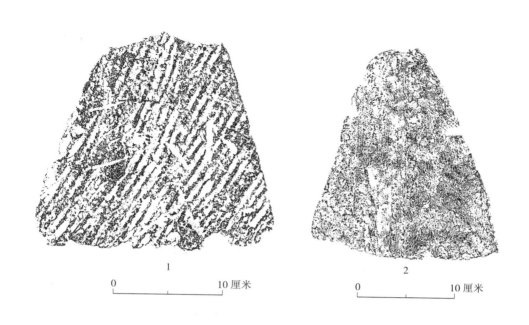

图一四四 上林苑四号遗址北侧建筑出土陶水管

1、2. ⅣT2③：40

发现在表土下 1~1.2 米处为建筑夯土基址，夯土厚 1 米左右。夯筑土台以东 19~32 米，东部建筑以西 30~40 米处，考古发掘了东、西并列的两组地下排水管道（T3、T4）。

（一）管道遗迹

东组排水管道遗迹 已发掘南北长 23 米，通过勘探了解到排水管道继续向南延伸 4 米后无存，管道残存总长 27 米（图一四六；图版六八）。

通过发掘了解到，排水管道置于生土挖成的沟槽中，排水管道沟上口距今地表 0.7 米，上口宽 1.2~1.3、底部宽 0.8~0.9 米，上口至沟底深 0.9~1.4 米。排水管道顶部在沟口下 0.5~1 米。排水管道沟底部向上两壁各有宽 0.2、高 0.4 米的二层台，其间形成水管道沟槽，沟槽深 0.4、宽 0.5~0.7 米。排水管道沟内填土稍加夯筑。在夯筑之前，先在排水管道周围及顶部抹草泥，草泥自沟底向上通厚约 0.5~0.6 米，待草泥干透后再填土夯筑（图版六九）。

排水管道均陶质，由竖直管道和平铺管道组成。竖直管道套接一排水管道弯头连接平铺排水管道。竖直排水管道、排水管道弯头和平铺排水管均为东、西两行并列分布，西行管道水管较粗，东行管道水管较细。竖直排水管道东西两行各残存一节，东排水管残高 33、西排水管残高 43、壁均厚 1.2 厘米。东、西二排水管道弯头均高 24、长 12、厚 1.3 厘米，周身饰中直绳纹（图一四五）。平铺排水管道东行残存 41 节排水管道、西行残存 37 节排水管。每节排水管长 58~62、粗端径 28~35、细端径 24~26 厘米。排水管表面细直、交错及斜绳纹，内面麻点纹，泥条盘筑。竖直排水管道上面的渗水井和漏斗等设施已破坏无存。通过发掘了解到，排水管道水流方向应自北向南（图版七〇）。

北

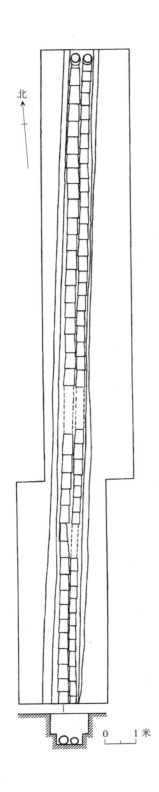

0　　1 米

图一四五　上林苑四号遗址
东组排水管道平、剖面图

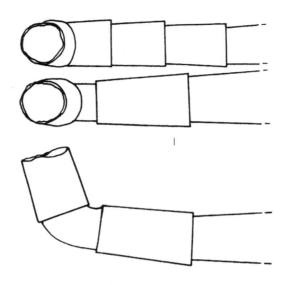

图一四六　上林苑四号遗址东组排水
管道弯头连接示意图

西组排水管道遗迹　位于东组排水管道遗迹西 20～28 米
（指现发掘部分），呈东南与西北走向。从勘探资料了解到，
排水管道还断续向南、向北延伸，现发掘排水管道长 25 米
（图一四七；图版七一）。

西组排水管道遗迹地表比东组排水管道遗迹地表高 0.5
米左右，地表下 1.2 米露出排水管道沟上口，其北部稍向东
北方向拐去，多处被汉代层和晚期墓葬打破。西组排水管道
沟系在生土中挖成，上口宽 1.4～1.6、沟底宽 0.9～1.1、沟
口至沟底深 1.6 米。管道沟槽深 1.1 米，在沟口下 0.5 米处
东、西二壁有二层台，台面宽 0.15～0.35 米，两侧二层台间
为排水管道沟槽，槽内置排水管道。台面下至沟底为排水管
道的沟槽深度。二层台下 0.65 米见水管道顶部，槽宽 0.9～
1.1 米。沟槽内铺设一行排水管道，排水管道之上填土经夯
筑，夯筑之前，先在排水管道周围及其顶部抹草泥，草泥由
沟底向上通厚 0.7 米，待草泥干透后，再填土夯打，夯土非
常坚硬。

排水管道向北延伸 8 米后再向西折，后又向北折。因公路
所阻、房屋所压，北侧勘探无法继续探寻。排水管道向南延伸，
出现排水管道南端的平铺水管、排水管弯头和竖直排水管结
构，此处地表低于排水管道发掘处地表 0.6 米（图一四八）。

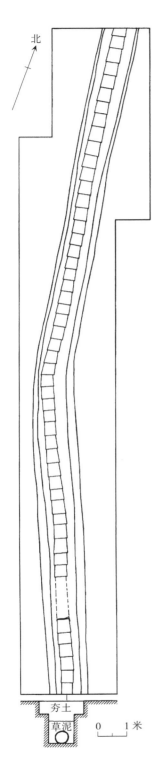

北

夯土

草泥

0　　　1米

图一四七　上林苑四号遗址西组
排水管道平、剖面图

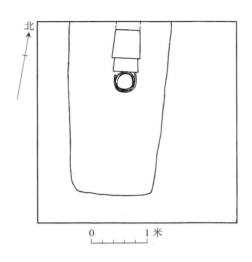

北

0　　　1米

图一四八　上林苑四号遗址西组排水管道平面图

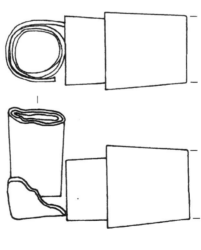

图一四九　上林苑四号遗址西组排水
管道弯头连接示意图

地表下 0.3 米露出排水管道沟上口，宽 1.4～1.8 米，沟底部宽 1.6 米，现存沟口至沟底 1.2 米，没有二层台结构。平铺排水管一节南北通长 46、南端径 41、壁厚 1.5 厘米（图一四九），表面细直绳纹，内面麻点纹，有泥条盘筑痕迹。南端套接水管弯头，弯头已残破，表面细斜绳纹，内面麻点纹，有泥条盘筑痕迹，壁厚 1.5 厘米；平直部分上部已残缺，南北全长 37、直径 40 厘米；竖直部分残高 23、直径 40 厘米，套接在竖直水管上。竖直排水管表面细交错绳纹，内面麻点纹，有泥条盘筑痕迹，残高 48、径 38、壁厚 1.5 厘米。排水管道周围抹草泥，待草泥干透后再填土夯筑。通过发掘发现，竖直管道上面渗井和漏斗等设施均无存。另外，还发现西组排水管道有修补痕迹，在水管弯头残破处发现有铺砖块和贴扣瓦片。

西组排水管道水流从南向北流，该段长 152 米；后西折，该段长 58 米；再向北折，该段现存长 210 米，即现存水管道通长应为 420 米。西组排水管道显得粗大，管长 61～63 厘米，个别长 46 厘米，一端较粗，一端稍细，粗端径 45～47、细端径 38～42、管壁厚 0.9～1.5 厘米。排水管道表面饰较浅的细绳纹，或直绳纹、斜绳纹、交错绳纹；内面麻点纹，有泥条盘筑痕迹。现发掘出排水管道存水管 51 节（图版七二）。

（二）出土遗物

在东部建筑遗址东、西两组排水管道的勘探与发掘中，出土了砖、板瓦、筒瓦等建筑材料和陶水管道残片。

砖　发掘的砖有铺地砖和拦边砖两种。

铺地砖 2 件，浅灰色，残。

ⅣT4 夯土：1，西陶水管道修补贴扣所用，两面均绳纹，残长 20、残宽 11、厚 3 厘米（图一五〇：1、2；图版七三：1、2）。

ⅣT3 夯土：2，一面几何纹，一面素面。残长 10.5、残宽 9、厚 3.4 厘米（图一五〇：3；图版七三：3）。

拦边砖　1 件（ⅣT3 夯土：1），属 A 型，浅灰色，残。一面粗直绳纹，一面素面。残长 10、残宽 8、厚 3.2 厘米（图一五〇：4；图版七三：4）。

板瓦　灰色、均残。根据表面绳纹粗细，分 A、C 两型。共 3 件。

A 型　表面饰细绳纹，据绳纹特征，属 Ac 型，出土 2 件。

Ac 型　表面饰细直绳纹，据内面纹饰，分 Ac2、Ac4 两型。

Ac2 型　1 件（ⅣT4 夯土：2），表面饰细直绳纹，内饰麻点纹。西陶水管道修补贴扣瓦片，深灰色。残长 9.5、残宽 10、厚 1.5 厘米（图一五一：1、2；图版七三：5、6）。

Ac4 型　1 件（ⅣT4③：2），表面饰细直绳纹，内饰布纹。残长 7.7、残宽 11、厚 1.5 厘米（图一五一：3、4；图版七四：1、2）。

C 型　1 件（ⅣT4③：1），表面饰粗直绳纹，内素面。属 Cc1 型。灰色。残长 9.5、残宽 10、厚 1.6 厘米（图一五一：5；图版七四：3、4）。

筒瓦　灰色、均残。有泥条盘筑痕迹，根据表面绳纹粗细，分 A、B 两型。共 5 件。

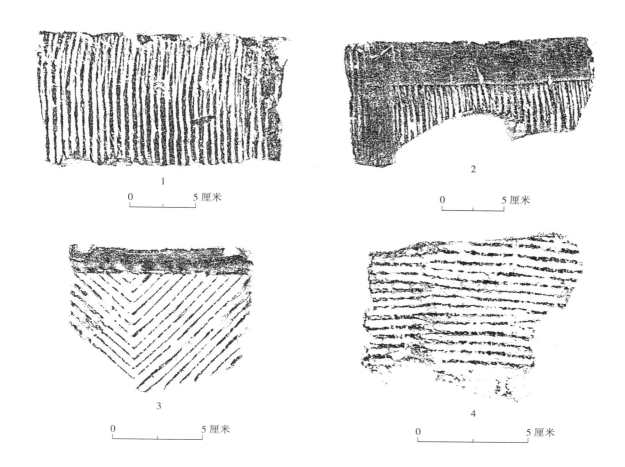

图一五〇　上林苑四号遗址东部建筑出土铺地砖

1、2. ⅣT4 夯土：1　3. ⅣT3 夯土：2　4. ⅣT3 夯土：1

A 型　面饰细直绳纹，内面饰麻点纹，属 Ac2 型。标本 3 件。

ⅣT4 夯土：3，表面戳印陶文"大口五"。残长 11、残径 10.5、厚 1 厘米，陶文长 3.6、宽 1.5 厘米（图一五二：1、2；图版七四：5、6）。

ⅣT4 夯土：4，浅灰色。残长 12.5、残径 14.5、厚 0.9 厘米。唇表面细绳纹，唇长 4、厚 0.7 厘米（图一五二：3、4；图版七五：1、2）。

ⅣT4 夯土：5，残长 14、残径 15.5、厚 1 厘米。唇表面细绳纹，唇长 3、厚 0.8 厘米（图一五二：5、6；图版七五：3、4）。

B 型　表面饰中粗绳纹，据绳纹特征，可分 Bb、Bc 两型。共 2 件。

Bb 型　1 件（ⅣT4③：3），表面饰中粗斜绳纹，内饰布纹。属 Bb4 型。残长 12、残径 11、厚 1.7 厘米（图一五三：1、2；图版七五：5）。

Bc 型　1 件（ⅣT4③：4），表面饰中粗直绳纹，内饰布纹，属 Bc4 型。残长 11、残径 16、厚 1.4 厘米（图一五三：3、4；图版七五：6）。

秦汉上林苑（上册）

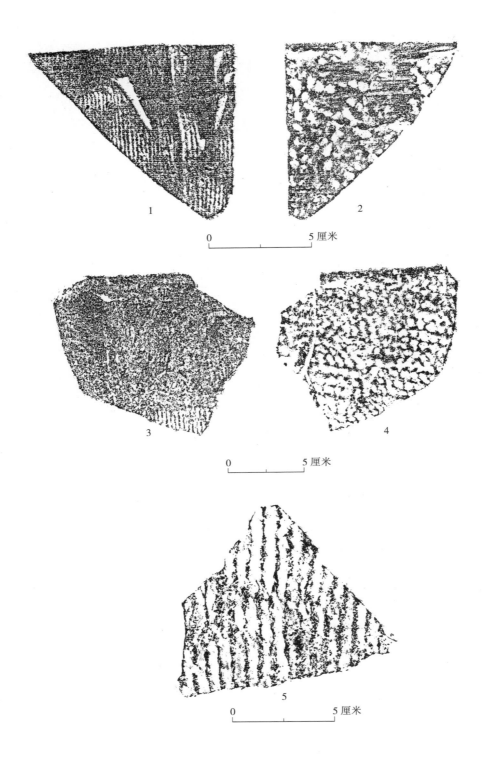

图一五一　上林苑四号遗址东部建筑出土板瓦

1、2. ⅣT4 夯土：2　　3、4. ⅣT4③：2　　5. ⅣT4③：1

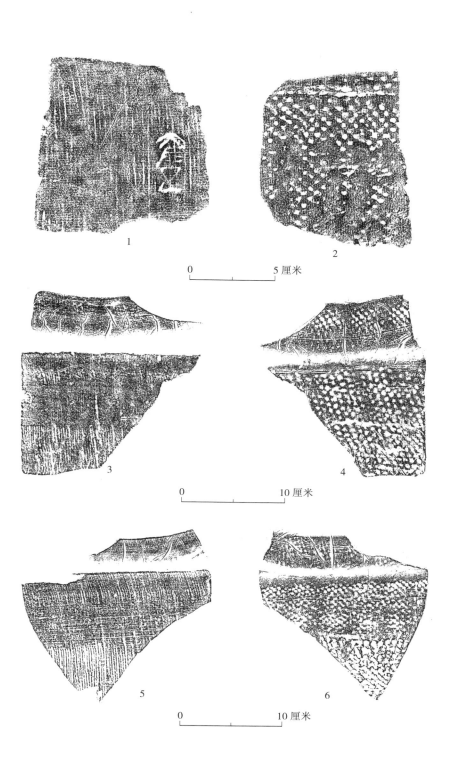

图一五二　上林苑四号遗址东部建筑出土筒瓦

1、2. ⅣT4 夯土:3　3、4. ⅣT4 夯土:4　5、6. ⅣT4 夯土:5

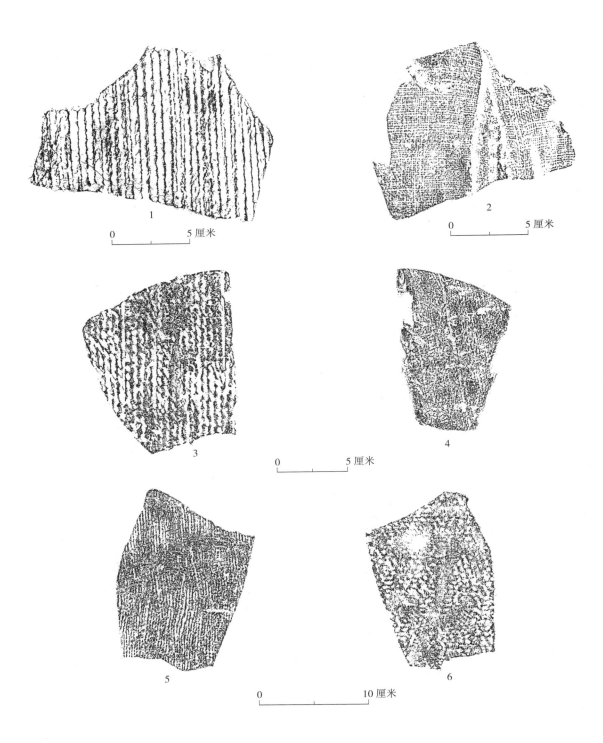

图一五三　上林苑四号遗址东部建筑出土筒瓦、陶水管

1、2. ⅣT4③：3　3、4. ⅣT4③：4　5、6. ⅣT3 夯土：3

陶水管

ⅣT3 夯土:3,残片,灰色。表面细斜绳纹,内面麻点纹,泥条盘筑。残长 16、残宽 12.5、厚 1.1 厘米(图一五三:5、6;图版七六:1、2)。

ⅣT4③:5,残片,灰色。表面细斜绳纹,内面麻点纹,有泥条盘筑痕迹。残长 10、残宽 16.5、厚 1.2 厘米(图一五四:1、2)。

ⅣT4③:6,残片,灰色。表面细密直绳纹,内面麻点纹,有泥条盘筑痕迹。残长 11.5、残宽 13.5、厚 1.1 厘米(图一五四:3、4;图版七六:3、4)。

ⅣT4 夯土:6,西陶水管道修补贴扣瓦片,残,灰色。表面细交错绳纹,内面麻点纹,有泥条盘筑痕迹。残长 12.5、残宽 25、厚 0.9 厘米(图一五四:5、6;图版七六:5、6)。

此外,在四号遗址周围还采集到部分特色遗物。

空心砖　2 件,均残。

Ⅳ采:4,在地面采集。深灰色,龙凤纹,纹饰很浅。残长 22.5、残宽 26.5、厚 3.5 厘米(图一五五:1;图版七七:1、2)。

Ⅳ采:5,深灰色,几何纹。残长 16.5、残宽 9、厚 2.7 厘米(图一五五:2;图版七七:3、4)。

素面圆瓦当　2 件

Ⅳ采:1,面径 13.7、厚 1.5 厘米。所连筒瓦属 A 型,表面细绳纹,内面麻点纹。筒瓦残长 9、厚 1.5 厘米(图一五五:3、4、5;图版七七:5、6)。

Ⅳ采:2,面径 13.7、厚 2 厘米(图一五六:1、2;图版七八:1、2)。

蘑菇形云纹瓦当　5 件,A 型 3 件、B 型 2 件。

Ⅳ采:7。A 型。单线界格四分当面,穿过当心。当心每界格内面一叶纹,每叶纹两侧各有一乳钉,外围一周凸弦纹。当面四界格线顶端为蘑菇形云纹,二云纹间有一左向涡纹,外一周凸弦纹。复原径 16、边轮宽 1、缘深 0.6、当厚 1 厘米(图一五六:3、4;图版七八:3)。

Ⅳ采:10,A 型。浅灰色,残 1/2,单线界格四分当面,穿过当心。当心每界格内面一叶纹,每叶纹两侧各有一乳钉,外围一周凸弦纹。当面每界格线顶端饰一蘑菇形云纹,二云纹间有一右向涡纹,外一周凸弦纹。当背有绳切痕迹,做工粗糙。当径 17、边轮宽 1、厚 1.3 厘米(图一五六:5、6;图版七八:4)。

Ⅳ采:12,A 型。浅灰色,残 2/3,单线界格四分当面,穿过当心。当心为一圆。当面每界格线顶端饰一蘑菇形云纹,二云纹间有一左向涡纹,外一周凸弦纹。当复原径 15、边轮宽 0.8、厚 1.5 厘米。所连筒瓦属 A 型,表面细直绳纹,内面麻点纹,泥条盘筑痕迹明显。残长 19、径 15、厚 1.5 厘米(图一五七:1、2、3;图版七八:5)。

Ⅳ采:8,B 型。灰色,残 1/4,双界格线四分当面,不穿当心。当心圆内面网状菱形纹,每界格线顶端饰一朵蘑菇形云纹,外一周凸弦纹。当背绳切痕迹明显,做工规整。当径 16.5、边轮宽 1、厚 1.2 厘米(图一五七:4、5;图版七八:6)。

Ⅳ采:9,B 型。灰色,残 3/4,双界格线四分当面,不穿当心。当心圆内面网状菱形纹,每界格线顶端饰一朵蘑菇形云纹,外一周凸弦纹。当背绳切痕迹明显,做工粗糙。当复原径 16、边轮宽

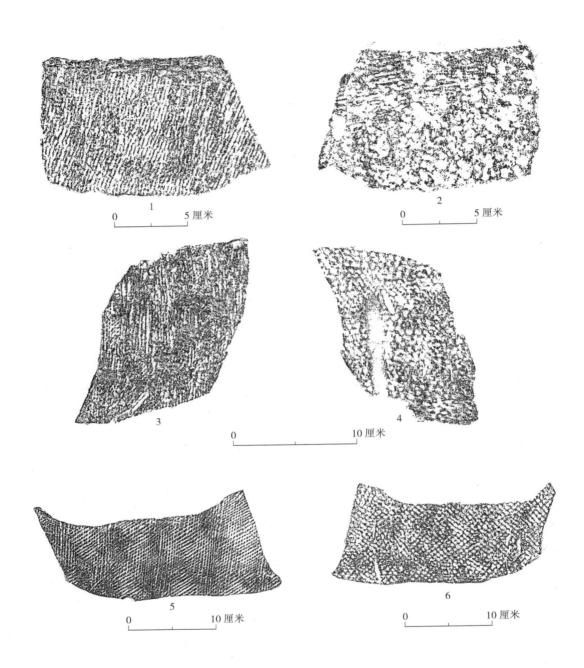

图一五四　上林苑四号遗址东部建筑出土陶水管

1、2. ⅣT4③：5　3、4. ⅣT4③：6　5、6. ⅣT4 夯土：6

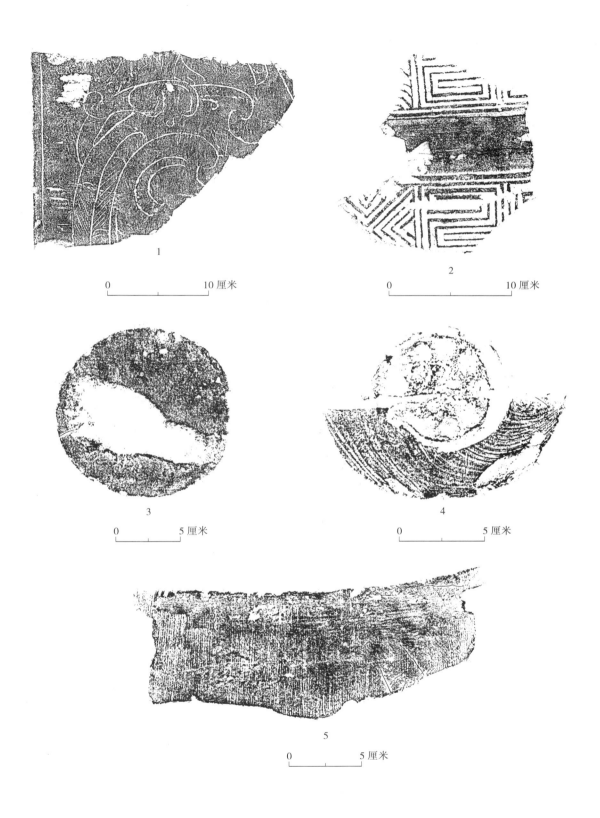

图一五五　上林苑四号遗址采集空心砖、瓦当

1. Ⅳ采:4　2. Ⅳ采:5　3、4、5. Ⅳ采:1

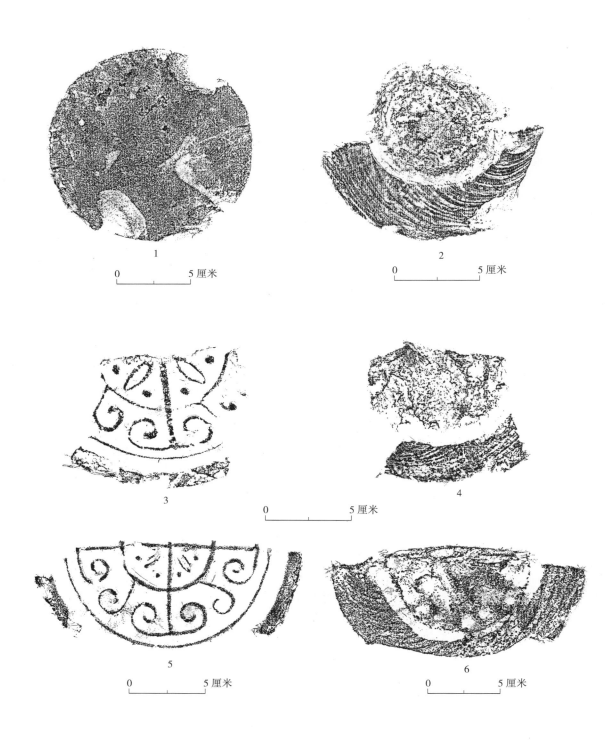

图一五六　上林苑四号遗址采集瓦当

1、2. Ⅳ采∶2　3、4. Ⅳ采∶7　5、6. Ⅳ采∶10

図一五七　上林苑四号遗址采集瓦当

1、2、3. Ⅳ采：12　　4、5. Ⅳ采：8　　6、7. Ⅳ采：9

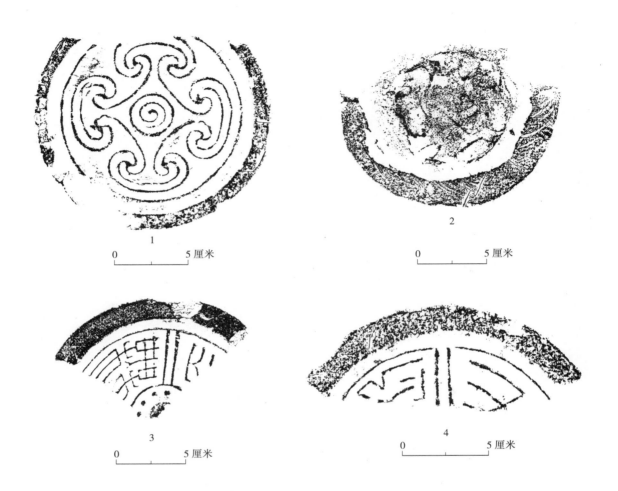

图一五八　上林苑四号遗址采集瓦当

1、2. Ⅳ采：11　3. Ⅳ采：3　4. Ⅳ采：13

0.8、厚1.0厘米（图一五七：6、7；图版七九：5）。

涡纹瓦当　1件。

Ⅳ采：11，灰色，稍残。当面无界格，由四组双线云纹单线相连形成连云纹，当心有一小圆，内面一涡纹，边轮内有一周凸弦纹。当背有绳切痕迹。当径15.7、边轮宽1、厚1.3厘米（图一五八：1、2；图版七九：1、2）。

文字瓦当　2件。

Ⅳ采：3，灰色，残3/4，当面双界格线四分当面不穿当心，当心为一大乳钉，乳钉径2厘米，大乳钉外围一周小乳钉纹，再外围一圆。每界格内面一字，仅余"无"字，其余皆残，边轮内面一周凸弦纹。当背平整。当复原径17、边轮宽1.6、厚2厘米（图一五八：3；图版七九：3）。

Ⅳ采：13，浅灰色，残3/4，仅存双界格线四分当面，边轮内面一周凸弦纹，残存两字，皆残缺过半。当背平整，无绳切痕迹。复原径19、边轮宽1.6、厚2厘米（图一五八：4；图版七九：4）。

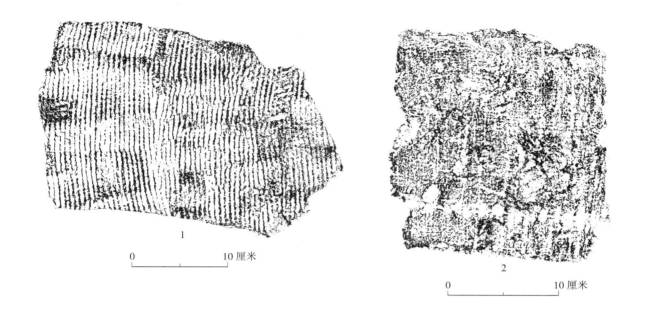

图一五九　上林苑四号遗址采集陶水管

1、2. Ⅳ采：6

陶水管　1件。

Ⅳ采：6，深灰色，残。截面饰五边形。表面粗绳纹，内面粗布纹。为水管底部。残长20、残宽26、厚6厘米（图一五九：1、2；图版七九：6）。

四　高台基址西部与南部、东南部的勘探

高台基址西部建筑遗址紧邻其西侧边缘，范围东西长122、南北宽15～23米，面积1830平方米。勘探中发现一般地表下0.7～1米为建筑夯土基址，夯土厚1.7～1.9米。

高台基址南部、东南部为沙土，古代或为河道，或为池沼，或为沼泽，勘探中发现在表土下0.5～1米为沙土，其下为细沙、粗沙，有的地方在粗沙下为淤土。

五　小结

上林苑四号遗址的高台基址南坡、高台基址北部建筑遗址进行了试掘，高台基址与其东部建筑遗址之间的地下排水管道进行了考古发掘，上述三处考古试掘和发掘出土的遗物，是判断四号建筑遗址年代的主要依据。

高台基址南坡出土的板瓦表面均有细密交错绳纹、内面素面，筒瓦表面细绳纹，内面麻点纹，多为泥条盘筑。这些特点在秦雍城遗址[1]、秦栎阳城遗址[2]和秦咸阳城遗址的战国时代地层堆积出土的板瓦、筒瓦中颇为常见，它们是关中地区战国时代板瓦、筒瓦中流行的纹饰特点和工艺特征。四号建筑遗址均与战国秦上林苑一号建筑遗址出土的板瓦和筒瓦制法、形制和纹饰相同。据此推断，该遗址应为战国时期的建筑遗存。

高台北部建筑遗址，出土大量制作极为粗糙的筒瓦，其表面细密绳纹、内面麻点纹，泥条盘筑痕迹明显。出土了很多自盘筑接触面裂开的条状筒瓦残片，触摸可扎手。出土的大量的素面瓦当及其残块和少量的葵纹瓦当，当背绳切痕迹清晰，所连筒瓦均与出土筒瓦的制法和纹饰完全相同。另外还有一定数量的表面细密交错绳纹、内面素面的板瓦片出土。上述出土物都明确无误地显示了战国时期瓦的特征，与上林苑一号建筑遗址出土的瓦和瓦当基本相同，故该建筑应建于战国时期。此外，该遗址还有大量粗绳纹板瓦片和少量厚重素面铺地砖块、五角形排水管道残片及汉代半两钱、直角铁钉出土。同样，粗绳纹的板瓦在汉长安城未央宫遗址[3]、南郊礼制建筑遗址[4]、武库遗址[5]、桂宫遗址[6]均曾大量出土，这说明该建筑沿用到了汉代。

从东、西两组排水管道的水管形制看，它们与秦都咸阳宫、上林苑五号建筑遗址排水管道形制相似。排水管道沟内未经扰动夯土中出土的残砖、排水管道修补时所用铺地砖块和瓦片亦均属战国时期。故该处排水管道应为战国时期建筑遗存，与四号遗址高台的时代一致。

四号遗址由三层建筑组成，是建筑群中最高大的建筑基址，这种建筑形式与秦都咸阳宫一号建筑遗址、三号建筑遗址、邯郸赵王城一号建筑遗址[7]、燕下都东城武阳台[8]、齐临淄城宫城"桓公台"建筑遗址[9]、潜江龙湾楚国"章华台"建筑遗址[10]等战国时代的高台宫殿建筑形式均较相似，因此四号遗址的夯筑高台应属于战国时期流行的高台宫殿建筑遗址。

根据文献记载，渭河以南是战国秦的上林苑故地。因此，据四号建筑遗址的性质、时代，其建筑遗址应建成于秦统一六国之前，当为秦上林苑中的一座宫殿建筑。虽然在空间位置上与阿房宫前殿较近，但比阿房宫的建筑时间要早，因此在确切文字资料出土前，它与阿房宫应不存在可以证明的所属关系。

---

〔1〕 陕西省雍城考古队：《秦都雍城勘探试掘简报》，《考古与文物》1985 年第 2 期。

〔2〕 中国社会科学院考古研究所栎阳发掘队：《秦汉栎阳城遗址的勘探与试掘》，《考古学报》1995 年 3 期。

〔3〕 中国社会科学院考古研究所：《汉长安城未央宫》，中国大百科全书出版社，1996 年。

〔4〕 中国社会科学院考古研究所：《西汉礼制建筑遗址》，文物出版社，2003 年。

〔5〕 中国社会科学院考古研究所：《汉长安城武库》，文物出版社，2005 年。

〔6〕 中国社会科学院考古研究所、日本奈良国立文化财研究所：《汉长安城桂宫（1996～2001 年考古发掘报告）》，文物出版社，2007 年。

〔7〕 河北省文物管理处、邯郸市文物保管所：《赵邯郸故城调查报告》，《考古学集刊》第 4 集，中国社会科学出版社，1984 年。

〔8〕 河北省文物研究所：《燕下都》，文物出版社，1996 年。

〔9〕 山东省文物考古研究所：《山东 20 世纪的考古发现与研究》，科学出版社，2005 年。

〔10〕 湖北省潜江博物馆、湖北省荆州博物馆：《潜江龙湾——1987～2001 年龙湾遗址发掘报告》，文物出版社，2005 年。

第五章　上林苑五号遗址

上林苑五号建筑遗址位于阿房宫前殿遗址东北角外侧 500 米，向东与上林苑四号建筑遗址连为一体。2006 年元月，某钢厂废址改建时，在距现地表 4 米的基坑中钻探发现地下排水管道遗迹。其建筑基坑为长方形，东西长 105、南北宽 18、深 4 米，阿房宫考古队即以此为探方，对在坑底暴露出的遗迹进行了清理（图版八〇）。

一　地层堆积

五号遗址的地层堆积，以基坑北壁中段为例说明如下（图一六〇）。

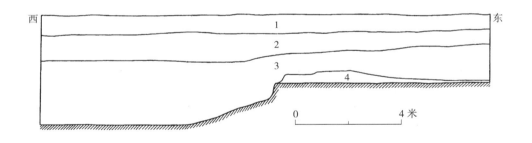

图一六〇　上林苑五号遗址探坑北壁剖面图

第 1 层：表土层。为现代垃圾土。厚 0.5 ~ 0.82 米。

第 2 层：扰土层。浅褐色，土质稍硬。距地表深 0.5 ~ 1.82、厚 0.7 ~ 1.02 米。内含少量战国瓦片和现代铁丝等。

第 3 层：战国文化层。灰色，土质疏松。距地表深 1.2 ~ 4.3、厚 0.78 ~ 2.5 米。内含战国时期的建筑倒塌堆积物，有战国时期的砖、瓦和瓦当残块等出土。

第 4 层：夯土层。五花土，较硬。距地表深 2.2 ~ 2.7、厚 0.1 ~ 0.5 米。

夯土层以下为生土。

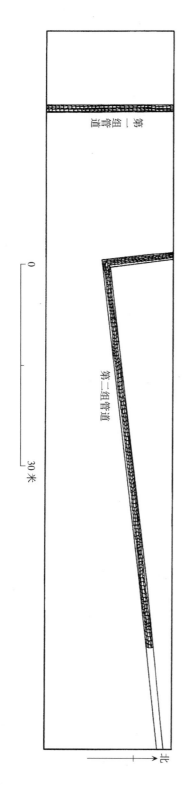

图一六一　上林苑五号遗址排水
管道平面分布图

二　建筑遗迹

该建筑遗址保存情况极差，经钻探了解，房屋建筑遗迹已破坏殆尽，仅在厂房废墟的深坑北壁上残留少许夯土，南北最宽处0.3米，东西断续存在长27米，最厚处0.4～0.5米。据调查，该处建筑夯土台基早在20世纪80年代修建钢厂时就已被全部挖掉。目前保存的主要是两组排水管道，它们在房屋建筑的残址下面穿过，被三座唐墓打破，应属于五号建筑遗址的地下排水设施。

第一组排水管道为南北向，现已发掘部分长18米，是先在生土中挖沟，再在沟槽中铺设排水管道，沟上口宽0.9、底部宽1、现存深1.6米。排水管道上面填土为五花土，未加夯筑。在发掘区之外，管道继续向南、向北延伸。管道向南延伸61.7米后继续前行，但因上面已有建筑物叠压而无法再做勘探工作。从地层堆积情况和相关遗迹现象看，此管道向北延伸的部分钻入了生土洞。土洞高1、宽0.7米。但因土洞上面存在现代建筑，无法再行勘探，其长度暂时无法了解（图一六一、一六二）。

第二组排水管道位于第一组排水管道的东侧，相距20.5米。整体呈东西向，其东端继续向东延伸，西端呈直角向北拐后为南北向，拐角处以弯头水管套接，北端则继续向北延伸至发掘区之外。已发掘的部分东西向排水管道长59米，南北向排水管道长10米。该组排水管道先在生土中挖沟，然后铺设排水管道，沟上口宽1、底部宽0.9、现存深1.6米。排水管道上面的填土为五花土夯筑，夯筑之前先在水管周围及其顶部抹草泥，待草泥干透后再填土夯筑。经勘探，该组排水管道在发掘区外继续向东42米后仍然存在，再向东的部分因其上为西安至宝鸡国道的输导线，已无法继续进行进一步的考古勘探。排水管道的南北向部分，经勘探其北端向北延伸30米后继续存在，但因其上已为某化工厂水泥地面，亦无法继续开展考古勘探（图一六三；图版八一、八二）。

两组排水管道形制基本相同，均为以三条圆筒形水管套接而成，排列成横剖面呈"品"字形的结构，即下层铺设两条排水管道，上层在下层两条排水管道的中间上部铺设一条排水

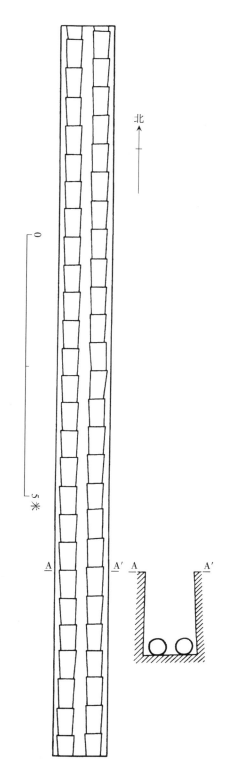

管道。每条排水管道均以圆筒形陶水管相互套接而成。第一组排水管道的上层排水管道已遭破坏，遗留许多管道残片，下面两条排水管道则各保存管道33节。第二组排水管道中，三条排水管道各保存管道105节。所用的管道均一端粗、一端细，泥条盘筑；外侧周身饰粗、细不等的绳纹，呈直行、斜行或交错状三种，内侧饰麻点纹；管道长57～58、粗端直径32、细端直径23、管壁厚8～10厘米（图版八三、八四）。

三　出土遗物

五号遗址出土的遗物以建筑材料为主，包括铺地砖、瓦和瓦当，均制作粗糙。

铺地砖　2件，器表呈灰色。

ⅤT1③：1，一面几何纹，一面斜绳纹。残长25、残宽20、厚2.5厘米（图一六四：1、2；图版八五：1、2）。

ⅤT1③：2，一面小方格纹，边长0.3厘米，一面素面。残长14、残宽8.5、厚3.2厘米（图一六四：3、4；图版八五：3、4）。

板瓦　灰色、均残。根据表面绳纹粗细，可分A、C两型。共3件。

A型　表面饰细直绳纹，内素面，属Ac1型，标本2件。

ⅤT1③：3，残长14.5、残宽18.5、厚1.1～1.3厘米（图一六四：5、6；图版八五：5）。

ⅤT1③：13，残长11.5、残宽14、厚1～1.4厘米。表面刻划文字"左"，陶文长4、宽3.6厘米（图一六五：1、2；图版八五：6）。

C型　表面粗交错绳纹，内素面，属Ca1型。1件（Ⅴ采：2），板瓦C型，灰色，残片，残长23、残宽29、厚1.5厘米（图一六五：3；图版八六：1）。

筒瓦，灰色、均残。根据表面绳纹粗细，分A、B两型。共4件。

A型　表面饰细直绳纹，内麻点纹，均属Ac2型，出土3件。

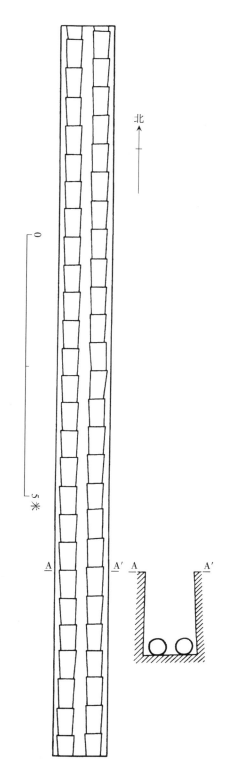

图一六二　上林苑五号遗址第一组
排水管道局部平、剖面图

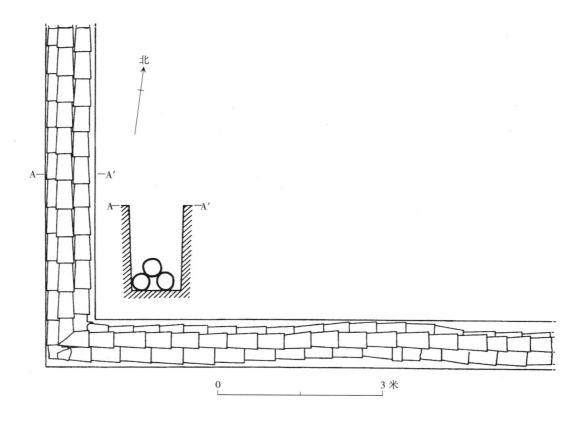

图一六三　上林苑五号遗址第二组排水管道局部平、剖面图

Ｖ T1③：4，内面残留六道竖直凸棱纹。残长19.5、残宽12.5、厚0.9厘米（图一六五：4、5；图版八六：2）。

Ｖ T1③：5，残长11、残宽9、厚1.1厘米。唇长3、厚0.5厘米（图一六六：1、2；图版八六：3、4）。

Ｖ T1③：14，内面四道竖直凹痕，凹痕宽0.5厘米。残长15、径15.5、厚1.3厘米（图一六六：3、4；图版八六：5）。

B型　灰色、均残。表面饰中粗直绳纹，内面麻点纹，均属Bc2型。1件（Ｖ采：3），泥条盘筑痕迹明显，残长33.5、径19、厚1.5厘米（图一六六：5、6；图版八六：6）。

瓦当　有素面瓦当和纹饰瓦当两类。

素面瓦当　2件。制作粗糙，表面凹凸不平，绳切痕迹明显。所连筒瓦属A型，表面阶段性细绳纹，内面麻点纹，泥条盘筑痕迹。分为半瓦当和圆瓦当两种。

半瓦当　1件（Ｖ T1③：12）。稍残，表面呈褐色。当面直径16.3、厚1.7厘米。所连筒瓦属A型，表面细绳纹，内面麻点纹，残长7、厚1.5厘米（图一六七：1、2；图版八七：1、2）。

圆瓦当　1件（Ｖ T1③：11）。器表呈灰色。当面直径13.3、厚2.5厘米。所连筒瓦属A型，表面细绳纹，内面麻点纹，残长15.5、厚1.2厘米（图一六七：3、4、5；图版八七：3、4）。

纹饰瓦当　有葵纹、连云纹和云纹瓦当三种。当背均凹凸不平，绳切痕迹明显。

葵纹瓦当　2件。器表均呈灰色。根据当面纹饰不同，有A型、B型两型。

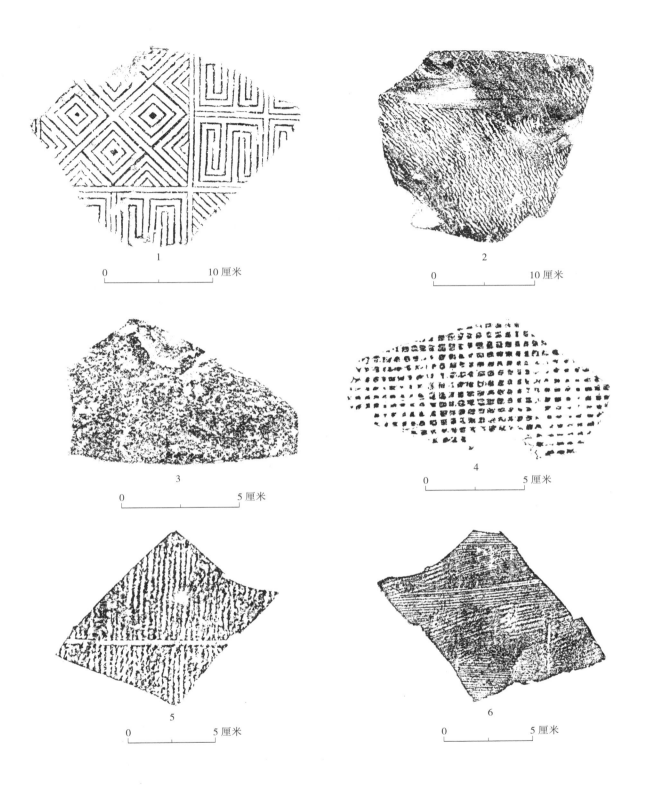

图一六四　上林苑五号遗址出土铺地砖、板瓦

1、2. VT1③:1　3、4. VT1③:2　5、6. VT1③:3

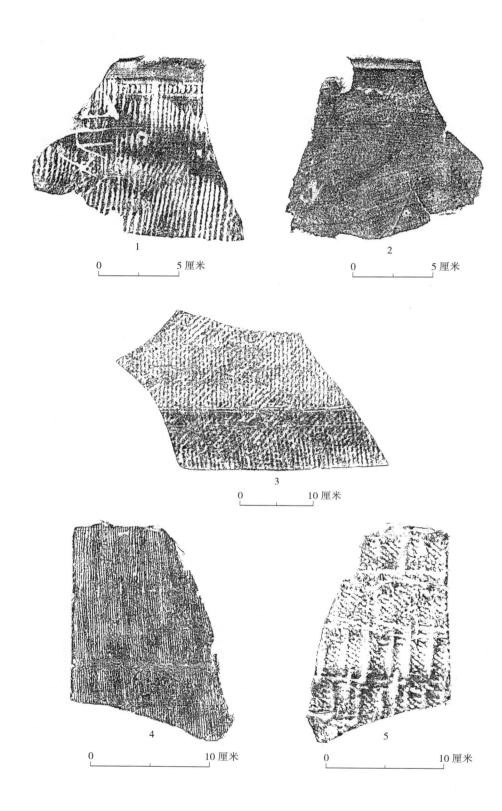

图一六五　上林苑五号遗址出土板瓦、筒瓦

1、2. VT1③:13　3. V采:2　4、5. VT1③:4

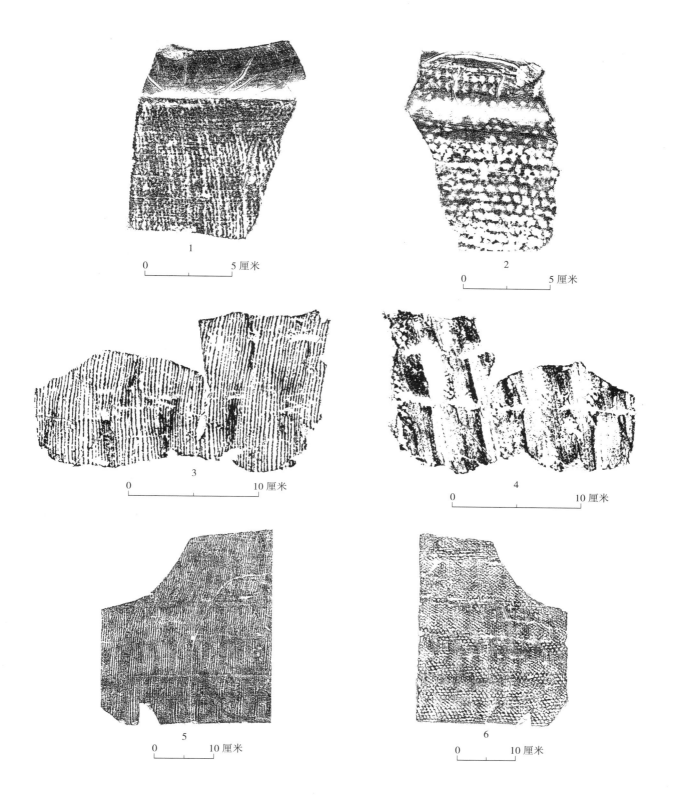

0　　　　　　5厘米

1

0　　　　　　5厘米

2

0　　　　　　10厘米

3

0　　　　　　10厘米

4

0　　　　　　10厘米

5

0　　　　　　10厘米

6

图一六六　上林苑五号遗址出土筒瓦

1、2. VT1③:5　　3、4. VT1③:14　　5、6. V采:3

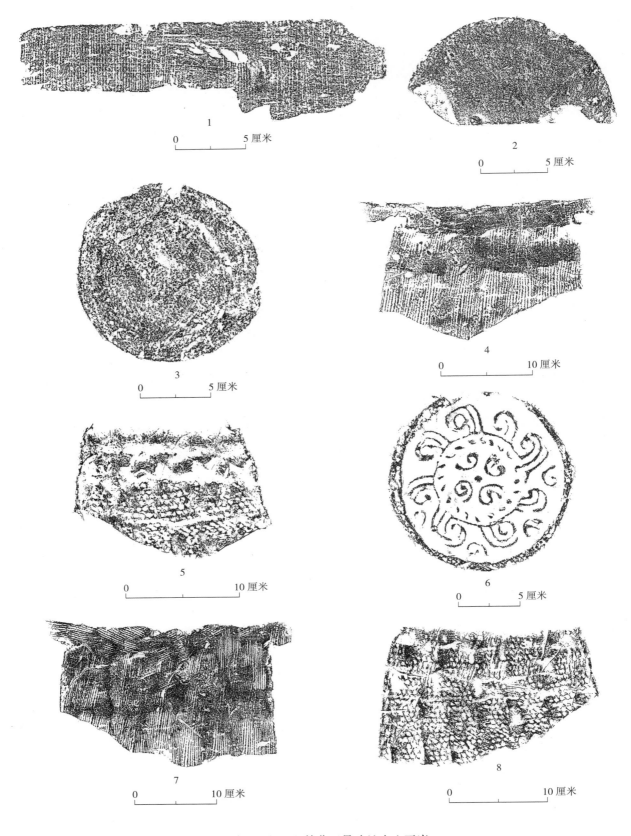

图一六七　上林苑五号遗址出土瓦当

1、2. VT1③:12　3、4、5. VT1③:11　6、7、8. VT1③:6

图一六八　上林苑五号遗址出土瓦当

1、2. VT1③:7　3、4. VT1③:8　5、6. VT1③:10

A 型　1件（VT1③:6），当心内面四个右向单线涡纹，中心为一乳钉纹，其外为一周不规则
乳钉纹，再外围一周凸弦纹。当面饰八个左向双线或单线葵瓣纹，瓦当下部在葵瓣纹间饰四个单线
和双线左向涡纹。当面直径15、边轮宽1、边缘深0.7、当厚2.3厘米。瓦当所连筒瓦属 A 型，表
面交错细绳纹，内面麻点纹，泥条盘筑痕迹明显。瓦残长18、厚1~2厘米（图一六七:6、7、8；
图版八七:5、6）。

B 型　1件（VT1③:7），已残。器表呈灰色，当心为一乳钉纹，其外为十二条左向单线菊
花瓣纹，外饰一周绳索纹。当面饰十二个双线葵瓣纹。当面复原直径14.2、边轮宽1、边缘深

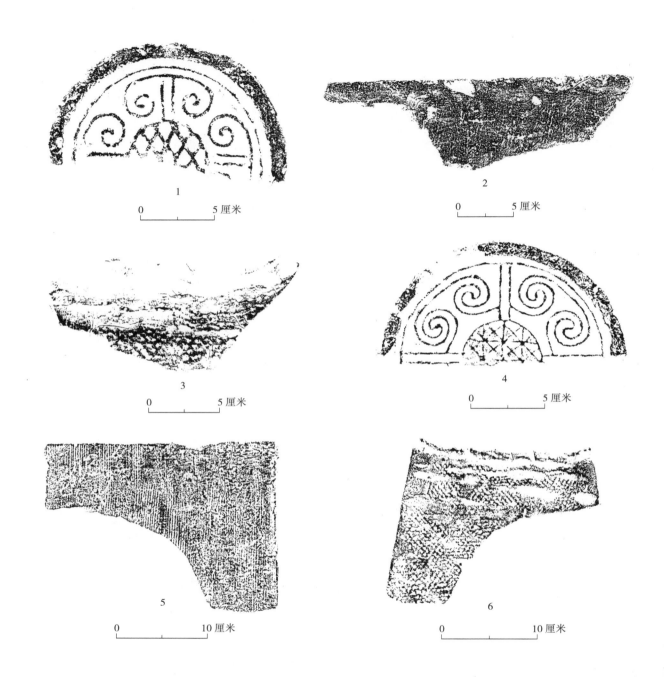

图一六九　上林苑五号遗址采集、出土瓦当

1、2、3. VT1③：9　4、5、6. V采：1

0.75、当厚2.5厘米（图一六八：1、2；图版八八：1、2）。

连云纹瓦当　1件（VT1③：8），器表呈灰色，已残。当心为一大乳钉纹，其外一周不规则绳索纹。当面饰四朵连云纹，云纹末端反向卷出连接至边轮内凸弦纹上，每朵云纹内有"X"形纹。云纹间饰一朵单线小云纹。当面复原直径15、边轮宽1、边缘深0.7、厚1.7厘米（图一六八：3、4；图版八八：3、4）。

蘑菇形云纹瓦当　2件。灰色，均残。根据纹饰不同，属于A型和B型。

A 型　1件（ⅤT1③：10），单界格线穿过当心，四分当面。当心每界格内面一叶纹，每个叶纹两侧饰一小乳钉，中心为一乳钉纹，外有一周凸弦纹。当面四边界格线顶端各饰一朵蘑菇形云纹，云纹间饰一左向涡纹，云纹外侧有一周凸弦纹。当面复原径16.8、边轮宽1、边缘深0.7、厚2.4厘米（图一六八：5、6；图版八八：5、6）。

B 型　1件（ⅤT1③：9），双界格线不穿过当心，四分当面。当心内面菱形网格纹，外饰一周凸弦纹。当面四边界格线顶端各饰一朵蘑菇形云纹，云纹外有一周凸弦纹。当面复原直径16.2、边轮宽1.2、边缘深0.6、当厚1.4厘米。所连筒瓦属 A 型，表面细斜绳纹，内面麻点纹，泥条盘筑痕迹明显。瓦残长8.5、厚1.4厘米（图一六九：1、2、3；图版八九：1、2）。

云纹瓦当　1件（Ⅴ采：1），属 B 型，灰褐色。当面双界格线四分当面，不穿当心，当心为菱形方格纹，外围一圆。当面每界格内面一朵云纹，云纹末端反向扣合一圈半连至界格线，边轮内有一周凸弦纹。当背面不平。所连筒瓦属 A 型，表面细密直绳纹，内面麻点纹，泥条盘筑痕迹明显。当径16.4、边轮宽1、厚1厘米。所连筒瓦残长19.4、径16.2、厚1.2~1.5厘米（图一六九：4、5、6；图版八九：3、4）。

四　小　结

上林苑五号遗址出土的建筑材料中，铺地砖残块均较薄，正面饰几何纹或密集小方格纹，几何纹砖的背面还有绳纹。板瓦、筒瓦和瓦当的制作均较粗糙。筒瓦表面均饰细绳纹，内面麻点纹，泥条盘筑痕迹明显，有的筒瓦内面还有不规则凸棱或凹痕。瓦当当面纹饰较细，有的在当面主体纹饰外没有凸弦纹。瓦当背面凹凸不平，绳切痕迹清晰。上述特点均与秦都咸阳宫遗址出土遗物相似。而且，出土的葵纹、连云纹、蘑菇形云纹等纹饰，均具有早期瓦当的纹饰特征。素面瓦当制作粗糙，当面和背面均凹凸不平，所连筒瓦表面和内面亦粗糙不平，触摸可扎手，表面细绳纹无规律，这些都极具早期瓦当的特征。此外，遗址发现的排水管道所用水管，亦与秦都咸阳宫出土排水管道相同。综上所述，五号遗址的时代当属战国时期，因其处于战国秦的渭南上林苑中，故其当为战国秦上林苑内的一座建筑遗址。同样，虽然它在空间位置上与阿房宫前殿较近，但其比阿房宫建筑时间明显要早，故而在确切文字资料出土前，它与阿房宫应不存在可以证明的所属关系。

该遗址的房屋建筑遗迹早已破坏殆尽，仅留下了两组排水管道遗迹，对其建筑形制和功能等还无法进行进一步了解。通过勘探和试掘，我们了解到，排水管道在发掘区外还继续向东、向南、向北延伸。推测此次发掘的排水管道，应只是战国秦上林苑整个排水系统中的一部分，今后当继续探寻，以了解其全貌。

第六章　上林苑六号遗址

　　上林苑六号遗址位于阿房宫前殿遗址东北 2000 米，今西安武警工程学院内，现为绿化带，据传这里为"阿房宫磁石门"。2007 年 3 月，为了搞清该遗址的时代、性质及布局结构，阿房宫考古队对其进行了勘探、试掘（图版九〇）。

一　地层堆积

　　在遗址北侧清理探沟一条（T1），规格 1×3 米。以探方西壁为例，其地层堆积情况如下（图一七〇）：

　　第 1 层：表土层。为绿化种植草皮形成。厚 0.15~0.2 米。

　　第 2 层：扰土层。黄褐色土，土质稍硬。距地表深 0.2~0.55、厚 0.05~0.35 米。内含现代垃圾及战国、汉代瓦片。

　　第 3 层：汉代文化层。浅灰色，夹有少量红烧土块，土质疏松。距地表深 0.2~0.82、厚 0.05~0.62 米。该层为建筑倒塌后形成的堆积，出土大量战国、汉代板瓦、筒瓦和少量瓦当残块。

　　第三层下为建筑台基夯土。

二　建筑遗迹

　　经勘探试掘确认，遗址是一处南北长、东西窄高台宫殿建筑遗址，分为下部夯土台基和上部宫殿建筑两部分，夯层一般厚 5~8 厘米。

　　下部夯土台基　现存形状不规则，残存南北 57.5、东西 48.3 米，自现地表向下，夯土厚 3.7 米。

　　上部宫殿建筑　因建筑物已完全被破坏，故仅存基址，其形状不规则，现存部分南北 45、东西 26.6、高出现地表 1.5~2.4 米。据调查了解，在 20 世纪 70 年代初，基址顶部要比现在高出约 1.5 米左右。

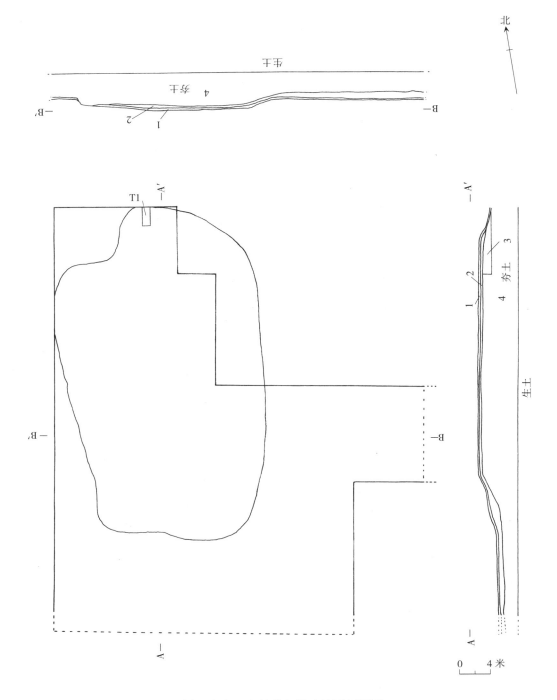

图一七〇　上林苑六号遗址平剖面图

三　出土遗物

在遗址发掘的建筑物倒塌堆积中，出土大量建筑材料，包括板瓦、筒瓦和少量瓦当。

板瓦　灰色、均残。据表面绳纹粗细，分 A、B、C 三型。共 68 件。

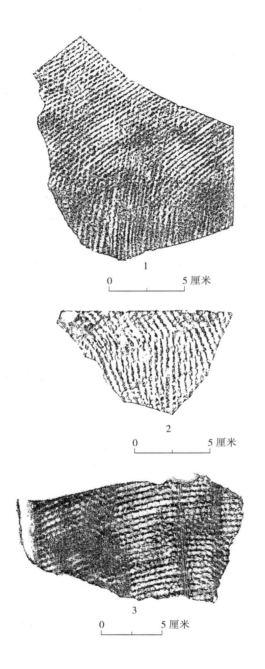

图一七一　上林苑六号遗址出土板瓦

1. ⅥT1③:1　2. ⅥT1③:2　3. ⅥT1③:23

　　A 型　表面饰细直绳纹，内素面，属 Aa1 型，1 件（ⅥT1③:1），褐色，残长 14、残宽 13、厚 1.3 厘米（图一七一:1；图版九一:1、2）。

　　B 型　表面饰中粗绳纹，据绳纹特征，可分 Ba、Bb 两型。共 8 件。

　　Ba 型　表面饰中粗交错绳纹，内素面，均属 Ba1 型。标本 6 件。

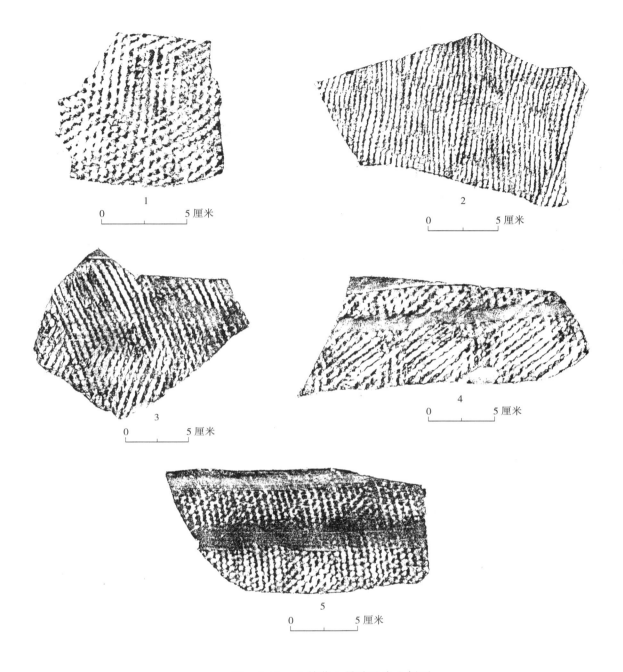

图一七二　上林苑六号遗址出土板瓦

1. ⅥT1③:47　2. ⅥT1③:60　3. ⅥT1③:67　4. ⅥT1③:42　5. ⅥT1③:26

ⅥT1③:2，残长22、残宽20、厚1厘米（图一七一:2；图版九一:3）。

ⅥT1③:23，残长19、残宽10、厚1.7厘米（图一七一:3；图版九一:4）。

ⅥT1③:47，残长9、残宽9、厚1.5厘米（图一七二:1；图版九一:5）。

ⅥT1③:60，残长18、残宽10、厚1.3厘米（图一七二:2；图版九一:6）。

ⅥT1③:67，残长16、残宽13、厚1.3厘米（图一七二:3）。

ⅥT1③:42，残长22、残宽9、厚1.4厘米（图一七二:4）。

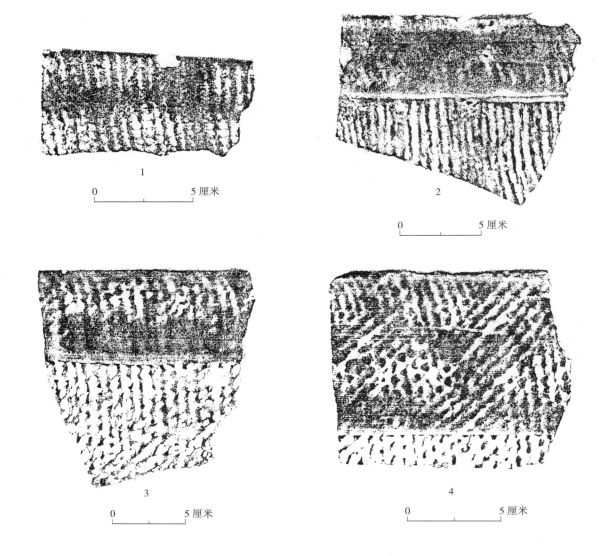

图一七三　上林苑六号遗址出土板瓦

1. ⅥT1③：28　2. ⅥT1③：39　3. ⅥT1③：20　4. ⅥT1③：21

Bb 型　表面饰中粗斜绳纹，内素面，均属 Bb1 型，标本 3 件。

ⅥT1③：26，残长 19、残宽 9.3、厚 1.5 厘米（图一七二：5；图版九二：1）。

ⅥT1③：28，残长 12、残宽 5.5、厚 1.4 厘米（图一七三：1；图版九二：2）。

ⅥT1③：39，残长 14、残宽 13、厚 1.3 厘米（图一七三：2；图版九二：3）。

C 型　表面饰粗绳纹，据绳纹饰特征，可分 Ca、Cb、Cc 三型，出土 58 件。

Ca 型，表面饰粗交错绳纹，内素面，均属 Ca1 型。标本 34 件。

ⅥT1③：20，残长 15、残宽 15、厚 1.8 厘米（图一七三：3；图版九二：4）。

ⅥT1③：21，残长 12、残宽 10.5、厚 1.7 厘米（图一七三：4；图版九二：5）。

ⅥT1③：22，残长 17、残宽 14、厚 1.5 厘米（图一七四：1；图版九二：6）。

ⅥT1③：25，残长 13、残宽 6、厚 1.6 厘米（图一七四：2）。

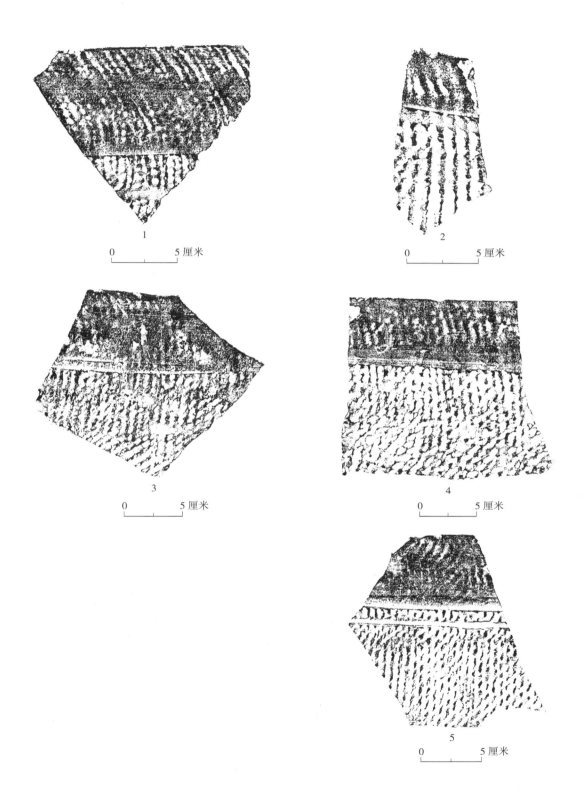

图一七四　上林苑六号遗址出土板瓦

1. ⅥT1③：22　2. ⅥT1③：25　3. ⅥT1③：30　4. ⅥT1③：31　5. ⅥT1③：32

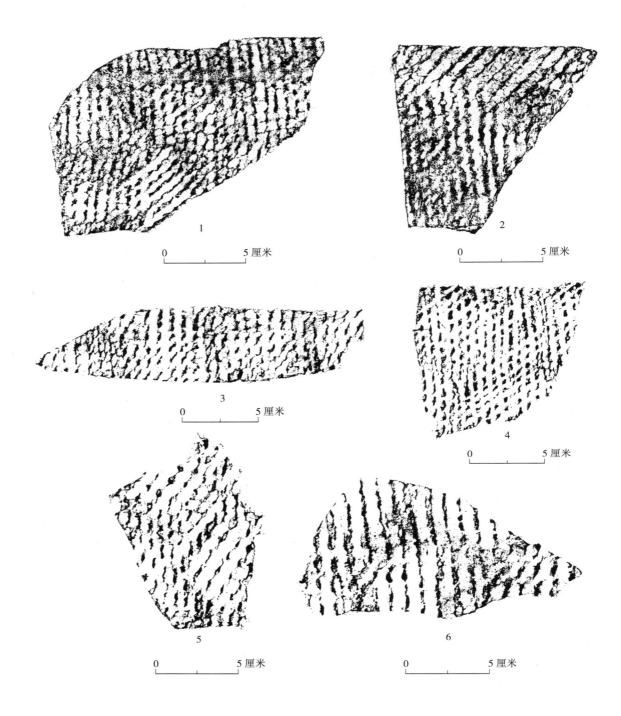

图一七五　上林苑六号遗址出土板瓦

1. ⅥT1③∶43　2. ⅥT1③∶44　3. ⅥT1③∶45　4. ⅥT1③∶46　5. ⅥT1③∶48　6. ⅥT1③∶50

ⅥT1③：30，残长 20、残宽 16.5、厚 1.4 厘米（图一七四：3；图版九三：1）。

ⅥT1③：31，残长 17、残宽 15、厚 1.7 厘米（图一七四：4；图版九三：2）。

ⅥT1③：32，残长 17、残宽 12、厚 1.6 厘米（图一七四：5；图版九三：3）。

ⅥT1③：43，残长 17、残宽 11.5、厚 1.6 厘米（图一七五：1；图版九三：4）。

ⅥT1③：44，残长 12.3、残宽 11.2、厚 1.5 厘米（图一七五：2；图版九三：5）。

ⅥT1③：45，浅灰色。残长 20.5、残宽 5、厚 1.7 厘米（图一七五：3）。

ⅥT1③：46，残长 10、残宽 10、厚 1.5 厘米（图一七五：4；图版九三：6）。

ⅥT1③：48，残长 12、残宽 8、厚 1.3 厘米（图一七五：5）。

ⅥT1③：50，残长 17、残宽 8、厚 1.6 厘米（图一七五：6）。

ⅥT1③：51，砖红色。残长 14、残宽 8、厚 1.3 厘米（图一七六：1）。

ⅥT1③：52，残长 19.5、残宽 13、厚 1.4 厘米（图一七六：2）。

ⅥT1③：53，残长 16.5、残宽 11、厚 1.2 厘米（图一七六：3）。

ⅥT1③：54，残长 19、残宽 7、厚 1.5 厘米（图一七六：4）。

ⅥT1③：55，残长 12、残宽 8、厚 1.7 厘米（图一七六：5）。

ⅥT1③：58，灰褐色。残长 17.5、残宽 7、厚 1.5 厘米（图一七六：6）。

ⅥT1③：61，残长 16、残宽 10.4、厚 1.4 厘米（图一七七：1）。

ⅥT1③：62，残长 11、残宽 10、厚 1.4 厘米（图一七七：2）。

ⅥT1③：63，残长 16、残宽 15、厚 1.5 厘米（图一七七：3）。

ⅥT1③：64，残长 20、残宽 13.8、厚 1.5 厘米（图一七七：4）。

ⅥT1③：65，残长 16、残宽 14、厚 1.3 厘米（图一七七：5）。

ⅥT1③：66，残长 12.4、残宽 10.5、厚 1.5 厘米（图一七七：6）。

ⅥT1③：69，残长 16、残宽 13.5、厚 1.5 厘米（图一七八：1）。

ⅥT1③：70，残长 10、残宽 6.5、厚 1.4 厘米（图一七八：2）。

ⅥT1③：71，残长 16、残宽 10.5、厚 1.3 厘米（图一七八：3）。

ⅥT1③：72，残长 17、残宽 11、厚 1.3 厘米（图一七八：4）。

ⅥT1③：73，残长 14、残宽 11、厚 1.2 厘米（图一七八：5）。

ⅥT1③：74，残长 11、残宽 9、厚 1.8 厘米（图一七八：6）。

ⅥT1③：75，残长 14、残宽 10、厚 1.3 厘米（图一七九：1）。

ⅥT1③：76，残长 11、残宽 10、厚 1.3 厘米（图一七九：2）。

ⅥT1③：77，残长 18、残宽 11、厚 1.3 厘米（图一七九：3）。

Cb 型，表面饰粗斜绳纹，内素面，均属 Cb1 型。标本 21 件。

ⅥT1③：3，褐色。残长 22、残宽 20、厚 1.3 厘米（图一七九：4；图版九四：1）。

ⅥT1③：4，残长 18、残宽 20、厚 1.5 厘米（图一七九：5；图版九四：2）。

ⅥT1③：5，残长 17.5、残宽 20、厚 1.5 厘米（图一八〇：1；图版九四：3）。

ⅥT1③：6，褐色。残长 16、残宽 16.5、厚 1.5 厘米（图一八〇：2；图版九四：4）。

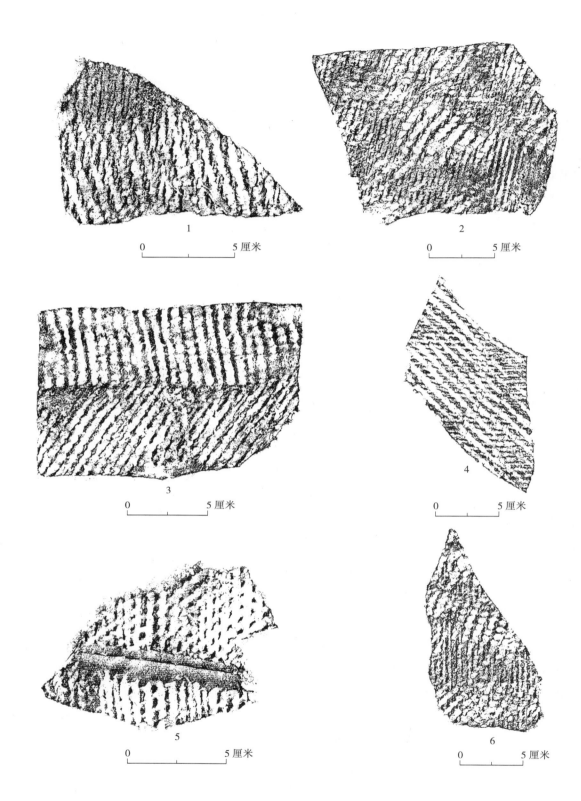

图一七六　上林苑六号遗址出土板瓦

1. ⅥT1③：51　2. ⅥT1③：52　3. ⅥT1③：53　4. ⅥT1③：54　5. ⅥT1③：55　6. ⅥT1③：58

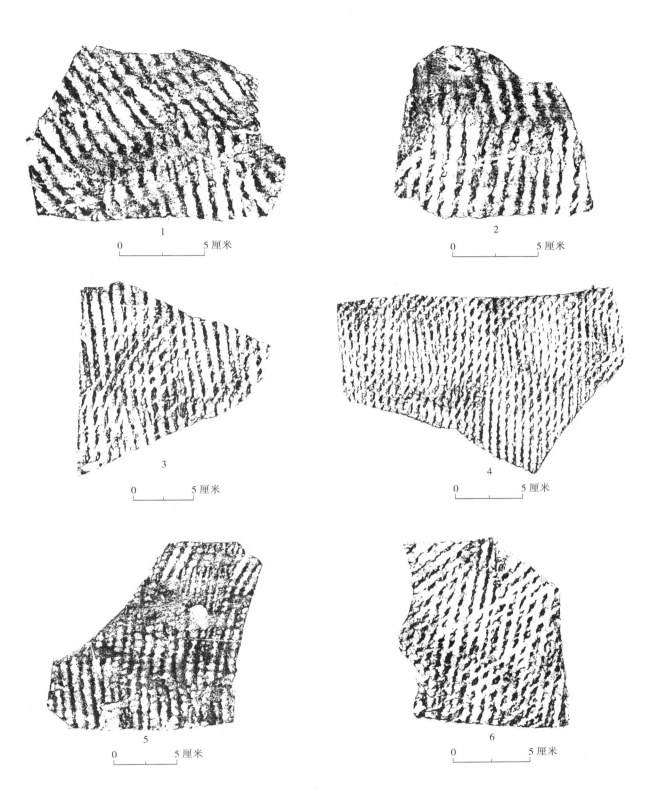

图一七七　上林苑六号遗址出土板瓦

1. ⅥT1③：61　2. ⅥT1③：62　3. ⅥT1③：63　4. ⅥT1③：64　5. ⅥT1③：65　6. ⅥT1③：66

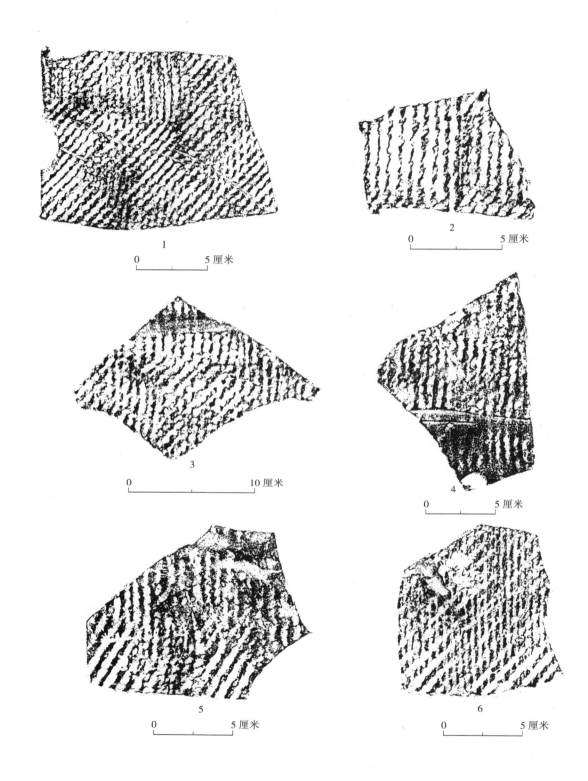

图一七八　上林苑六号遗址出土板瓦

1. ⅥT1③:69　2. ⅥT1③:70　3. ⅥT1③:71　4. ⅥT1③:72　5. ⅥT1③:73　6. ⅥT1③:74

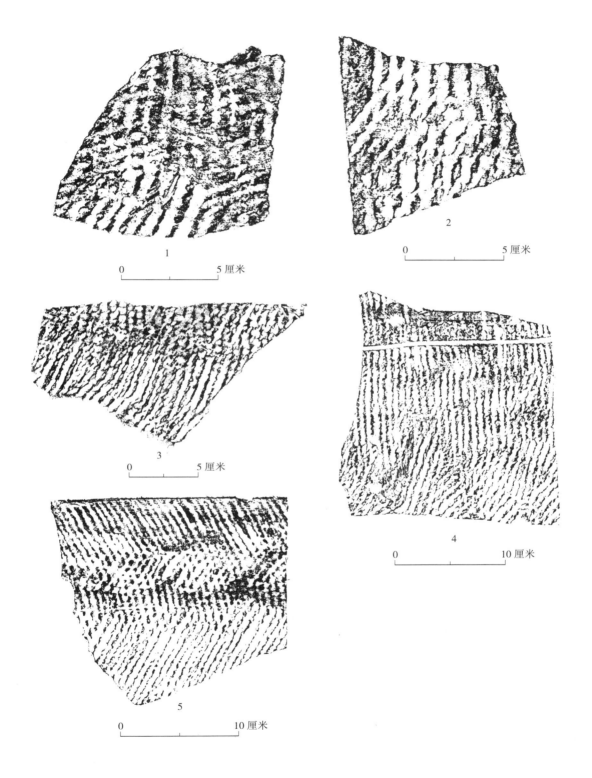

图一七九　上林苑六号遗址出土板瓦

1. ⅥT1③：75　2. ⅥT1③：76　3. ⅥT1③：77　4. ⅥT1③：3　5. ⅥT1③：4

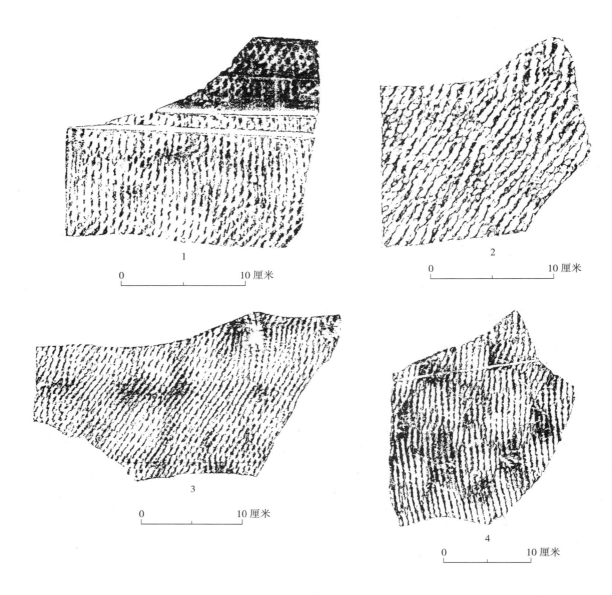

图一八〇　上林苑六号遗址出土板瓦

1. ⅥT1③:5　2. ⅥT1③:6　3. ⅥT1③:7　4. ⅥT1③:8

ⅥT1③:7，残长17、残宽30、厚1.4厘米（图一八〇:3；图版九四:5）。

ⅥT1③:8，残长16、残宽21、厚1.5厘米（图一八〇:4；图版九四:6）。

ⅥT1③:9，残长11、残宽18、厚1.5厘米（图一八一:1）。

ⅥT1③:10，残长10、残宽19、厚1.3厘米（图一八一:2）。

ⅥT1③:29，残长15、残宽12、厚1.3厘米（图一八一:3）。

ⅥT1③:34，残长16、残宽9.8、厚1.5厘米（图一八一:4）。

ⅥT1③:35，残长18.2、残宽11、厚1.3厘米（图一八一:5）。

ⅥT1③:36，残长16、残宽12、厚1.4厘米（图一八二:1）。

ⅥT1③:37，残长16、残宽13、厚1.4厘米（图一八二:2）。

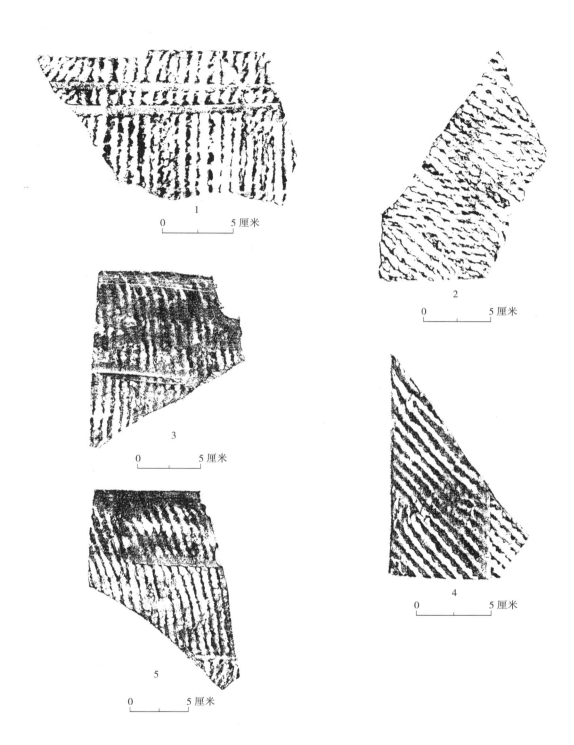

图一八一 上林苑六号遗址出土板瓦

1. ⅥT1③：9 2. ⅥT1③：10 3. ⅥT1③：29 4. ⅥT1③：34 5. ⅥT1③：35

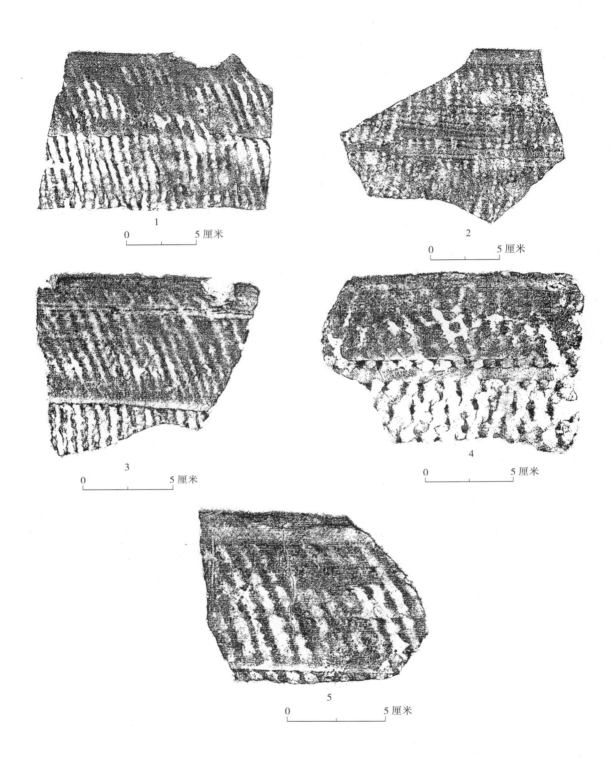

图一八二　上林苑六号遗址出土板瓦

1. ⅥT1③∶36　2. ⅥT1③∶37　3. ⅥT1③∶38　4. ⅥT1③∶40　5. ⅥT1③∶41

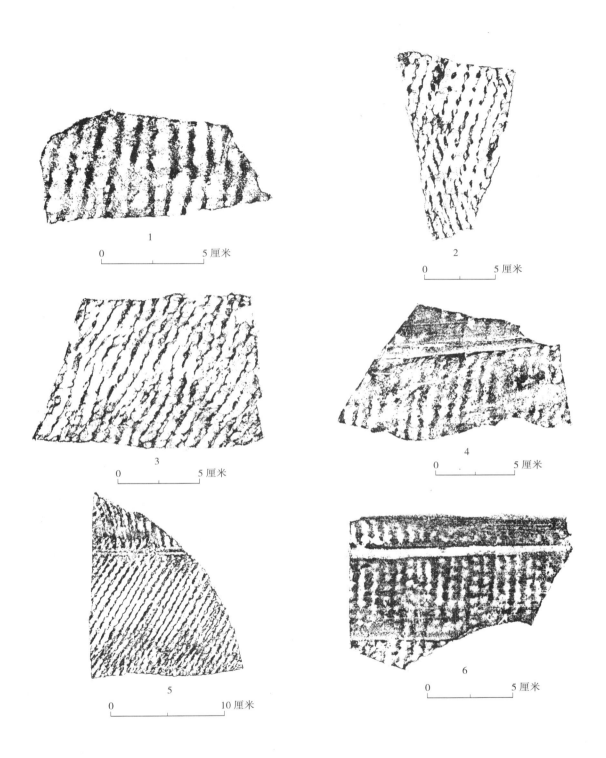

图一八三　上林苑六号遗址出土板瓦

1. ⅥT1③：49　2. ⅥT1③：56　3. ⅥT1③：57　4. ⅥT1③：59　5. ⅥT1③：68　6. ⅥT1③：24

ⅥT1③：38，残长 12.4、残宽 10.7、厚 1.5 厘米（图一八二：3）。

ⅥT1③：40，残长 14.7、残宽 11、厚 1.5 厘米（图一八二：4）。

ⅥT1③：41，残长 12、残宽 10、厚 1.3 厘米（图一八二：5）。

ⅥT1③：49，残长 10.5、残宽 5.5、厚 1.5 厘米（图一八三：1）。

ⅥT1③：56，残长 13、残宽 7.5、厚 1.4 厘米（图一八三：2）。

ⅥT1③：57，灰褐色。残长 12、残宽 10、厚 1.3 厘米（图一八三：3）。

ⅥT1③：59，残长 14、残宽 8、厚 1.4 厘米（图一八三：4）。

ⅥT1③：68，残长 16.6、残宽 13、厚 1.3 厘米（图一八三：5）。

Cc 型　表面饰粗直绳纹，内素面，均属 Cc1 型。标本 3 件。

ⅥT1③：24，残长 13、残宽 9、厚 1.4 厘米（图一八三：6；图版九五：1）。

ⅥT1③：27，残长 18、残宽 15、厚 1.5 厘米（图一八四：1；图版九五：2）。

ⅥT1③：33，残长 16、残宽 11、厚 1.4 厘米（图一八四：2）。

筒瓦　灰色、均残。根据表面绳纹粗细，分 A、D 两型。共 31 件。

A 型　表面饰细绳纹，据绳纹特征，分 Aa、Ab、Ac 三型，出土 30 件。

Aa 型　表面细交错绳纹，内麻点纹，均属 Aa2 型。标本 5 件。

ⅥT1③：11，内面凹凸不平。残长 21、残径 16.5、厚 2 厘米（图一八四：3、4；图版九五：3、4）。

ⅥT1③：15，残长 13、残径 20.5、厚 1 厘米（图一八四：5、6；图版九五：5、6）。

ⅥT1③：84，残长 10、残宽 10、厚 0.9 厘米（图一八五：1、2）。

ⅥT1③：85，残长 11.5、残宽 11、厚 1.0 厘米（图一八五：3、4）。

ⅥT1③：86，残长 9.5、残宽 8.5、厚 0.8 厘米（图一八五：5、6）。

Ab 型　表面饰细斜绳纹，内麻点纹，属 Ab2 型。1 件（ⅥT1③：90），残长 7.5、残宽 11、厚 1.2 厘米（图一八六：1、2；图版九六：1、2）。

Ac 型　表面饰细直绳纹，可分 Ac2、Ac4、Ac11 三型。标本 28 件。

Ac2 型，表面饰细直绳纹，内饰麻点纹。标本 24 件。

ⅥT1③：16，褐色。残长 19.5、残径 18、厚 1.5 厘米（图一八六：3、4；图版九六：3、4）。

ⅥT1③：17，残长 8、残径 12、厚 1.2 厘米。唇长 2.5 厘米，厚 0.5 厘米（图一八六：5、6；图版九六：5、6）。

ⅥT1③：78，残长 13.5、残宽 12、厚 1.2 厘米（图一八七：1、2；图版九七：1、2）。

ⅥT1③：79，灰褐色。残长 7、残宽 12、厚 1.4 厘米（图一八七：3、4）。

ⅥT1③：80，残长 14、残宽 13.8、厚 1.3 厘米（图一八七：5、6）。

ⅥT1③：82，灰色。表面细密直绳纹，内面麻点纹，泥条盘筑痕迹明显。残长 10、残宽 7、厚 1.2 厘米（图一八八：1、2；图版九七：3、4）。

ⅥT1③：83，残长 10、残宽 10、厚 1.2 厘米（图一八八：3、4）。

ⅥT1③：87，残长 9.5、残宽 8.5、厚 0.7 厘米（图一八八：5、6；图版九七：5、6）。

ⅥT1③：88，残长 11、残宽 16、厚 1 厘米（图一八九：1、2）。

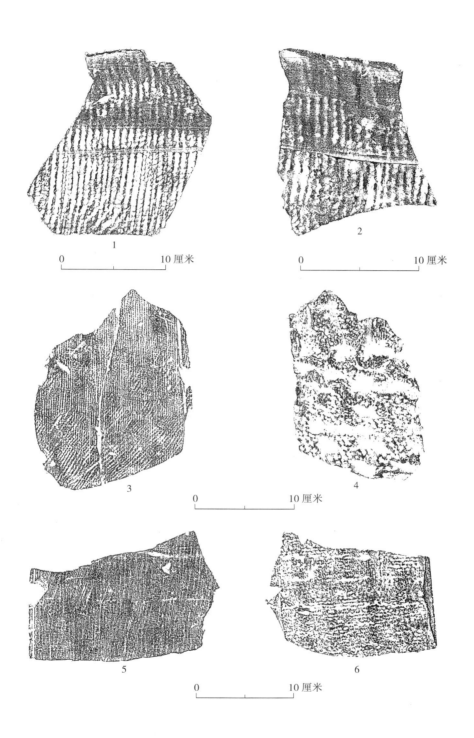

图一八四　上林苑六号遗址出土板瓦、筒瓦

1. ⅥT1③：27　2. ⅥT1③：33　3、4. ⅥT1③：11　5、6. ⅥT1③：15

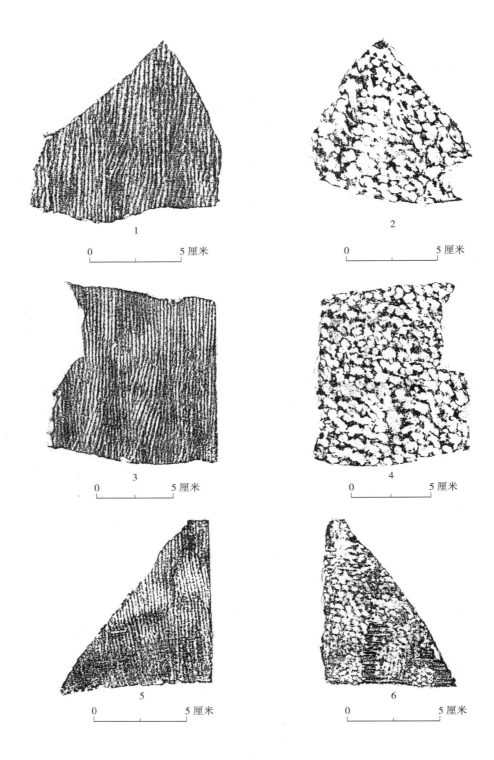

1 ⊢0————5厘米⊣

2 ⊢0————5厘米⊣

3 ⊢0————5厘米⊣

4 ⊢0————5厘米⊣

5 ⊢0————5厘米⊣

6 ⊢0————5厘米⊣

图一八五　上林苑六号遗址出土筒瓦

1、2. ⅥT1③：84　3、4. ⅥT1③：85　5、6. ⅥT1③：86

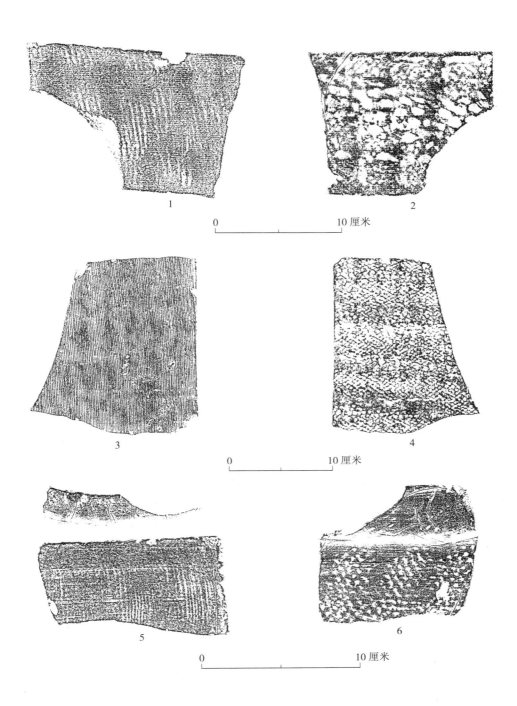

图一八六 上林苑六号遗址出土筒瓦

1、2. ⅥT1③∶90　3、4. ⅥT1③∶16　5、6. ⅥT1③∶17

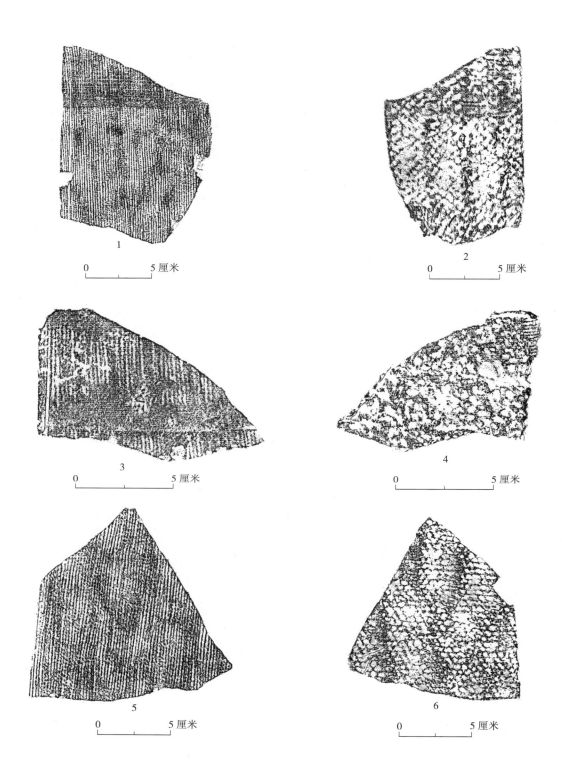

图一八七　上林苑六号遗址出土筒瓦

1、2. ⅥT1③：78　　3、4. ⅥT1③：79　　5、6. ⅥT1③：80

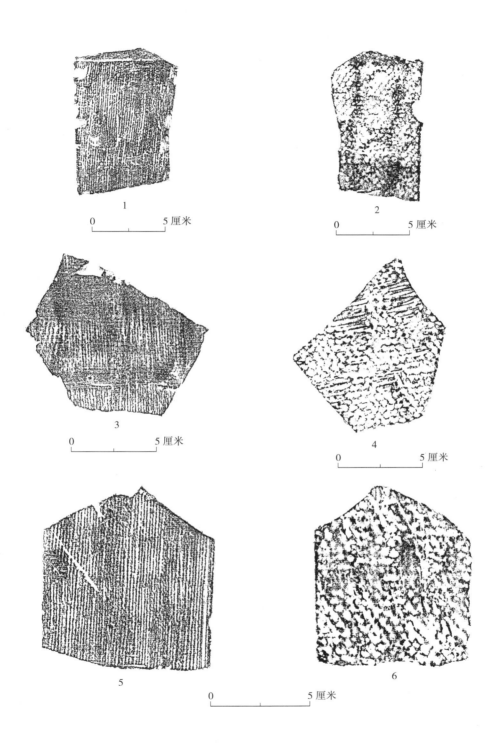

图一八八　上林苑六号遗址出土筒瓦

1、2. ⅥT1③：82　　3、4. ⅥT1③：83　　5、6. ⅥT1③：87

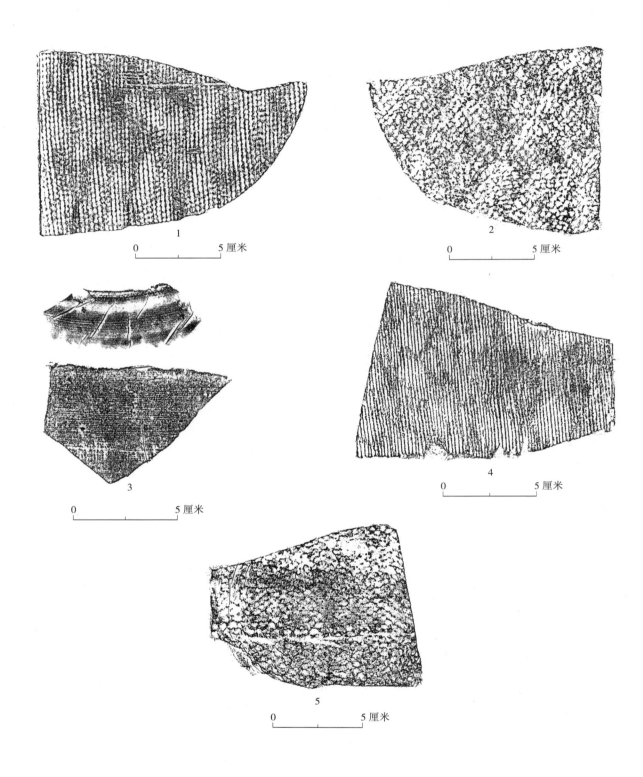

图一八九　上林苑六号遗址出土筒瓦

1、2. ⅥT1③：88　3. ⅥT1③：89　4、5. ⅥT1③：91

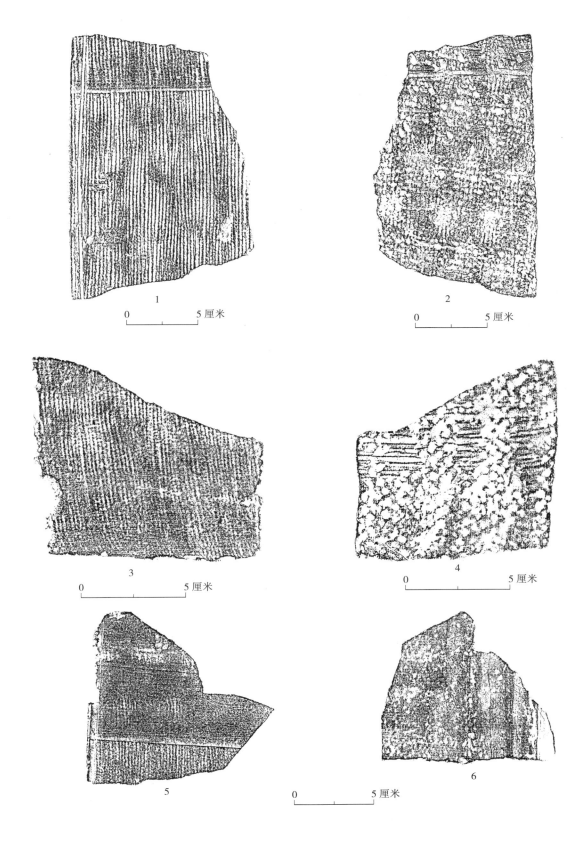

图一九〇　上林苑六号遗址出土筒瓦

1、2. ⅥT1③:92　3、4. ⅥT1③:93　5、6. ⅥT1③:94

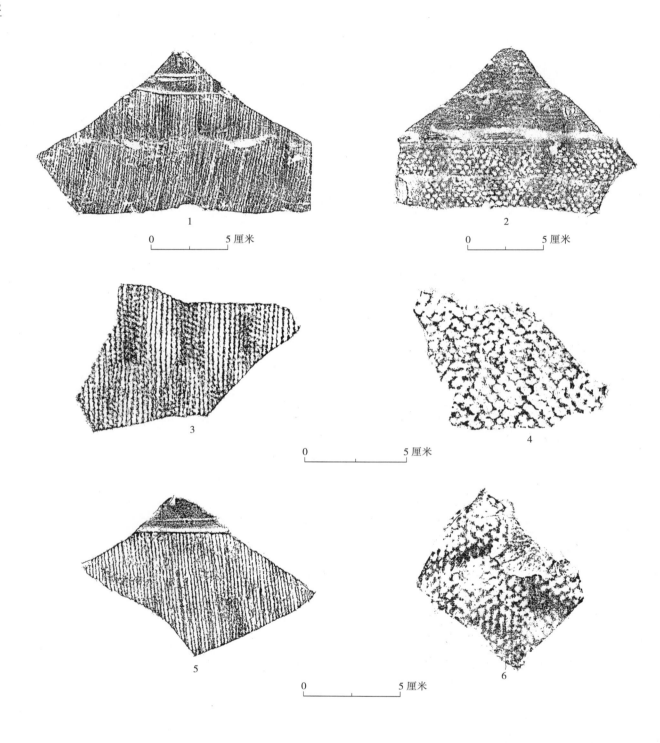

图一九一　上林苑六号遗址出土筒瓦

1、2. ⅥT1③：95　3、4. ⅥT1③：96　5、6. ⅥT1③：97

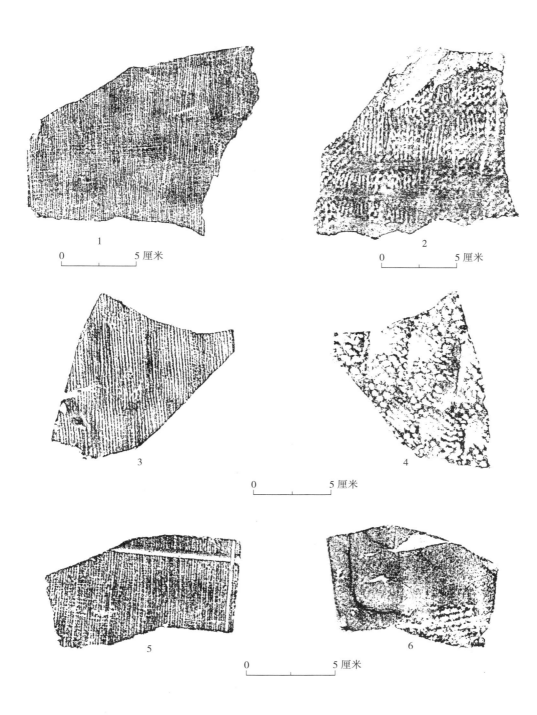

图一九二　上林苑六号遗址出土筒瓦

1、2. ⅥT1③：98　3、4. ⅥT1③：99　5、6. ⅥT1③：100

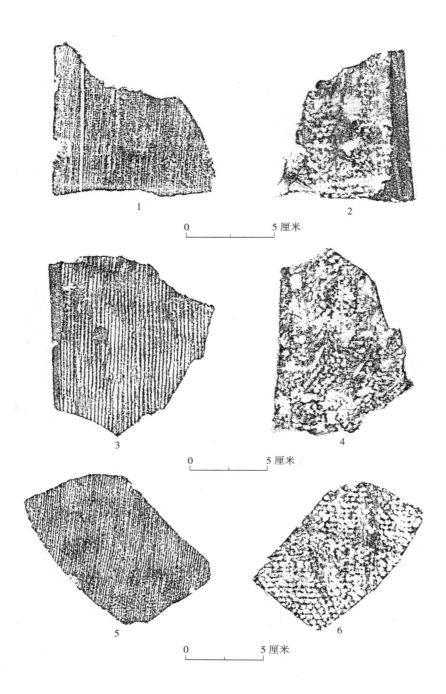

0   5 厘米

图一九三　上林苑六号遗址出土筒瓦

1、2. ⅥT1③∶101　3、4. ⅥT1③∶102　5、6. ⅥT1③∶103

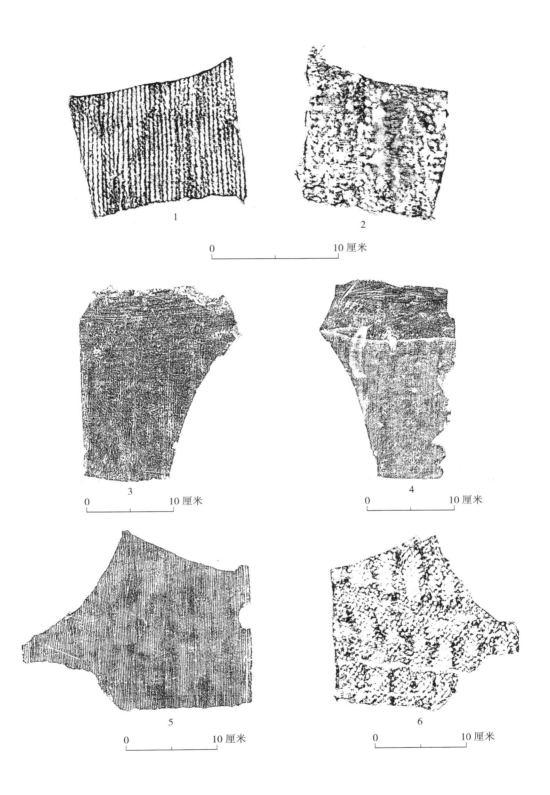

图一九四　上林苑六号遗址出土筒瓦

1、2. ⅥT1③:104　3、4. ⅥT1③:18　5、6. ⅥT1③:12

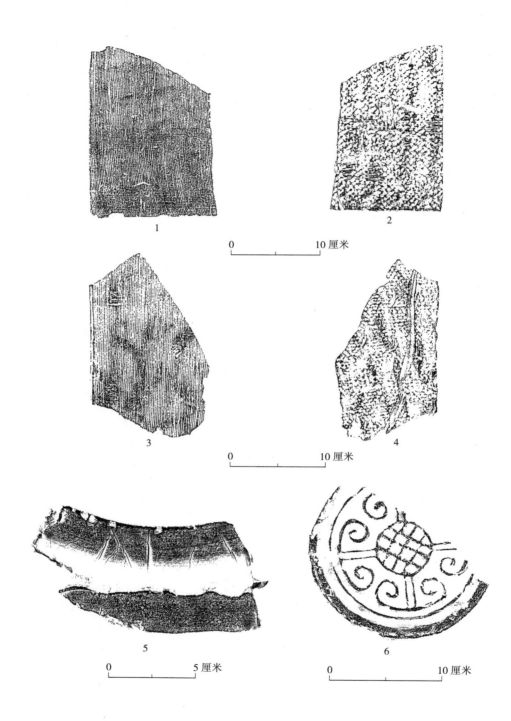

图一九五　上林苑六号遗址出土筒瓦、瓦当

1、2. ⅥT1③：13　3、4. ⅥT1③：14　5. ⅥT1③：81　6. ⅥT1③：19

ⅥT1③：89，唇部残片。残长8.5、残宽9.5、厚0.8厘米。唇长2.5、厚0.5厘米（图一八九：3）。

ⅥT1③：91，泥条盘筑痕迹明显。残长10、残宽13.5、厚1.3厘米（图一八九：4、5；图版九八：1、2）。

ⅥT1③：92，残长19、残宽13、厚0.9厘米（图一九〇：1、2）。

ⅥT1③：93，残长10、残宽11、厚1.2厘米（图一九〇：3、4）。

ⅥT1③：94，残长11.5、残宽12、厚1.2厘米（图一九〇：5、6）。

ⅥT1③：95，残长11、残宽18、厚1厘米（图一九一：1、2；图版九八：3、4）。

ⅥT1③：96，残长7、残宽11.5、厚1厘米（图一九一：3、4）。

ⅥT1③：97，残长8.5、残宽12.5、厚1.2厘米（图一九一：5、6）。

ⅥT1③：98，残长13、残宽16、厚1.3厘米（图一九二：1、2；图版九八：5、6）。

ⅥT1③：99，残长11.2、残宽11、厚1.2厘米（图一九二：3、4）。

ⅥT1③：100，残长7、残宽11、厚1.3厘米（图一九二：5、6）。

ⅥT1③：101，残长9、残宽9.5、厚1.5厘米（图一九三：1、2）。

ⅥT1③：102，残长12、残宽10.5、厚1.2厘米（图一九三：3、4）。

ⅥT1③：103，残长10.5、残宽12、厚1厘米（图一九三：5、6）。

ⅥT1③：104，残长6、残宽7.5、厚1.2厘米（图一九四：1、2；图版九九：1、2）。

Ac4型　1件（ⅥT1③：18），表面细直绳纹，内饰布纹。残长23、残径19、厚1.2厘米（图一九四：3、4）。

Ac11型　表面细直绳纹，内饰凸棱纹。标本3件。

ⅥT1③：12，残长21.5、径16.7、厚1.8厘米（图一九四：5、6）。

ⅥT1③：13，残长19.5、残径15、厚1厘米（图一九五：1、2）。

ⅥT1③：14，残长20、残径12.5、厚1.3厘米（图一九五：3、4）。

D型　1件（ⅥT1③：81），灰色，唇部残片，表素面，内素面，有泥条盘筑痕迹。残长5.5、残宽12、厚1.2厘米，唇长3、厚1.8厘米（图一九五：5；图版九九：3、4）。

蘑菇形云纹瓦当　1件（ⅥT1③：19），灰色，残，属B型。当面双界格线四分当面，不穿过当心。当心内面方格纹，外饰一周凸弦纹。双界格线顶端饰蘑菇形云纹，外有一周凸弦纹。当面纹饰较粗，背面未见绳切痕迹。当面复原直径16.2、边轮宽1、厚1.2～3.5厘米（图一九五：6；图版九九：5、6）。

四　小结

该遗址出土大量表面细密交错绳纹板瓦，以及制作粗糙、表面细绳纹、内面麻点纹、泥条盘筑痕迹明显的筒瓦，均与上林苑一号建筑遗址出土板瓦、筒瓦特征相同。故该遗址的时代应为战国时期。该遗址中还出土很多表面斜粗绳纹的板瓦，少量表面细绳纹、内面布纹的筒瓦，以及纹饰较粗、当背面无绳切痕迹的双界格线蘑菇形云纹瓦当残块，表明遗址沿用到西汉前期。

从该遗址的建筑结构看，其应是一座高台宫殿建筑，不存在门道及相关设施，并非传说中的门址。因该遗址位于渭河以南秦上林苑中，故而其应是战国秦上林苑中的一座高台宫殿建筑。它的建筑时代比秦统一后秦始皇修建的阿房宫要早，同样在确切文字资料出土前，其与阿房宫应不存在可以证明的所属关系。此次勘探与试掘，无法证明六号建筑是一座门址且属阿房宫，过去长期将其作为"阿房宫磁石门"的认识有误。

第七章 上林苑七号遗址

上林苑七号遗址即汉长安城沈水古桥遗址，位于西安市西北建章路以东、陇海铁路以南、新滈河[1]西岸、距市中心约13公里，北距渭河约10公里，在西安市三桥街道湾子村东北约200米处，东距汉长安城西南角约400米，为两座跨越滈河（古名沈水）的古代桥梁。因古桥遗址位于文献所载上林苑内，故在本次整理中将该遗址统一编号为上林苑七号遗址。

该遗址两座古桥发现情况相似，2004年9月，在西三环东辅道穿越陇海铁路涵洞工程中发现10余根古桥桩，经西安市文物保护考古所勘察，判断其为古桥遗址。由于发现地点位于陇海线涵洞以南一处深9米的狭小沟道中，两边有高6米多的堆土，无法大面积发掘，所以依据当时的情况，在与建设方协商后，暂时回填已露出桥桩，待去掉周边高大的土堆，清理出一个工作面后再行发掘。2005年8月，在建设方配合下，考古队清理出遗址上方及四周堆土，开展考古勘探。2006年2月至5月，将东辅道古桥遗址发掘完毕，编为沈水一号古桥。2007年4月，在西辅道穿越陇海线涵洞施工中又发现一处古桥遗迹，与东辅道发现桥桩同为东西排列，但遗址保存较差，仅存桥桩根部，编为沈水二号古桥（图一九六），这次整理时将两座古桥统一编号为上林苑七号遗址。

从历史地图和早期的测绘资料看，古沈水或是后来的滈河在此有一个近乎90°的转折，从南向北的流向在此转变成为从西向东的流向，此地名为"湾子村"或许与此有关。河水流转向东流后在接近汉长安城时又沿汉城西城墙外折而向北。发现的这两处古桥遗址就处在这段东西向的古河道上。2004年后进行河道整治，修建了一条西南—东北向新滈河河道，遗址位于新河道的西侧。从发掘情况看，遗址位于早期河道之上（图一九六；图版一〇〇）。

一 一号古桥

（一）发掘概况

发掘现场地处施工形成的大坑之中，东部为挖凿新滈河时堆积在河西岸的高大土堆（桥址最东

---

[1] 2001～2004年，西安市政府实施了滈河综合治理工程，对滈河进行河道清淤、拓宽、堤防填筑等全面改造，将原来有多处弯曲、河沙淤积严重的滈河故道废弃，而在其侧重新开凿了较为平直的新的河道。这里指2004年改造后新形成的滈河。

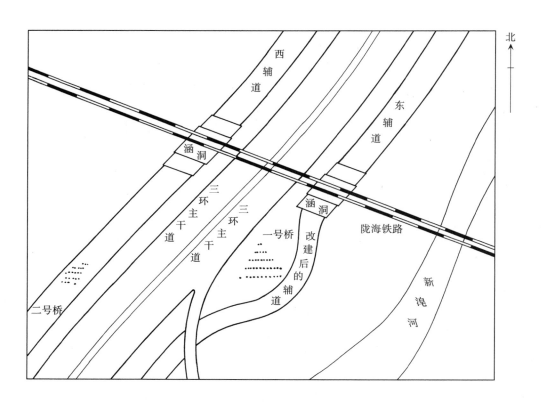

图一九六　上林苑七号遗址一、二号古桥位置示意图

端的木桩距新滈河约70米），南部为开挖涵洞时的工程堆土，西部为西三环主干道高架桥的桥墩，北部为陇海铁路涵洞（桥址最北端的木桩距涵洞40米）。清除上面沙土后，在距地表（周围地面高洼不平，以较为固定的铁道线水泥路沿地面作为地表标高，下同）5米深处清理东西长37、南北宽33米，面积约1200平方米的工作面发掘。

　　为便于大面积揭露遗址，按10米×10米布方发掘，正方向纵横各布探方3个，共布探方9个。由于在河道沙土层内发掘，无法留住隔梁，所以采用了全面推进统一按层下挖的方法大面积揭露，只留下工作面上布方的网格绳线，用于控制地层和出土物标高及位置（图一九七）。

（二）地层堆积

　　因建桥修路，自地表至深约4米的原地层已被破坏。除去上层堆土外，可见自然地层堆积一般是河道内沙层与淤泥层交错，地层深约10米。以T3、T6、T9南壁为例，按自然堆积大体可分为11层（图一九八）。

　　第1层：表土层。厚0.6～0.8米。黄色土，土质较硬。

　　第2层：黄沙层。厚0.9～1、距地表1.5米。纯黄色沙土较细。

　　第3层：淤泥层。厚0.1～0.15米。灰色土、薄厚不一。

　　第4层：冲积沙层。厚1.1～1.6、距地表3米。沙粒水锈色，粗细不匀。

　　第5层：淤泥层。厚0.15～0.8、距地表3.5米。内含零星瓦片。

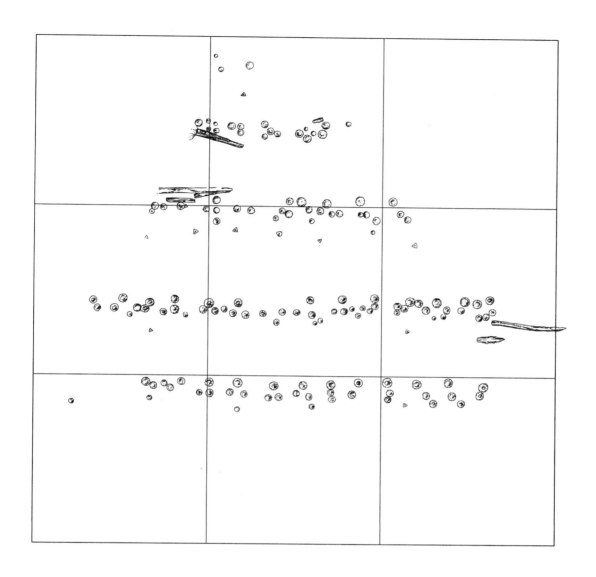

图一九七　上林苑七号遗址一号古桥平面图

　　第6层：沙层。厚1.3～2、距地表5～6米。因有明显浸水痕迹呈水锈色、颜色深浅不一，内含大量的瓦片、陶片。古桥桥桩多在此层露出。

　　第7层：淤泥层。厚1～1.9米。灰褐色土，内含大量瓦片、陶器残片、瓦当及铁器等。

　　第8层：沙层。厚0.5～1.4米。水锈色粗沙、细沙均有，内含大量瓦片及瓦当残片。

　　第9层：淤泥层。厚1～1.3、距地表8～9米。青灰色土，土质细腻密实。

　　第10层：沙层。厚0.3～1.0米。沙较细。

　　第11层：河床层。厚3～4、距地表9～10米。黑灰色土，细密坚硬，为淤泥板结而成。古桥木桩就打在这层上。

　　第11层以下为生土。

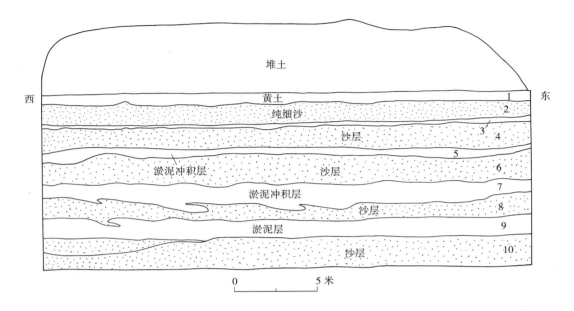

西 ← → 东

堆土

黄土   1

纯细沙   2

沙层   3   4

淤泥冲积层   沙层   5   6

淤泥冲积层   沙层   7

淤泥层   沙层   8

沙层   9

10

0   5米

图一九八　上林苑七号遗址一号古桥遗址 T3、T6、T9 南壁剖面图

（三）遗迹

　　探方内除古桥木桩外无其他遗迹，九个探方共揭露出楔入滈水河床的木桩160根，木桩基本为原始桥桩的位置。已揭露出木桩五排，排距4.2～5.7米（一至二排排间距4.2、二至三排排距4.3、三至四排排距5.7、四至五排排距4.7米）。木桩直径0.3～0.56、高0.3～2.7米、多数高1.5～2.5米（附表九）。

　　从发掘露出的古桥木桩的排列看，除了东西成排外，每一排由若干组木桩组成。每一组由二至三根木桩组成，每组中都有一根特别粗壮高大，另外一两根则较小且明显较矮。一般粗壮高大木桩在北边，较矮小的在南边，呈"品"字形或"L"形分布，若两根一组，则为南北"一"字形分布（图版一〇一、一〇二、一〇三）。

　　从木桩现存高度看，可分为两类。一类是被火烧过的木桩，皆呈焦黑色且较矮小，多数只存有木桩下半部或根部，仔细观察还可看到，这类木桩每一根的北半边被烧严重，而南半边烧痕略轻；另一类是无火烧痕迹的木桩，保存较好，呈黄或褐色，高大而粗壮（图版一〇四）。

　　据此分析这处古桥应经过前后两次建造，被烧过较为矮小的木桩应为第一次建造的。当时应无北边高大的木桩，如果有，则高大的木桩上定会有被烧痕迹。木桥被焚后不久，又重新在原址紧靠第一次木桩的北侧打进新的木桩复建此桥，才留下了这批较高大的木桩。第一次建桥用的木桩为两根或三根一组[1]，每组间距0.5～1.1米，现存119根，直径0.5米以下，多数0.3～0.45、残高0.3～2.1米。因遭大火焚烧，呈焦黑状。第二次重新建造的木桩紧贴在原木桩的北侧，一般为单根，少数两根一组，间距约1.2米，现存41根，直径0.44～0.56、以约0.5米者居多，高1.85～

────────────

〔1〕　参照《中国科学技术史·桥梁卷》术语，下文每排中成组桥桩称"排柱"。

2.6 米，上端多残缺，个别木桩顶端似有榫卯结构，木桩表面腐朽，应为长期埋在沙土中所致，呈褐色或黄褐色。

因第一次建桥用的木桩被烧严重，大多只存下半部，较难判断每一排的木桩组成情况，每排木桩的分布情况参照《中国科学技术史·桥梁卷》，将每一排中成组的木桩称为排柱，第二次建桥用的木桩多为单根一组（图一九九）。

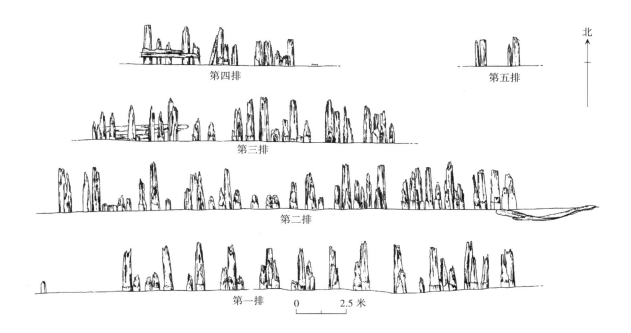

图一九九　上林苑七号遗址一号古桥五排木桩排列侧视图

第一排：揭露排柱 12 柱，排列整齐，间距 1.1～1.5、多数间距约 1.2 米。

第二排：揭露排柱 15 柱，间距 0.25～1.5 米。东端的几组木桩排列较紧密，其他约 1.2 米。东端发现一塌落在河床的横木（图版一〇五）。

第三排：揭露排柱 6 柱，间距 1.1～1.5 米。西端北侧有塌落下被烧焦横木，横木下及周边出土了许多砖瓦片（图版一〇六）。

第四排：揭露排柱 4 柱，间距 0.9～1.5 米。西端南侧有塌落下没有火烧痕迹的两根横木（图版一〇七）。

第五排：揭露排柱 2 柱，间距 1.1 米。是目前见到最北边的一排，因距铁路涵洞最近，东半部的木桩皆毁于最初的施工中，仅见两柱木桩是在扩挖西端的坡面时发现的，再向西即为已建好的西三环主干道桥墩，无法发掘，故只清理出这两个桥桩。

下面选取标本，对单根木桩介绍如下（排的编号用罗马数字，木桩编号用阿拉伯数字）。

Ⅰ:33　底部断面呈十二边形，是为桥桩更加稳固，在接近底部时将圆木削为多边形后打入河床，应属第一次建桥用的木桩。表面有严重火烧痕迹，上端已成焦黑状。残高 1.2、直径 0.44、周长 1.23 米（图二〇〇:1）。

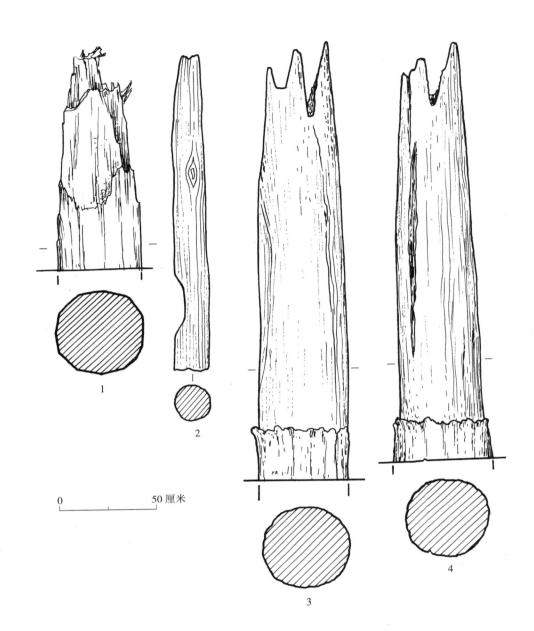

图二〇〇　上林苑七号遗址一号古桥出土木桩

Ⅱ∶2　位于第二排的最东端，应为桥梁毁坏时塌落的构件。圆木，略呈"S"形，较细的一端上似有榫卯结构凹槽，应为第二次建桥时桥面上使用圆木。直径0.28、长4.33米。

Ⅲ∶33　断面为圆形，烧焦横木。外表呈现龟裂片状，应为被火焚烧而塌落的桥梁木构件。残长3.7、残径0.35米。发掘时此横木以下压着很多的瓦片，四周出土了大量的瓦片和部分瓦当。

Ⅳ∶13　位于横木（Ⅳ∶17）之上。圆木较粗的一端侧面有一凹槽，凹槽略呈梯形，应为垂直方向连接另一根圆木的榫卯结构。较细的一端已残，应是第二次建造的桥梁上塌落的木构件。直径0.2、残长1.76、凹槽上口长0.33、底部长0.2、宽0.16、深0.07米（图二〇〇∶2）。

Ⅳ∶17　位于横木（Ⅳ∶13）之下，圆木外表有较大的木结，没有被火烧过。直径0.2、残长2.27米。其下发现子母砖、铁块、瓦片等。

Ⅰ：32　高大粗壮，顶端有竖向"十"字交叉的凹槽，榫卯结构，应为第二次建桥所使用木桩。直径0.48、周长1.37、露出高度2.37米（图二〇〇：3；图版一〇八：1）。

Ⅰ：37　高大粗壮，顶端有竖向凹槽，似为榫卯结构，应为第二次建桥使用的木桩。直径0.49、周长1.48、露出高度2.27米（图二〇〇：4；图版一〇八：2）。

发掘结束后，在一号古桥遗址周边的土堆中发现三根被挖出河床的古桥木桩，仅存根部，不知属于哪一排，是施工方机械挖出的。

采：1　呈三棱锥状的根尖末端，可看到在接近底端时，木桩根部的三棱体斜收呈锐利的尖锋。残高0.78、中部周长0.62米。

采：2　呈三棱锥状，根尖残，三个向下渐缩的斜面砍削打磨得平整光滑，利于楔入河床。在残根末端三棱的两个面上，有刻刀划出很深的两道水平方向的横线，两道划线间距0.1米，其间有连续的斜"十"交叉的刻划线构成一横向的网纹带。疑为木桩楔入时的标高线。残高1.5、中部三棱的边长0.28米（图版一〇八：3、4）。

为了解木桩楔入河床的有关情况，挖了探沟两个。

TG1　紧靠第一排1、2号桩的东侧，并将木桩竖截面约二分之一包含在内。南北长3.7、东西宽1.5、深3.3米（图版一〇八：5、6）。

TG1的地层以西壁为例，大致分三层。

第1层：河床层。厚1.3、距地表9.64米。青灰色土，土质纯净、坚实致密。

第2层：粗沙层。厚1.2米。微黄色粗砂中杂有少量黄土，有水浸痕。

第3层：沙土层。厚1米。白色沙较细，含土量大，几乎一半沙子一半土。

第3层以下为河床最底层，即生土。青黑色纯净土，细密坚硬，木桩的最尖端一般打到此深度为止。

通过探沟解剖可看到，圆木在楔入河床时，横断面由圆形削为有棱角的多边形。已发现的有十二边形、八边形、六边形，随着接近木桩根部，多边形的边棱由多渐少，最后至末端变成了锋利的三棱尖锥形。

TG1内包含2根桥桩（图二〇一）：

Ⅰ：1　上端至1.6米处皲裂的部分已被泥沙剥蚀，黄色，木质实心坚硬，中有裂缝。1.6米以下皲裂的外表尚在，应是埋在河床中免受流水与泥沙的冲刷而得以保存。在楔入河床的0.9米处，断面渐由圆形削为六边形，至2米以下，削成了三棱锥形。应为第二次修建时的木桩。直径0.5、高5.35、露出河床部分高2.05、楔入河床内深3.3米。

Ⅰ：2　上端遭火烧呈焦黑色仅存木心，略似尖锥形。顶端起1.25米以下木桩皲裂的外表尚在。在楔入河床的0.9米处，木桩断面渐渐由圆形削为六边形，至2米以下削成了三棱锥形，应为第一次修建时的木桩。直径0.4、高5、露出河床部分高1.7、楔入河床内深3.3米。

TG2　紧贴第一排的第22、24、27号木桩的南侧。东西长3.4、南北宽1.4、西半部深0.87、东半部深3米（图二〇二；图版一〇八：7、8）。

TG2的地层大致同TG1。

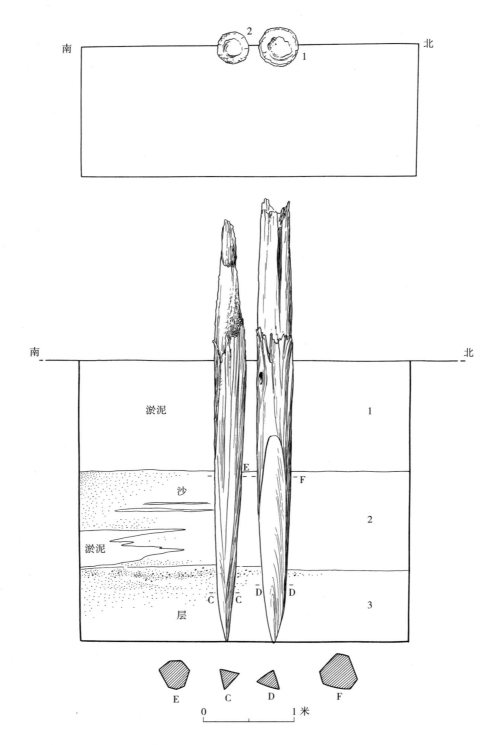

图二〇一　上林苑七号遗址一号古桥遗址西壁 TG1 平、剖面图

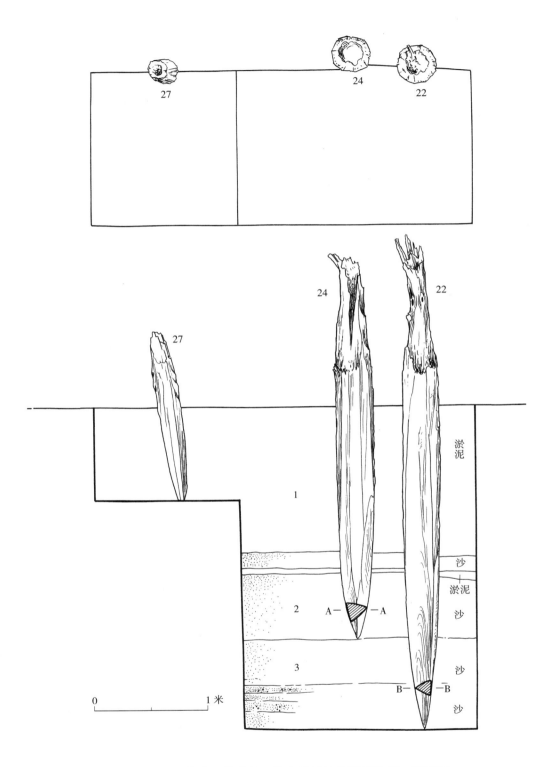

图二〇二　上林苑七号遗址一号古桥遗址北壁TG2平、剖面图

TG2 内包含三根木桩，上端被焚仅存木心，应为第一次修建时的木桩。木桩在楔入河床后，横断面亦由圆形削为三角形，末端呈锋利的三棱尖锥形（图二〇二；图版一〇八：7、8）。

Ⅰ：22　直径 0.39、现存高 4.58、露出河床部分高 1.58、楔入河床内深 3 米。

Ⅰ：24　直径 0.37、现存高 3.55、露出河床部分高 1.4、楔入河床内深 2.15 米。

Ⅰ：27　直径 0.28、现存高 1.57、露出河床部分高 0.7、楔入河床内深 0.87 米。

通过探沟解剖得知，木桩打入河床的深度不因前后两次在建造时间上的不同而有差异，而是与木桩个体粗细大小有关，较为粗大的木桩打得较深，较为细小的木桩楔入河床的深度则较浅。从挖的两条探沟看，木桩楔入河床深 1～4、多数深 3～4 米。木桩下部在打入河床时先把圆形外表削为多边形，致使其末端呈尖利的三棱锥形，以便于打桩，木桩应是采用夯打楔入河床的，从最底端起，现存木桩总高 5～7 米。

（四）遗物

约 972 件。有陶器、铁器、石器、铜器及鹿角等遗物。出土于古桥木桩的沙土层中，个别为遗址内采集。

1. 陶器　约 838 件（较小的陶片不计在内）。多为泥质灰陶，有极少的夹砂红陶。多数为模制、轮制，个别为手制。纹饰以绳纹为主，少量为弦纹、方格纹。按陶器的功用分为建筑构件、生活用品和其他用具。

（1）建筑构件　约 796 件。有板瓦、筒瓦、脊瓦、瓦当、砖、排水管等。

筒瓦　约 360 件（没有瓦唇的残片不计在内）。泥质灰陶。横断面呈半圆形，两侧有切割痕迹。表面绳纹，内面布纹。模制、轮制并用。依胎质的不同，可分三型。

A 型：约 110 件。浅灰色。胎质不够坚硬，叩之发声沙哑而沉闷，烧制火候不高。唇较短，壁较薄。唇外表面素面略带弦痕，瓦身饰绳纹，至尾部为抹绳纹，内面通饰布纹。T2：7，表有褐色水沁。长 49、径 16、厚 1.3、唇长 4 厘米（图二〇三：1；图二〇四：1；图版一〇九：1）。

B 型：约 180 件。灰色。胎质坚硬，唇略长，壁较厚。表饰细而密的绳纹，尾部抹为素面或略带弦痕，内饰布纹。T1：7，残长 49、径 17、厚 1.5、唇长 5.5 厘米（图二〇四：2；图版一〇九：2）。

C 型：约 70 件。呈深灰色。胎骨坚硬，叩之发声清脆，烧制火候高。瓦唇略内斜，瓦身饰较粗的绳纹，内饰布纹。T1：8，瓦唇带有麻点纹。残长 33、残宽 15、壁厚 1.5、唇长 4.5 厘米（图二〇五）。T4：2，瓦唇略带麻点纹。残长 34、径 17.5、壁厚 1.8、唇长 5.6 厘米（图版一〇九：3）。

板瓦　约 380 件。泥质灰陶，平面为长方形，横断面呈拱形。外表饰交错绳纹或斜绳纹，内为素面。T2：11，饰交错绳纹。残长 43、残宽 27、厚 1.8 厘米（图二〇六；图版一〇九：4）。

脊瓦　3 件。泥质灰陶。完整 1 件。脊瓦的横断面呈五边形，顶部有两个坡面，坡面底部转折向下为两个较短的垂立面。内壁为半圆形。外表饰粗绳纹、内壁饰布纹。T1：5，出土时位于被烧焦的塌落下的横木（Ⅲ：33）旁。在距尾端 14 厘米处的脊顶上有一透穿小孔，当为瓦钉孔，孔径 1.5、脊瓦通长 68.5、宽 25.6、唇长 5.5、脊顶厚 5、两肩部厚 3.5、坡面中部厚 1.8 厘米（图二〇三：2；图版一〇九：5）。

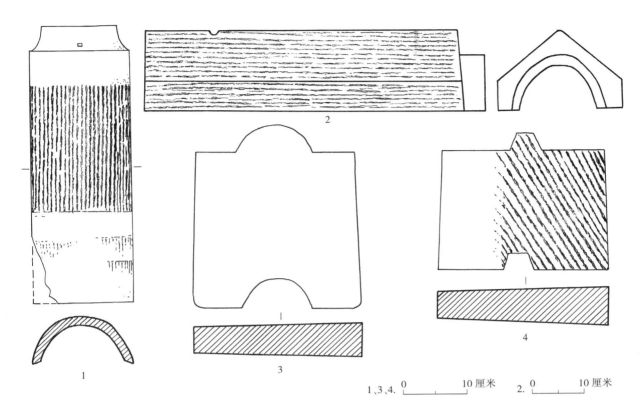

1、3、4. ⊢——————————┤ 10 厘米　　2. ⊢——————————┤ 10 厘米

图二〇三　上林苑七号遗址出土筒瓦、脊瓦、子母砖

1. T2∶7　2. T1∶5　3. T4∶10　4. T5∶4

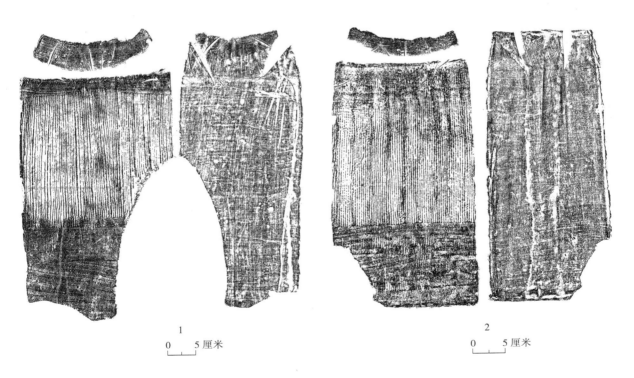

图二〇四　上林苑七号遗址出土筒瓦

1. T2∶7　2. T1∶7

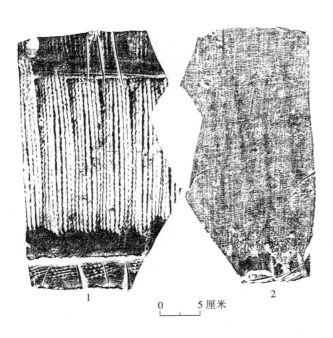

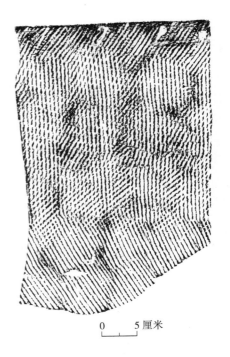

图二〇五　上林苑七号遗址出土筒瓦　　　　　图二〇六　上林苑七号遗址出土板瓦

砖　约 15 件（较小的碎块不计）。有条砖、方砖及子母砖等。

素面砖　1 件（T4:9），长方形。砖体厚重，浅灰色。做工规整，砖面平齐，其中一面因长期磨损而内凹。长 37.5、宽 18、厚 9 厘米。

绳纹砖　4 件，近似方形。砖体较薄，深灰色。一面有细绳纹，其余几个面素面。T5:6，长 26.7、宽 19.6、厚 5 厘米。

小方格纹砖　2 件，表面饰小方格纹，铺地方砖。T5:7，浅灰色。因长期被河沙冲蚀，表面凸起的小方块呈圆角状，砖面有水沁色。残长 12.8、残宽 9.2、厚 2.5 厘米（图二〇七:1；图版一〇九:6）。

回纹砖　3 件。表面"回"形纹，铺地方砖。T4:5，纹饰中心"口"字形。残长 17、残宽 13、厚 3.8 厘米（图二〇七:2）。T4:6，纹饰中心的"口"字中多一横，呈"日"字形。残长 25、残宽 17.5、厚 3.5 厘米（图二〇七:3）。

几何纹砖　1 件（T4:3），面饰由若干斜线、三角线、直角线组成的几何纹饰，铺地方砖。残长 28、残宽 24、厚 3.4 厘米（图二〇七:4）。

子母砖　4 件。平面呈方形、断面看上下两端呈上厚下薄的楔形，左右两侧一侧带有类似榫的凸头，一侧带有类似的凹槽。为构建拱券部位时所使用的建筑材料。依凸凹部形状的不同分两种。

圆头子母砖　1 件（T4:10），左右两侧的凸凹部均呈半圆形。素面。长 26.5、宽 26、上端厚 5.8、下端厚 4.5、凸头长 4.6、凹槽深 4.8、凹槽最大径 11.2 厘米（图二〇三:3；图版一一〇:1）。

方头子母砖　3 件。左右两侧的凸凹部呈方形，三块砖形制大小一致，并可互相扣合。一面饰斜绳纹，一面素面。长 27.3、宽 20.2、上边厚 6.3、下边厚 4.7 厘米。凸头部分略呈梯形，高 3、宽 3.5~5、内凹部分深 3.1、宽 5.2 厘米。T5:2，深灰色，斜绳纹较清晰（图二〇七:5）。T4:11，

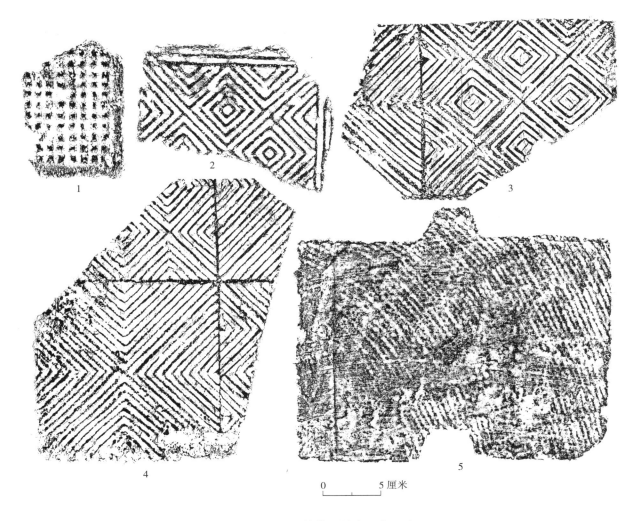

图二〇七　上林苑七号遗址出土砖

1. T5:7　2. T4:5　3. T4:6　4. T4:3　5. T5:2

浅灰色。磨损严重。饰浅斜绳纹。T5:4，外表沁色严重呈黄褐色（图二〇三:4；图版一一〇:2）。

陶水管　约15件。夹砂灰陶。完整的一端稍粗一端略细，圆筒形。制作较粗糙，烧成火候不高。外表饰粗绳纹，两端有抹痕，内面为麻点纹或戳点纹。T5:10，较大的一片残长25、残宽28.5、壁厚1.7、复原直径约31厘米。T6:2，灰褐色。胎质有"夹生"现象。内面散布稀疏的麻点纹，泥条盘筑痕迹明显，壁较薄。残长41.5、残宽24、壁厚1.4、复原直径约32厘米（图二〇八:1）。T5:8，内面为麻点纹。残长29.5、残宽22、壁厚1.5、复原直径约30厘米。

T5:11，内饰篮纹。残长27、残宽22、壁厚1.6厘米（图二〇八:2）。

瓦当　23件。依纹饰不同，可分四类。

第一类　云纹瓦当13件。依界格线的不同，可分二型。

A型：8件。界格线穿过当心。圆形。边轮内一周凸弦纹，"十"字交叉的双界格线穿过当心圆，将当面和当心各分为四区。单线的当心圆内每区饰一或两个曲尺形纹，当面每区内各饰一朵卷云纹。T4:1，上半部边缘残，当背有绳切痕。当心圆内每区饰一个曲尺形纹。面径14、边轮宽

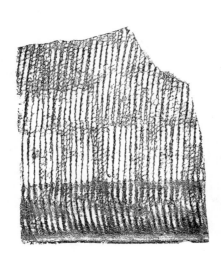

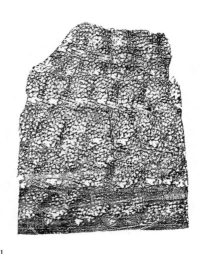

1

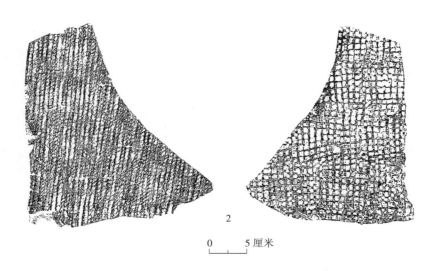

2

0   5 厘米

图二〇八　上林苑七号遗址出土陶水管

1. T6：2　2. T5：11

0.7、厚1.3、当心圆径4.8厘米（图二〇九：1）。

　　B型：5件。无界格线穿当心。圆形。边轮内两周凸弦纹，其间饰菱形网格纹，双界格线不穿过当心圆。当心为一大乳钉，当面四区内各饰一朵卷云纹。当心乳钉外有的为一周凸弦纹；有的为两周凸弦纹，其间还有十二个小乳钉组成的联珠纹带环绕。T1：1，当心乳钉外有两周凸弦纹，其外有小乳钉环绕。面径15.2、边轮宽1.3、厚2.4厘米（图二〇九：2；图版一一〇：3）。T1：2，当心乳钉较大，外有一周凸弦纹。面径15.2、边轮宽1.2、厚2.3厘米（图二〇九：6）。

　　第二类　上林瓦当3件。有上林圆瓦当、上林半瓦当。

　　上林圆瓦当　2件。当面边轮内饰一周凸弦纹，圆圈内上下篆书阳文"上林"二字。T4：8，仅存上半部的"上"字。面径17.5、边轮宽1.3、边厚3、当心厚1.3厘米（图二〇九：3）。T5：9，残存下部的"林"字，笔画方折，背面有绳切痕。残径15、边轮宽1、边厚3.7、当心厚1.5厘米

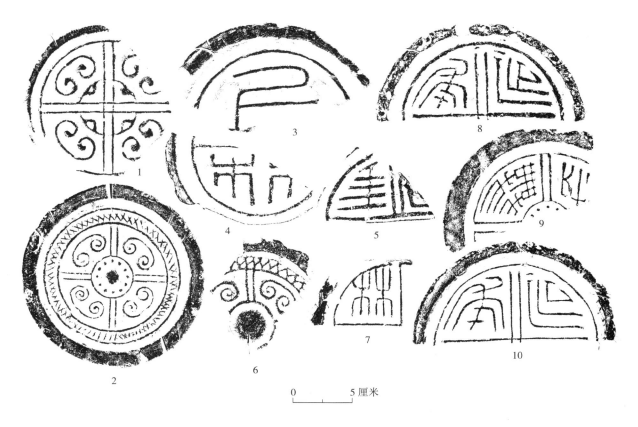

图二〇九　上林苑七号遗址出土瓦当

1. T4:1　2. T1:1　3. T4:8　4. T5:9　5. T2:13　6. T1:2　7. T5:3　8. T2:3　9. T2:6　10. T2:5

（图二〇九：4；图版一一〇：4）。

上林半瓦当　1件（T5:3），边轮内一周半圆形凸弦纹，上下双界格线将当面分为左右两区，分别篆书阳文"上林"二字。仅存左侧一"林"字，带少许筒瓦。半径7.7、边轮宽1.1、当心厚1.6厘米（图二〇九：7）。

第三类　延年瓦当6件。为半瓦当。边轮内一周半圆形凸弦纹，上下双界格线将当面分为左右两区。篆书阳文"延年"瓦当4件，"年"字笔画圆转曲折。T2:3，带有一段筒瓦，筒瓦两侧切痕平齐，表素面，内饰细密布纹，当背有弦痕。当面径17.2、边轮宽1、当心厚1.8、带筒瓦残长18.8、瓦厚1.4厘米（图二〇九：8）。T2:5，当面径17、边轮宽1、当心厚1.6厘米（图二〇九：10；图版一一〇：5）。隶书铭阳文"延年"瓦当2件。"年"字笔画为直线条，似为隶书。T2:1，带有一小段筒瓦，筒瓦外表依稀可见细绳纹，内饰细密的布纹。当面径约17、边轮宽1、当心厚1.8、带筒瓦残长18、瓦厚1.4厘米。T2:13，存完整的"年"字和"延"字的左下角。残长10.5、残宽6.5、当心厚1.4厘米（图二〇九：5）。

第四类　长生无极圆瓦当。1件（T2:6），当心的乳钉已残，其外围的联珠纹尚存。边轮内有一周凸弦纹，双界格把当面分为四区，每区内各有一阳文篆字，原文应为"长生无极"。现只存半个"长"字和一个"无"字，带一小段筒瓦。表素面，内饰布纹。当面径17.2、边轮宽1.7、当心厚1.8、带筒瓦残长8.5、瓦厚1.8厘米（图二〇九：9；图版一一〇：6）。

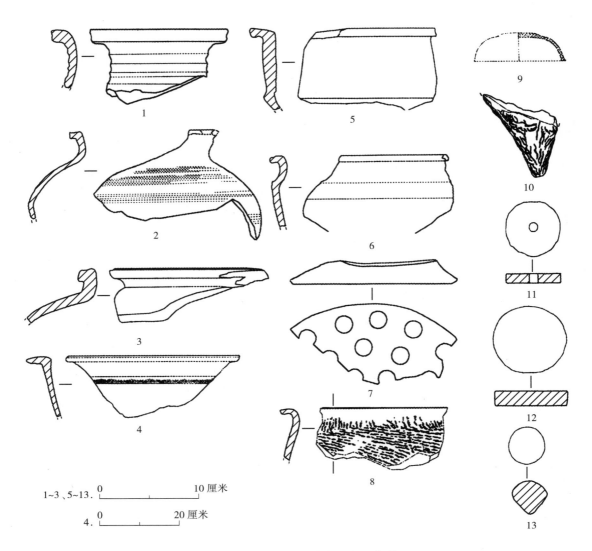

图二一〇　上林苑七号遗址出土陶器

1. T6：3　2. T6：4　3. T8：1　4. T8：2　5. T8：6　6. T8：5　7. T8：4
8. T8：3　9. T5：5　10. T8：7　11. T1：3　12. T1：4　13. T6：5

（2）生活用器　约36件。出土陶片中可辨器形有罐、盆、釜、甑、鬲等。

罐　7件。泥质灰陶。均残。依口部大小，可分三型。

A型：5件。小口，平沿稍宽，方唇，颈部略长，颈部饰有凹弦纹。T6：3，口径14、残高7.8厘米（图二一〇：1）。

B型：1件（T6：4），小口，窄平沿，方唇，短颈，鼓圆腹。饰细凹弦纹。残高12厘米（图二一〇：2）。

C型：1件（T8：1），小口，卷沿，短颈，广肩。胎质细腻而坚硬、腹较厚。残高5.5、腹厚1.4厘米（图二一〇：3）。

盆　10件。敞口。泥质灰陶，依口沿和腹部的不同，可分二型。

A型：6件。T8：2，尖唇。宽沿，斜弧腹。腹部饰两周凹弦纹，间饰细斜绳纹。残高15.6、腹厚 1 厘米（图二一〇：4）。

B 型：4 件。折腹。窄沿，方唇。口沿下有一周或两周凸棱，凸棱以下腹部折而内收。T8：6，口沿下有一周凸棱，内腹有暗弦纹。高 8.5、腹厚 1.1 厘米（图二一〇：5）。

釜　1 件（T8：5），夹砂灰陶。短束颈，卷沿，腹部微鼓。残高 10、腹厚 0.6 厘米（图二一〇：6）。

甑　4 件。泥质灰陶。T8：4，底残存十个圆形箅孔。残高 2.4、底厚 0.4、孔径 1.7 厘米（图二一〇：7）。

鬲足　11 件。夹砂灰陶。饰粗绳纹。T8：7，夹砂红陶，残高 8.5 厘米（图二一〇：10）。

器盖　1 件（T5：5），泥质灰陶。覆钵状，顶部略鼓。高 3、口径 9.6、厚 0.5 厘米（图二一〇：9）。

陶片　2 件。夹砂红陶。饰篮纹或绳纹。T8：3，卷沿。器表饰篮纹。残高 6.5、厚 0.7 厘米（图二一〇：8）。

（3）其他遗物　6 件。除钱范外皆为泥质灰陶，有纺轮、圆饼、球、陀螺。

钱范　2 件。表皮有一层细泥质，内芯为夹砂红陶胎，低温烘烤而成，背范。T8：8，略呈方形。残存钱模 11 个。钱模直径 2.5 厘米，方穿 1 厘米×1 厘米。当为五铢钱的背范。长 18.2、宽 18、厚 5.8 厘米。

纺轮　1 件（T1：3），外轮边沿因长期河沙冲蚀而斑驳不齐，中心一孔较规整。一面可见绳纹痕迹，当利用残陶片二次加工而成。径 5.6、厚 1、中心孔径 1 厘米（图二一〇：11）。

饼　1 件（T1：4），圆形，外轮边沿打磨平整，一面可见绳纹痕迹，当利用残陶片二次加工而成。径 7.4、厚 1.5 厘米（图二一〇：12）。

球　1 件（T4：12），打磨。直径 5.5 厘米。

陀螺　1 件（T6：5）。上部半球体，下部圆锥体，中间有一凸棱。出土时与铁块锈结在一起。高 3.8、直径 3.7 厘米（图二一〇：13）。

2. 铜器　58 件。有铜钱、钱范及铜环。

五铢钱　55 枚。多锈蚀。钱文严谨规矩，"五铢"二字修长秀丽，风格较为一致，"五"字交笔缓曲，上下与两横笔交接处略向内收。"铢"字"金"头为三角形，四点较短。"朱"字头方折，下垂笔基本为圆折，头和尾与"金"字旁平齐，笔画粗细一致。T1：6，径 2.5、穿 1、郭厚 0.1、肉厚 0.08 厘米（图二一一：1）。

大泉五十钱　1 枚（T2：4），圆形方孔，对读。径 2.7、穿径 0.8、郭厚 0.2、肉厚 0.18 厘米（图二一一：2）。

大泉五十钱范　1 件（T2：2），呈长方形，上端略残，下部完整，底边呈燕尾形。现存四排"大泉五十"的刻范 21 枚。中有浇铸槽，将其一分为二，左右各两排。背面有一桥形纽，纽中有小穿孔。为"大泉五十"的面范。该范为制作铸币泥范的母范。残长 19.5、宽 16、厚 1.3 厘米（图二一二；图版一一一：1、2）。

铜环　1 件（T2：8），圆形。外径 5.4、内径 3.2、缘宽 1.1、环厚 0.5 厘米（图版一一一：3）。

3. 铁器　72 件。出土时大已锈结为块状，初步清理后可辨的主要有兵器、生产工具、生活器

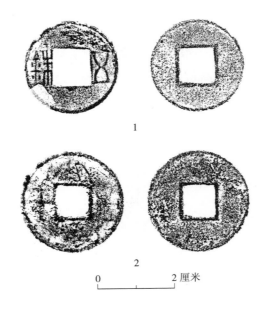

图二一一　上林苑七号遗址出土铜钱

1. T1：6　2. T2：4

具、饰件等。另有大块的呈各种形状，如三角形、四边形、多边形及不规则形状铁块出土，因不辨器形，没有统计在内。但其中个体较大、较厚、出土时锈结在一起的铁块似为大面积浇铸时形成的，可能与该桥的建造有关。

（1）兵器　4件。有矛、剑、刀等。

矛　1件（T2：9），头形体较大、中部起脊，呈凸脊扁体双叶形。矛叶呈柳叶形、箭较短，箭后端应有銎，已锈蚀。长31.5、矛叶长23.8、宽3.4、箭长7.2、宽3.2厘米（图二一三：1；图版一一一：4）。

剑　1件（T1：10），身细长扁平，中脊略高，断面为扁菱形，带木鞘已朽，剑断为七节。残长74、身残长57.5、宽3.2、茎残长16.5厘米（图二一三：2；图版一一一：6）。

刀　2件。直刃，体中有上宽下窄略呈等腰三角形的扁孔，内填充物似为铁质。T1：11，扁孔已锈蚀。残长13、宽6、扁孔宽4.1、刃部厚0.3厘米（图二一三：3）。

T1：12，扁孔大部分锈蚀。残长9.8、宽7、扁孔宽6、刃部厚0.2厘米（图二一三：4）。

（2）生产工具　66件。有斧、凿、钩、夯锤、镢、砧等。

斧　4件。横銎，扁平体，双面刃，依形状的不同，可分二型。

A型：3件。梯形。平面呈上小下大的梯形，平顶，上半部有长方形横穿为銎，刃部略外弧。锻制。T2：10，横銎内有木柄朽痕。长17、顶宽5.5、厚2.8、刃宽10.5、銎长4、宽1.6厘米（图二一三：5；图版一一二：1）。

B型：1件（T2：12），扇形。弧肩、弧刃宽大，上部有长方形横銎。长15.5、顶宽6.6、厚4、刃宽12.5。銎长6.1、宽2.2厘米（图二一三：6；图版一一二：2）。

凿　3件。长条形，侧面呈楔形，单面刃。锻制。T6：8，长11.5、顶端宽2.6、厚1.5、刃部宽0.8厘米（图二一三：7；图版一一二：3）。

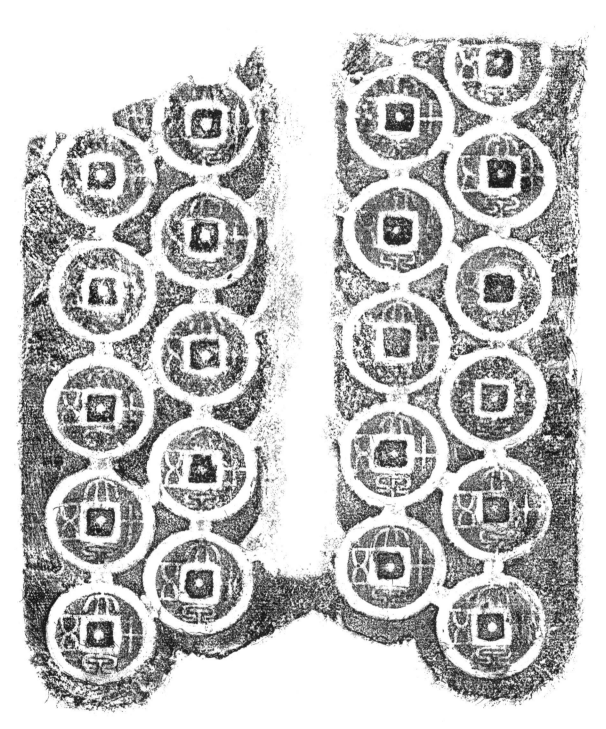

0 　　　　　　　　　　　　　5 厘米

图二一二　上林苑七号遗址出土钱范

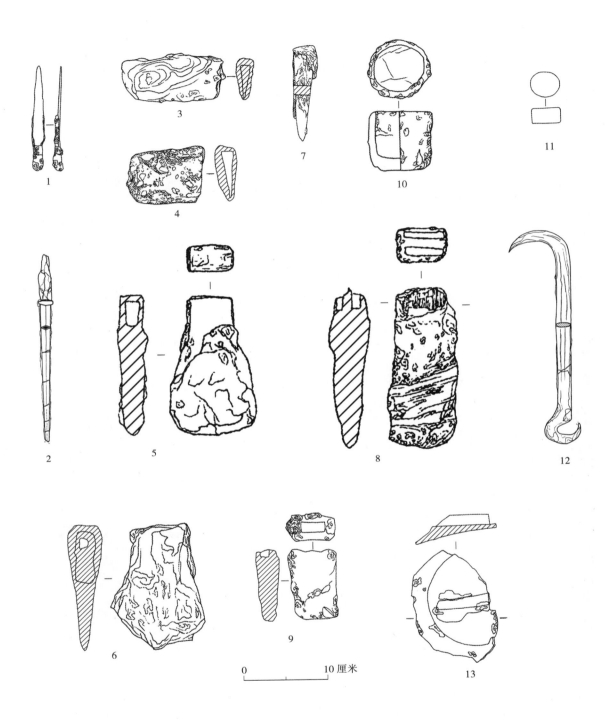

图二一三　上林苑七号遗址出土铁器

1. T2：9　2. T1：10　3. T1：11　4. T1：12　5. T2：10　6. T2：12　7. T6：8
8. T5：13　9. T6：6　10. T5：12　11. T6：11　12. T2：14　13. T6：9

钩　1件（T2：14），呈"S"形，两端有钩，上端为大钩呈弧形，下端为小钩近似圆形，断面呈扁圆形，表面锈蚀严重。残长32.5厘米（图二一三：12；图版一一一：5）。

夯锤　54件。圆筒形，平底，上端开口以纳木制夯具，属建筑工具。T5：12，高7、直径7.8、壁厚1厘米（图二一三：10；图版一一二：4）。

砧　2件。浇铸。T6：11，呈扁平的饼状，铸造规范，器表平整。高2、直径3.8厘米（图二一三：11；图版一一二：5）。T6：12，器表锈裂。高3.6、径4.5厘米（图版一一三：5）。

镢　2件。呈长方形，上部有竖銎。依銎的不同，可分二型。

A型：1件（T5：13），双孔銎。上部的銎由两个扁长形的孔组成，双孔中皆残有木柄。长18.5、刃宽8、上端銎部宽6、厚3.5、孔宽4.5、厚0.8厘米（图二一三：8；图版一一三：1）。

B型：1件（T6：6），单孔銎。残长8.7、刃宽5.1、銎宽6、厚2.8、銎长4、宽2.1厘米（图二一三：9；图版一一三：2）。

（3）器盖　1件（T6：9），圆形，平顶有长方形纽。高14.5、残口径10、厚0.5、抓柄残长6、宽1.2厘米（图二一三：13；图版一一二：6）。

（4）饰件　1件（T6：10），中空，外形似一兽形，圆头、塌腰、肥臀，似熊形。残高22、残长27、厚8.8厘米（图版一一三：3）。

4. 石器　2件。有研磨器、斧。

研磨器　1件（T4：13），砂岩质，灰白色。长方体，上有一较深的圆窝，下面有一较浅的圆窝，一侧面似有断茬，其余三侧面周边略经打磨，上部圆窝较大，边缘有黄、白、绿三种颜料。高5.5、长8、宽7.7、上部圆窝口径4.5、窝深约1.4、底部圆窝径约3厘米（图版一一三：4、5）。

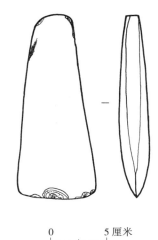

0　　　5厘米

图二一四　上林苑七号遗址出土石斧

石斧　1件（T7：1），石灰石质，青灰色。平面略呈上窄下宽的梯形，弧顶，宽弧刃，两面磨刃。锋利有使用而形成的小缺口，打磨光滑。长17、宽5.8、厚2.5厘米（图二一四；图版一一三：6）。

5. 鹿角　2件。T7：3，残存角根部。长15、根部直径3.5厘米。T7：4，残存角中部，已开裂为两节。长15、直径1.5厘米。

二　二号古桥

（一）发掘概况

遗址位于西三环西辅道陇海铁路涵洞以南约100米，在深约7、宽20米的辅道沟槽内发现东西排列的5排32根木桩。木桩保存极差，大部分仅存根部（图二一五上；图版一一四）。

秦汉上林苑（上册）

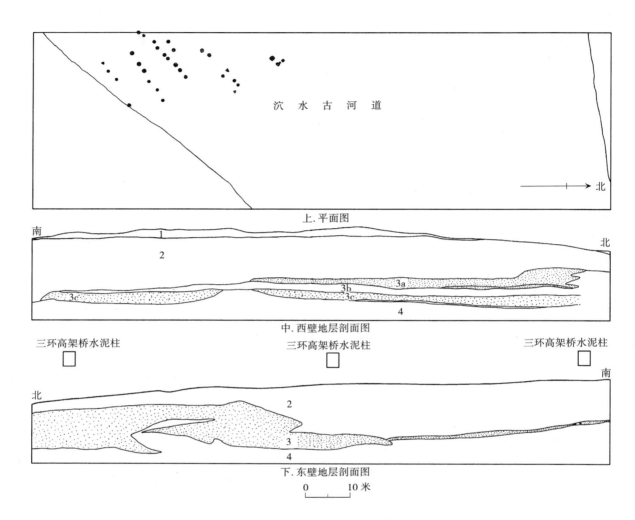

图二一五　上林苑七号遗址二号古桥遗址平、剖面图

1. 表土层　2. 扰土层　3. 冲积淤沙层　3a. 细沙冲积层　3b. 淤泥冲积层　3c. 粗沙冲积层　4. 河床土层

（二）地层堆积

当时开挖的西辅道沟槽其东西两壁的断面尚存，可看出该处地层的堆积情况。

1. 西壁地层堆积，可分四层（图二一五中）。

第1层：表土层。厚0.4~0.6米，内含现代杂物。

第2层：扰土层。厚2.1~2.7、距地表3.25~2.05米。黄褐色土。含微量细沙，夹有陶片。

第3层：冲击淤沙层，可分三亚层。

3a层：细沙冲击层。厚0.6~0.85、距地表3.25~3米。部分沙土较粗，含有瓦片、陶片等。

3b层：淤泥冲积层。厚0.6~0.85、距地表3.7~3.3米。

3c层：粗沙冲积层。厚0.25~0.43米。冲积粗沙，颗粒较大，内含陶片、瓦片等。

第4层：河床土层，4米以下即为河床。土质软、含水量大。桥桩主要修建在河床层内。

2. 东壁地层堆积，可分四层（图二一五下）。

第 1 层：表土层。由于西三环主干道高架路的建设已被破坏。

第 2 层：扰土层。厚 1～6 米。土色花杂、土质较硬。

第 3 层：冲积层。厚 0～4.3、距地表 5.5～7.3 米，有冲积淤泥夹于冲积沙层之中。含瓦片、陶片。东壁的冲积沙层由北向南宽 42.2 米，在其南侧有一类似灰坑的，堆积了大量近代瓦片的地层。

第 4 层：河床土层。5.5 米以下均为河床土，土质、土色和西壁 4 层相同。

（三）建筑遗迹

木桩 32 根，保存差，几乎全是木桩根部，有相当一部分是根据残存桩孔和木块痕迹确定的。从已发掘出木桩根部残迹看，其排列方向为正东西方向，共有 5 排，由南向北依次排列。

第一排　4 根。由东向西依次编为 1～4 号。桩距 0.8～1 米，从木桩根部形状看有圆形、三角形。4 号桩为三棱形，长 0.2、宽 0.12 米。其余三个为圆形，不甚规则。1～3 号桩直径 0.25～0.32 米，有的是依据残留在河床中的桩洞遗迹测量的。

第二排　6 根。已朽，只在桩洞内残留有木头残块。桩距约 0.8 米。第一排距第二排约 3 米。

第三排　11 根。桩距 0.5～1 米，排列较密集。第二排距第三排 2～3 米。

第四排　7 根。有两根为三棱形。其他只见桩洞，其中或残有木块。第四排距第三排约 3 米。

第五排　4 根。2、4 号桩保存较好，3 号仅存直径 15 厘米的桩洞。1 号为长方形桩洞 0.2 米 × 0.15 米，内有小三棱形木桩。2 号桩为方形桩洞，内有木桩，上圆下削为三棱形。现存桩高 1.3、直径 0.25 米。4 号桩为方孔，圆木桩，有刮削痕迹（附表 7）。

（四）遗物

遗址出土遗物较少，仅有零星的汉代板瓦、筒瓦残片，与一号古桥遗址中的同类器相同，不再赘述。

三　小结

（一）沇水与浐河古今变化问题

发现的这两座古桥在今浐河故道，浐河即古之"沇水"，清嘉庆《咸宁县志》卷二《历代疆域水道城郭宫室名胜图上》之《水经注水道图》附文按："今皇子陂下浐河为北魏以前沇水。"[1]《咸宁长安两县续志》云："浐水本名漕水，即滻河之下流。"[2]北魏郦道元《水经注·渭水》称

---

〔1〕　辛玉璞：《滻水神禾原河道开凿时间考评》，《西安教育学院学报》2001 年 2 期。

〔2〕　张永禄：《汉代长安词典》，陕西人民出版社，1993 年。

沇水即潏水，载："（沇）水上承皇子陂于樊川，其地即杜之樊乡也……其水西北流经杜县之杜京西，西北流经杜伯冢南……沇水又西北经下杜城，即杜伯国也。沇水又西北，左合故渠……沇水又北与昆明故池会，又北经秦通六基东，又北经竭水陂东，又北得陂水……沇水又北经长安城西，与昆明池水合……沇水又北经凤阙东……沇水又北，分为二水，一水东北流，一水北经神明台东……沇水又经渐台东……沇水又北流注渭，亦谓是水为潏水也。"

潏水发源于秦岭北麓，本是独立入渭的一级支流，后发生了较大河道变迁，西流沣河，成为渭河的二级支流。潏水出自西安东南 30 公里的大义谷（即大峪口），西北流依次接纳小峪、太乙峪诸水入樊川（杜曲至韦曲间十余里的川道），经杜曲、夏侯村、新村、小江村、何家营至小磨村，在至潏水中下游就分成两支：一支为原潏水自然河道，从水磨—杜城—丈八沟—鱼化寨—北石桥—三桥东—汉长安城西，北流入渭（今涝河流线）；另一支是人工开凿，穿神禾原西北流，又折而西南流，至香积寺南与滈河交汇称交河（亦作"洨河"），在今秦渡镇汇入沣河再入渭。

吕卓民认为，《水经注》所称的沇水，是潏水从樊川析出的分支，即现在涝河，"现流的交潏二河大致形成于西汉时期，作用于排水，或为开凿昆明池所派生，或为后来另凿"[1]。开凿交河的作用是拦截潏滈二水主流，向西排入沣河，以便控制向昆明池的引水，解除对汉长安城的水害威胁，同时又下引昆明池水通过沇水供应汉长安城用水，发挥昆明池作为汉长安城蓄水库的调节作用[2]。潏水改道分为两支后，据《水经注》所载，至少在北魏时期，潏水干流仍是过长安城而注入渭水的原自然河道。后来，随着昆明池的废弃和消失，潏水只剩下一条河道，即是我们今天所看到的河道，大峪河—潏河—交河—沣河，最后入渭。据《西安市水利志》记载，唐代利用原潏水下游，开凿人工漕河，运南山木材，明代亦以潏河为源开通济渠，以后称"官河"，均为漕河，漕转音，就出现了后来的涝河[3]。

涝河直到元代都不见于史籍，元人骆天骧著《类编长安志》尽数长安之水，独不见涝河。其实涝河是从潏水引出的一条支津，它的上游曾是人工渠道，下游是利用原潏水故道开凿的漕河，"漕"在长安方言中读作"皂"，于是长安百姓便把从潏水引出的这条漕河称作"涝河"，因是河水名，后来又加上三点水旁。现在的涝河是由涝河渗水、稻田排水、城镇排水集流而成的，起自长安区水寨村，流经长安区韦曲、杜城、申店进入西安市区，再经丈八沟、北石桥、三桥镇、汉长安城西、六村堡至草滩入渭河，全长 32 公里。汇集了城区南郊、西北郊约 200 平方千米的地面雨洪排水，是西安市五大排洪渠系之一。2001～2004 年，西安市政府对涝河进行了综合治理，形成了现在的涝河。

现在的潏水上游和涝河大致就是汉代至北魏时期沇水的流路。沇水主干流经汉长安城西垣外，北流至凤阙东，分为二水，一水东北流为沇水枝津。此津基本流路与今涝河绕城西及城北之道相

---

[1] 吕卓民：《西安城南交潏二水的历史变迁》，《中国历史地理论丛》1990 年 2 期。

[2] 李令福：《汉昆明池的兴修及其对长安城郊环境的影响》，《陕西师范大学学报》（哲学社会科学版）2008 年 4 期。

[3] 西安市水利志编纂委员会：《西安市水利志》，陕西人民出版社，1999 年。

同，只下游略有变迁。具体是沿汉长安城西垣北上，至城西北角折东北流，沿北垣，后分为两小支，一入逍遥园，汇为藕池，一东北注于渭。另一支为沈水主干，折入建章宫，北经神明台、渐台以东，又北流入渭水。沈水从章门西飞渠引水入城的一支《水经注》称作"沈水支渠"，是汉长安城内明渠及东城壕沟的主要水源。飞渠应是架空为渠的渡漕，主要是为控制水源高程，同时也可顺利地跨过城墙。沈水支渠注入沧池，明渠由此引水在未央宫、桂宫之间流过，又东流经石渠、天禄两阁旁，过武库、长乐宫北，由清明门附近出城；其后分为二渠，一支渠沿东垣北流注渭，一支东流汇昆明故渠。沈水及其分支是汉长安城护城壕及城郊生活、生态、生产的主要供水源[1]。

（二）遗址的时代与性质等相关问题

发现的两处遗址，都是以排列有序的木桩为特点，从其所处位置看，木桩横贯古河道的中心部位（在西辅道和东辅道保存的西壁剖面上都可以看到，木桩所处的区域都是河道积沙最厚的区域，应是河道的中心部分），应属跨河的桥梁之类，而非河岸的码头、驿站等建筑设施。比较咸阳沙河古桥遗址[2]、唐代东渭桥遗址[3]、扬州唐代木桥遗址[4]等的发现，可以确认，这次发现的两处遗址应属古桥遗址。

历史上汉长安城西垣外的河流就只有沈水，所以这两座桥无疑应为古代沈水上的桥。从桥桩排列看，东西成排，排距3～5米，而每排木桩的东西间距0～1.8米，显然桥桩所在的河流应是东西流向（河流的走向从西辅道两侧剖面也可看到）。前述沈水在汉城以西大致方向是从南向北，但在今湾子村处拐了个大弯，形成了一段东西向的河道，这一弯道至今犹存。正如有关研究者所言，历史上沈水上游河道变迁很大，但"从汉代以来，沈河下游河道未发生较大变动，特别是唐代沈河改道西流后，水量锐减，河道再无改变"[5]。这次发现的两座古桥便是在这一段东西河道上架设的。

1. 一号古桥时代

在湮没一号古桥木桩的沙土层中，清理出了大量的汉代板瓦、筒瓦残片、子母砖、大型脊瓦以及"上林""延年"文字瓦当和云纹瓦当等，并有西汉五铢、王莽"大泉五十"铜钱、钱范以及铁矛、铁钩、铁剑，还有大量铁块出土。清理过程中发现，距木桩较远周边河沙层中埋藏瓦片较为稀少，而木桩范围内的河沙层中瓦片密集且数量巨大，仅出土瓦片总数约有五卡车之多。而且瓦片基本出于同一层位，大多出土于距地表6～7米的沙层中，在倒塌横木下及其周围有更多的瓦片。数量巨大而集中出土的瓦片以及少量瓦当、钱币等均出于古桥木桩遗址的淤泥层中。说明古桥周边甚至是古桥之上有同时期使用或废弃的建筑，因砖瓦、金属较重，塌落后会很快沉底，又因河水水量

〔1〕　李令福：《汉昆明池的兴修及其对长安城郊环境的影响》，《陕西师范大学学报》（哲学社会科学版）2008年4期。

〔2〕　段清波：《咸阳沙河汉唐木桥》，《中国考古学年鉴·1990》，文物出版社，1991年。

〔3〕　王仁波：《高陵县唐东渭桥遗址》，《中国考古学年鉴·1984》，文物出版社，1984年。

〔4〕　徐良玉：《扬州唐代木桥遗址清理简报》，《文物》1980年3期。

〔5〕　杨思植、杜甫亭：《西安地区河流及水系的历史变迁》，《陕西师大学报》（哲学社会科学版）1985年3期。

减少，流速变缓（如前所述沈水在汉代改道分出一支西流汇滈河成为交河入沣，交河又引出一支注昆明池，这样，沈水北流至汉城西的这支水量就有所减少，适逢弯道流速亦变缓），这些砖瓦金属坠入河中后不会被水流冲得太远（汉以后沈河水流愈小，又有河沙淤积，落水的砖瓦等大多应在原位附近），所以桥下的遗物应是当时附近的，有的甚至是从桥上落入水中沉入河底的（如铜钱、铁器等）。因此，基本可断定古桥使用与废弃的时代与共出的遗物所属时代是一致的。

根据河道淤积的规律，河床会随时间推移不断抬高，早期的淤积在下，晚期的在上，层层叠压。据史载，滈河下游在历史上河道摆动很小，也没有发生过大的洪涝，相反往往因水量愈减，河沙淤塞，而在唐代、明代多次对其疏通。这样淤积在其中的遗物就不会因洪水浪大而被冲乱，应保持了原来的层位。从一号桥下出土遗物的情况看，基本在同一层位。出土遗物中时代最早的为陶鬲足及石斧，应为新石器时代。但数量稀少，且已失原地层，或为上中游冲刷而来（此处南约 7 公里，在丈八沟以北的滈水两岸即有新石器时代的鱼化寨遗址，向南约 3 公里有滈河西岸台地的双水磨遗址[1]），不能作为古桥断代的依据。其他遗物均为汉代，不见早于西汉时代的，也不见新莽时代以后更晚的遗物。其中钱币中有大量的汉"五铢"却不见更早的"半两"钱，最晚的为新莽时的"大泉五十"。结合西汉武帝时修建昆明池，大规模改造城南诸水的史实，可以判断一号桥的建造应在西汉武帝时期，新莽以后废弃。

2. 二号古桥时代

两桥相距仅 90 米，同一地点出现几座桥，说明此处适合建桥，如上所述，滈河在此刚拐了个弯，水流变缓，河床更深厚，河水却不是太深，此处又是连接汉代长安城、建章宫、城南礼制区以及上林苑的交通节点，所以前后多次均选此处建桥。一、二号桥几乎建在同一位置上，同时存在的可能性较小，极可能有前后承接的关系，那么二号桥的时代是早于一号桥还是更晚呢？

同样的自然环境为何二号桥的木桩腐朽严重，仅存根部，除了木桩材质不好、圆木不够粗大外，可能还有一个原因就是时代更久远。在武帝以前，滈河的水流更大更急，对桥桩的冲击侵蚀也更严重，淤积在此的砖瓦残片也会更少。由此看来，二号桥的时代可能更早。上述分析了一号桥的兴废使用时期，可知至王莽时一号桥尚存，也就是说从汉武帝至西汉末，一号桥一直在使用。可见，当时二号桥已经废毁不能继续使用了，不然，就不会在同一位置再建一座桥。那么二号桥是否有可能晚于一号桥，这种可能性极小，因为此处及周边区域在秦汉时期皆是皇家宫殿和上林苑范围，所建之桥主要功用是皇室各宫殿通往上林苑的皇家桥梁，王莽之后，西汉灭亡，东汉定都洛阳，长安城及周边区域失去了往日辉煌，虽然后来有多个朝代仍以汉长安城故地为都，但大都偏居东北隅，古桥所在的西南区域较为荒凉。所以一号桥虽毁废，但也没有必要在此地再建一座桥了。

如是分析可知，二号桥比一号桥更早，可能二号桥废毁后，在其东侧才开始建造一号桥。二号桥保存情况比被烧过的一号桥第一次建造的木桩要差，仅余木桩根部，说明建一号桥时，二号桥已经不能使用了。那么二号桥的建造年代就应比一号桥更早些，也可能早到汉初或秦代。二号桥西南为秦汉上林苑中心区，秦在"渭南"章台、兴乐宫、甘泉宫与信宫等均在二号桥址东北，二号桥或

---

[1] 陕西省文物局：《中国文物地图集·陕西分册》，西安地图出版社，1998 年。

为其与上林苑交通有关联。

（三）关于古桥的结构

二号桥因保存差，资料欠缺，下文主要以一号桥为例，对其结构试做分析。

一号桥遗址在沄水故道出土了五排 160 根木桩，排距 4.2～5.7 米，与咸阳沙河古桥发现的木桩排列形式极为相似，1986 年在咸阳发现沙河一号古桥有一六排 112 根木桩，每排平均 7 根，排距 3～6 米。1988 年在东 300 米发现二号古桥，发掘出五排 41 根木桩，平均每排 8 根，排距约 8.4 米。桥的形式主要分梁桥、拱桥和索桥三类，梁桥又有木柱木梁、木柱石梁、石柱石梁三类，咸阳沙河发现的两座古桥被认定属木柱排架的木梁柱桥[1]。沄水一、二号古桥亦当属此类。沄水的这两处古桥均未见石质材料，应属木柱木梁。

目前发掘出的只是木柱，横梁及桥面部分已无存，从一号桥较高的桥桩顶端残有榫卯结构，以及个别塌落下的横木上凿有凹槽的迹象看，桥面也应为木构。桥梁具体的结构虽已无存，却可在同期的壁画、画像砖（石）上窥见一斑。

1971 年，在内蒙古和林格尔县新店子乡发现一座东汉墓，墓中室到后室甬道券门顶壁画上彩绘有桥，题名"渭水桥"。桥下排列木柱，木柱上两挑斗栱承托木梁，上架桥板，设栏楯[2]。山东沂南东汉画像石所刻的梁桥，柱头上亦有斗栱[3]。四川成都青杠坡东汉墓画像砖上浮刻的木桥，桥柱每排有 4 根，柱顶有横梁却无挑斗，跨间梁木之上是横桥面板[4]。

这次发现的一号桥第一排 32 号木桩顶端有"十"字交叉的凹槽，应为承托斗栱的榫卯结构，其他木桩的顶端也有"凹槽"残迹。参照上述汉代桥梁图像，可推测一号桥的大致结构。桥桩由若干排底部削为三棱尖锥形的木柱夯打入河床组成，每排有 15 根以上的木柱，柱头上应有斗栱，斗栱承木梁，梁上横铺桥面板。此桥属皇室桥梁，两边亦应立有防护的栏楯。"汉时宫门都有阙。因此，汉桥两头有阙"[5]，一号桥木桩之间出土的大量砖瓦、瓦当、子母砖以及大型脊瓦等，或是阙上的建筑材料。

（四）关于古桥及其连接道路的探索

有桥必有路，发现的两座木桥为跨越沄水的南北向大桥，位于汉长安城西南角城垣以西约 400 米，向北约 2000 米正对建章宫的双凤阙遗址。据考古资料，双凤阙之间有一条宽约 40 米的南北向大道[6]，正与此桥对应。从该桥所处位置看，正处于建章宫、汉长安城以及城南礼制建筑区的三岔口，从建章宫或汉长安城向南跨过此桥便可进入上林苑，应是建章宫、长安城通向上林苑的皇室

〔1〕　唐寰澄：《中国科学技术史·桥梁卷》，科学出版社，2000 年。

〔2〕　内蒙古文物工作队、内蒙古博物馆：《和林格尔发现一座重要的东汉壁画墓》，《文物》1974 年 1 期。

〔3〕　茅以升：《中国古桥技术史》，北京出版社，1986 年。

〔4〕　茅以升：《中国古桥技术史》，北京出版社，1986 年。

〔5〕　唐寰澄：《中国科学技术史·桥梁卷》，科学出版社，2000 年。

〔6〕　刘庆柱、李毓芳：《汉长安城》，文物出版社，2003 年。

御用桥梁。

（五）关于古桥的规模

目前揭露的一号古桥遗址，木桩的范围东西宽 28 米，南北长 22 米，从对周边的勘探和发掘情况以及木桩排列的规律看，目前揭露的只是该桥木桩的一部分（当属东南部）。向南、向东几十米见不到任何木桩痕迹，应该是发掘到了尽头。而向西、向北仍有木桩在延伸但皆无法发掘，向北为已经建成的陇海铁路涵洞，向西为主体已经完成的西三环主干道高架桥的桥墩。据现场施工人员讲，当时修建高架桥的水泥桥墩时，在高架桥最东边（最靠近一号桥址）的一处桩孔中，发现圆木残片，与古桥木桩相同。圆木所处位置与已发现的第一排古桥木桩在东西方向的同一条直线上，距已发掘出的第一排最西端的木桩约 20 米。照此推算，该古桥木桩东西宽 48 米，也就是说该桥的宽应在 48 米以上。桥的长度尚不好确定，但从对遗址周围的勘探和调查看，这一段古河床宽度约 70米，加上引桥，推测古桥的长在百米以上。

令人大惑不解的是，此桥的宽度太大，仅从发掘揭露出的木桩看就达 28 米以上。是否把桥的长宽搞颠倒了？这是不可能的。从木桩排列看，南北不成行，东西向排列紧密，河水不可能从南北向流过。从两壁沙层的分布看，古河道的流向为东西方向无疑。

很显然，此桥的规模不可能比历史上的渭河三桥大。据考证，建于秦代的中渭桥，长 500 米，跨河中 67 排，750 根木柱，宽约 14 米[1]。已发掘的唐东渭桥全长 548 米，揭露木柱二十二排 418根，宽 11 米[2]。扬州唐代木桥出土桥桩六排 33 根，中孔跨度 8 米，长 34 米以上，宽 7 米以上。咸阳沙河一、二号古桥，据发掘者推算宽度约 16 米[3]。

为什么此桥要造如此之宽，是否桥上还有其他建筑，依据桥下发现大量瓦片、瓦当看，极有可能。

该古桥遗址发现后，西安市的三环东辅道为此修改了建设方案，原本直穿遗址而过，后改为从古桥遗址东侧绕道而行。发掘完毕经上报，已决定对一号古桥采取覆棚展示的保护方式，西安市文物局已委托专业勘测机构完成了对遗址周边地形的测绘，一号古桥遗址的保护设计方案正在编制之中。因该处遗址保护方案的编制、论证、审批以及工程实施还涉及许多问题，需要较长的时间，因此，目前我们对一号古桥遗址采取了覆沙回填的临时保护措施。

（六）桥桩木材的鉴定

最初我们采集了四块样本，委托中国社会科学院考古研究所对古桥遗址的木材进行了鉴定，有侧柏、栎木、楠木和漆树。后来又采集了 30 个样本，交由西北农林科技大学，经鉴定为六科六属

---

〔1〕 唐寰澄：《中国科学技术史·桥梁卷》，科学出版社，2000 年。

〔2〕 王仁波：《高陵县唐东渭桥遗址》，《中国考古学年鉴·1984》，文物出版社，1984 年。

〔3〕 段清波：《咸阳沙河汉唐木桥》，《中国考古学年鉴·1990》，文物出版社，1990 年；陕西省考古研究所：《西渭桥遗址》，《考古与文物》1992 年 2 期。

的木材，即松科的冷杉属、樟科桢楠属、紫葳科梓属（楸木）、壳斗科麻栎属槲栎类、楝科香椿属（香椿）、榆科榆属。并得出结论，此汉代木桥遗址出土木材树种与咸阳沙河古桥的木材树种、兵马俑的棚木木材树种基本相同[1]。

（七）铁器的金相分析

从 A 型斧残断的中心部分提取了一小块样品，送交西安文物修复中心进行了金相分析，结果如下。

金相组织，珠光体＋莱氏体，有少量片状石墨。由于加热时间长炭化物游离析出碳，形成片状石墨，说明当时的铸造工艺不是很好。硬度测试，从样品中提取了几块测试结果为 578HV1、523HV1、572HV1、427HV1、680HV1。硬度较高，稍微差于现在的刀具。适合于做兵器和各类工具，但脆性较强。估计含碳量是 4%，没看到合金化元素。样品矿化较为厉害，取的样品是铁斧的芯部。照片全是 100×的（100 倍），浸蚀剂用 3%的硝酸酒精溶液（图版一一五）。

附　汉长安城泬水木桥桥桩木材鉴定

西安市文物保护考古研究院在西安市西郊汉长安城遗址发现一座汉代木桥遗址，由于这处遗址北临陇海铁路，西与西安市三环路的高架桥部分重合，所以考古人员只是对其东南角进行了考古发掘。在东西长 28、南北宽 22 米的范围内，挖掘出楔入河床的木桩五排 160 根。这些木桩上端多已炭化，基本出于原始位置，露出的高度多 1.5~2.5 米，排间距离 4.2~5.1 米，河床遍布细沙。从遗迹的位置来看，这座木桥应是汉代古河泬水上的桥梁，桥址应横跨泬水南、北两岸。考古人员从木桥桥桩参加四块炭样本用来进行树种鉴定，目的是弄清楚这些木桩是使用什么树种的木材。

一　实验方法

将四个样本做横向、径向、弦向三个方向切面，先在金相显微镜下观察，记载木材特征，根据现代木材图谱和《中国木材志》对树种木材特征的描述进行木材树种的鉴定，然后在日立 S-530 扫描电子显微镜下进行拍照。

---

〔1〕　冯德君、赵泾峰、王自力：《陕西三桥汉代木桥遗址出土木材研究》，《西北林学院学报》2008 年 6 期。

二　实验结果

经过鉴定，这些样本分别为侧柏、栎属、桢楠属和漆属。这四种木材的显微构造如下。

（1）侧柏　从横切面上看，生长轮明显，早材带占全生长轮宽度的绝大部分，晚材带极窄，早材至晚材渐变，木射线细，没有树脂道。从径切面看，射线薄壁细胞与早材管胞间交叉场纹孔式为柏木型。从弦切面看，木射线单列，高数1～28个细胞，多数2～15个细胞（图版一一六）。

（2）栎属　从横切面上看，生长轮明显，环孔材，早材管孔略大，在肉眼下明显，连续排列成早材带，早材至晚材急变，晚材管孔在显微镜下才能看见。从径切面看，单穿孔，射线—导管间纹孔式为刻痕状，射线组织同形单列和多列。从弦切面看，木射线非叠生，窄木射线通常单列，宽木射线最宽处宽至许多细胞（图版一一六）。

（3）桢楠属　从横切面上看，生长轮明显，散孔材，管孔略小，散生或斜列，具浸填体，导管横切面为圆形及卵圆形，单管孔或2～3个聚合呈丛，从径切面看，单穿孔，射线组织异型Ⅲ型及Ⅱ型，有油细胞。从弦切面看，木射线非叠生，单列射线极少，多列射线通常宽2～3列细胞，油细胞多（图版一一六）。

（4）漆属　从横切面上看，生长轮明显，环孔材，早材管孔略小至中等，在肉眼下可见，连续排列成早材带，带宽二至四个管孔，有浸填体，早材至晚材略急变，晚材管孔在显微镜下才能看见，散生，轴向薄壁组织傍管状。从径切面看，单穿孔，射线组织异型Ⅲ型及Ⅱ型。从弦切面看，木射线非叠生，单列射线极少，多列射线通常宽2～4列细胞（图版一一七）。

三　讨论

一般来说作为船舶、桥梁的树木树体高大、通直，木材具有耐水湿、耐腐朽、胀缩性小、抗压及抗弯曲强度大等特点。本文鉴定的汉代上林苑桥址木桥桥柱的四个树种的树体和木材都具有以上特点。桢楠通常也叫楠木，为大乔木，高30余米，树干通直，木材有香气，纹理直，结构细密，不易变形和开裂。楠木为我国珍贵用材树种，素以材质优良而闻名于国内外，耐腐，抗虫蛀，适宜房屋建筑和造船。侧柏为常绿乔木，高20、胸径1米，木材耐腐性强，适宜作桥梁、房屋建筑、家具、舟车、农具等。漆树为落叶乔木，高20米。木材耐腐、耐水湿，适宜作房屋建筑、家具、农具等。栎木为落叶乔木，高25～30米。栎木材强度大，耐腐，适合用作屋架、工具柄、坑木。

而且鉴定出的四个树种在关中地区自古有栽培。甚至在秦汉上林苑也有栽培。《西京杂记》卷一"四株"；《两京赋》："木则枞栝棕楠，梓械楩枫。""柟"与"楠"字相同，《山海经·南山经》："虖勺之山，其上多梓枏。"郭璞注："枏，大木，叶似桑，今作楠。"《山海经·西山经》记载"白于之山，上多松柏，下多栎檀。"《诗经·大雅·皇矣》《小雅·天保》《小雅·頍弁》诸篇均有"柏"的记载。《两都赋》载上林苑植柏；《汉书·外戚传》：卫思后葬"城南桐柏园"。《史记·司马相如列传》："沙棠栎楮。"《西京杂记》载：漆，古今同名，始载于《诗经》；《秦风·车邻》："山有漆，隰有栗。"

由此看来，西汉时期人们不仅栽培这四种树木，而且有意识地选择这四种耐腐、耐水湿的木材作桥桩用。

四　结论

经过鉴定，木桥桥柱的木材分别为侧柏、栎木、楠木和漆木。这四种树木不仅在关中甚至在汉上林苑有栽培，而且由于这四种树木的木材耐腐和水湿，西汉时期的人们有意识地选择它们作桥桩用。

中国社会科学院考古研究所　王树芝　王增林

第八章　上林苑八号遗址

　　上林苑八号遗址位于西安市西郊三桥镇吕围墙小学，南距阿房宫前殿遗址 4700 米，位于上林苑三号遗址东北约 760 米。据调查，该遗址在 1949 年前台基上曾有"大汉庙"，村名好汉庙村[1]，故该遗址又名好汉庙遗址。在庙宇平毁后，台上削平后建教室为学校。近年来学校在台基南侧兴建教学楼，对台基南侧夯土形成破坏，教学楼即建于夯土之上。1956 年 1 月，俞伟超先生在陈直先生介绍下，对该遗址进行考古调查，指出"庙址在一座小土丘上，土丘实为一夯土台基"，并在台基"断面及周围发现圆形地下泄水陶管和瓦当多件"，采集山字形半瓦当、文字瓦当残块、卷云纹瓦当等遗物，确认遗址"是一个从战国末延续到西汉的建筑基址"[2]。1998 年《中国文物地图集·陕西分册》即据此登记，称为"庙村"遗址，但将遗址标注于三桥镇低堡子村西北，位置有误[3]。此外，《中国文物地图集·陕西分册》在三桥镇吕围墙村东侧登记有一座时代为西汉的夯土台基"曝衣阁遗址"，记录台基东西长 58、南北宽 40、高 2.8 米，介绍在遗址地表散布有柱础石、绳纹瓦、条砖等遗物，将遗址标注在吕围墙东南新军寨村的南侧，其所介绍的台基是否即为本遗址，暂无法确定[4]。2007 年，阿房宫考古队在寻找确认阿房宫遗址范围的过程中，对该遗址进行了考古勘探，这次整理时将遗址编号为上林苑八号遗址。

一　地层堆积

上林苑八号遗址未经试掘，根据勘探情况，其不同位置的地层堆积情况如下。

（一）夯土台基

第 1 层：表土层。厚 0.3～0.5 米。

〔1〕 西安市地名委员会、西安市民政局编：《西安市地名志》，"吕围墙"，"清嘉庆《长安县志》为吕家村，清末因建有围墙改今名，亦称好汉庙"，1986 年，218 页。

〔2〕 俞伟超：《汉长安城西北部踏查记》，《考古通讯》1956 年 5 期，20 页。

〔3〕 国家文物局主编，陕西省文物事业管理局编：《中国文物地图集·陕西分册》，西安地图出版社，1998 年，文字见下册 48 页、图见上册 142 页。

〔4〕 国家文物局主编，陕西省文物事业管理局编：《中国文物地图集·陕西分册》，西安地图出版社，1998 年，文字见下册 52 页、图见上册 142 页。

第2层：夯土层。据地表0.3~0.5、厚6.8米左右。现存夯土台基高2.8米左右，之下为厚4米左右的夯土基础。

夯土层下为原始沙土层。

（二）夯土台基西侧

第1层：表土层。厚0.5米。

第2层：扰土层。距地表0.5、厚0.3~0.8米。

第3层：夯土层。距地表0.8~1.3、厚1米左右。

（三）夯土台基北侧

第1层：表土层。厚0.4米。

第2层：文化层。距地表0.4、厚1.3米左右，主要为建筑物倒塌堆积。之下为建筑外地面，距地表1.7米。向下未穿透勘探。

（四）夯土台基东侧

第1层：表土层。厚0.3~0.5米。

第2层：夯土层。距地表0.3~0.5、厚1.5米。

夯土层下为生土层。

二　遗　迹

上林苑八号遗址保存现状甚差，台基南侧、西侧在小学建设中遭到破坏后以水泥封护；台基东侧遭现代建筑破坏，仅北侧保存坡状似原始堆积（图版一一七）。

勘探资料显示，该遗址为上下两层结构，上层为建筑本体，下层为建筑基础。上部建筑已破坏无存，仅存基址，现残存东西52、南北24~27、残高2.8米，夯层厚5~8厘米。下层台基东西105、南北42~62、厚4米，夯层厚5~8厘米，西侧被村庄砖瓦窑破坏（砖瓦窑已废弃）。在夯土台基的东北、西南均发现有红烧土堆积（图二一六）。

三　遗　物

上林苑八号遗址未经发掘，遗物均为采集所得，主要有板瓦、瓦当残块等建筑材料。

板瓦　灰色，均残。根据表面绳纹粗细，分B、C两型。共3件。

B型　表面饰中粗交错绳纹，内素面。属Ba1型。1件（Ⅷ采：1），残长11、残宽16、厚1.6

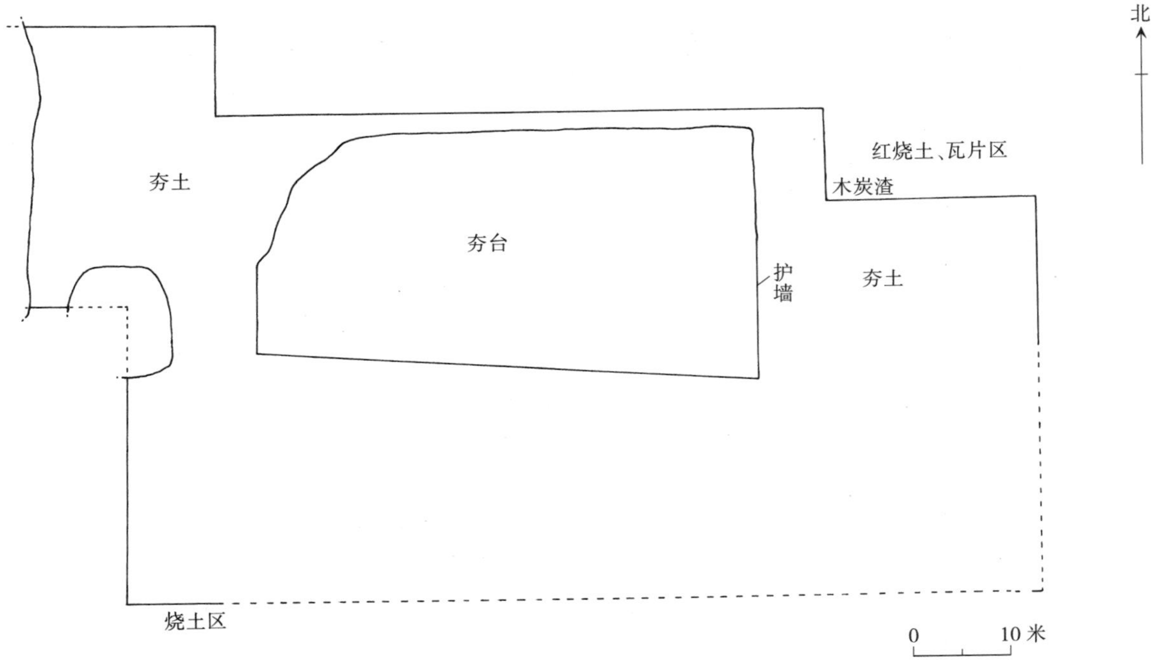

图二一六　上林苑八号遗址钻探遗迹平面图

厘米（图二一七：1；图版一一八：1、2）。

C 型　表面饰粗绳纹，据绳纹特征，可分 Ca、Cb 两型，共 2 件。

Ca 型　1 件（Ⅷ采：2），表面饰粗交错绳纹，内素面，属 Ca1 型。残长 7.5、残宽 14、厚 1.4 厘米（图二一七：2；图版一一八：3、4）。

Cb 型　1 件（Ⅷ采：3），表面饰粗斜绳纹，内素面，属 Cb1 型。残长 10、残宽 11、厚 1.5 厘米（图二一七：3；图版一一八：5、6）。

瓦当　2 件。灰色，均残。

Ⅷ采：5，素面半瓦当。当面复原直径 14、当厚 1.3 厘米。所连筒瓦属 A 型，表面细绳纹，内面麻点纹，泥条盘筑痕迹明显。瓦残长 8、残宽 15、厚 1.7 厘米（图二一七：4；图版一一九：1、2）。

Ⅷ采：4，山云纹瓦当，厚 2 厘米（图二一七：5；图版一一九：3、4）。

四　小结

该遗址采集到表面细密交错绳纹板瓦，与上林苑一号建筑遗址出土板瓦特征相同。采集"山字纹"瓦当如俞伟超先生所言，过去在易县燕下都、赤峰、石家庄等地均有出土，且其与素面半瓦当同出的情况，均与上林苑三号遗址所出相似，表明该遗址的时代应与上林苑三号遗址相近，均为战国时期。该遗址中采集的表面中交错绳纹、内素面，表面斜粗绳纹、内素面的板瓦，表明遗址当沿用到西汉时期。

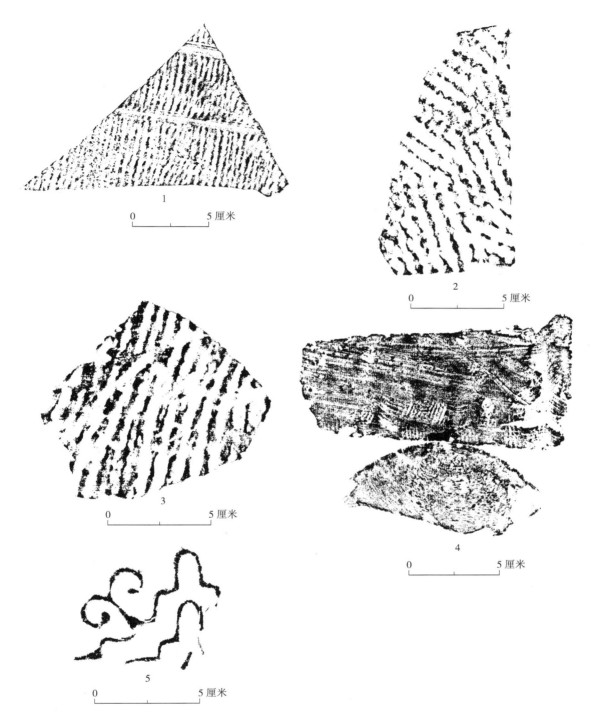

图二一七　上林苑八号遗址采集板瓦、瓦当

1. Ⅷ采：1　2. Ⅷ采：2　3. Ⅷ采：3　4. Ⅷ采：5　5. Ⅷ采：4

　　从该遗址的建筑结构看，它应是一座高台宫殿建筑，因其位于渭河以南秦上林苑中，故而亦当是战国秦上林苑中的高台宫殿建筑。从台基东北、西南存在较多红烧土堆积看，其废弃或与火灾有一定关系。由于其建筑时代比秦统一后修建的阿房宫要早，故在确切文字资料出土前，其与阿房宫应不存在可以证明的所属关系。

第九章　上林苑九号遗址

上林苑九号遗址又称秧歌台遗址，位于西安市三桥镇后卫寨村东南，南距阿房宫前殿 3000 米左右，北侧 850 米左右为上林苑三号遗址，东南 2100 米左右为上林苑六号遗址。据《中国文物地图集·陕西分册》介绍，该遗址在 1958 年曾被相关机构开展调查，面积不详。当时保存有东西约150、南北约 200、高约 3 米的大型夯土台。周围散布有绳纹筒瓦、板瓦及条砖等遗物〔1〕。据调查得知，该遗址在 20 世纪 70 年代平整土地中被取土破坏，出土大量础石、瓦片、瓦当、五角陶水管道等建筑材料。2007 年，阿房宫考古队为了寻找确定阿房宫遗址范围，对该遗址进行了考古调查与试掘，这次整理时将遗址编号为上林苑九号遗址。目前，当地已为厂房叠压。

一　地层堆积

为了了解遗址堆积情况，考古队在遗址南部瓦片堆积较丰富区域进行布方试掘（T1），规格3×1.5 米（图二一八）。但由于后期破坏，发掘区内未清理出相关遗迹。其地层堆积情况以探方东壁为例说明如下：

第 1 层：耕土层。厚 0.3 米。含近现代遗物和绳纹瓦片碎块。

第 2 层：汉代文化层。距地表 0.3、厚 0.2 ~ 0.7 米。灰褐色，土质较硬。含较多绳纹板瓦、筒瓦残片、云纹瓦当、子母砖、圆形排水管道残块、烧土块等。之下为生土。

二　出土遗物

在遗址发掘中出土较多建筑材料，包括铺地砖、板瓦、筒瓦及少量瓦当。

铺地砖　1 件（ⅨT1②:1），残破，灰色。一面几何纹，一面素面。残长 14、残宽 16、厚 2.7厘米（图二一九:1；图版一二〇:1、2）。

---

〔1〕　国家文物局主编，陕西省文物事业管理局编：《中国文物地图集·陕西分册》，西安地图出版社，1998年，文字见下册 52 页、图见上册 142 页。

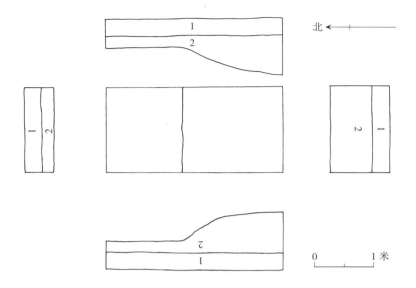

图二一八　上林苑九号遗址 T1 平、剖面图

　　子母口砖　1 件（ⅨT1②:2）长方形，残缺一角。左右两侧的凹凸部分为方形，灰色，素面。砖长 26、宽 16、厚 5 厘米。凸头部分略呈梯形，高 3、宽 2.5～5 厘米；内凹部分深 3.5、宽 6.5 厘米（图版一二○:3、4）。

　　板瓦　灰色，均残。根据表面绳纹粗细，分 A、C 两型。共 3 件。

　　A 型　1 件（ⅨT1②:3），表面饰细交错绳纹，内面素面，属 Aa1 型。残长 18、残宽 21.5、厚 1.2～1.8 厘米（图二一九:2；图版一二○:5）。

　　C 型　表面饰粗绳纹，据绳纹特征，属 Ca 型。共 2 件。

　　Ca 型　表面饰粗交错绳纹，据内面纹饰特征，可分 Ca1、Ca5 两型。

　　Ca1 型　1 件（ⅨT1②:4），表面饰粗交错绳纹，内素面。残长 12、残宽 22、厚 1.4 厘米（图二一九:3；图版一二○:6）。

　　Ca5 型　1 件（ⅨT1②:5），表面饰粗交错绳纹，内面绳纹。内面局部少量中斜绳纹。残长 15、残宽 18.6、厚 1.7 厘米（图二一九:4；图版一二一:1、2）。

　　筒瓦　灰色，均残。根据表面绳纹粗细，分 A、B 两型。共 2 件。

　　A 型　1 件（ⅨT1②:6），表面饰细斜绳纹，内面麻点纹，属 Ab2 型。浅灰色，泥条盘筑痕迹明显。残长 19、残径 18、厚 1.7 厘米（图二一九:5、6；图版一二一:3、4）。

　　B 型　1 件（ⅨT1②:7），表面属中粗斜绳纹，内面布纹，属 Bb4 型。宽度介于粗绳纹和细绳纹之间。残长 14.5、残宽 14、厚 1.2 厘米（图二二○:1、2；图版一二一:5、6）。

　　瓦当　3 件。

　　变形葵纹瓦当　1 件（Ⅸ采:1），采集，残块，灰色。当面有五个变形左向"S"纹，每两个"S"纹间有一个左向葵瓣纹连接在当心圆上。当背面粗糙，凹凸不平。当厚 2、边轮宽 1.7 厘米。所连筒瓦属 A 型，表面细绳纹，内面麻点纹，有泥条盘筑痕迹。瓦残长 5.5、残宽 2、厚 2.2 厘米（图二二○:3；图版一二二:1、2）。

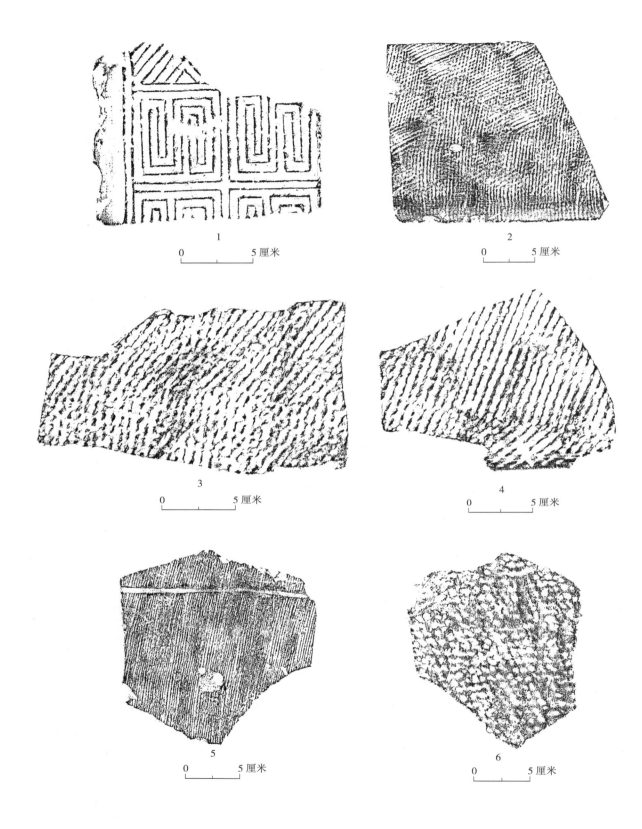

图二一九　上林苑九号遗址出土铺地砖、板瓦、筒瓦

1. ⅨT1②：1　2. ⅨT1②：3　3. ⅨT1②：4　4. ⅨT1②：5　5、6. ⅨT1②：6

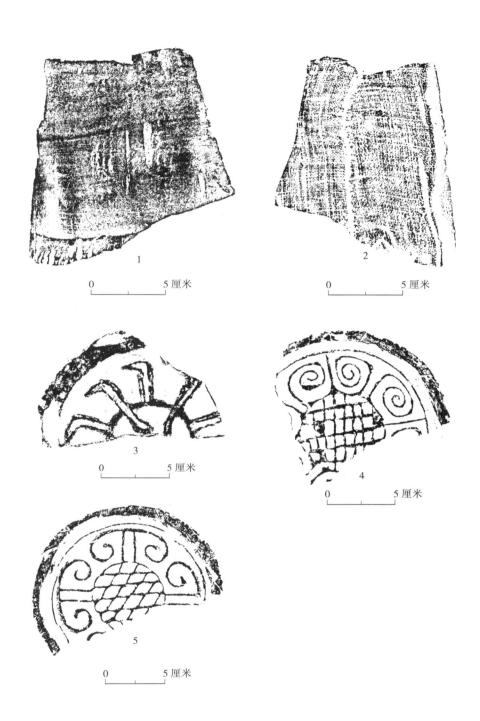

图二二○　上林苑九号遗址出土板瓦、瓦当

1、2. ⅨT1②：7　3. Ⅸ采：1　4. Ⅸ采：2　5. ⅨT1②：8

涡纹瓦当　1件（IX采∶2），属A型，残，灰色。当面制作粗糙，纹饰较细，单界格线四分当面，不穿过当心。当心饰方格纹，当面每界格内有一对相背单线涡纹，涡纹首端连至当心外圆。边轮内面一周凸弦纹。当背面凹凸不平，有绳切痕迹。当面复原直径16、边轮宽1、厚1.3～2.3厘米（图二二〇∶4；图版一二二∶3、4）。

蘑菇形云纹瓦当　1件（IXT1②∶8），属B型，残，灰色。当面双界格线不过当心，四分当面。当心饰菱形纹饰，外饰一周凸弦纹。当面双界格线顶端饰云纹，外饰一周凸弦纹。当背凹凸不平，有绳切痕迹。当面直径15.6、边轮宽1、厚2～3厘米。所连筒瓦属A型，表面细绳纹，内面麻点纹，有泥条盘筑痕迹。瓦残长9、残宽10、厚1.5厘米（图二二〇∶5；图版一二二∶5、6）。

此外，还采集有排水管道残块，外饰细绳纹，内面麻点纹，泥条盘筑，残长20、残宽22、壁厚3～5厘米。

三　小结

该遗址出土表面细密交错绳纹板瓦及表面细绳纹内面麻点纹、有泥条盘筑痕迹的筒瓦，均与上林苑一号建筑遗址出土遗物特征相同，表明该遗址的时代应与上林苑一号遗址相近，均为战国时期。该遗址出土表面中交错绳纹、内素面，表面中交错绳纹、内面局部饰中斜绳纹板瓦，则表明遗址当沿用到西汉时期。

据调查资料，该遗址原应有较高大建筑台基，与上林苑一号、二号、三号、四号等遗址一样，均为高台建筑宫殿遗址。同样，因其位于渭河以南的秦上林苑中，故亦当是战国秦上林苑中建筑之一。由于其建筑时代比秦统一后修建的阿房宫要早，故在确切文字资料出土前，其与阿房宫应不存在可以证明的所属关系。

第十章　上林苑十号遗址

上林苑十号遗址位于西安市西郊沣东新城高桥街道东马坊村西北，东距沣河 3 公里，北距渭河 6.5 公里，向东 9.5 公里为秦阿房宫遗址。1957 年相关考古部门调查认为其是汉代遗存。1982 西安市文物局魏效祖先生调查指出其为战国晚期[1]。2011 年，阿房宫与上林苑考古队对该遗址进行考古调查、勘探。多年来当地日益加快的生活、生产活动，给遗址本身造成严重破坏，遗址范围不断缩小。

一　建筑遗迹

据西京筹备委员会测绘地图，该遗址在 20 世纪 30 年代初时台基为一南北长、东西窄的纵条形状。而从该图中台基周围等高线闭合情况看，遗址周围特别是台基西部，有一片东西约 250、南北约 160 米的台地，与建筑台基密切相关（图版一二三）。

据美国 1967 年卫星照片，该遗址存东西长 60、南北宽 40 米的长方形高台（1 号建筑）。在高台西北分布有五处大小不等的建筑台基，位于前述西京筹备委员会所实测地图中台基西侧台地之内。其中最大一处遗址为近方形，距现存台基西北 160 米左右，东西 95、南北 98 米，面积约 8600 平方米（暂编为 2 号建筑）。台基西北侧的这些遗迹，与现存台基共同组成一个庞大的建筑群（图版一二四）。在 1975 年陕西省革委会组织测绘的万分之一地图中，台基西侧诸台基多已不存，2 号建筑台基残存东半，而 1 号建筑的台基也有缩小（图版一二五）。

1982 年，西安市文物局魏效祖先生在东马坊遗址调查时，测量台基东西长 50、南北宽 32、高 7.6 米。并发现在台基顶部中间保留一高 2 米左右土柱，"是原来夯台的未动部分，由此幸可计知台的高度"。此外，"据群众讲，台的北面，原是个倾斜度不大的漫坡地，伸出台外约 30 米，平整土地时被挖掉了，当时曾在这里挖出大量的瓦片、烧土和夯土，还有瓦当、五角形陶水道管、圆形陶井圈等"。而从台基四周还能看到一些建筑的细部结构：

> 高台南断面中部，暴露出一个房子的地面，东西 17 米，距台上地表约 1.6 米。房地面上

---

[1]　魏效祖：《长安县东马坊的先秦建筑遗址》，《考古与文物》1986 年 4 期。

有一层烧土、瓦片堆积，厚约 50 厘米，是被烧毁而坍塌的房顶。房子的西边有整齐的墙壁断面，残高 1.4 米，东边无墙，但房外堆积的土色与房内逐渐有所区别，房外堆积中烧土和瓦片较少。

高台西断面上，南端暴露有房屋地面，南北约 10 米，上有烧土、瓦片堆积，高于台下地表 1.75 米。断面中部偏北处露出一细绳纹圆形陶水道管，比现地表高 0.6 米。北端有一处破砖残瓦堆积，土质不纯，堆积杂乱，坑形极不规则，虽属秦的遗物，但系扰乱而成。

高台北断面上，西端有一处黄褐色土的堆积，内有较多的瓦片，底部不甚整齐，西头有竖立的直边，东头界限不清，高于台下地表 1 米多。断面东边，有一小块残留的房屋地面，上有一层薄黑灰、烧土和瓦片堆积，房屋地面高出台下地表 2.2 米。

高台东断面上，靠北端暴露有房屋地面，其南北界限不清，高于台下地表 4 米，上有少量的瓦片。

据此显示，"这个遗址的建筑布局，是错落有致的夯土高台建筑。采用的建筑方法，是在夯土台的上面和周围挖出房屋空间，再于空间中设立梁架结构，所以房屋的两边或三边墙壁的全部或部分都是原有的夯土台。这些情况与咸阳宫建筑属同一类型，是盛行于战国时期的宫室建筑形式"[1]。而在遗址周围，还散布着大量的烧土、瓦片，少量的瓦当、方砖、空心砖、陶水道管等遗物（图版一二六）。

2008 年，在第三次全国文物普查中，西安市文物局组织对该遗址进行调查。经测量，夯土台基东西 47、南北 31、高约 6 米。调查者判断遗址的上部为瓦片堆积，下部为夯土台基。其中下部夯土台基高约 3.7 米，上部瓦片堆积厚约 2.55 米，夹杂大量绳纹瓦片及红烧土，瓦片堆积丰富。而下部夯土则较为致密，夯层厚约 6.5~8 厘米。此外，从夯土台基南侧可以见到 3 个柱础镶嵌于夯土台面与瓦片堆积之间，均为不规则扁平状石块。而在台基南侧地面上还放置有一块从台基中挖出的石块，体形较大，长 1.1、宽 1、高 0.28 米。台基四周还有很多掏挖破坏痕迹，台基上长满荒草。

2011 年 5 月、11 月，阿房宫与上林苑考古队对东马坊遗址进行两次踏查，这次整理时将遗址编号为上林苑十号遗址。发现 2008 年三普调查时台基南侧的空地已建厂房。新建厂房不仅直接叠压被破坏后的台基南侧基础，且厂房施工对现存台基南侧还有所破坏。台基西侧在 5 月踏查时为南北向的小路，到 11 月已被取平，在 2012 年春进行了厂房营建（图版一二七）。由于工作条件尚不具备，我们仅对其进行了测量与遗物采集。经测定，建筑台基现存东西 45、南北 23、残高 5.88 米，规模较 2008 年再有缩小（图版一二八）。

二　出土遗物

上林苑十号遗址未发掘，所有遗物均为采集所获，主要为建筑材料，包括板瓦、筒瓦及瓦当。

---

〔1〕　西安市文物局　魏效祖：《长安县东马坊的先秦建筑遗址》，《考古与文物》1986 年 4 期。

板瓦　灰色，均残。根据表面绳纹粗细，为 C 型。共 2 件。

C 型　表面饰粗斜绳纹，内素面，属 Cb1 型。标本 2 件。

X 采：1，前端局部有小三角形戳刺纹。残长 14、残宽 15、厚 1.4 厘米（图二二一：3；图版一二九：3、4）。

X 采：9，发现于 1 号建筑台基西北 400~800 米处，残长 7、残宽 12.5、厚 1.5 厘米（图二二一：4；图版一二九：5、6）。

筒瓦　灰色，均残。根据表面绳纹粗细，分 A、B 两型。共 6 件。

A 型　表面饰细绳纹，据绳纹特征，可分 Aa、Ab、Ac 三型。共 5 件。

Aa 型　1 件（X 采：3），表面饰细交错绳纹，内麻点纹，属 Aa2 型。灰色。残长 23、残宽 24、厚 1 厘米（图二二一：5、6；图版一三〇：1、2）。

Ab 型　1 件（X 采：6），表面饰细斜绳纹，内面麻点纹，属 Ab2 型。砖红色，残长 17、残宽 20、厚 1.2 厘米（图二二二：1、2；图版一三〇：3、4）。

Ac 型　表面饰细直绳纹，内面麻点纹，属 Ac2 型。标本 3 件。

X 采：2，灰色，瓦身有一圆孔，孔径 1.2 厘米。残长 12、残宽 19、厚 1.5 厘米（图二二二：3、4；图版一三〇：5、6）。

X 采：4，灰色。残长 9、残宽 10、厚 1 厘米；唇长 2.4、厚 1 厘米（图二二二：5、6；图版一三一：1、2）。

X 采：5，砖红色。残长 17、残宽 17、厚 1 厘米；唇长 3、厚 1 厘米（图二二三：1、2；图版一三一：3、4）。

B 型　1 件（X 采：10），表面饰中粗直绳纹，内面麻点纹，属 Bc2 型。在 1 号建筑台基西北 400~800 米处发现，表面中绳纹，宽度介于粗绳纹和细绳纹之间，内面麻点纹。残长 15、残宽 21、厚 1~1.6 厘米（图二二三：3、4；图版一三一：5）。

蘑菇形云纹瓦当　1 件（X 采：7），边轮残缺，灰色，属 B 型。当面双界格线不穿当心，四分当面。当心内面菱形纹，外饰一周凸弦纹。双界格线顶端饰蘑菇形云纹，外饰一周凸弦纹。当背面凹凸不平。当面直径 17、边轮宽 1、厚 2.7 厘米（图二二三：5；图版一三一：6）。

在 1 号建筑台基西北 400~800 米处发现大量瓦当及柱础石，现叙述如下：

瓦当分圆瓦当和半瓦当两类。

半瓦当　1 件（X 采：11），采集。灰色，素面，制作粗糙，表面凹凸不平。当面直径 15、当厚 1.1 厘米。所连筒瓦属 A 型，表面细绳纹，内面麻点纹，泥条盘筑痕迹明显。瓦残长 9.5、径 16、厚 2 厘米（图二二四：1；图版一三二：1、2）。

圆瓦当　根据纹饰不同分为葵纹瓦当、勾云纹瓦当、涡纹瓦当、云纹瓦当四种。

葵纹瓦当　2 件，均为 A 型。

X 采：12，残，灰色。当面饰十二朵三线葵纹，葵纹右向排列，现存六朵。当心为一小乳钉，周饰四朵左向三线葵纹。外圆为变形绳纹。当背凹凸不平，有绳切痕迹。当面复原直径 15、边轮宽 1、当厚 1.5~3 厘米（图二二四：2；图版一三二：3、4）。

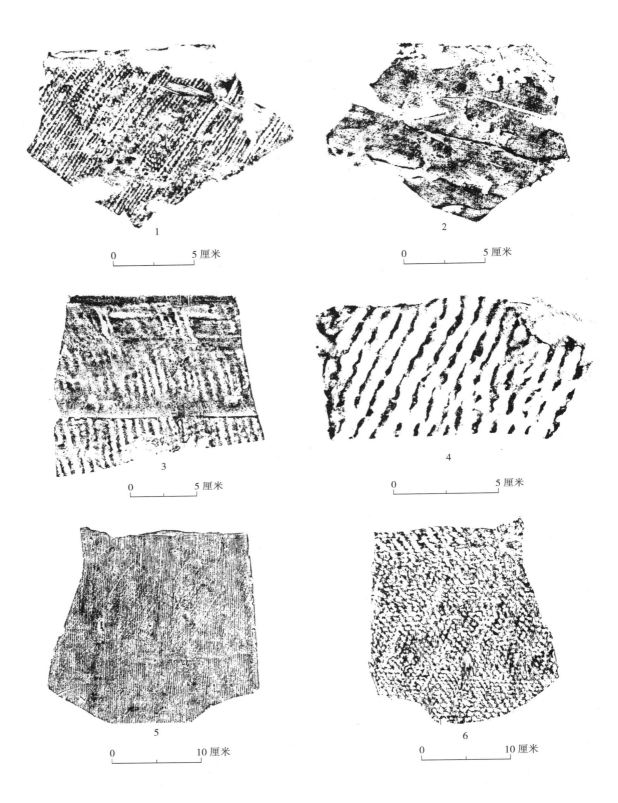

0   5 厘米

0   5 厘米

0   5 厘米

0   5 厘米

0   10 厘米

0   10 厘米

图二二一　上林苑十号遗址采集陶水管、板瓦、筒瓦

1、2. X 采:8　3. X 采:1　4. X 采:9　5、6. X 采:3

第十章　上林苑十号遗址

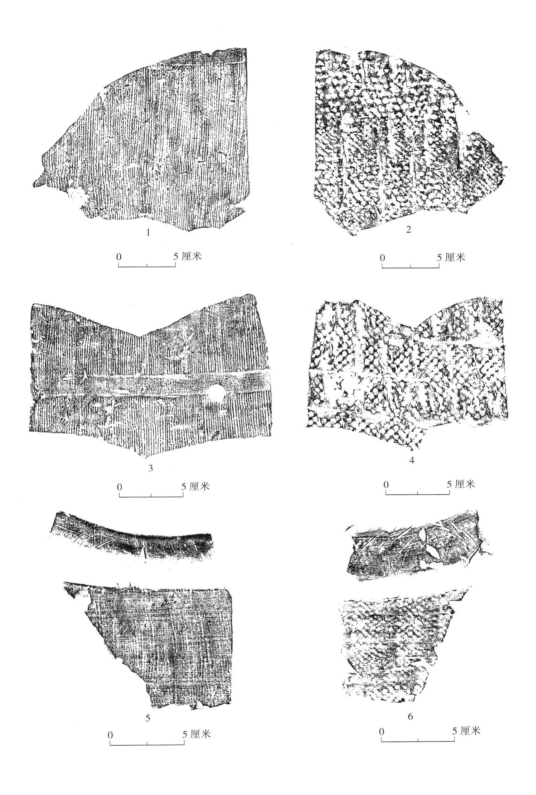

0　　　　5厘米

图二二二　上林苑十号遗址采集筒瓦

1、2. X采:6　3、4. X采:2　5、6. X采:4

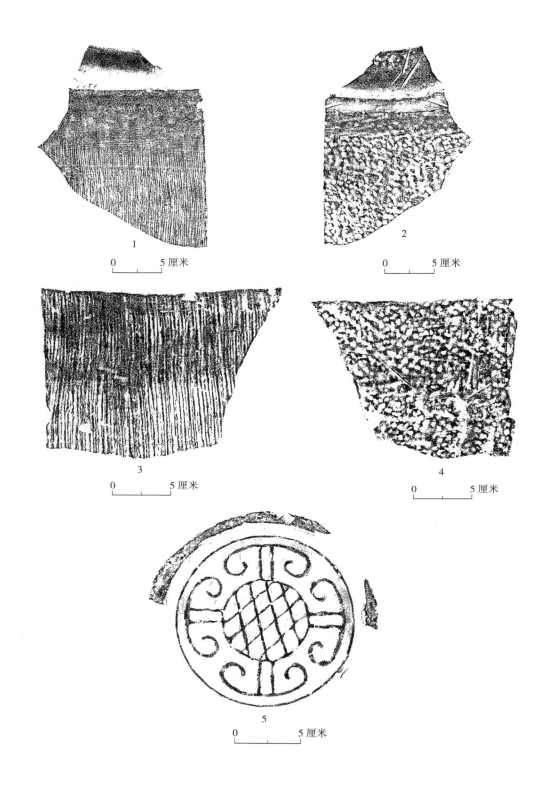

图二二三　上林苑十号遗址采集筒瓦、瓦当

1、2. X采:5　3、4. X采:10　5. X采:7

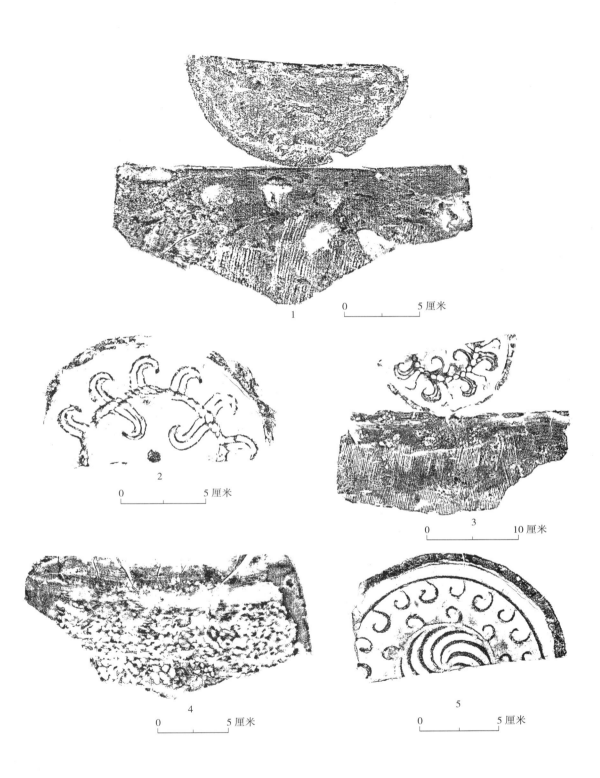

图二二四　上林苑十号遗址采集瓦当

1. X采：11　2. X采：12　3、4. X采：13　5. X采：14

X采：13，残，深灰色。当面饰八朵右向三线葵纹，每两朵葵纹间有一单线右向葵纹。当心饰一小乳钉纹，周饰四朵三线右向葵纹，每两朵葵纹间有一单线左向葵纹。当心外圆为变形绳纹。当面复原直径15.5、边轮宽1、当厚1.2厘米。所连筒瓦属A型，表面细绳纹，内面麻点纹，泥条盘筑痕迹明显。瓦残长12、瓦径15、厚1.5厘米（图二二四：3、4；图版一三二：5、6）。

勾云纹瓦当　1件（X采：14），残，深灰色。当面饰十朵左向单勾云纹，每两朵勾云纹间又有一朵左向小勾云纹，大小勾云纹末端均连至当边轮内凸弦纹上。当心饰一小乳钉纹，其外为右向涡轮纹，外围一圆。其外有十朵左向小勾云纹。当背面凹凸不平。当面复原直径16、边轮宽0.7、厚1厘米（图二二四：5；图版一三三：1、2）。

涡纹瓦当　1件（X采：20），属B型，残，深灰色。当面饰双界格线，四分当面，不穿当心。当心饰大乳钉纹，外饰双周凸弦纹。当面每界格内有一对相向单线涡纹，涡纹首端连至界格线近外端。边轮内有一周凸弦纹。当背面粗糙，凹凸不平。当面复原直径17、边轮宽1.5、当厚1.5厘米。所连筒瓦属A型，表面细绳纹，内面麻点纹，有泥条盘筑痕迹。瓦残长6、径17、厚1.7厘米（图二二五：1；图版一三三：3、4）。

蘑菇形云纹瓦当　2件，纹饰各不相同，分为A型、B型瓦当。

A型　1件（X采：21），残，深灰色。当面单界格线穿过当心，四分当面。当心界格线交会处有一小乳钉纹，每界格内面一叶纹，左右两侧各有一小乳钉纹，当心外饰一周凸弦纹。当面界格线顶端各饰一朵蘑菇形云纹，云纹间有一左向单线涡纹，涡纹首端连至当心外圆。边轮内有一周凸弦纹，当背面凹凸不平，有绳切痕迹。当面复原直径17、边轮宽1、当厚1～2.5厘米（图二二五：2；图版一三三：5、6）。

B型　1件（X采：23），残，深灰色。当面双界格线四分当面，不穿当心。当面纹饰较粗，当心饰大方格纹，外饰一周凸弦纹。当面界格线顶端饰蘑菇形云纹，外饰一周凸弦纹。当背面不平。当面复原直径16.6、边轮宽1、当厚1.5厘米。所连筒瓦属A型，表面细绳纹，内面麻点纹，有泥条盘筑痕迹。瓦残长16、径17、厚1～2.5厘米。瓦表面戳印阴文"大匠"，陶文长2、宽1.1厘米（图二二五：3、4；图版一三四：1、2、3）。

云纹瓦当　7件。根据表面纹饰不同，分属于A、B二型。

A型　2件，当心饰一圆饼形纹。

X采：17，残，灰色。当心饰一圆饼形纹，径3、高0.5厘米。当面饰四朵云纹，云纹末端反向卷出连至边轮内凸弦纹。每朵云纹内各饰一"）（"形纹。当背面粗糙，凹凸不平，有绳切痕迹。当面复原直径14.2、边轮宽0.8、当厚2～3厘米（图二二五：5；图版一三四：4）。

X采：18，残，褐色。当心饰一圆饼形纹，径3.5、高0.5厘米。当面饰四朵云纹，云纹末端反向卷出连至边轮内凸弦纹，每朵云纹内各饰一"）（"形纹。当背面粗糙，凹凸不平，有粗绳切割痕迹。当面直径14.5、边轮宽1、当厚1.5～2厘米（图二二六：1；图版一三四：5、6）。

B型　5件。

X采：19，残，深灰色。当面饰双界格线，四分当面，不穿当心。当心饰小方格纹，被一斜线等分，外饰双线凸弦纹。当面每界格内有一朵云纹，云纹末端反向扣合连至界格线近内端。边轮内

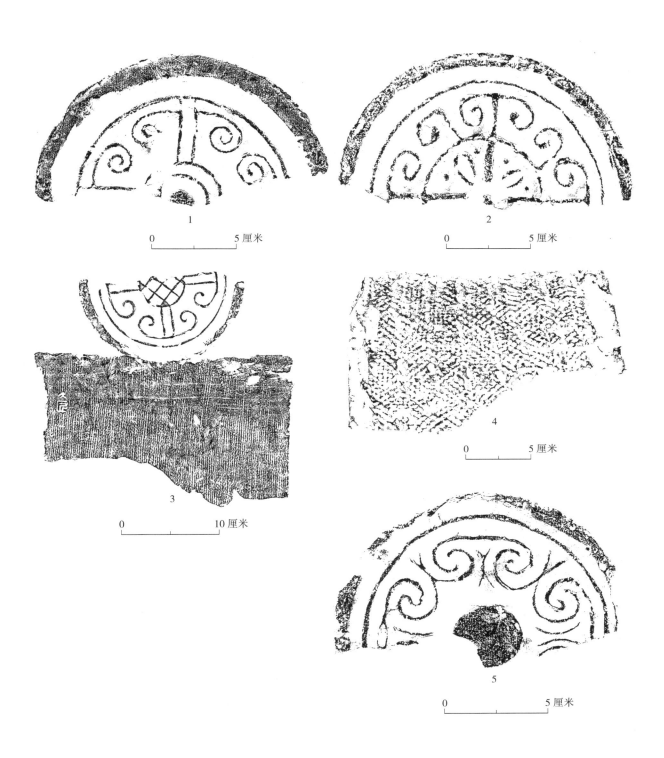

图二二五　上林苑十号遗址采集瓦当

1. X采:20　2. X采:21　3、4. X采:23　5. X采:17

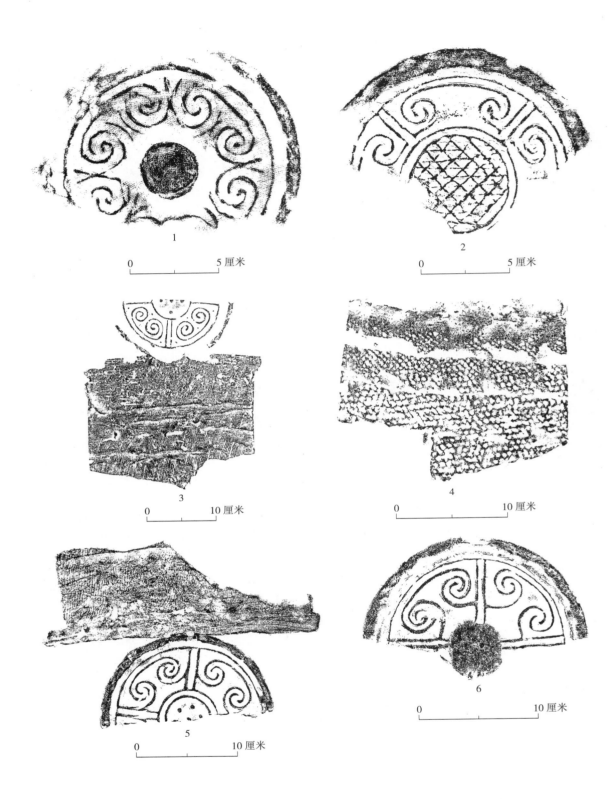

图二二六　上林苑十号遗址采集瓦当

1. X采:18　2. X采:19　3、4. X采:22　5. X采:15　6. X采:16

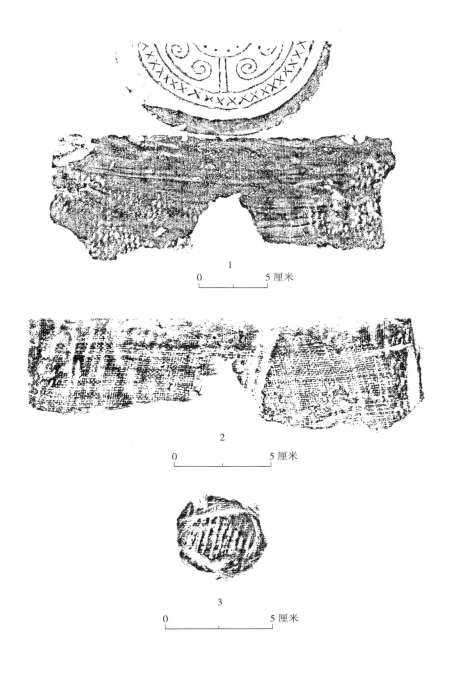

图二二七　上林苑十号遗址采集瓦当、火眼

1、2. X采:24　3. X采:25

面一周凸弦纹。当背面粗糙，凹凸不平，有粗绳切割痕迹。当面复原直径 16、边轮宽 1.2、当厚 1.2～1.25 厘米（图二二六：2；图版一三五：1、2）。

X采：22，残，深灰色。当面饰双界格线，四分当面，不穿当心。当心为梅花点乳钉纹（中心一颗乳钉，上下左右各有一颗乳钉），外饰一周凸弦纹。当面每界格内面一朵云纹，云纹外两侧各饰一小乳钉纹，云纹内有上下两乳钉。边轮内面一周凸弦纹，当背面粗糙。当面复原直径 17、边轮宽 0.7、当厚 1.2 厘米。所连筒瓦属 A 型，表面细绳纹，内面麻点纹，泥条盘筑痕迹明显。瓦残长 20、径 16.5、厚 1.5 厘米（图二二六：3、4；图版一三五：3、4）。

X采：15，残，灰色。当面饰双界格线，四分当面，不穿过当心。当心饰六乳钉围一小乳钉，外饰双线凸弦纹。当面每界格内面一朵云纹，云纹末端反向扣合一圈半连至界格线，边轮内面一周凸弦纹。当背面凹凸不平。当面复原直径 17、边轮宽 0.7、当厚 1 厘米。所连筒瓦属 A 型，表面细绳纹，内面麻点纹，泥条盘筑痕迹明显。瓦残长 10、径 17.2、厚 1～2.2 厘米（图二二六：5；图版一三五：5、6）。

X采：16，残，深灰色。当面饰双界格线，四分当面，不穿当心。当心为大乳钉纹，乳钉直径 5 厘米。当面每界格内面一朵云纹，云纹末端反向扣合一圈半连至界格线，边轮内有一周凸弦纹。当背面凹凸不平，有粗绳切割痕迹。当面复原直径 18、边轮宽 1、厚 1～2.2 厘米（图二二六：6；图版一三六：1、2）。

X采：24，残，灰色。当面饰双界格线四分当面，不穿当心。当心残缺，现存四小乳钉纹，外饰一周凸弦纹。当面每界格内面一朵云纹，边轮内两周凸弦纹，内面菱形网格纹。背面平整，有绳切痕迹。当面复原直径 16.4、边轮宽 1.4、当厚 2 厘米。所连筒瓦属 B 型，表面中绳纹，内面布纹。瓦残长 10、径 16.4、厚 1.6 厘米（图二二七：1、2；图版一三六：3、4）。

陶水管　1 件（X采：8），表面饰细斜绳纹，内素面。发现与在 1 号建筑台基西北 400～800 米处，瓦凹凸不平。残长 11.5、残宽 16.5、厚 2.5 厘米（图二二一：1、2；图版一二九：1、2）。

此外，在台基西北约 450 米处，发现一花岗岩质柱础石（X采：1），呈椭圆形，长径 32、短径 19、厚 5～8 厘米。在一号建筑台基西 100 米处采集火眼一件（X采：25），深灰色，泥质。不规则椭圆形，一面绳纹，一面素面。长径 4.5、短径 4、厚 0.8 厘米（图二二七：3）。

三　小结

从上林苑十号遗址采集遗物看，有表面细密交错绳纹板瓦，及表面细绳纹内面麻点纹、有泥条盘筑痕迹的筒瓦，与上林苑一号遗址等出土遗物特征相同，表明东马坊建筑的始建时代应与上林苑一号遗址相近，均为战国时期。而从遗址采集表面中交错绳纹、内素面，表面中交错绳纹、内面局部饰中斜绳纹板瓦等明显汉代特征遗物看，该建筑应延续使用到汉代，并在汉代进行过一定程度的维修或扩建。

从 1932 年西京筹备委员会实测的万分之一地图和从 1967 年美国卫星照片的影像资料看，在现存台基西侧 200 米范围内，密集分布着大面积大体量的建筑遗存，与现存上林苑十号遗址建筑台基形成了一个庞大建筑群体。而由此再西，在距台基直线距离约 500 米的位置，还发现有半瓦当、筒瓦、板瓦及弃置田边的建筑础石。根据调查，从台基向西，含前述台基西侧建筑群在内，一直到 800 米外西马坊村之间的田地中，在历年农田耕作中，往往有筒瓦、板瓦、瓦当、砖块等战国、汉代建筑材料出土。其中筒瓦侧面还发现了"大匠"陶文。据《汉书·百官公卿表》："将作少府，秦官，掌治宫室，有两丞、左右中侯。景帝中六年更名将作大匠。"大匠是秦汉九卿之一，负责宫室营造，城郭、陵邑修建。而据《后汉书·百官志》，大匠还"掌修作宗庙、路寝、陵园土木之功，并树桐梓之类列于道侧"。过去，在秦咸阳宫遗址、秦始皇陵遗址、秦阿房宫遗址、汉长安城遗址等均不断有"大匠"陶文发现。因此上林苑十号遗址"大匠"陶文的发现，表明遗址西侧应存在更大范围的高等级建筑遗址（目前遗址向东、向南均为村庄叠压，无法钻探，是否存在同时期遗址，暂且不明）。由于从地理位置看，上林苑十号遗址位于文献所记载的秦汉上林苑中，因此它应是一座战国秦时在渭南上林苑中由"大匠"营建的一处重要宫室建筑，并一直到汉代还在继续使用。

第十一章　上林苑十一号遗址

　　上林苑十一号遗址位于西安市长安区纪阳寨街道细柳营村下属的窝头寨村，西南距户县兆伦锺官铸钱遗址 13.4 公里，东北距汉长安城未央宫前殿遗址 9.5 公里左右，遗址中心西距沣河 600 米左右（图二二八）。1962 年陕西省博物馆、陕西省文管会考古组对该遗址进行考古调查，发现有"五铢"钱正范、背范、汉代砖瓦、"上林""延年益寿""延年""长生未央"等瓦当，调查遗址范围东西 250、南北 200 米。《中国文物地图集·陕西分册》据此登记。据调查，在之后的村庄建设中，不断有陶范、瓦当、筒瓦、板瓦残片等遗物发现。

　　2011 年 11 月 9 日，在开展年度区域文物调查过程中，在窝头寨村南侧挖沙形成的沙壕内发现汉代瓦砾、钱范残块。随后根据历年周边地区钱范出土情况，初步确定遗址范围在 40 万平方米左右。随后，考虑到该遗址多年来不断有汉代钱范出土，面积较大，是汉长安城西侧上林苑中一处重要的钱范出土地，为全面掌握该遗址分布和可能的地下遗存，阿房宫与上林苑考古队在 2011 年 12 月上旬至 2012 年 3 月中旬期间，对该遗址所在的窝头寨村农田进行钻探，在 2012 年开展小面积发掘，发掘前将遗址编号为上林苑十一号遗址。由于 2012 年发掘资料较多，拟另行整理公布，本次报道仅为 2011 年调查所获。

一　遗　物

　　铺地砖　1 件（XI采∶15），残，深灰色。面饰小方格纹。残长 20、残宽 19、厚 3 厘米（图二二九∶1）。

　　板瓦　灰色，均残，根据表面绳纹粗细，分 B、C 两型。共 3 件。

　　B 型　1 件（XI采∶2），表面饰中粗斜绳纹，内素面，属 Bb1 型。残长 22、残宽 20、厚 2 厘米（图二二九∶2；图版一三七∶1）。

　　C 型　表面饰粗斜绳纹，内素面，属 Cb1 型。标本 2 件。

　　XI采∶1，残，深灰色。残长 20、残宽 22、厚 1 厘米（图二二九∶3；图版一三七∶2）。

　　XI采∶3，残。残长 26、残宽 14、厚 1~2 厘米（图二二九∶4；图版一三七∶3）。

　　筒瓦　灰色，均残。根据表面绳纹粗细，分 A、B、C 三型。共 3 件。

　　A 型　1 件（XI采∶6），表面饰粗直绳纹，内饰布纹。属 Ac4 型。残长 15、径 14、厚 1.2 厘米。唇长 2.5、厚 1 厘米（图二二九∶5、6；图版一三七∶4）。

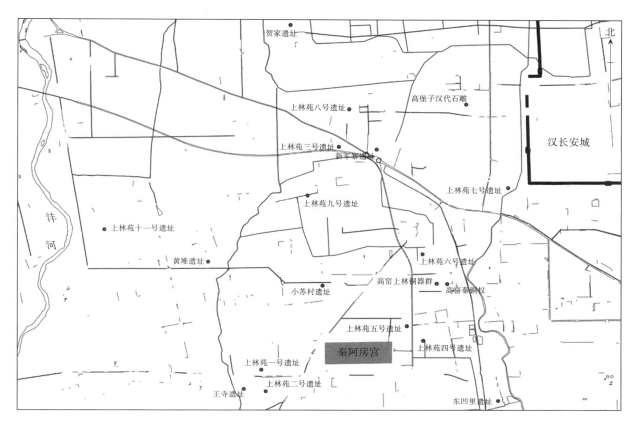

图二二八　上林苑十一号遗址位置图

B 型　1 件（XI采：5），表面饰中粗直绳纹，内面饰布纹，属 Bc4 型。深灰色，残长 22、径 13、厚 1.5 厘米；唇长 4.5、厚 1 厘米（图二三〇：1、2；图版一三七：5）。

C 型　1 件（XI采：4），表面饰粗直绳纹，内面饰布纹，属 Cc4 型。残长 19、残宽 16、厚 1.5 厘米。唇长 5、厚 1.6 厘米（图二三〇：3、4；图版一三七：6）。

瓦当分云纹瓦当和文字瓦当两种。

云纹瓦当　1 件（XI采：14），属 D 型。残，灰色。当面饰三界格线四分当面，不穿当心。当心饰一乳钉纹，外饰双线凸弦纹。每界格内面一朵云纹，末端连至界格线。当边轮内面一周凸弦纹。当面复原直径 16.6、边轮宽 1.3、当厚 1.8 ~ 2.5 厘米。瓦当所连筒瓦属 B 型，表面中粗绳纹，内面布纹，瓦残长 6.3、残宽 14.5、厚 1.5 厘米（图二三〇：5；图版一三八：1、2）。

文字瓦当　1 件（XI采：7），残，灰色。当面饰双界格线四分当面，不穿当心。每界格内面一字，残存"延年"二字。当心饰一大乳钉纹，外饰一周凸弦纹。当边轮内有一周凸弦纹。当面复原直径 17、边轮宽 1、厚 2 ~ 3 厘米（图二三一：1；图版一三八：3、4）。

陶水管　1 件（XI采：8），为五角水管残片。褐色。表面粗绳纹，内面布纹。残长 30、残宽 22、厚 4 ~ 5 厘米（图二三一：2；图版一三八：5、6）。

钱范　4 件，均属钱背范 B 型，均砖红色，表层有一层细泥质，内芯为夹砂红陶胎。

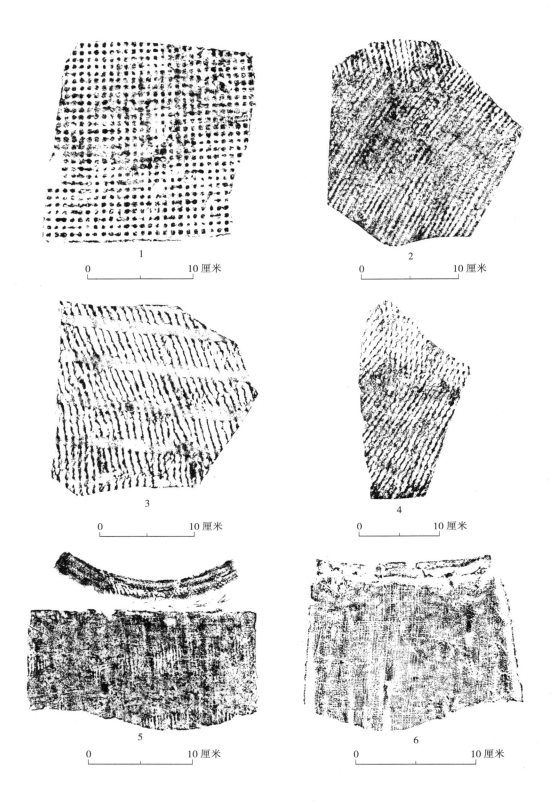

图二二九　上林苑十一号遗址采集铺地砖、筒瓦

1. XI采:15　2. XI采:2　3. XI采:1　4. XI采:3　5、6. XI采:6

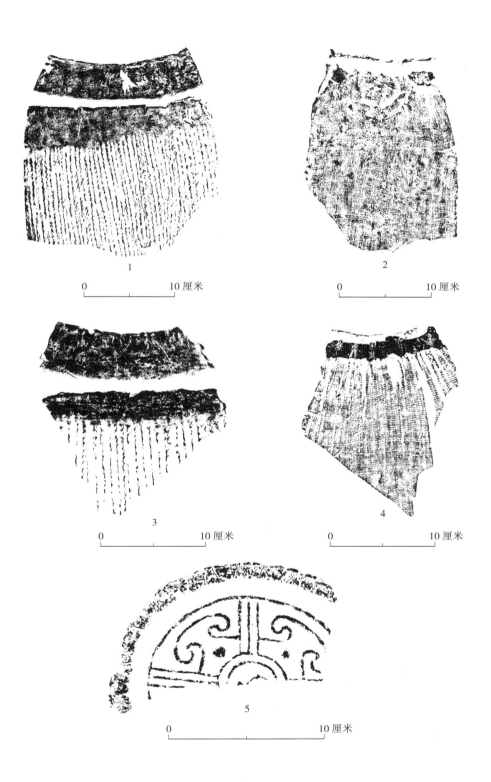

图二三〇 上林苑十一号遗址采集筒瓦、瓦当

1、2. Ⅺ采:5 3、4. Ⅺ采:4 5. Ⅺ采:14

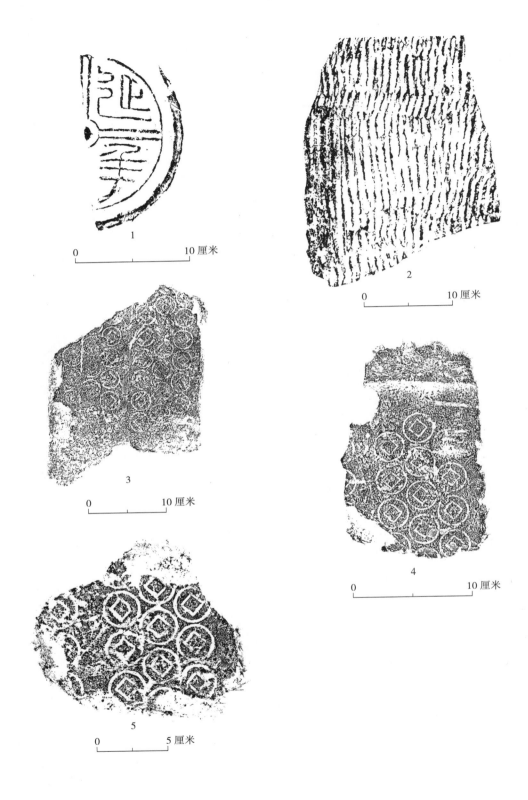

图二三一　上林苑十一号遗址采集瓦当、陶水管、钱范

1. XI采:7　2. XI采:8　3. XI采:9　4. XI采:10　5. XI采:11

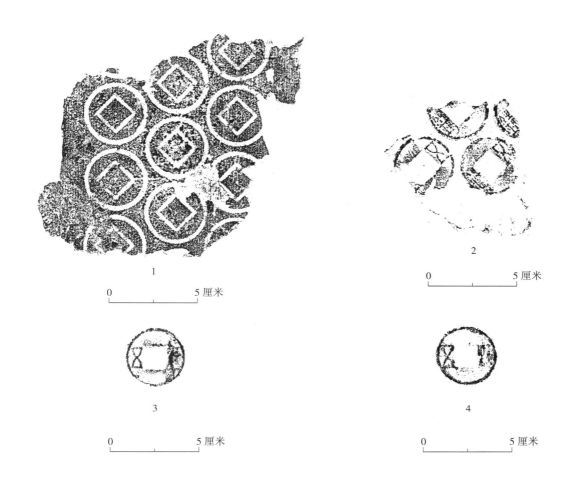

图二三二　上林苑十一号遗址采集钱范、铜钱

1. XI采：12　2. XI采：13　3. XI采：16　4. XI采：17

　　XI采：9，残。残存六行钱模。钱模直径2.56、穿边长1.01厘米。背范残长30、宽20、厚5厘米（图二三一：3；图版一三九：1、2）。

　　XI采：10，残。残存钱模四行。钱模直径2.65、穿边长0.97厘米。背范残长20、残宽12、厚5厘米。残范存一榫孔，榫孔直径1.5、深2厘米（图二三一：4；图版一三九：3）。

　　XI采：11，残。残存钱模四行。钱模直径2.7、穿边长1厘米。背范残长13、残宽15、厚6厘米（图二三一：5；图版一三九：4）。

　　XI采：12，残。残存钱模三行。钱模直径2.74、穿边长1.02厘米。背范残长14、残宽14、厚5厘米（图二三二：1；图版一三九：5）。

　　范母　1块（XI采：13），残，细泥红陶。残存四个钱模，均为"五铢"。钱模直径2.67、穿边长0.98厘米。范母残块长7、宽6、厚2.8厘米（图二三二：2；图版一三九：6）。

　　货币　2枚。均为"五铢"钱。

Ⅺ采：16，出于钻孔内文化层底部。钱文"五铢"，铜钱直径2.6、穿边长1、厚0.1厘米（图二三二：3）。

Ⅺ采：17，钱文"五铢"。铜钱直径2.5、穿边长1、厚0.1厘米（图二三二：4）。

二　小结

据调查采集遗物，该遗址时代为西汉时期。从遗址位于汉长安城西侧上林苑内的位置看，结合遗址面积达40万平方米左右的规模，及遗址内集中发现五铢钱范等情况分析，其应是西汉国家铸币机构上林三官下辖的一处重要铸钱遗址，但其与位于户县兆伦村的汉代锺官铸钱遗址间关系究竟如何，则有待开展更多工作后方能逐步确定。

第十二章　其他遗址

在 2002～2011 年的考古调查中，除前述已编号的遗址外，还对以下遗址进行考古调查。现分别介绍如下。

一　东凹里遗址

东凹里遗址位于西安市三桥镇东凹里村。东凹里村东临浐河，北临红光路，西邻西安西三环。遗址区位于村南，处于一片厂区拆迁后留下的空地之中。2006 年秋，阿房宫考古队在确定阿房宫遗址东界的过程中，在该地区发现了一处东西约 300、南北约 250 米，面积 75000 平方米的汉代遗址，可见汉代文化层和粗绳纹板瓦碎片等遗物。由于已堆满建筑垃圾，无法开展相关工作。2006 年 12 月 20 日，在该区域开展基建考古清理唐墓的过程中，发现在基坑的断面暴露出较厚的汉代文化层与瓦砾堆积，于是对散落遗物进行采集（编号 DW）。

该遗址未发掘，亦无法钻探。地层堆积以基坑壁暴露情况介绍如下。

第 1 层：表土层。为现代建筑垃圾和堆土。厚 0.5～2 米。

第 2 层：扰土层。距地表 0.5、厚 0.2～0.5 米。含现代物品和汉代砖瓦残片。

第 3 层：汉代层。距地表 0.7～1、厚 0.5～1.5 米。灰褐色，土质松软。含草木灰、小块红烧土、粗绳纹板瓦、筒瓦残片、铸钱背范残块等物。之下为生土。

该遗址未发现夯土基址，仅发现一处水井遗迹，土壁，直径 0.8～1 米，深度不详。填土较杂，夹杂较多绳纹瓦片、瓦当残块。

在遗址采集较多的建筑材料，包括板瓦、筒瓦及少量瓦当。

板瓦　灰色，均残。根据表面绳纹粗细，属 C 型。共 2 件。

C 型　表面饰粗绳纹，据绳纹特征，属 Cb 型。

Cb 型　表面饰粗斜绳纹，据内面纹饰特征，可分 Cb1、Cb5 两型。

Cb1 型　1 件（DW 采：1），深灰色，表面饰粗斜绳纹，内素面。较完整，已变形。长 47.5、小头宽 32、大头宽 36、厚 2 厘米（图二三三：1；图版一四〇：1、2）。

Cb5 型　1 件（DW 采：2），表面饰粗斜绳纹，内面饰绳纹。内面亦为粗斜绳纹。残长 31、残宽 26、厚 1.2 厘米（图二三三：2、3；图版一四〇：3、4）。

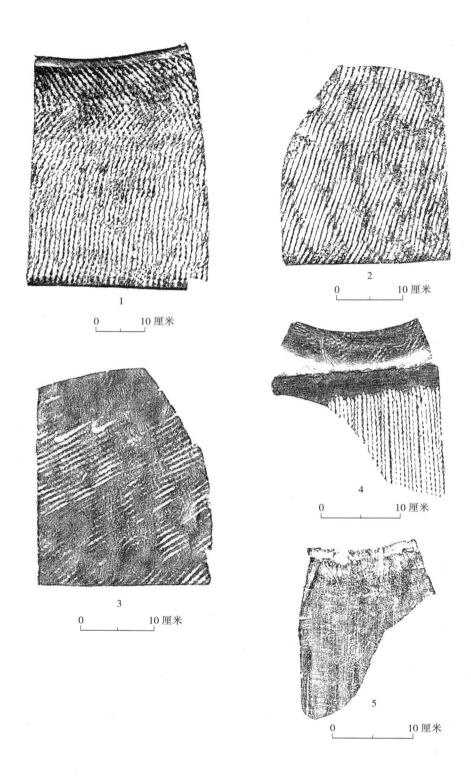

图二三三　东凹里遗址采集板瓦、筒瓦

1. DW 采:1　2、3. DW 采:2　4、5. DW 采:3

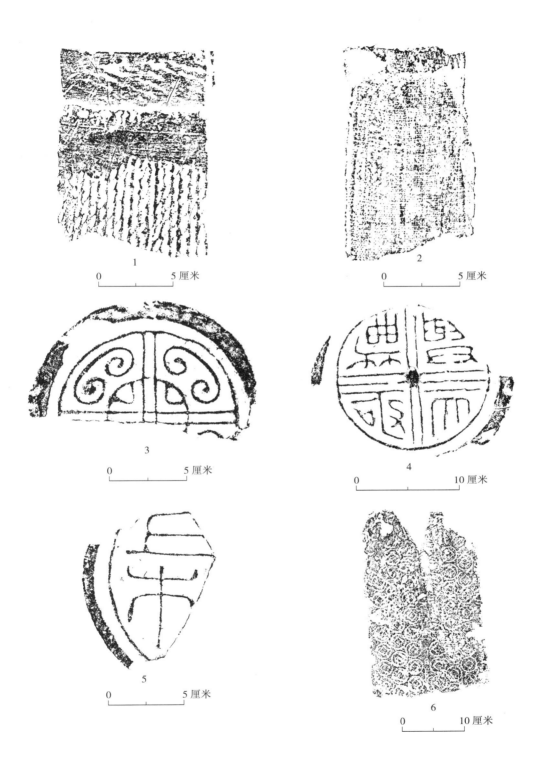

图二三四　东凹里遗址采集筒瓦、瓦当、钱范

1、2. DW 采:4　3. DW 采:7　4. DW 采:5　5. DW 采:6　6. DW 采:8

筒瓦　灰色，均残。根据表面绳纹粗细，属 B 型。共 2 件。

B 型　表面饰中粗直绳纹，内饰布纹，属 Bc4 型。标本 2 件。

DW 采：3，残长 22、瓦径 14.3、厚 1.5 厘米。唇长 5、厚 1.5 厘米（图二三三：4、5；图版一四〇：5、6）。

DW 采：4，残长 14、残径 10、厚 2 厘米。唇长 4、厚 1.7 厘米（图二三四：1、2；图版一四一：1、2）。

瓦当　有云纹瓦当和文字瓦当两种。

云纹瓦当　1 件（DW 采：7）。属 C 型，残，灰色。当面双界格线穿过当心，四分当面。当心每界格内面一曲尺纹，外饰一周凸弦纹。当面每界格内面一朵单线云纹，云纹末端卷一圈。边轮内面一周凸弦纹。背面较平整，未见绳切痕迹。当面直径 16、边轮宽 1.4、当厚 1.6～2.4 厘米（图二三四：3；图版一四一：3、4）。

文字瓦当　2 件。采集，灰色，均残。

DW 采：5，当面饰双界格线四分当面，不穿过当心。当心为一乳钉纹，每界格内有一字，为"与天无极"。当边轮内面一周凸弦纹，当背面饰粗绳纹。当面直径 19.5、边轮宽 1.5、厚 1.5～3 厘米（图二三四：4；图版一四一：5、6）。

DW 采：6，当面为"上林"二字，字残缺。当边轮内面一周凸弦纹，当背面饰绳纹，边轮宽 0.7～1、厚 1.2～3.2 厘米（图二三四：5；图版一四二：1、2）。

钱范　1 件（DW 采：8），属钱背范 B 型。残破，砖红色，表层有一层细泥质，内芯为夹砂红陶胎。范面有六行钱模，钱模直径 2.64、穿边长 1.05 厘米。范砖一头处有三角形流，流长 7、口宽 4 厘米。流两侧各有一圆形榫孔，榫孔直径 1.5、深 2 厘米。范残长 35、宽 25、厚 5 厘米（图二三四：6；图版一四二：3、4）。

该遗址未经勘探、试掘，从采集遗物看，表面斜粗绳纹、内面素面板瓦，"上林""与天无极"瓦当等均具有明显的汉代特点，表明遗址应为汉代建筑遗址。根据遗址所在地地处汉代上林苑范围之内，且出土"上林"瓦当的情况看，该遗址应为汉代上林苑中的相关建筑。

二　王寺遗址

王寺遗址位于上林苑二号遗址正西约 500 米一砖厂院内。2005 年，阿房宫考古队对王寺村附近进行了考古调查，该遗址发现时已遭严重破坏，残存部分呈不规则曲尺形，东西部分长 25、宽 2.5 米；南北部分长 22、宽 6 米。地表以上仅存高 0.25 米，夯土存厚 0.2～1 米。由于已无法钻探试掘，故仅对散落遗物加以采集（编号 WS）。

该遗址采集遗物主要有板瓦、筒瓦等建筑材料。

板瓦　灰色，均残。根据表面绳纹粗细，属 C 型。共 2 件。

C 型　表面饰粗绳纹，据绳纹特征，可分 Ca、Cb 两型。

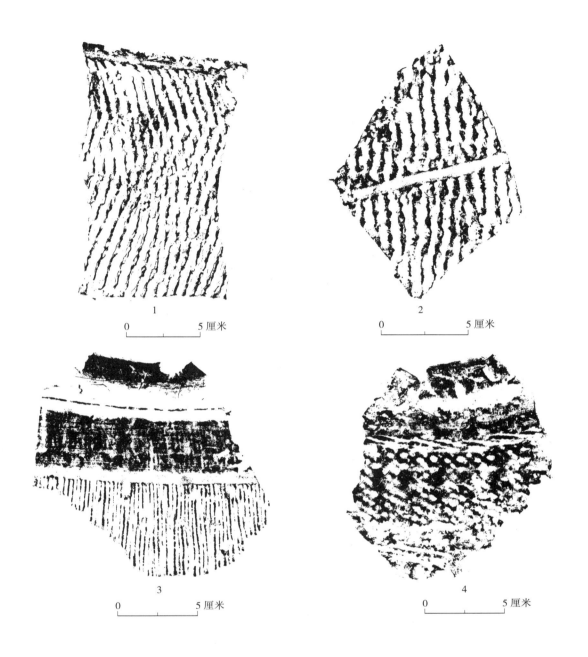

图二三五　王寺遗址采集板瓦、筒瓦

1. WS 采:1　2. WS 采:2　3、4. WS 采:3

　　Ca 型　1 件（WS 采:1），表面饰粗交错绳纹，内面绳纹，属 Ca5 型。残，内面少量绳纹和麻点纹。残长 17、残宽 10、厚 1.3～1.5 厘米（图二三五:1；图版一四三:1、2）。

　　Cb 型　1 件（WS 采:2），表面饰粗斜绳纹，内素面，属 Cb1 型。残长 15、残宽 11、厚 1.4 厘米（图二三五:2；图版一四三:3、4）。

　　筒瓦　灰色，均残。根据表面绳纹粗细，属 A 型。共 1 件。

　　A 型　1 件（WS 采:3），表面饰细直绳纹，内面饰麻点纹，属 Ac2 型。泥条盘筑痕迹明显。瓦残长 14、残宽 15、厚 1.3 厘米。唇长 2、厚 1 厘米（图二三五:3、4；图版一四三:5、6）。

据遗址采集板瓦为中交错绳纹、粗绳纹、筒瓦外饰细绳纹内面麻点纹的特点分析，该遗址应始建于战国，沿用至汉代。由于其地处秦汉上林苑内，故王寺遗址应为秦汉上林苑中的一座建筑遗址。据早期测绘资料，王寺遗址与上林苑一号、二号遗址位于一个顶部较为平整的台面，王寺遗址位于台地的西部边缘，其应是一个庞大建筑群的组成部分。

三　小苏村遗址

小苏村位于王寺街道小苏村南，向南1000米左右为秦阿房宫遗址，西南2000米左右为上林苑一号遗址，东南2200米为上林苑四号遗址。1974年，小苏村东南100米处黄土坑内发现方形圆孔构件、方形浅圆窝构件、圆筒形构件等秦代铜质建筑构件，同出者还有秦代绳纹瓦残片等遗物。2006年，阿房宫考古队在小苏村附近进行了考古调查，对散落遗物加以采集（编号XS）。

该遗址采集遗物主要有空心砖、瓦当等建筑材料。

空心砖　1件（XS采:1），残，泥质灰陶，砖面饰龙凤纹。残长9、残宽14、厚3.8厘米（图二三六:1；图版一四四:1、2）。

瓦当　3件。根据纹饰不同分为葵纹瓦当、云纹瓦当两种。

葵纹瓦当　1件（XS采:2），属B型，残，灰色。当面饰十二个三线葵瓣纹，现存三个葵瓣纹，葵纹右向排列。边轮内无凸弦纹。当心残缺，当心外圆为变形绳纹。当面复原直径14、边轮宽1.2、当厚1.5厘米。所连筒瓦属A型，表面细绳纹，内面麻点纹，泥条盘筑痕迹明显。瓦残长19、瓦径15、厚1.5~2.6厘米（图二三六:2；图版一四四:3、4、5）。

蘑菇形云纹瓦当　1件（XS采:4），B型，残，灰色。当面为双界格线四分当面，不穿当心。当心圆内面方格纹，当边轮内有一周凸弦纹。当面界格线顶端各有一朵蘑菇形云纹。当背面粗糙，凹凸不平。当面复原直径17、边轮宽1.3、当厚2.3厘米。所连筒瓦属A型，表面细绳纹，内面麻点纹，泥条盘筑痕迹明显。瓦残长24、残宽28、厚2~3厘米（图二三六:3、4；图版一四四:6、7、8）。

云纹瓦当　1件（XS采:3），属B型，残，灰色。当面为双界格线，四分当面，不穿当心。当心圆内面小方格纹和三角形纹。当面每界格内面一朵云纹，其末端卷一圈半又反向扣合一圈半连至界格线。边轮内面一周凸弦纹。当背面粗糙，凹凸不平。当面复原直径15、边轮宽1.2、厚1.7厘米。所连筒瓦属A型，表面细绳纹，内面粗糙饰麻点纹，泥条盘筑痕迹明显。瓦残长18.5、残宽19、厚1.3~2厘米（图二三六:5、6；图版一四五:1、2、3）。

从采集遗物看，葵纹瓦当、蘑菇形云纹瓦当、云纹瓦当不仅所连筒瓦均属A型，而且瓦当纹饰均与秦咸阳宫遗址所出者类似，空心砖亦见于咸阳宫遗址，表明遗址与咸阳宫遗址的时代应较为接近，由于遗址位于秦上林苑范围之内，故小苏村遗址应为秦上林苑中的一座建筑。

图二三六　小苏村遗址采集空心砖、瓦当
1. XS 采:1　2. XS 采:2　3、4. XS 采:4　5、6. XS 采:3

四　新军寨遗址

　　新军寨遗址位于西安三桥镇新军寨村南侧，南邻西安至咸阳公路，北邻陇海铁路，西侧700米左右为上林苑三号遗址，东北2000米左右为建章宫前殿遗址，东侧约3000米为汉长安城西城墙，东南2700米左右为上林苑七号遗址，西北900米左右为上林苑八号遗址。2011年10月，阿房宫与上林苑考古队接群众举报，该地区在建设施工中发现较多钱范遗存。考古队随即向阿房宫保管所汇报，在保管所李忠武的陪同下，一起对遗址进行了考古调查，发现遗址位于一个东西640、南北340米，面积约20万平方米的建筑工地之中，调查时建筑基坑已然开挖，基坑四壁可看到地表下1~2米有汉代文化层分布，并有水井、灰坑等遗存被破坏，基坑底部零星散落着一定数量的建筑材料、钱范等遗物。由于工地内已无法开展考古工作，故仅对散落遗物进行采集（编号XJ）。

　　该遗址采集遗物主要有筒瓦残块、钱范、陶盆等器物。

　　筒瓦　灰色，均残。根据表面绳纹粗细，属A型。共1件。

　　A型　1件（XJ采:7），表面饰细直绳纹，内面布纹，属Ac4型。残长20、残宽20、厚1.5厘米；唇长4、厚1.5厘米（图二三七:1、2；图版一四五:4、5）。

　　钱范　均为背范，砖红色，表层有一层细泥质，内芯为夹砂红陶胎。根据钱模大小，背范分为A、B两型。

　　A型　1件（XJ采:2），残，残存钱模五行。钱模径1.51、穿边长0.37厘米。范块残长17、残宽14、厚5厘米（图二三七:3；图版一四五:6、7）。

　　B型　5件。钱模径大于2.5厘米。

　　XJ采:1，残存钱模六行。钱模径2.66、穿边长1厘米。范砖一头有三角形流，流长3、宽3厘米，流一侧有一榫孔，孔直径1.5、深2厘米。范残长25、范宽20、厚7厘米（图二三七:4；图版一四六:1、2）。

　　XJ采:3，残存钱模四行。钱模径2.93、穿边长0.89厘米。范块残长25、残宽14、厚5厘米（图二三八:1；图版一四六:3、4）。

　　XJ采:4，残存钱模六行。钱模径2.87、穿边长0.85厘米。范块残长17、残宽21、厚4厘米（图二三八:2；图版一四六:5、6）。

　　XJ采:5，残存钱模四行。钱模径2.86、穿边长0.90厘米。范残长18、残宽15、厚5厘米（图二三八:3；图版一四七:1、2）。

　　XJ采:6，残存钱模三行。钱模径2.84、穿边长0.97厘米。范残长13、残宽12、厚5.8厘米（图二三八:4；图版一四七:3、4）。

　　陶瓮　1件（XJ采:8），残存口沿，唇部翻卷较甚。口沿残长64厘米，唇厚1.7厘米。瓮身残长20、残宽30、壁厚1.7厘米（图版一四七:5、6）。

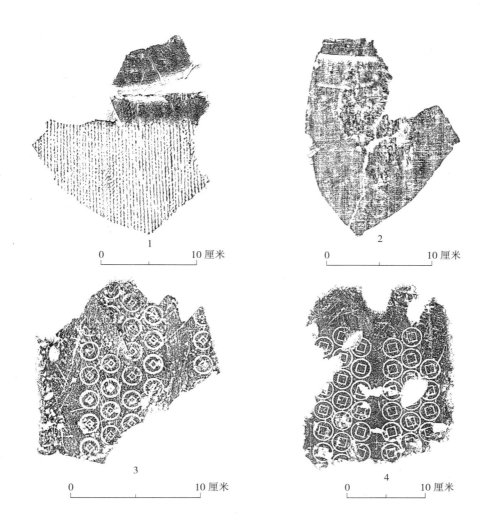

图二三七　新军寨遗址采集筒瓦、钱范

1、2. XJ 采：7　3. XJ 采：2　4. XJ 采：1

　　新军寨遗址附近历史上多出钱范。1956 年俞伟超先生调查好汉庙遗址（上林苑八号遗址）时，指出在好汉庙高台建筑向南至陇海铁路是常出钱范的地方。1949 年前盗掘很凶，据说皆王莽钱范，《中国文物地图集·陕西分册》据而登记为"庙村遗址"，新军寨遗址北邻陇海铁路，出土较多钱范，应是庙村遗址的组成部分。2011 年遗址采集筒瓦，表面中绳纹，内面布纹，具有明显的汉代特征，而出土钱范分为两种，其中 A 型钱范钱模直径仅 1.5 厘米，与户县锺官铸钱遗址所出小泉直一背范钱模直径相同[1]，显示其或即小泉直一背范，B 型钱范的钱模直径 2.6～2.9 厘米，与户县锺官铸钱遗址所出大泉五十等钱模直径相近，显示其或即大泉五十等钱背范。从采集遗物看，新军寨遗址应是一处汉代的大型遗址。大量钱范在该地区的集中发现，似表明当地应有铸钱遗址存在，

---

〔1〕　西安文物保护修复中心：《汉锺官铸钱遗址》，科学出版社 2004 年。

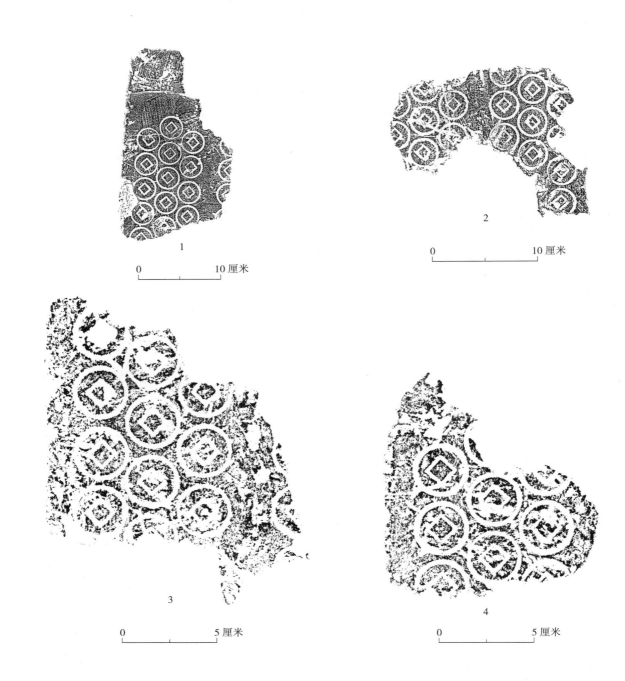

0   10 厘米

0   10 厘米

0   5 厘米

0   5 厘米

图二三八　新军寨遗址采集钱范

1. XJ 采:3　2. XJ 采:4　3. XJ 采:5　4. XJ 采:6

但因建筑基坑开挖破坏，无法开展考古工作，未能发现与铸钱相关的遗迹。新军寨遗址地处秦汉上林苑内，北邻建章宫，周围密集分布着大量的秦汉建筑遗址，是秦汉上林苑中的一处重要建筑遗存，它的破坏让人非常痛心。

五　镐京墓园遗址

镐京墓园位于西安市斗门街道镐京村堳坞岭，北邻 108 国道，西北 1200 米左右为上林苑二号遗址，东侧紧邻镐池遗址。镐京墓园地处一东北—西南向高地上，该高地南北长 550、东西宽 200米左右，高出周围 9 米以上。2011 年 10 月，阿房宫与上林苑考古队在秦阿房宫遗址保管所李忠武所长带领下，调查发现该遗址。调查地点位于镐京墓园北墙外的断崖，发现了一定数量的秦汉建筑材料。由于调查地点北侧已被挖掘破坏至生土，而南侧为现代墓园所在，暂无法开展考古钻探，故仅对散落遗物进行采集（编号 HM）。

该遗址主要采集板瓦、筒瓦等建筑材料残片。

板瓦　灰色，残。根据表面绳纹粗细，属 C 型。共 1 件。

C 型　1 件（HM 采:1），表面饰粗直绳纹，内面饰布纹，属 Cc4 型。残长 7、残宽 10、厚 1.2厘米（图二三九:1、2；图版一四八:1、2）。

筒瓦　灰色，均残。根据表面绳纹粗细，可分 A、B 两型。共 3 件。

A 型　1 件（HM 采:4），表面饰细直绳纹，内面饰麻点纹，属 Ac2 型。有泥条盘筑痕迹。瓦残长 7、残宽 9、厚 1.2 厘米（图二三九:3、4；图版一四八:3、4）。

B 型　表面饰中粗绳纹，据绳纹特征，属 Bc 型。共 2 件。

Bc 型　表面饰中粗直绳纹。据内面纹饰特征，可分 Bc2、Bc4 两型。

Bc2 型　1 件（HM 采:3），表面饰中粗直绳纹，内面饰麻点纹。有泥条盘筑痕迹。瓦残长 14、残宽 12、厚 1.2 厘米（图二三九:5、6；图版一四八:5、6）。

Bc4 型　1 件（HM 采:2），表面饰中粗直绳纹，内面饰布纹。残长 16、残宽 23、厚 1.2 厘米。唇长 4、厚 0.7 厘米（图二三九:7、8；图版一四八:7、8）。

从遗址采集遗物看，板瓦表面粗直绳纹，内面布纹，筒瓦表面中绳纹，均具有明显的汉代特征。由于镐京墓园地处汉上林苑中，故镐京墓园遗址应为汉上林苑中的一座建筑。从地望看，该遗址地处镐池西侧的最大高地之上，与北侧的上林苑二号遗址遥遥相望，具有重要的区位优势，推测应有较大规模，应在下一步考古工作中重要关注。

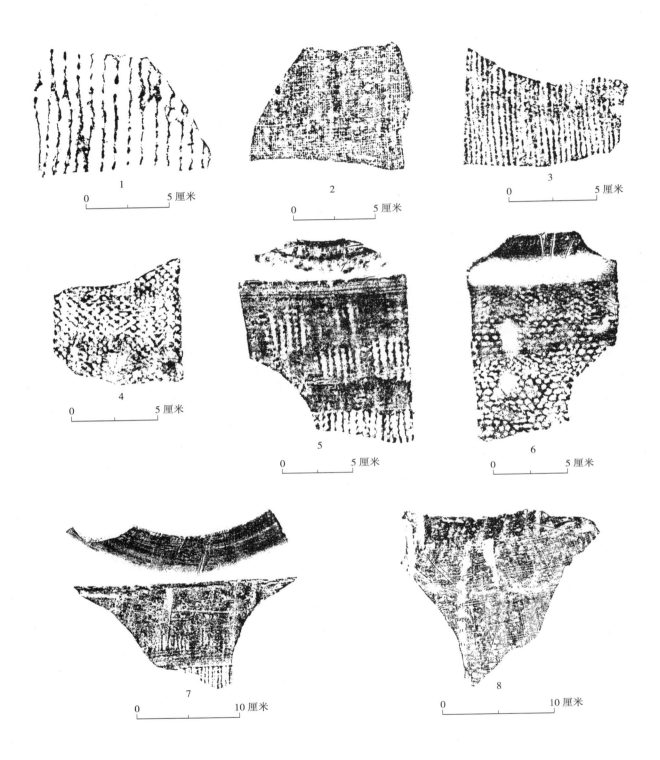

图二三九　镐京墓园遗址采集板瓦、筒瓦

1、2. HM 采：1　3、4. HM 采：4　5、6. HM 采：3　7、8. HM 采：2

六 大原村遗址

大原村遗址位于西安市长安区马王街道大元村西，北距 108 国道 300 米，东距西户铁路约 200 米，地处未央宫前殿遗址西南约 20000 米。从 1967 年美国卫星影像资料看，遗址北侧为断崖，向南为高地。2011 年 11 月，阿房宫与上林苑考古队对遗址进行考古调查，遗址周围已经挖土破坏，保存一外围东西约 38.5、南北约 34、高 6.5 米，面积 1309 平方米的残存夯土台基。目前台基内部被破坏，被由西向东挖掘东西约 20 米、南北约 13 米、面积 260 平方米的夯土。在台基东南约 150 米左右的断崖上，还可看到陶制管道，在现存台基周围并散落较多建筑材料。因时间有限，目前尚未对遗址开展考古钻探，遗址面积不详，仅就各具特征的散落遗物加以采集（编号 DY）。

该遗址采集遗物主要为板瓦、筒瓦等建筑材料。

板瓦　灰色，残。根据表面绳纹粗细，属 C 型。共 1 件。

C 型　1 件（DY 采:1），表面饰粗斜绳纹，内素面，属 Cb1 型。瓦残长 12、残宽 19、厚 0.8～1.3 厘米（图二四〇:1、2；图版一四九:1、2）。

筒瓦　灰色，均残。根据表面绳纹粗细，可分 A、B 两型。共 2 件。

A 型　1 件（DY 采:3），表面饰细直绳纹，内面饰布纹，属 Ac4 型。残长 13.5、残宽 17、厚 1.2～1.6 厘米。唇长 4.5、厚 1.3 厘米（图二四〇:3、4；图版一四九:3、4）。

B 型　1 件（DY 采:2），表面饰中粗直绳纹，内面饰布纹，属 Bc4 型。残长 15、残宽 11、厚 1～1.4 厘米。唇长 5、厚 1.1 厘米（图二四〇:5、6；图版一四九:5、6）。

从大原村遗址采集遗物看，板瓦表面粗斜绳纹、内素面，筒瓦均表面中绳纹、内面布纹，均具有明显的汉代特征，故从该遗址位于汉代上林苑范围之内的情况看，其应是汉上林苑内的宫观建筑。

七 贺家村遗址

贺家村遗址位于西安市三桥镇贺家村北侧，位于上林苑八号遗址西北约 2000 米，东北 1400 米左右为杜家村遗址，向东 6000 米左右为汉未央宫前殿遗址。2011 年 11 月，阿房宫与上林苑考古队在进行大区域考古调查中，在贺家村北侧发现较多板瓦、筒瓦等建筑材料。由于时间有限，未对遗址进行考古钻探，遗址面积不详，仅对散落遗物进行采集（编号 HJ）。

该遗址主要采集板瓦、筒瓦等建筑材料。

板瓦　灰色，均残。根据表面绳纹粗细，可分 A、C 两型。共 3 件。

A 型　表面饰细绳纹，据绳纹特征，可分 Aa、Ac 两型。共 2 件。

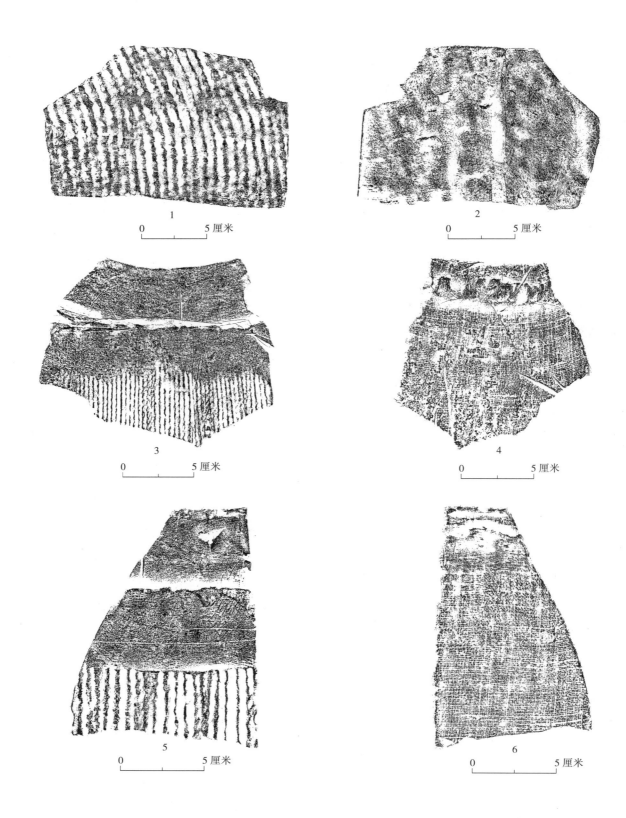

1

0   5 厘米

2

0   5 厘米

3

0   5 厘米

4

0   5 厘米

5

0   5 厘米

6

0   5 厘米

图二四〇　大原村遗址采集板瓦、筒瓦

1、2. DY 采∶1　3、4. DY 采∶3　5、6. DY 采∶2

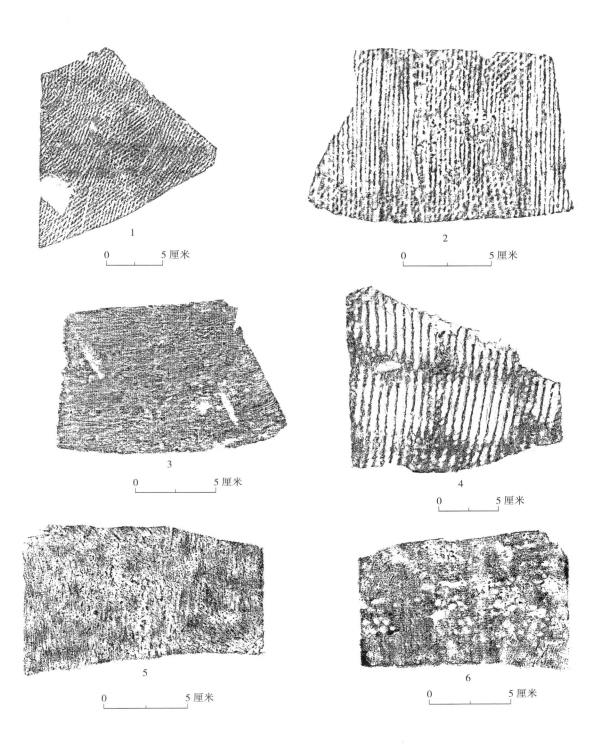

图二四一　贺家遗址采集板瓦、筒瓦

1. HJ 采:2　　2、3. HJ 采:1　　4. HJ 采:3　　5、6. HJ 采:4

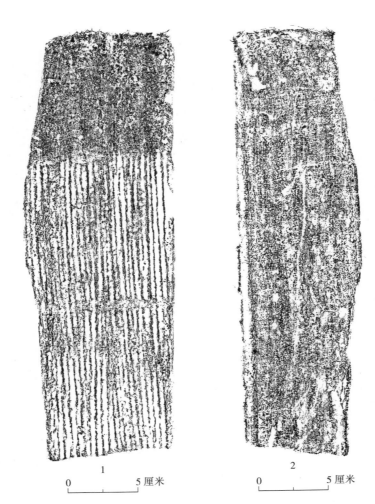

图二四二　贺家遗址采集筒瓦

1、2. HJ 采：5

　　Aa 型　1 件（HJ 采：2），表面饰细交错绳纹，内素面，属 Aa1 型。残，灰色。表面细交错绳纹，内面素面。残长 17.5、残宽 17、厚 1.5 厘米（图二四一：1；图版一五〇：1、2）。

　　Ac 型　1 件（HJ 采：1），表面饰细直绳纹，内素面，属 Ac1 型。表面细直绳纹，内面素面。瓦残长 10、残宽 15、厚 1.5 厘米（图二四一：2、3；图版一五〇：3、4）。

　　C 型　1 件（HJ 采：3），表面饰粗斜绳纹，内素面，属 Cb1 型。残长 16、残宽 15、厚 1.2 厘米（图二四一：4；图版一五〇：5、6）。

　　筒瓦　灰色，均残。根据表面绳纹粗细，可分 A、B 两型。共 2 件。

　　A 型　1 件（HJ 采：4），表面饰细直绳纹，内面饰麻点纹，属 Ac2 型。泥条盘筑痕迹明显。瓦残长 8.5、残宽 14.5、厚 1.1 厘米（图二四一：5、6；图版一五〇：7、8）。

　　B 型　1 件（HJ 采：5），表面饰中粗直绳纹，内面饰布纹，属 Bc4 型。残长 31.5、残宽 11、厚 1 厘米（图二四二：1、2；图版一五〇：9、10）。

　　从贺家村遗址采集遗物看，板瓦中既有表面细交错绳纹、内面素面，亦有表面中直绳纹、内面素面者，时代差异较大。而采集筒瓦既有表面细绳纹、内面麻点纹，泥条盘筑痕迹明显，亦有表面中绳纹、内面粗布纹者，时代差异同样较大。从遗物特点看，遗址大体应始建于战国秦，而后延续到汉代。据调查了解，该遗址所在地原为高地，当地称"北岭"，后在多年平整土地后，目前已无明显起伏。当地村民反映，在平整土地的过程中，除有大量的瓦片外，还出土过一定数量的陶排水管道和础石，显示遗址原应有较大的面积。由于目前未对遗址进行考古勘探，遗址面积尚无法确定。目前，根据采集遗物的时代与遗址位于秦汉上林苑内的地理位置分析，其应是秦汉上林苑中的宫观建筑。

八 岳旗寨遗址

岳旗寨遗址位于西安市鱼化寨街道岳旗寨村南农田中，遗址西北 3000 米左右为上林苑二号遗址，东北 4000 米左右为东凹里遗址，西南 700 米左右为汉代昆明池池岸。2011 年 11 月，阿房宫与上林苑考古队在进行区域考古调查的过程中，经村民介绍发现该遗址。发现点东侧为新建厂房，西侧、北侧为现代坟地，南侧为农田，文化层断续暴露于一近年来挖土形成的南北向取土沟的东西两壁，由于时间及周围工作条件有限，未对遗址进行考古勘探，遗址面积不详，仅对散落遗物进行采集（编号 YQ）。

该遗址主要采集条砖、板瓦、排水管道等建筑材料。

条砖 1 件（YQ 采：1），残，灰色，素面。残长 13、宽 13.5、厚 7.2 厘米（图版一五一：1、2）。

板瓦 灰色，均残。根据表面绳纹粗细，属 C 型。共 2 件。

C 型 表面饰粗绳纹，据绳纹特征，可分 Ca、Cc 两型。

Ca 型 1 件（YQ 采：3），表面饰粗交错绳纹，内素面，属 Ca1 型。残长 13.7、残宽 19、厚 1.6 厘米（图二四三：1；图版一五一：3、4）。

Cc 型 1 件（YQ 采：2），表面饰粗直绳纹，内饰指甲纹，属 Cc8 型。残长 10.5、残宽 11、厚 1.6 厘米（图二四三：2、3；图版一五一：5、6）。

陶水管 2 件，均为五角排水管道残片。

YQ 采：4，灰色。表面中绳纹，内面布纹。残长 11.5、残宽 12.5、厚 6.2 厘米（图二四三：4）。

YQ 采：5，深灰色。表面粗绳纹，内面粗布纹。残长 11、残宽 16、厚 4.5 厘米（图二四三：5）。

从采集遗物看，板瓦表面纹饰为中交错绳纹，内面素面。排水管道表面中、粗绳纹，内面布纹，均具有明显的汉代特征。从遗址所在地位于秦汉上林苑内，且临近昆明池的地理位置看，该遗址可能应是汉代上林苑内的建筑遗址，与昆明池可能有一定关系。

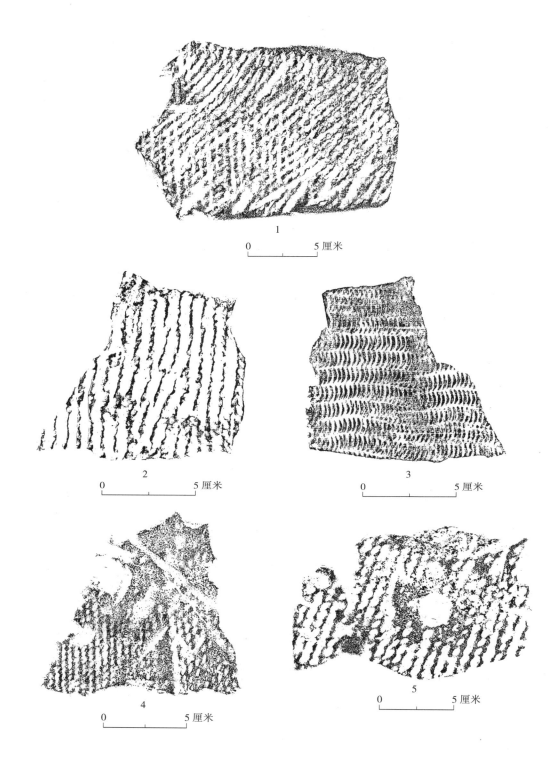

图二四三　岳旗寨遗址采集板瓦、陶水管

1. YQ 采:3　2、3. YQ 采:2　4. YQ 采:4　5. YQ 采:5

九　杜家村遗址

　　杜家村遗址位于西安市六村堡街道杜家村南侧，大体位于上林苑八号遗址正北约 2500 米，西南 1400 米左右为贺家村遗址，东南 5400 米左右为未央宫前殿遗址。2011 年 11 月，阿房宫与上林苑考古队在进行区域考古调查的过程中，根据群众介绍，在村南田地中发现零星遗物，初步判断在这里可能应有一定规模的遗址存在，但未找到包含遗物的原生地层。由于时间有限，未对遗址进行考古勘探，遗址是否存在和面积多大，目前尚不易确定。在此仅对采集的散落遗物加以介绍（编号 DJ）。

　　该遗址主要采集有板瓦、筒瓦等建筑材料，以及陶罐等器物。

　　板瓦　1 件（DJ 采：1），灰色，残。表面饰粗斜绳纹，内素面，属 Cb1 型。残长 8、残宽 12、厚 1.1 厘米（图二四四：1；图版一五二：1、2）。

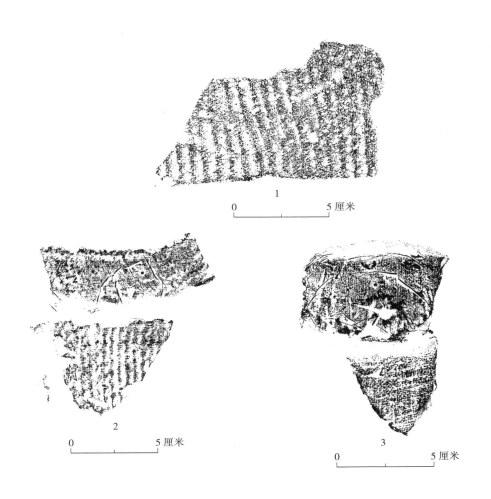

图二四四　杜家村遗址采集板瓦、筒瓦

1. DJ 采：1　2、3. DJ 采：2

筒瓦　1件（DJ 采：2），灰色，残。表面饰中粗直绳纹，内面饰布纹，属 Bc4 型。宽度介于细绳纹和粗绳纹之间。残长 9.5、残宽 7、厚 1.6 厘米。唇长 3.2、厚 0.8 厘米（图二四四：2、3；图版一五三：3、4）。

陶罐　1件（DJ 采：3），残存底部，泥质灰陶，残。罐身下部有两道凹弦纹。底径 11、厚 1 厘米。罐残高 5.5、壁厚 0.8～1 厘米（图版一五三：5、6）。

从采集遗物看，板瓦表面粗斜绳纹，内面素面，筒瓦表面中绳纹，内面布纹，具有较为明显的汉代特征。从遗址位于汉代上林苑内的地理位置推测，该遗址可能是汉代上林苑中的一处遗址。

一〇　集贤东村遗址

周至集贤东村遗址位于陕西省周至县东部乡镇集贤镇的集贤东村，距周至县城 19.4 公里，位于西安钟楼西南直线距离 53.5 公里，距阿房宫前殿遗址 42.6 公里、距汉长安城未央宫前殿遗址 48.3 公里。夯土基址即位于集贤东村的东部，现已为农田、取土坑或被民居叠压破坏。据村民介绍，该地点原有东西两个土台，东侧较大，西侧较小，习称"姑嫂冢"，亦有认为是"五柞宫"者，后在农田建设、当地生产生活的取土过程中逐渐被平为农田，期间断续有砖块、瓦片、瓦当、红烧土、砖铺路和用卵石铺设的"石子路"（疑为宫殿建筑外散水）等被发现并遭到破坏。而在土台被取平后又继续向下掘土，形成现在依然可见的东西两个大坑，坑壁则暴露出夯土和陶制圆形排水管道。

（一）考古勘探

2011 年春，集贤东村村民赵文朝见遗址破坏日渐严重，遂逐级向周至县、西安市、陕西省的各级文物管理机构、考古专业机构进行汇报反映，引起有关部门的高度重视，多次派员实地调查。2012 年春，在省、市、县各级文物管理机构的大力支持下，中国社会科学院考古研究所、西安市文物保护考古所联合组成的阿房宫与上林苑考古队，对集贤东村遗址进行了初步钻探，获得了相关遗存的有关信息。

在开展集贤东村遗址考古钻探前，考古队购买了相关区域的大比例地图，将其纳入 2011 年已初步建立的阿房宫与上林苑考古地理信息系统，与之前查找到的 1967 年 12 月美国卫星照片进行了图像校正。通过 1967 年卫星照片，初步确定了集贤东村东侧已毁两台基的大体位置和台基规模（均呈枣核形，其中西侧台基东西最长 47、南北最宽 24 米，东侧台基东西最长 52、南北最宽 30 米，二者间距约 33 米）（图版一五三）。之后结合村民回忆，在确定具体开展考古勘探的地点与范围后，根据相关资料，对有关区域根据遗址所在地的实际情况，采取 5 米×5 米、3 米×3 米两种间距交错布孔，发现遗迹后加孔确定，调查、钻探面积约 3 万平方米（图版一五四）。各探孔均以 PTK 进行精确测量，所得信息均及时纳入阿房宫与上林苑考古地理信息系统加以管理、使用。

（二）遗迹

通过钻探，发现三座建筑基址，分别编号（图二四五）。

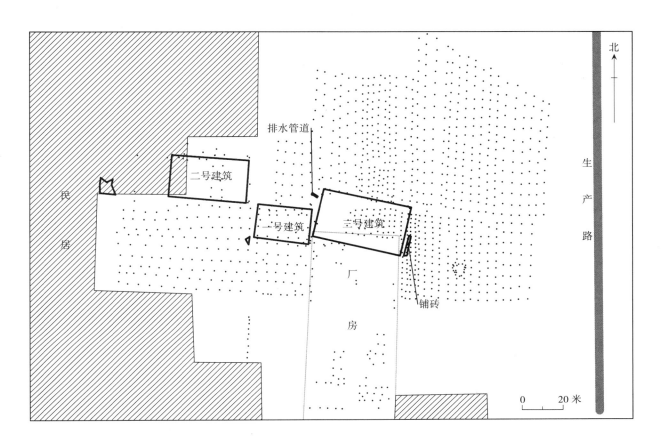

图二四五　2012 年集贤东村钻探探孔及遗存分布图

一号建筑　位于钻探区中部，二、三号夯土基址之间，北部被取土坑破坏，西部被现代砂石生产路叠压。钻探中，在厚约 0.25 米耕土层下，为厚约 0.35 米的近现代扰土层，下即厚约 2 米左右黑褐色垆土和粗沙土混合夯打而成的建筑夯土，其夯层厚 7～12 厘米，夯面坚硬，夯窝直径5～6.5、深 0.8 厘米。夯土下为细沙质冲积生土。基址钻探东西长约 27、南北宽约 18 米。在夯土基址南缘外测钻探为一条宽约 2～3 米的灰土堆积带，堆积厚约 0.6～1 米，灰土中含较多瓦片、烧土等物。而在基址以南，地表下 0.6 米处有硬面发现，疑似台基外侧的与建筑同时期的建筑地面。

二号建筑　位于钻探区西部，一号夯土基址西北，由于基址已大部分被民居叠压，仅能在群众院落未硬化地面、门前院后进行相关钻探。在 0.3 米厚表土之下即为厚约 2.1 米夯土，下为生土。经钻探确定，该基址大体呈东南—西北方向，东西长 35、南北宽约 25 米的长方形。据群众回忆，当年取土中曾在夯土北部边缘发现"卵石路"，推测为建筑北侧由卵石铺砌的建筑散水。

三号建筑　位于钻探区东部，一号夯土基址东侧，为习说中的"大冢"所在，其南部被屠宰场车间叠压，北部被群众取土后形成一深约 2 米的大坑，在坑西壁、北壁、东壁可见夯土，南壁因已被红砖包砌，情况不明。在厚约 0.3 米表土下，有厚约 0.1 米扰土，之下为厚约 2.2 米夯土，夯层厚约 7~10 厘米。经勘探确定，该基址亦呈东南—西北向，东西长约 45、南北宽约 29 米，在西南角外发现一石头坑。在基址北缘外发现有文化堆积层，厚约 0.6 米，含烧土、灰烬、瓦片等物。在基址东侧距地表 0.3 米下发现铺地砖、卵石散水、柱础石等遗迹，地面散见铺地砖残块。在铺地砖东侧 23 米处发现一片卵石堆积，呈不规则圆形，直径约 7 米，距地表 0.2~0.3 米，卵石直径 8~12 厘米，推测为宫殿建筑区内石子铺底的小型水池等景观遗存。

在三号夯土建筑基址西北，屠宰场北大坑西北角地表下 1.5 米发现东西并排的两条陶质圆形排水管道，呈东南—西北向，水管直径约 30 厘米，残存长度约 5 米。

（三）遗物

考古队在集贤村钻探期间，采集了一些有代表性的砖、瓦和瓦当等建筑材料，现分述如下（编号 JX）。

1. 铺地砖

铺地砖，分细绳纹砖和几何形纹砖两种。

细绳纹砖，长方形，一面细绳纹，一面是素面。饰细绳纹的一面在砖的顺长方向三分之一部分为横向细绳纹，三分之二部分为横向细绳纹和纵向细绳纹交叉形成大方格纹。细绳纹四周至砖边抹光，宽 2.2~2.8 厘米。

JX 采：1，灰色，完整。砖长 42.5、宽 35、厚 3.5 厘米（图二四六：1；图版一五五：1、2）。

JX 采：2，灰色，完整（拼对）。砖长 42.5、宽 35、厚 3.5 厘米（图二四六：2；图版一五五：3、4）。

JX 采：3，灰色，完整（拼对）。砖长 42.5、宽 35.5、厚 3.5 厘米（图二四六：3；图版一五五：5、6）。

JX 采：4，灰色，完整（拼对）。砖长 42.5、宽 35、厚 3.5 厘米（图二四六：4；图版一五六：1、2）。

JX 采：5，灰色，残缺一角。砖长 42.5、宽 35、厚 3.5 厘米（图二四六：5；图版一五六：3、4）。

几何形纹砖　仅见一件残块。

JX 采：13，一面几何形纹，一面素面。残长 10.5、残宽 9.8、厚 2.2 厘米（图二四七：1；图版一五六：5、6）。

板瓦　灰色，均残。根据表面纹饰特征，可分 B、C 型。共 3 件。

B 型　1 件（JX 采：6），表面饰中粗交错绳纹，内素面，属 Ba1 型。残长 11.5、残宽 7.9、厚 2.3 厘米（图二四七：2；图版一五七：1、2）。

C 型　表面饰粗绳纹，据绳纹特征，属 Cb 型。

Cb 型　表面饰粗斜绳纹，据内面纹饰特征，可分 Cb1、Cb6 两型。

1   0   ___   10 厘米

2   0   ___   10 厘米

3   0   ___   10 厘米

4   0   ___   10 厘米

5   0   ___   10 厘米

图二四六　集贤遗址采集铺地砖

1. JX 采:1　2. JX 采:2　3. JX 采:3　4. JX 采:4　5. JX 采:5

秦汉上林苑（上册）

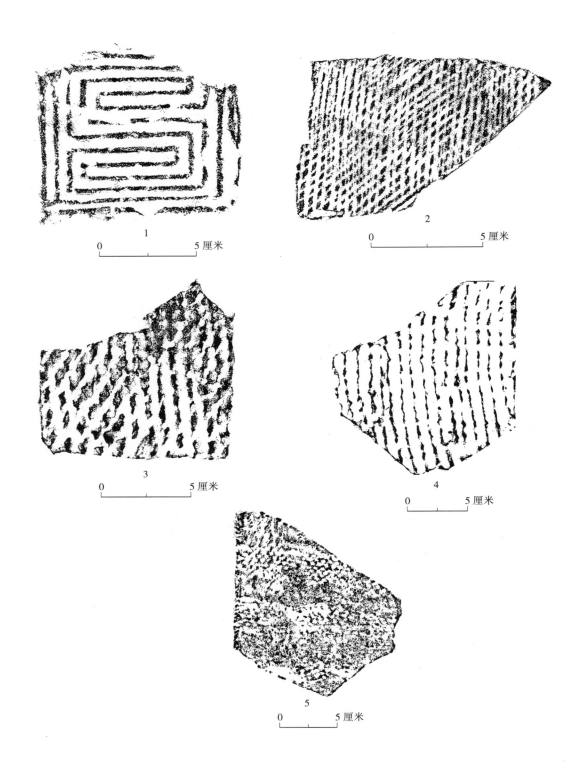

图二四七　集贤遗址采集铺地砖、板瓦
1. JX 采：13　2. JX 采：6　3. JX 采：7　4、5. JX 采：8

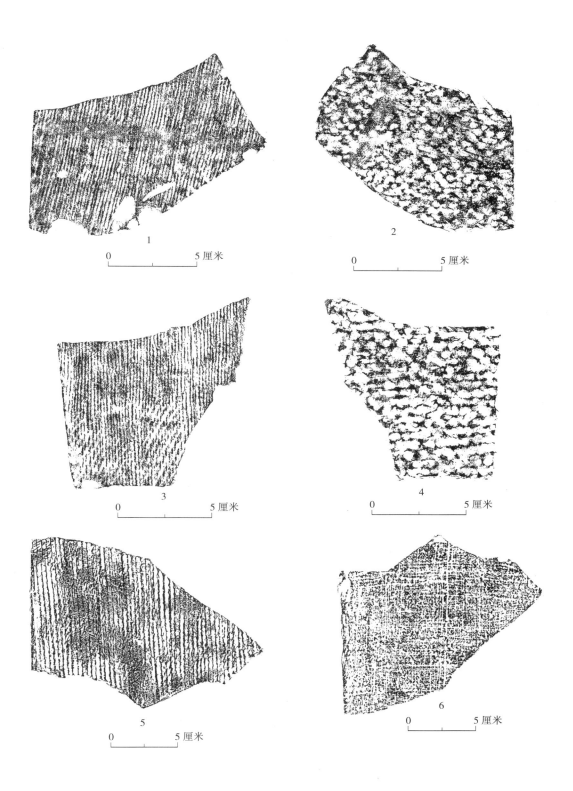

图二四八　集贤遗址采集筒瓦

1、2. JX 采:9　　3、4. JX 采:10　　5、6. JX 采:11

334

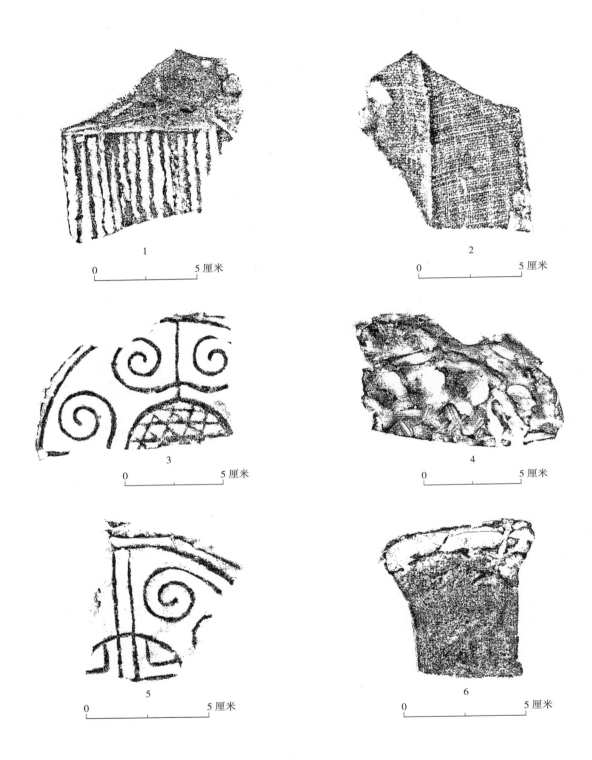

1

0　　　　　　　　5 厘米

2

0　　　　　　　　5 厘米

3

0　　　　　　　　5 厘米

4

0　　　　　　　　5 厘米

5

0　　　　　　　　5 厘米

6

0　　　　　　　　5 厘米

图二四九　集贤遗址采集筒瓦、瓦当

1、2. JX 采∶12　3、4. JX 采∶14　5、6. JX 采∶15

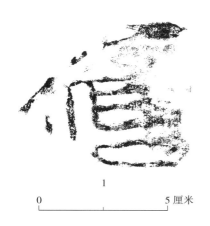

图二五〇 集贤遗址采集瓦当

1、2. JX 采:16

Cb1 型 1 件（JX 采:7），表面饰粗斜绳纹，内素面。残长 10.6、残宽 10.6、厚 1.4 厘米（图二四七:3；图版一五七:3、4）。

Cb6 型 1 件（JX 采:8），表面饰粗斜绳纹，内饰方格纹。一面有零星小方格纹。残长 13、残宽 15.5、厚 1.3 厘米（图二四七:4、5；图版一五七:5、6）。

筒瓦 灰色，均残。根据表面绳纹粗细，可分 A、B、C 三型。共 4 件。

A 型 表面饰细绳纹，据绳纹特征，可分 Ab、Ac 两型。共 2 件。

Ab 型 1 件（JX 采:9），表面饰细斜绳纹，内面饰麻点纹，属 Ab2 型。有泥条盘筑痕迹。残长 8.7、残宽 13.4、厚 1.5 厘米（图二四八:1、2；图版一五八:1、2）。

Ac 型 1 件（JX 采:10），表面饰细直绳纹，内面饰麻点纹，属 Ac2 型。有泥条盘筑痕迹。残长 8.3、残宽 10.2、厚 1.2 厘米（图二四八:3、4；图版一五八:3、4）。

B 型 1 件（JX 采:11），表面饰中粗直绳纹，内面饰布纹，属 Bc4 型。残长 12.1、残宽 17.2、厚 1.1 厘米（图二四八:5、6；图版一五八:5、6）。

C 型 1 件（JX 采:12），表面饰粗斜绳纹，内面饰布纹，属 Cc4 型。残长 8.5、残宽 9.2、厚 1.6 厘米（图二四九:1、2；图版一五八:7、8）。

（四）瓦当 3 件。

涡纹瓦当 1 件（JX 采:14），残。灰色。纹饰较细，当面饰单界格线不穿当心。当心为小三角形纹，外围一周凸弦纹。当面每界格内有一对相背涡纹，涡纹末端连至界格线近内端。当边轮内有一周凸弦纹。当背面凹凸不平。瓦当残长 10.1、宽 6.9、厚 1.8 厘米（图二四九:3、4；图版一五九:1、2）。

云纹瓦当 1 件（JX 采:15），残。灰色。纹饰较细。当面饰双界格线穿过当心，当心每界格内为一曲尺形纹，外围一周凸弦纹。当面每界格内有一朵云纹。当边轮内有一周凸弦纹。瓦当残块长7.1、宽6.1、厚1.2厘米（图二四九：5、6；图版一五九：3、4）。

文字瓦当　1件（JX采：16），残。灰色。仅存一字，暂不识。残长6.9、宽6.1、厚1.8厘米（图二五○：1、2；图版一五九：5、6）。

（四）小结

该建筑遗址采集遗物中，板瓦表面均饰交错细绳纹、内面素面；筒瓦中有表面饰细绳纹、内面饰麻点纹，泥条盘筑痕迹明显者，与上林苑一号建筑遗址出土瓦片特征基本相同。显示遗址建筑的始建年代，应在战国秦时。而据文献记载，渭河以南是战国秦的上林苑故地。因此推断，集贤东村遗址建筑应建于秦统一六国之前，属战国秦上林苑中的一座建筑。

集贤东村遗址采集物中，有表面饰稍细绳纹、粗绳纹，内面饰布纹筒瓦残片发现，具有明显的汉代特征。表明建筑应沿用至西汉时期，并经改建、翻修。据文献记载，西汉武帝在秦上林苑基础上扩修上林苑。因此推测，集贤东村遗址建筑原为战国秦的上林苑建筑，后在汉代上林苑中继续使用。

该遗址三号夯土建筑基址北侧地层中，发现较多红烧土，推测该建筑可能毁于大火。从在遗址中未发现较西汉更晚遗物情况看，推测建筑遗址的毁弃年代应大体在西汉末年。

由于开展2012春季集贤东村遗址钻探时，集贤东村夯土台基已被破坏，其周边已被民居、道路等叠压、破坏，只能在田间、路边、民居、屠宰场等院内进行考古钻探，勘探、调查面积均甚有限。因此，集贤东村遗址除现钻探发现的三个夯土台基等遗迹外，是否还有其他同时期遗存，是否有围绕建筑的墙垣存在，遗址内外是否有道路、沟渠、水井等设施问题，现均尚难确定，均有待今后条件成熟后逐步开展相关勘探和发掘。对一号夯土建筑基址南侧外地面、二号夯土建筑基址南北边缘、三号夯土建筑台基东侧铺地砖、卵石铺砌等通过勘探发现的诸多遗存，亦待今后开展考古试掘方可确定其布局、结构、性质等问题。

一一　黄堆遗址

黄堆遗址位于陕西省西咸新区沣东新城王寺街道黄堆村南，大体位于上林苑一号遗址西北约2900米，西侧1700米左右为上林苑十一号遗址。2011年11月，阿房宫与上林苑考古队在进行区域考古调查的过程中，群众介绍在村南及村西的田地中曾发现有钱范和绳纹瓦片等遗物，考古队根据线索进行了较大范围踏查，并沿生产路进行了一定程度的考古勘探，未发现夯土、灰坑等遗迹，遗址性质、面积均有待进一步确定（图二五一）。调查、勘探过程中，采集了散落地表的遗物（编号HD），主要为建筑材料，还有个别的陶钱范。

铺地砖：

黄堆HD采：1，铺地砖，灰色，残块。一面中绳纹，一面素面。残长10.2、残宽9.2、厚3厘

图二五一　2011 年黄堆遗址钻探探孔分布图

米（图二五二：1）。

　　板瓦　灰色　均残。根据表面绳纹粗细，可分 A、B、C 三型。共 12 件。

　　A 型　1 件（HD 采：2），表面饰细直绳纹，内素面，属 Ac1 型。瓦片长 12、宽 22.1、厚 1.8 厘米（图二五二：2；图版一六〇：1、2）。

　　B 型　表面饰中粗绳纹，据绳纹特征，可分 Ba、Bc 两型。共 4 件。

　　Ba 型　表面饰中粗交错绳纹，内素面，属 Ba1 型。标本 3 件。

　　HD 采：3，残长 10、宽 8、厚 1.5 厘米（图二五二：3；图版一六〇：3、4）。

　　HD 采：4，残长 10、宽 9.2、厚 1.3 厘米（图二五二：4；图版一六〇：5、6）。

　　HD 采：5，残长 12.4、宽 15、厚 1.2 厘米（图二五二：5；图版一六一：1、2）。

　　Bc 型　1 件（HD 采：6），表面饰中粗直绳纹，内素面，属 Bc1 型。残长 7.5、宽 13.1、厚 1.3 厘米（图二五二：6；图版一六一：3、4）。

　　C 型　表面饰粗斜绳纹，内素面，属 Cb1 型，标本 7 件。

　　HD 采：7，残长 14.5、宽 18、厚 2.2 厘米（图二五三：1；图版一六一：5、6）。

　　HD 采：8，残长 10.6、宽 18.7、厚 1.5~2.1 厘米（图二五三：2；图版一六二：1、2）。

　　HD 采：9，残长 9、宽 12、厚 1.3 厘米（图二五三：3；图版一六二：3、4）。

　　HD 采：10，深灰色。残长 16、宽 11、厚 1.3 厘米（图二五三：4；图版一六二：5、6）。

　　HD 采：11，浅灰色。残长 13.5、宽 10、厚 1.1 厘米（图二五三：5；图版一六三：1、2）。

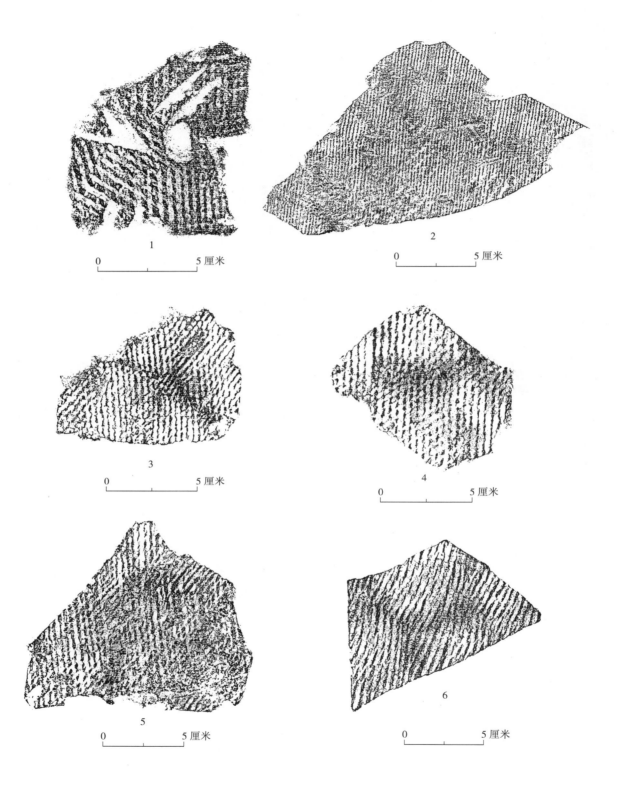

图二五二　黄堆遗址采集铺地砖、板瓦

1. HD 采:1　2. HD 采:2　3. HD 采:3　4. HD 采:4　5. HD 采:5　6. HD 采:6

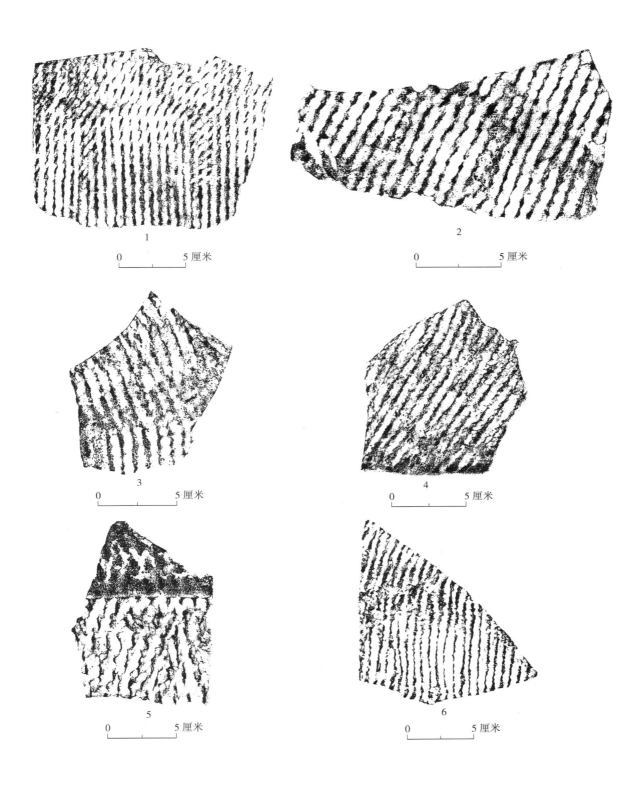

图二五三　黄堆遗址采集板瓦

1. HD 采：7　2. HD 采：8　3. HD 采：9　4. HD 采：10　5. HD 采：11　6. HD 采：12

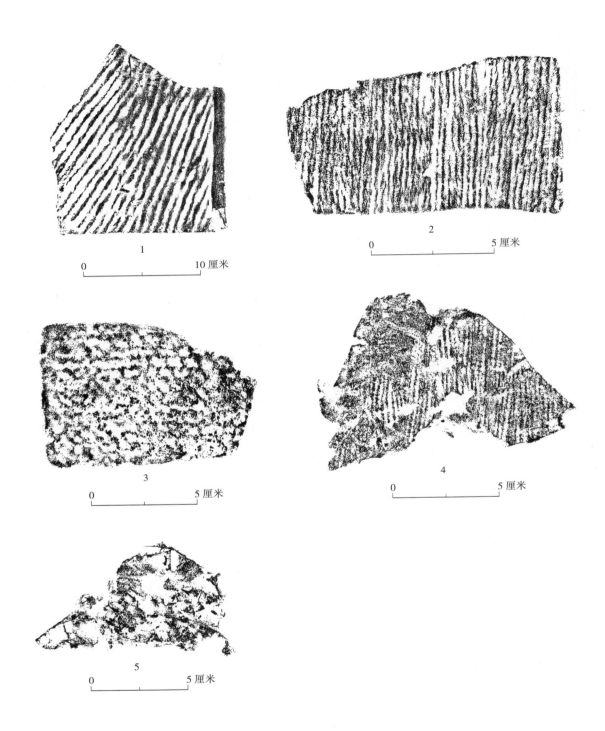

图二五四　黄堆遗址采集板瓦、筒瓦
1. HD 采∶13　2、3. HD 采∶14　4、5. HD 采∶16

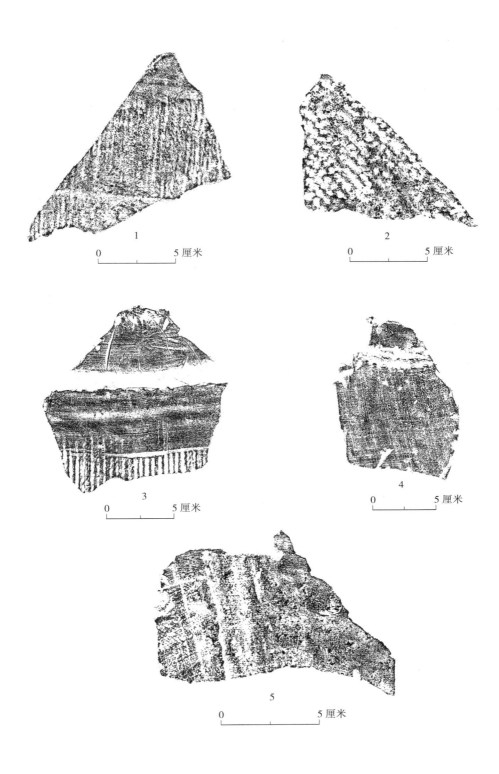

图二五五　黄堆遗址采集筒瓦

1、2. HD 采：15　3、4. HD 采：18　5. HD 采：17

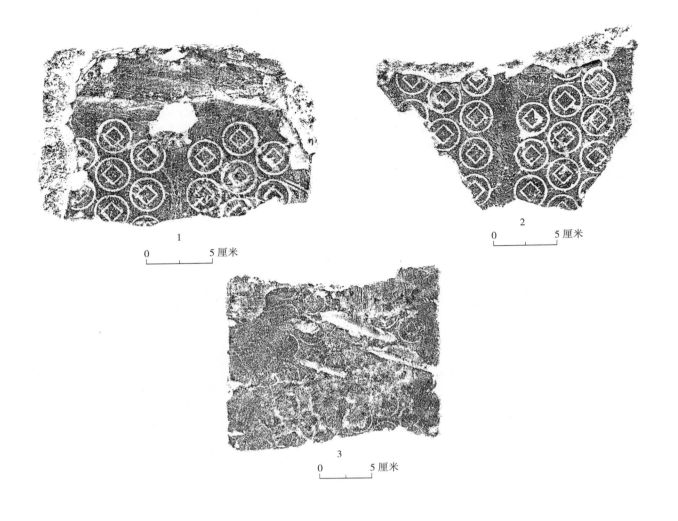

图二五六　黄堆遗址采集钱范

1. HD 采：19　2. HD 采：20　3. HD 采：21

HD 采：12，深灰色。残长 14、宽 13.5、厚 1.3 厘米（图二五三：6；图版一六三：3、4）。

HD 采：13，残长 15、宽 17、厚 l.5 厘米。该板瓦卷沿，时代应比西汉晚（图二五四：1；图版一六三：5、6）。

筒瓦　灰色，均残。有泥条盘筑痕迹。根据表面绳纹粗细，可分 A、B、D 三型。共 5 件。

A 型　表面饰细直绳纹，内面饰麻点纹，属 Ac2 型。标本 2 件。

HD 采：14，瓦片长 7、宽 11.4、厚 1 厘米（图二五四：2、3；图版一六四：1、2）。

HD 采：16，深灰色，内面粗糙凹凸不平。残长 8.2、宽 12、厚 1.5 厘米（图二五四：4、5；图版一六四：3、4）。

B 型　表面饰中粗绳纹，据绳纹特征，属 Bc 型。共 2 件。

Bc 型　表面饰中粗直绳纹，据内面纹饰特征，可分 Bc2、Bc4 两型。

　　Bc2 型　1 件（HD 采：15），表面饰中粗直绳纹，内面饰麻点纹。有泥条盘筑痕迹。残长 10、宽 14、厚 l.5 厘米（图二五五：1、2；图版一六四：5、6）。

　　Bc4 型　1 件（HD 采：18），表面饰中粗直绳纹，内饰布纹。残长 14、宽 14、厚 1.5～2.2 厘米。唇长 5.7、厚 1.5 厘米（图二五五：3、4；图版一六五：1、2）。

　　D 型　HD 采：17，深灰色，残。表面素面，内面粗布纹。残长 12、宽 15.5、厚 1.8 厘米（图二五五：5；图版一六五：3、4）。

　　钱范　采集标本 3 块，均属钱背范 B 型。

　　HD 采：19，夹砂红陶，残块。一面有钱模，流道痕迹清晰，范有榫孔。一面素面。现残存钱模十四枚，钱模径 2.5 厘米。榫孔径 2、深 2 厘米。背范残块长 15、范宽 20.5（完整）、厚 5 厘米（图二五六：1；图版一六五：5、6）。

　　HD 采：20，夹砂红陶，残块。一面有钱模，有流道痕迹。一面素面。现残存钱模十八枚，钱模径 2.5 厘米。背范残块长 14、范宽 21（完整）、厚 4.5 厘米（图二五六：2；图版一六六：1、2）。

　　HD 采：21，夹砂红陶，残块。一面有钱模，不清晰。一面素面。范块残长 19、范宽 21（完整）、厚 4.5 厘米（图二五六：3；图版一六六：3、4）。

　　陶器　采集标本 1 件。HD 堆采：22，灰色，泥质陶。存器壁高 8.5、厚 0.7～1.1 厘米，器底厚 0.9 厘米。

　　从黄堆遗址采集标本看，板瓦表面既有细绳纹，也有中绳纹、粗绳纹，内面素面，筒瓦中既有表面细绳纹，内面麻点纹，也有表面中绳纹、粗绳纹，内面布纹，具有明显的战国至汉代特征。从位于秦汉代上林苑内的地理位置推测，其应是秦汉代上林苑中的一处延续时间较久的遗址。

第十三章　2011年上林苑遗存调查

　　2011年5月上旬至12月中旬，鉴于2008年第三次全国文物普查之后，西安经济迅猛发展，为掌握阿房宫保护区及周围区域内秦汉遗存分布情况，全面了解区域内已知秦汉文物遗存点的保存现状，为下一步制定遗址保护规划和开展考古工作提供科学依据，阿房宫与上林苑考古队在以阿房宫遗址为中心，在北至渭河、南至汉昆明池中部、西至沣河、东至汉长安城遗址景观协调区范围线的114平方公里的范围内，开展了以秦阿房宫、秦汉上林苑为核心的秦汉遗存专题调查（图二五七）。

一　考古调查

　　本次调查工作分两个方面：1. 已知遗存现状调查；2. 区域考古调查。

　　（一）已知遗存现状调查

　　该项调查起始于2011年5月，调查对象为：阿房宫前殿遗址、上林苑一号遗址、上林苑二号遗址、上林苑三号遗址、上林苑四号遗址、上林苑五号遗址、上林苑八号遗址、上林苑十号遗址。

　　1. 阿房宫遗址

　　位于西安市三桥镇西南，地面保留的夯土台基在1933年测绘的地图上可以清晰辨识（图版一六七）。1956年被列为第一批陕西省文物保护单位（图版一六八～一六九），1961年被列入第一批全国重点文物保护单位。台基西侧为大古城村、小古城村占压、破坏，东侧北聚驾庄村、赵家堡占压、破坏。1994年，西安市文物局文物处、西安市文物保护考古所对该遗址开展勘探，确认遗址东西1320米，南北420米，面积554400平方米。其中地面保持东西1200米，南北410米，高7～9米，面积492000平方米。

　　2002～2004年，阿房宫考古队对该遗址再次开展考古勘探，并进行了局部试掘，确定台基东西1270、南北426米，从台基北侧秦代地面算起保持最高为12米。地表保持东西1119、南北400米，高7～9米。现存台基尚基本均为农田，间布果园。

　　2011年5月，阿房宫与上林苑考古队对该遗址保存现状开展调查，了解到台基上土地的用途发生巨变，已由原来大部分农田变为专业苗圃，栽满大小不等的各类树木。

　　2002～2004年考古勘探已经表明，阿房宫尚未建成即已停工，现存台基为未完工的夯土台基，

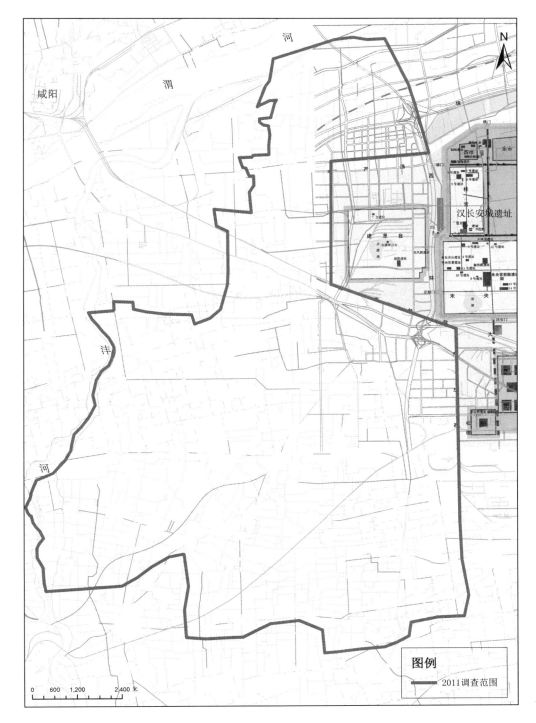

图二五七 2011年上林苑考古调查范围图

　　台基上的表面土层基本上为原夯土被破坏后所形成。而因为台基上各处表土层的厚薄并不相同，因此在台基上开展大面积的栽植树木活动，必然会在较大程度上对台基上的土层结构造成影响，并进而影响到表土层下的夯土，给台基本身造成破坏。

　　多年来遗址周边环境变化巨大，台基周围违章建筑不断增加，生活、建筑垃圾堆放也使遗址保护面临重重困难（图版一七〇～一七二）。同时，长时间降水有时还会使台基局部发生坍塌（图版一七三）。

2. 上林苑一号、二号遗址

遗址位于西安市西郊王寺街道办纪阳寨村西南，距阿房宫前殿遗址 1150 米左右。在 1994 年西安市文物局文物处、西安市文物保护考古研究所联合开展的阿房宫遗址勘探中，曾对其进行了大面积勘探，编其为"十号遗址"，介绍其为"三层台式断崖，最上一层为工厂所叠压"，当时残高尚有 10.5 米以上。到 2004 年，阿房宫考古队对该遗址进行了进一步的考古工作，编号为"上林苑一号遗址"。确定其分南、北两个部分，南为宫殿区夯土台基，现代地表之上残存高 7 米，自秦代地面以上存高 9 米。台基已遭破坏（如与 1994 年比较，其高度已有明显下降，且已不见三层台式断崖），当时残存部分的东西最长为 250 米，南北最宽为 45 米，面积约 11250 平方米。北部为园林区，发现水渠等遗迹，但因破坏严重，园林整体范围不详。

上林苑二号遗址位于上林苑一号遗址正南 500 米，位于阿房宫前殿遗址西南 1200 米。1994 年调查时遗址高 4 米，周长 47 米，保存 3 块大型础石。勘探为凸字形，东西 265 米、南北最宽 40 米，面积 6354 平方米，传说为"阿房宫烽火台"遗址。周围为农田。

2005 年，阿房宫考古队对其进行了勘探、发掘。确认遗址分上下 2 层，上层南北 42.1、东西现存 73.5 米。下层比上层南边沿向南延伸 3.3 米，低于台基上层现存顶面 1.6 米，夯土厚 2 米。台基下层比上层北边沿向北延伸 3.3 米。低于台基上层现存顶面 1.6 米，厚 2 米。台基下层南北 48.7、东西现存 73.5 米。台基夯土通厚 3.6 米（上层现存厚 1.6 米，下层厚 2 米），夯层厚 5~7 厘米。在台基上层南沿南 2 米处，发现东西向建筑物倒塌的瓦片带，宽约 3 米。当时向知情者了解，新中国成立初期该建筑保存面积较大，后因群众拉土盖房、垫圈，平整土地等等原因，使得该建筑不断缩小，现残存部分位于台基中部偏南。距台基南沿北 5.5 米，距台基现存东沿西 27 米。遗址位于兴建的绕城高速出口附近，建设对遗址造成较大破坏。

近年来，随着遗址所在地区域经济的发展，各种性质的小厂房、小工厂不断建设，越来越多地叠压于遗址之上，遗址保护形势严峻（图版一七四~一八〇）。

以 2011 年 6 月、10 月对上林苑一号遗址的两次调查，不仅原叠压在建筑台基顶部的厂房已经重建并扩大规模，且遗址北侧农田中新厂房也不断出现，几乎将遗址完全叠压。在植被、雨水等作用下，夯土台基的边缘也在不断坍塌（图版一八一）。2011 年 6 月调查时，上林苑二号遗址旁边的西安绕城高速出口已关闭，遗址上栽植的大量树木、北侧新建建筑迫近台基等均对遗址形成破坏（图版一八二）。

3. 上林苑三号遗址

遗址在西安市未央区后围寨村北、位于阿房宫前殿遗址 3800 米。遗址北侧为西安—咸阳城际公路，南侧为西宝高速。2005 年阿房宫考古队对该遗址进行钻探、试掘。确认遗址为一座高台建筑，遗址分为上部建筑和下部夯土台基两部分，下部台基现存东西 84 米，南北 92 米，台基偏南向西延伸长 59 米，宽 15~20 米。上部建筑仅存于遗址西北，呈不规则形，现存通高 7 米，分顶部、中部和底部建筑三部分。其中底部建筑已呈不规则状，现存东西最大长度 54 米，南北现存最大长度 42 米，建筑物无存。中部建筑已呈不规则状，基址东西现存最大长度 24 米，南北现存最大长度 28 米。上面存有少量廊房建筑遗迹。顶部上面已被取土近 2 米，故顶部建筑物没有留下痕迹，现存基址东西最大长度 19 米，南北最大长度 21 米。

2011 年 6、10、12 月三次对遗址进行调查，了解到该遗址周围现代已拆迁，虽未经进一步建设，但在遗址周围越来越多地堆起了大量的建筑、生活垃圾，对遗址本体形成包围之势（图版一八三～一八八）。

4. 上林苑四号、五号遗址

上林苑四号遗址位于阿房宫前殿遗址东 500 米。五号遗址位于其西北约 530 米。四号遗址 1994 年勘探遗址东西 400、南北 110 米，现存面积 15820 平方米，其中地面保持有一高 14.98、周长 230.4 米的不规则圆形夯土台基。当时遗址位于农田之中，在之前进行的农田建设中遭到较为严重的破坏。2006 年阿房宫考古队对该遗址进行了勘探、试掘。遗址位于新建的生态园之中，得到较好保护。五号遗址发现时位于基坑底部，地面建筑已基本被破坏殆尽。

2011 年 9 月对该遗址开展调查，四号遗址台基部分遗址保存较好，但台基上新建一座二层木质亭楼，对遗址景观造成破坏。四号遗址东侧、北侧建筑区开始进行建设施工，对遗址造成破坏。五号遗址上陆续盖起建筑，现地面也有痕迹可查（图版一八九～一九六）。

5. 上林苑八号遗址

上林苑八号遗址位于西安市西郊三桥镇吕围墙小学院内，位于上林苑三号遗址东北约 760 米。1949 年前台基上曾有"大汉庙"，故该遗址又名好汉庙遗址。后庙宇改为学校，学校在台基南侧的施工对台基造成破坏（图版一九七～二〇一）。20 世纪 50 年代俞伟超先生对遗址进行调查，指出其"实为一夯土台基"。据 20 世纪 50 年代中期实测图，台基周围的平均高程为 385.5 米，当时台基存东西长约 153 米，南北最宽处约 46.8 米，从台基西北角、西南角近乎直角的情况看，西部保存较好，而台基东北、东南角则呈弧形，应有较大破坏。从高程看，台基上西高东低，西侧有用于测绘的测点标高为 396.891 米，向东侧逐渐降低到 388.4 米，之后还存在一个未标高程的东西约 34.1、南北约 19.4 米的高地，然后向东高度很快降低到 385.6 米。总体上，台基高于周围约 11.391 米。此时，台基上除有一个约 239 平方米的曲尺形建筑外，再无其他建筑。

2007 年，阿房宫考古队在寻找确认阿房宫遗址范围的过程中，对该遗址进行了考古勘探，台基北侧为学校院墙，外围为苗圃。

据 2011 年 5 月调查，学校已在台地南侧紧贴台基的位置修建教学楼，并用水泥将台基西侧、北侧原裸露的夯土封护，东侧未封护，夯土上有杂草、灌木。台基上原有建筑已废弃，存残墙、灌木。台基西侧的学校操场已硬化。台基东侧为厂房，北侧原苗圃已成坟地（图版二〇二）。

6. 上林苑十号遗址

上林苑十号遗址位于西安市高桥街道东马坊村东北，地面保留高大的夯土台基。2008 年第三次文物普查时，遗址南侧、西侧均为空地，但到 2011 年秋、2012 年春调查时，台基北侧仍为农田，东侧民居已经增建，南侧新建，西侧正进行建房准备，东、西、南三侧建筑均邻贴夯土台基，对遗址造成严重破坏。台基边缘暴露的瓦砾等堆积，有时有掏挖，对遗址造成破坏（图版二〇三）。

（二）区域考古调查

该项工作从 2011 年 10 月上旬至 12 月上旬开展。

因本区域经过了多次全国和区域性的文物普查，还经过了 1994 年西安市文物局、2002～2007 年阿房宫考古队等多次细致的专题调查，因此总体上对区域内何处可能保存有秦汉夯土台基的情况，在调查前我们已有较清晰了解。但随着区域内工农业的发展，大量农田被建筑占压，地面夯土台基在不断缩小甚至消失，可供调查的可能存在夯土遗存的范围日渐减少，因此本次区域调查的重点，就设定在寻找掩埋在地下的可能存在的夯土等类秦汉遗存。

为此在调查之前，我们经过认真考虑，该次调查的对象，既包括过去调查一直在注意的哪里有秦汉建筑遗存中常见的夯土、瓦砾，同时新增加了在秦汉建筑中常见的础石。之所以增加础石，是因为在之前开展的上林苑遗存现状调查中我们发现，如在阿房宫台基西部，这里有几十米的夯土台基已经在村民建设时破坏，但沿着台基边缘的道路和村民家门口，确散布着不少秦汉建筑中常见的用做础石的有平坦面的砾石。这些石块不是被弃置路边，就是放在村民家门口作为乘凉、聊天时的石座（图版二〇四、二〇五）。因此，我们想到，如果地面台基没有了，但如果有础石分布的话，那么也能说明这里原来曾经存在过一定规模的建筑。因此，就将础石与夯土、瓦砾一起，作为此次调查时重点注意的对象。希望通过对夯土、瓦砾、础石分布情况的调查，大体获得调查区域内地下可能存在秦汉建筑遗存的分布点，为下一步考古勘探和大遗址保护，提供较为确切的针对性考古资料。

本次调查，全程使用 RTK 测量仪，对发现的所有遗存、遗物点进行精密测量，纳入逐步建立的上林苑考古地理信息系统中，进行调查资料的录入和管理。

针对调查区域内工业化、城镇化速度快，大量农田被各种建筑占压的情况，我们设计了不同的调查方式：

1. 对如聚驾庄、阿房宫村、赵家堡村、蔺高村等各种建筑占压严重，已基本上无农田甚至几无裸露地面的村庄，调查时为村庄内、建筑间逐条街道进行走访，问询当地群众在过去生产、生活中哪里发现过夯土、瓦砾，对散置在村庄街道旁的础石，在完整记录础石形状、质地、规格外，重点询问础石来源，尽可能获知础石的原始出土位置。

2. 对窝头寨、黄堆村等离城市较远的村庄，则不仅对村庄内的逐条街道进行前述走访调查，还对村庄周围农田的逐条田埂、田地中挖沙等活动形成沙壕等有剖面的大坑断面进行调查。

3. 对个别已开始整村庄拆迁的，因村内居民已迁移不存，村庄内地面被各种建筑垃圾堆放覆盖，无法全部开展调查，就仅对村内可调查区域进行踏查。

在两个多月的时间内，考古队对前述调查区域的聚驾庄、大古城、小古城、赵家堡、纪阳寨、王寺等 108 个村庄进行了全面调查，发现在和平村、沙疙瘩村等 32 个村庄未发现任何夯土、瓦砾、础石等各类遗存，在贺家村北、岳旗寨南、镐京墓园北、黄堆村等发现 4 处秦汉瓦砾分布点，在西围墙村、闵旗寨等 76 个村庄，发现了大小不等的七百余个础石（疑似），但未发现新的夯土分布点。

调查中，我们一开始设想将砾石根据形制分为A、B两类，其中形制不大规整者称为A类，形制较为规整有较好平面的础石称为B类。A类础石发现393个、B类发现320个，数量略有差异。不过需要说明的是，从调查的实际进展看，当时分为几组同时开展的调查者，在如何确定哪类础石的判断上存在差异，而随着调查的开展，对础石的认识也在加深，存在着在调查早期判断为B类，到晚期很可能认为是A类的情况。也就是说，前述A类、B类编号数量的比较并不能反映实际的情况。在调查开始之前，要求每个调查组除对发现础石进行测量、登记外，还需在所发现的础石上书写编号，因此在调查后期，当认识到原来分类有不明确的情况后，在室内调整修改础石归类的想法就变得困难起来——若调整分类，我们就必须回到散置在大量村庄先修改础石上的编号。我们确实进行了这样的尝试，但很无奈地发现，在近两个月后，一些原调查时还散置的础石，已被挪置得不知所终。在这种情况下，我们只好放弃了调整础石分类的想法（图版二〇六～二一六）。

当然，之所以不再坚持进行础石分类调整，一来是因为从现有的秦汉建筑考古发现的情况看，当时所用础石的形制本就存在很大差异，二来我们在调查不久就已注意到，两类础石的分布存在很大的交叉，绝大多数发现点中两种础石并存，表明二者虽形制有异，但用途应基本没有根本区别。不过，确实在局部地区，如汉昆明池东北一带，B类础石的发现数量明显要比A类多一些，但如前所言，是否能据此判断这里的建筑要略晚一些，还需要今后更多的工作才能确定。

从调查情况看，在上林苑四号向北至上林苑六号遗址之间的1994年调查有大量夯土发现的区域内，2011年无论是瓦砾还是础石的发现均极为罕见。后在调查中村民介绍，这里原来无论是础石还是瓦砾均有很多，但在前几年开展的农村村庄改造和路面硬化的过程中，绝大多数放在路边的础石或被拉走扔掉，或被挖坑埋于路下。

通过调查发现，有夯土的地点，一定有瓦砾、础石；有瓦砾的地点，一定会有础石分布；仅单独发现瓦砾或仅发现础石的地点，当地村民均回忆过去农业生产中确曾发现过夯土。也就是说，发现础石的区域，应有一定规模的秦汉建筑遗存存在。故而，这次调查发现的一系列线索，就为今后开展区域的考古工作提供了重要信息。我们在2012年的上林苑十一号遗址勘探试掘、上林苑十号地址调查，均是在2011年调查发现基础上择点开展（图版二一七～二一九）。

从调查情况看，在城镇化快速发展地区，过去习见的用地表可见夯土、瓦砾调查来发现新遗址方式的功用已逐渐减弱，而在原有调查对象基础上，根据情况新增加如础石等对象来调查发现遗址的方式，应引起足够重视。

二 秦汉上林苑考古地理信息系统建设

根据学科发展和实际工作的需要，在2011年开展考古调查之前，在中国社会科学院考古研究所刘建国先生的指导和大力支持下，阿房宫与上林苑考古队开展了秦汉上林苑考古地理信息系统建设。

1. 建设范围

据文献记载，秦阿房宫以南山之巅为阙，秦汉上林苑北界渭河而南至南山，范围广大。2011年秦汉上林苑考古地理信息系统建设的范围，北至渭河以北，将秦咸阳宫遗址包含在内，以明秦阿房宫与咸阳宫关系，向南直达秦岭，以探寻阿房宫与秦岭之间的呼应关系。东至汉长安城中部，西过沣河。将阿房宫、汉长安城西、西南上林苑建筑密集分布区基本包括在内。

受经费和人力等条件的限制，2011 年上林苑考古地理信息系统的建设，以秦阿房宫遗址所在点的万分之一地图为中心，在东西三幅、南北十一幅万分之一地图图幅所在范围内开展，北过渭河、南至南山、西跨沣河、东过浐河，面积约 875 平方公里（图二五八）。

2. 基础信息收集整理

（1）据相关法律、法规，以万分之一地图为基础，逐步收集区域内现有的不同时期测绘、出版的各种大比例测绘资料，并陆续进行数字化处理。

（2）收集区域内不同时期卫星照片、飞机航片，进行图像处理，与最新实测万分之一地图校正。

（3）收集区域内水文、地质资料，收集区域内历史、考古、历史地理、水利等等相关学科专家的研究成果。

（4）建立三维测绘坐标系统，设置多个永久性测绘基点，统一测绘标准。

3. 文物考古信息整合

在陆续完成前述地形图资料收集的同时，收集相关文物、考古信息：

（1）将《中国文物地图集·陕西分册》所登记的以反映第一、第二次文物普查成果为主的区域内文物、考古信息（明清、近现代文物点除外），根据地图集图、文提供、显示的方位，进行相关资料的空间定点和所有文字记录资料的录入。2011 年，将前述地理信息系统建设范围中的渭河以南地区的所有资料完成整理。2012～2014 年，陆续完成西安、咸阳所辖区县文物地图集资料的定点、录入（图版二二〇）。

（2）将前述考古地理信息系统建设区域中的西安市第三次文物普查资料（明清、近现代文物点除外），根据普查提供的空间信息定点，并进行相关文字信息的录入。2013～2014 年，在收集到相关档案资料后，逐步完成了西安市第一次文物普查资料的定点、录入（图版二二一～二二三）。

（3）系统收集区域内所有已公布的战国、秦汉考古资料，根据发表资料，在定点、录入信息后纳入地理信息系统管理。如将 1994 年阿房宫遗址勘探遗迹分布图在进行数字化后，根据《文博》1995 年 2 期刊布的勘探信息，完成有关勘探资料的空间定位和所有信息录入。并对 2002～2004 年度阿房宫考古队在阿房宫前殿遗址等区域开展工作的地点，尽可能进行测量定点，完成已有资料录入。

4. 相关收获

（1）在收集区域早期地图资料中，在西北大学李健超先生、中国社会科学院考古研究所资料信息中心的大力支持下，我们陆续获得了 1932 年西京筹备委员会所测西安地图万分之一地图全套，在进行必要的校正和数字化处理后，就可以清晰地得到 20 世纪 30 年代早期相关区域遗存分布的基本形态。

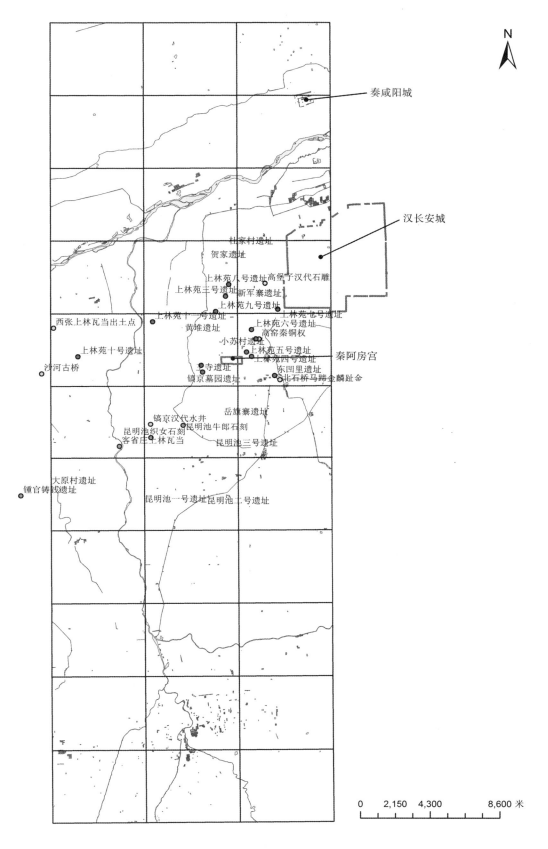

N

秦咸阳城

汉长安城

杜家村遗址
贺家遗址
上林苑八号遗址高堡子汉代石雕
上林苑三号遗址新军寨遗址
上林苑九号遗址
上林苑十一号遗址 上林苑七号遗址
西张上林瓦当出土点 黄堆遗址 上林苑六号遗址
高窑秦铜权
小苏村遗址
上林苑十号遗址 上林苑五号遗址
上林苑四号遗址 秦阿房宫
寺遗址 东凹里遗址
沙河古桥 镐京墓园遗址 北石桥马蹄金麟趾金

岳旗寨遗址
镐京汉代水井
昆明池织女石刻 昆明池牛郎石刻
客省庄上林瓦当
昆明池三号遗址

大原村遗址
锺官铸钱遗址
昆明池一号遗址昆明池二号遗址

0   2,150   4,300   8,600 米

图二五八　2011 年上林苑考古地理信息系统建设范围图

（2）在进行相关区域早期影像资料的收集中，在中国社会科学院考古研究所刘建国先生的支持下，收集到1967年美国卫星对区域拍摄的2.5米高分辨率卫星照片，使我们能比以往更加清晰地了解到区域内相关遗存在大规模工业化及农田建设之前的基本形态。

（3）在收集、整理既有文物、考古信息资料的定点、录入过程中，发现20世纪30年代徐旭生、苏秉琦先生调查阿房宫认知、发现西京筹备委员会测绘《西京胜迹图》，发现20世纪50年代初苏秉琦、吴汝祚先生完成西安区域考古后形成的调查遗址分布图（《考古通讯》1956年2期），发现夏鼐先生调查阿房宫的记载和认识，确定2002~2004年阿房宫考古队在完成阿房宫前殿勘探、发掘后对阿房宫遗址的相关认识，与之前徐旭生、苏秉琦、夏鼐先生在考古踏查后提出的意见完全一致。

（4）在考古地理信息系统初步建立后，2011年及之后各年度开展的所有考古调查、勘探、发掘信息，均在其中进行统一的管理与整合（图版二二四）。

（5）在不断增加既有文物、考古信息后，可据不同需要完成各种层次、不同主题的直观、准确的可视化图像，指导和研究下一步考古工作。本报告中所有的各遗址位置图、不同年代遗迹保存情况图，均是在地理信息系统的支持下完成。

从2011年开始，由于有了地理信息系统的强大支撑，由于有了较为完善早期资料的准确整合，我们在区域内开展的任何一项考古调查、勘探、发掘工作，就以此为基础，事半功倍地快速展开。

当然，对于任何一个区域内的遗存分布点，我们都可以获得如前揭遗址一样清楚的遗址历年变迁细节（图版二二五~二四二）。

《大学》有言：物有本末，事有终始，知其先后，则近道矣。

第十四章 结语

上林苑虽然是秦咸阳、汉长安城附近最重要的园林景观，是当时都城文化的重要组成部分，但由于其园林建筑本身分散性的建筑特点，由于过去各种社会经济条件的限制，在 2002 年阿房宫考古队成立以前，秦汉上林苑的考古工作基本一直处于偶然发现、偶然记录的阶段，曾经存在的不少遗址在平整土地、工农业生产生活过程中或遭破坏或湮没无存，这不能不说是一个很大的遗憾。

虽然 2004～2008 年阿房宫考古队系统开展上林苑遗存考古工作的初衷，是为了寻找阿房宫的四至范围，初始并没有设定与上林苑考古的直接关系，但 2004 年对原认为是阿房宫遗址组成部分上林苑一号遗址的勘探和发掘，特别是在对上林苑一号遗址发掘之后，根据遗存时代、遗址地望将与传统认识的阿房宫分开，正式以"上林苑"序列进行命名的工作，事实揭开了主动开展上林苑考古的序幕。

从 2004 年开始，阿房宫考古队在阿房宫保护区及其周边区域，对诸如上林苑二号遗址、上林苑三号遗址、上林苑四号遗址、上林苑五号遗址、上林苑六号遗址、上林苑八号遗址、上林苑九号遗址等既有线索遗址的勘探、试掘工作，将一个个过去认为与阿房宫遗址有关的遗存，根据考古地层学、遗物学特点，从时代上与文献中有着明确始建、终建时间的阿房宫加以区分，并进而根据遗址位于秦汉上林苑内的地望特点，明确提出它们都是上林苑建筑的结论，日益丰富着秦汉上林苑遗存的考古资料。在工作期间，根据各种线索，对区域内诸如东凹里、王寺、小苏村等遗址开展持续的考古调查和资料采集，使上林苑考古资料日益充实。2011 年起，在阿房宫考古队的基础上，阿房宫与上林苑考古队继续扩大考古调查范围，新发现贺家村、杜家村、岳旗寨、镐京墓园等遗址，并对原有登记但记录不详的上林苑十号遗址、上林苑十一号遗址进行了考古调查或重点勘探，获得了一批与秦汉上林苑有关的新资料。从文献和考古资料出发，我们可对与上林苑相关的几个问题进行一些初步探讨。

一 上林苑的兴建与扩展

从现有资料看，至少战国秦已于渭河以南修建上林苑，而在秦完成统一后，上林苑同样继续存在。如《史记·秦始皇本纪》讲"诸庙及章台、上林皆在渭南"，而著名的阿房宫更建于上林苑中，"乃营作朝宫渭南上林苑中"。如秦二世在赵高指鹿为马后，还曾"入上林斋戒"。因此《三辅黄图》讲"汉上林苑，即秦之旧苑也"[1]。

汉初，上林苑继续存在，但因空地甚多，因此萧何为民请苑地耕种。《史记·萧相国世家》就载"上林中多空地，弃，愿令民得入田"，而刘邦大怒后将萧何下狱，"相国多受贾人财物，乃为请吾苑"！与此同时，秦上林苑中的一些宫观，在汉初陆续于修复后使用，如长乐宫就在修葺后，成为了西汉一代著名的"东宫"，而秦章台宫更可能即是西汉朝宫未央宫的前身。据文献记载，高祖之后的上林苑一直为天子使用。《汉书·张释之传》载汉文帝"登虎圈，问上林尉禽兽簿"。《史记·梁孝王世家》载，梁孝王"入则侍景帝同辇，出则同车游猎，射禽兽上林中"，然当时上林苑中建筑尚少，"其时未有甘泉、建章及上林中诸离宫馆也"（《汉书·冀奉传》），到汉景帝时才"修治上林，杂以离宫，积聚玩好，圈守禽兽"（《汉书·枚乘传》），上林苑的规模、建筑在景帝时得到较快发展。

汉武帝刘彻，年少即位，习好游猎。《汉书·东方朔列传》载建元三年（公元前 138 年），"微行始出，北至池阳，西至黄山，南猎长杨，东游宜春。……微行以夜漏下十刻乃出，常称平阳侯"。但因此时上林苑内的很多地方已有民居耕种，因此少年天子的游猎活动就必然与民众的生产生活出现冲突。其"入山下驰射鹿豕狐兔，手格熊罴，驰骛禾稼稻粳之地。民皆号呼骂詈，相聚会，自言鄠杜令。令往，欲谒平阳侯，诸骑欲击鞭之。令大怒，使吏呵止，猎者数骑见留，乃示以乘舆物，久之乃得去"。不久，汉武帝以游猎"道远劳苦，又为百姓所患"等为由，决定扩建上林苑，"使太中大夫吾丘寿王与待诏能用算者二人，举籍阿城以南，盩厔以东，宜春以西，提封顷亩，及其贾直，欲除以为上林苑，属之南山。又诏中尉、左右内史表属县草田，欲以偿鄠杜之民"。虽经东方朔极力谏阻，但"起上林苑"如故。

二　上林苑的范围与管理

虽然秦代、汉代早期上林苑的范围，因文献失载，目前尚难进行较多讨论，但有关汉武帝上林苑的范围，则记载较多。除上引《汉书·东方朔列传》记载汉武帝修建上林苑时范围是"阿城以南，盩厔以东，宜春以西……属之南山"的四至之外，很多汉人的文献都对此有所涉及。如《汉书·扬雄列传》就载"武帝广开上林，南至宜春、鼎胡、御宿、昆吾，旁南山而西，至长杨、五柞，北绕黄山，濒渭而东，周袤数百里"。而东汉班固《西都赋》还说，上林苑"缭以周墙，四百余里"，张衡《西京赋》则说："上林禁苑，跨谷弥阜。东至鼎湖，邪界细柳。掩长杨而联五柞，绕黄山而款牛首。缭垣绵联，四百余里。"宋敏求《长安志》引《三辅故事》及《关中记》也云"上林延亘四百余里"。《三辅黄图》引《汉宫殿疏》则云上林苑"方三百四十里"，引《汉旧仪》云"上林苑方三百里"[2]。从上述文献看，大体上上林苑应该东至蓝田鼎胡宫、南至南山、西至

---

[1]　陈直：《三辅黄图校证》，陕西人民出版社，1981 年，83 页。

[2]　陈直：《三辅黄图校证》，陕西人民出版社，1981 年，83 页。

周至长阳、五柞宫，向北到黄山宫，之后顺着渭河"濒渭而东"，范围广阔。按陈梦家先生复原，汉一里相当于今天 417.53 米[1]，以上述文献中关于上林苑的最小范围"方三百里"计算，三百里为 125259 米，三百里见方为 1568.98 平方公里；若以文献中上林苑的最大范围"四百里"见方计算，其面积至少应有 2789.3 平方公里。而正因上林苑有着如此广大的范围，司马相如在《上林赋》中才讲上林苑"终始灞浐、出入泾渭。沣镐涝潏，纡馀委蛇，经营乎其内"。也就是说，灞、浐二水自始至终在上林苑中流淌，沣、镐、涝、潏四水迂回曲折，周弦苑中，仅泾、渭二水从苑外入而流出苑内。习称"长安八水"中的六水，被汉人认为都包括在上林苑中[2]。

据文献，上林苑由水衡都尉掌管，下辖庞大的管理机构。《汉书·百官公卿表》：

> 水衡都尉，武帝元鼎二年初置，掌上林苑，有五丞。属官有上林、均输、御羞、禁圃、辑濯、钟官、技巧、六厩、辨铜九官令丞。又衡官、水司空、都水、农仓，又甘泉上林、都水七官长丞皆属焉。上林有八丞十二尉，均输四丞，御羞两丞，都水三丞，禁圃两尉，甘泉上林四丞。成帝建始二年省技巧、六厩官。王莽改水衡都尉曰予虞。初，御羞、上林、衡官及铸钱皆属少府。

水衡都尉"典上林禁苑，共张宫馆，为宗庙取牲，官职亲近，上甚重之"（《汉书·循吏传》）。此外，在少府属官中还有"上林中十池监"，亦与上林苑的管理有直接关系。此外《三辅黄图》还记载："《旧仪》曰：'上林有令有尉，禽兽簿记其名数。'又有上林诏狱，主治苑中禽兽、宫馆之事，属水衡。"[3]

上林苑不仅有垣墙环绕，"缭垣绵联"，而且制度森严，其苑墙上的苑门还有专名。如"上林延寿门"（《汉书·外戚传》），而且"步兵校尉掌上林苑门屯兵"（《汉书·百官公卿表》），管理森严。《汉书·酷吏列传》载减宣"中废为右扶风，坐怒其吏成信，信亡藏上林中，宣使郿令将吏卒，阑入上林中蚕室门攻亭格杀信，射中苑门，宣下吏，为大逆当族，自杀"，减宣仅因射中上林苑门，即被坐"大逆当族"，其管理之严可见一斑。

上林苑不仅不能随意进入，而且也不能随意猎捕苑中动物，即使是一些未曾具体实施的行为，也会得到严厉处罚。如《史记·高祖功臣侯者年表》就载元鼎四年（公元前 113 年）安丘侯"指坐入上林谋盗鹿，国除"。而类似的记载还有很多，如山都侯在元封元年（公元前 110 年）"坐与奴阑入上林苑，国除"。此外，在上林苑中的行动还受到严厉约束，如《汉书·五行志》："章坐走马上林下烽驰逐，免官。"

在现有考古资料中，我们尚未见到即使是短短一段的文献所载"绵联四百余里"的上林苑"缭垣"，也没有发现上林苑的任何一座门址，殊为遗憾。不过，从现有资料看，在长安东南蓝田县已发现了文献所载的上林苑鼎湖延寿宫，在长安西南的周至县也发现多处秦汉宫观建筑，在长安城西北的兴平县更发现了《三辅黄图》引《汉书》言上林苑"北绕黄山，濒渭水而东"的黄山宫。相

---

[1] 陈梦家：《亩制与里制》，《考古》1961 年 1 期。
[2] 张鸿杰：《上林苑与咸阳》，《咸阳师范学院学报》2004 年 6 期。
[3] 陈直：《三辅黄图校证》，陕西人民出版社，1981 年，86 页。

信随着今后考古资料的逐渐增多，上林苑究竟范围多大的问题应该可以一步步确定下来。

需要指出的是，如前所述，本就建设在秦上林苑中的阿房宫，作为汉武帝扩建前的上林苑南界，到扩建后，就自然被包括在了范围广大的汉上林苑中。对汉王朝在阿房宫台基上是否建设上林苑建筑的问题，我们在考古工作中一直没有发现任何线索。不过，如前文在上林苑四号遗址介绍时所引述的夏鼐先生 5 月 22 日日记所载，在阿房宫台基上确曾发现"上林"瓦当，说明汉代应曾利用阿房宫台基，建设了一定规模的上林苑建筑。即，如同汉人在秦兴乐宫基础上营建长乐宫一样，汉人同样在秦阿房宫未建成的巨大夯土台基上营建了汉上林苑的宫观类建筑。亦即，秦阿房宫在秦未建成，但到汉却是一处重要的上林苑中建筑。

三 上林苑的建筑与功能

在广阔的上林苑中，分布着各种宫观池园。《汉书·扬雄传》讲汉武帝"穿昆明象滇河，营建章、凤阙、神明、驳娑、渐台，泰液象海水，周流方丈、瀛洲、蓬莱。游观侈靡，穷妙极丽。虽颇割其三垂以赡齐民，然至羽猎田车戎马器械储偫禁御所营，尚泰奢丽夸诩"。班固《西都赋》也讲上林苑有"离宫别馆三十六所"，《后汉书·班彪传》注引《三辅黄图》则进一步指出，"上林有建章、承光等一十一宫，平乐、茧观等二十五，凡三十六所"。而在今本《三辅黄图》中，还有更多上林苑内宫观池沼的具体名称，如"宫"有昭台宫、储元宫、犬台宫、葡萄宫、宜春宫、扶荔宫、五柞宫、宣曲宫等，"观"有"昆明观，武帝置。又有茧观、平乐观、远望观、燕升观、观象观、便门观、白鹿观、三爵观、阳禄观、阴德观、鼎郊观、樛木观、椒唐观、鱼鸟观、元华观、走马观、柘观、上兰观、郎池观、当路观"[1]，"池"有"初池、麋池、牛首池、蒯池、积草池、东陂池、西陂池、当路池、大台池、郎池"[2]。"上林苑中有六池、市郭、宫殿、鱼台、犬台、兽圈"[3]。当然，这些建筑的修建经过了一个较长时间，如《汉书·地理志》载户县"萯阳宫，秦文王起"，"鄠屋，有长杨宫，有射熊馆，秦昭王起"。

在上林苑中最重要的水域，可能当属昆明池。《汉书·武帝纪》元狩三年（前120年）"发谪吏穿昆明池"。而到元鼎二年（前115年），"是时粤欲与汉用船战逐，乃大修昆明池，列馆环之"（《史记·平准书》）。这样经过两次大规模的建设，昆明池及其周边建筑，就成为上林苑的重要组成部分。《三辅黄图》"《三辅旧事》曰：'昆明池地三百三十二顷，中有戈船各数十，楼船百艘，船上建戈矛，四角悉垂幡旄葆麾，盖照烛涯涘。'图曰：'上林苑有昆明池，周匝四十里。'《庙记》曰：'池中后作豫章大船，可载万人，上起宫室，因欲游戏，养鱼以给诸陵祭祀，余付长安厨。'"[4]

〔1〕 陈直：《三辅黄图校证》，陕西人民出版社，1981 年，85 页。

〔2〕 陈直：《三辅黄图校证》，陕西人民出版社，1981 年，101 页。

〔3〕 陈直：《三辅黄图校证》，陕西人民出版社，1981 年，86 页。

〔4〕 陈直：《三辅黄图校证》，陕西人民出版社，1981 年，93 页。

上林苑除为皇帝的游猎之地外，有时还会承担或拥有一些其他的功能。如藉田，"六月春正月，上耕于上林"（《汉书·昭帝记》）；天文历法，"诏与丞相、御史、大将军、右将军、史各一人杂候上林清台，课诸历疏密，凡十一家"（《汉书·律历志》）；铜钱铸造，"悉禁郡国毋铸钱，专令上林三官铸"（《汉书·食货志》）；官署，"驸马都尉董贤亦起官寺上林中"（《汉书·王嘉传》）；外藩居住，"元寿二年，单于来朝，上以太岁厌胜所在，舍之上林苑蒲陶宫"（《汉书·匈奴传》）"上乃以乌孙主解忧弟子相夫为公主，置官属侍御百余人，舍上林中，学乌孙言"（《汉书·西域传》）；礼制建筑，"成帝末年颇好鬼神，亦以无继嗣故，多上书言祭祀方术者，皆得待诏，祠祭上林苑中长安城旁"（《汉书·郊祀志》）；乐府，"内有掖庭材人，外有上林乐府"（《汉书·礼乐志》）。

本报告所述的相关遗址，由于晚期的破坏和勘探、发掘面积的有限，除少数遗址外，尚未发现能证明其名称、性质的文字材料，其功能自难一一认定。在这些遗址中，上林苑七号遗址为桥梁建筑，它的位置北为建章宫，东北为汉长安城，应是跨越河流、沟通南北的上林苑内交通设施。而上林苑十一号遗址由于大量钱范遗存的集中发现，表明其应为上林苑中专营钱币铸造的上林三官所辖，但究竟是哪个文献中的上林三官，则有待更多考古工作后的逐步确定。

从建筑形式看，上林苑一号、二号、三号、四号、六号、八号、十一号等等遗址，均建设了高大宏伟的夯土台基，在历经两千余年风雨后依然伫立，与秦咸阳宫遗址发掘显示出的，在当时宫殿等高等级建筑中较多采取高台基建筑的形式完全一致，表明它们均应为上林苑内的宫观类建筑。不过，从上林苑三号遗址出土"安台"的陶文看，这些高台基建筑，也完全可以是出现在文献中的众多上林苑内"台"中的一员。如前所述，上林苑一号、二号遗址、王寺遗址共同位于一个宽广的台地之上，早期调查资料、勘探、发掘资料均显示出它们应是一个建筑群的不同组成部分，其可能有一个统一的尚需我们发现、确定的宫观名称。

由于晚期破坏严重，上林苑五号遗址发现的遗存绝大多数为地下管道，地上建筑几乎无存。不过，从其排水管道似乎和上林苑四号遗址管道连接起来的情况看，它们更大的可能是共同组成了一个庞大的宫殿建筑群。

上林苑九号遗址现在已破坏无存，不过从早期调查和影像、测绘资料看，在破坏之前，遗址所在地并不存在如上林苑四号等遗址一样的高大台基，因此上林苑九号遗址所采取的，应大体是秦汉时期与前述高台基并存的低台基类建筑，但其具体的形制、规模，乃至名称等，均已难确定。

四　上林苑的逐渐废弃

汉武帝之后，上林苑的各种建筑继续使用。如前引《汉书·匈奴传》就载元寿二年单于"舍之上林苑蒲陶宫"，而《汉书·外戚传》也载"许美人前在上林涿沐馆，数召入饰室中若舍，一岁再三召，留数月或半岁御幸"。然而随着有关宫观使用频率的逐渐减少，开始出现裁撤宫观之举。如《汉书·元帝纪》载"罢角抵、上林宫馆希御幸者"，《汉书·成帝纪》也载"罢上林宫馆希御幸者二十五所"。到王莽执政时，更为了修建新的建筑，而"坏彻城西苑中建章、承光、包阳、大台、储元宫及平乐、当路、阳禄馆，凡十余所，取其材瓦，以起九庙"（《汉书·王莽传》），将在历次罢废之后残存的上林苑中宫观，再进行一次大规模的"坏彻"。此后，王莽还打破了原有上林苑的限制，在上林苑中修建明堂辟雍、修建太学，进行了一系列大型建筑的营建，如"汉太学在长安西北七里……王莽作宰衡时，建弟子舍万区，起市郭上林苑中"（《三辅黄图》）[1]。

西汉移祚，上林苑自然与长安城一起很快荒废，并很快成为屯兵之地，如冯异久"屯军上林苑中"（《后汉书·冯异传》），而它也很自然地成了战场，"与延岑战于上林"（《后汉书·光武帝纪》）。不过，由于冯异在上林苑中善待百姓，使苑内的人口日增，"出入三岁，上林成都"。这样，上林苑就被逐渐地开垦出来，并日益为权臣瓜分，如马援"以三辅地旷土沃，而所将宾客猥多，乃上书求屯田上林苑中，帝许之"（《后汉书·马援传》）。直至东汉末期，在上林苑的旧地还时有屯兵之举，如"西召前将军董卓屯关中上林苑"（《后汉书·何进传》）。这样，随着上林禁苑的荒废，它就再次恢复到了西汉早期那种百姓耕种其间的状态之中，所以到班固写《西都赋》时，就只能"徒观迹于旧墟，闻之乎故老"，其破败可知。

因上林苑西汉时期在都城附近的巨大影响，西汉之后上林苑就逐渐成为都城的重要文化符号，开始出现在为都的洛阳、南京等地。在长安故地，则大体上仅有如昆明池等少数的上林苑的组成部分，得以继续存在、维护使用。如魏太武帝就曾在太平真君元年（440 年）"发长安人五千浚昆明池"。到唐代，昆明池更得到继续地使用和扩建。《旧唐书·高祖本纪》载高祖李渊"（武德九年，626 年）幸昆明池，习水战"。《括地志》载："贞观中修昆明池，丰、镐二水，皆悉堰入。"《旧唐书·德宗本纪》载："（贞元十三年，797 年）诏京兆尹韩皋修昆明池石炭、贺兰两堰兼湖渠。"《旧唐书·文帝本纪》载："（太和九年，835 年）浚昆明、曲江二池。"在几次浚修后，昆明池成为帝王将相游宴娱乐、文人雅士泛舟题咏和黎民百姓观赏的长安城南风景胜地区。《唐诗纪事》等就记载了不少当时的盛况，如"中宗正月晦日幸昆明池赋诗，群臣应制百余篇"。在流传下来的唐人著作中，歌咏昆明池的作品很多，如杜甫《秋兴八首》（其七）、白居易《昆明春》、温庭筠《昆明池水战词》、贾岛《昆明池泛舟》、李百药《和许侍郎游昆明池》、胡曾《咏史诗·昆明池》、李子卿《昆明池石鲸赋》、王起《汉武帝游昆明池见鱼衔珠赋》、张仲素《游昆明池赋》等等。不过，随着唐王朝的灭亡和政治中心的东移，宋代以后昆明池就逐渐淤塞成田，宋代宋敏求于是在《长安志》中明确写下"昆明池……今为民田"，而上林苑从此也就完全沦为历史的遗迹。

五 上林苑与西郊苑

从文献记载看，秦汉上林苑在不同时期的北界并不相同。在战国秦和统一秦，渭河大体可视为秦上林苑的北界，如阿房宫即修建于上林苑中。而据《汉书·东方朔传》，汉武帝建元三年（公元前 138 年）兴修上林苑的范围也甚为清晰，"举籍阿城以南，盩厔以东，宜春以西……属之南山"，

---

〔1〕 陈直：《三辅黄图校证》，陕西人民出版社，115 页。

其北界"阿城"即为秦始皇在渭南上林苑中所修朝宫"阿房宫"。由于秦阿房宫位置已经阿房宫考古队于 2002～2004 年工作后得以明确,即位于今西安市西郊大古城、小古城、聚驾庄、赵家堡所在的高大台基[1],故汉武帝扩建上林苑的北界,就当在此。也就是说,从阿房宫向北,大体是汉初直到武帝扩建前的上林苑。

《汉书·王莽传》载,到西汉末期,王莽"坏彻城西苑中建章、承光、包阳、大台、储元宫及平乐、当路、阳禄馆,凡十余所,取其材瓦,以起九庙"。而建章宫等宫观地处阿房宫——武帝修上林苑的北界的北侧。《后汉书·班彪传》注引《三辅黄图》指出,"上林有建章、承光等一十一宫,平乐、茧观等二十五",颜师古注《王莽传》也指出"自建章以下至阳禄,皆上林苑中馆"。《长安志》卷四引《关中记》有总叙上林苑宫观一节,"上林苑门十二,中有苑三十六,宫十二,观二十五。建章宫、承光宫、储元宫、包阳宫、尸阳宫、望远宫、犬台宫、宣曲宫、昭台宫、蒲陶宫;茧观、平乐观、博望观、益乐观、便门观、众鹿观、樛木观、三爵观、阳禄观、阳德观、鼎郊观、椒唐观、当路观、则阳观、走马观、虎圈观、上兰观、昆池观、豫章观、郎池观、华光现。以上十二宫二十二观,在上林苑中"。《汉书·王莽传》载王莽"坏彻"的建章宫、承光宫、包阳宫、大台宫(即犬台宫)、储元宫、平乐观、当路观、阳禄观等均是上林苑的重要组成部分。

建章宫建于汉武帝太初二年(公元前 103 年),《汉书·武帝纪》"起建章宫",《史记·封禅书》:"以柏梁灾故,朝受计甘泉……勇之乃曰:'越俗有火灾,复起屋必以大,用胜服之。'于是作建章宫,度为千门万户。前殿度高未央,其东则凤阙,高二十余丈。其西则唐中,数十里虎圈。其北治大池,渐台高二十余丈,名曰泰液池,中有蓬莱、方丈、瀛洲、壶梁,像海中神山龟鱼之属。其南有玉堂、璧门、大鸟之属。乃立神明台、井干楼,度五十余丈,辇道相属焉。"建章宫不仅规模宏大,而且其位置也已基本明确,位于汉长安城西。其中建章宫的前殿遗址,位于现西安市三桥街道高、低堡子村,面积约 45 万平方米[2],地处未央宫前殿遗址西北 2400 米,西南 5000 余米为阿房宫前殿。如前所述,无论在武帝建元三年修上林苑之前还是之后,位于长安城西部的区域,都一直为上林苑,而在修建了建章宫之后,这里也依然位于上林苑之中。

《三辅黄图》卷四中有"西郊苑"之名,谓"汉西郊有苑囿,林麓薮泽连亘,缭以周垣四百余里,离宫别馆三百余所"[3]。《类编长安志》卷三的记载不仅近同,且指出"西郊苑"记载出自《汉书》。从文献看,上林苑周垣的规模如前所述,亦为四百余里,《西都赋》"缭以周墙,四百余里",张衡《西京赋》"缭垣绵联,四百余里"。因此所谓"西郊苑"的周垣规模,就与上林苑相差无几。而在《三辅黄图》《类编长安志》之外的其他文献中,在汉长安城西侧,则除了包含建章宫在内的上林苑外,就再无其他苑囿,因此《三辅黄图》所载的"西郊苑",乃指的是上林苑在汉长安城的西侧部分。推究之所有这样的名称,应来源于前引《汉书·王莽传》中的"城西苑"。也就

---

〔1〕 中国社会科学院考古研究所、西安市文物保护考古所 阿房宫考古工作队:《阿房宫前殿遗址的考古勘探与发掘》,《考古学报》2005 年 2 期。

〔2〕 国家文物局主编,陕西省文物事业管理局编:《中国文物地图集·陕西分册》,西安地图出版社,1998 年,52 页。

〔3〕 陈直:《三辅黄图校证》,陕西人民出版社,1981 年,83 页。

是说，与上林苑相比，"西郊苑"应是后人根据《汉书·王莽传》的记载而提出的一个称谓，并非汉之定名，它所包括的范围，也仅仅是宏伟上林苑的一个不大的组成部分。

在长安城西的阿房宫以北的范围内，是历年发现秦汉上林苑遗存最为集中的地区，阿房宫考古队 2004 年开始的上林苑考古工作，就基本集中于汉长安城西南。其中开展较多考古工作的上林苑三号遗址、上林苑四号遗址、上林苑五号遗址、上林苑六号遗址、上林苑八号遗址、上林苑九号遗址就不仅都位于阿房宫遗址北侧，且很多遗址如上林苑三号、六号、七号、八号、九号遗址更与汉长安城相距不远。从阿房宫与上林苑考古队 2011 年进行的考古调查看，新发现的贺家村遗址、杜家村等遗址也依然位于汉长安城西侧近郊。如前所述，从各遗址的遗迹特点、遗物特征看，它们多始建于战国并延续到汉代，少数为汉代兴建。因此，无论是它们位于秦汉上林苑内的地望，还是其具体的时代，都表明了它们应是秦汉上林苑中的建筑。

六　上林苑遗址的保护

如前所述，随着汉王朝的覆灭，作为天子专享的上林苑很快被废弃，上林苑中的大量宫观、池沼，也自难完卵，成为历史遗迹。无论从文献记载，还是从现有调查、勘探、发掘的资料看，除昆明池外，上林苑内的绝大多数遗存，在西汉之后再未得到维修和使用，慢慢地埋没在了田野荒草之中。

（一）民国时期的遗址保护

对古代遗存，特别是对古代宫观等建筑遗存进行主动的保护，大体是近代以来的新鲜事物。1930 年，《古物保存法》颁布，明确提出要对"与考古学、历史学、古生物学及其他文化有关之一切古物"进行保护。但具体何为古物，要到 1935 年中央古物保管委员会捡送《暂定古物范围及种类草案》中才提出了细致的分类。该草案认为，所谓的"古物"，包括"古物之时代久远者；古物之数量寡少者；古物本身有科学的、历史的或艺术的价值者"。具体而言，我们今天所说的遗址，则归入到其分类中的"建筑类"，"包括城郭、关塞、宫殿、衙署、学校、第宅、园林、寺塔、祠庙、陵墓、桥梁、堤闸及一切遗址等"。

1932 年 1 月 28 日，日军侵略上海。1 月 30 日，国民政府主席林森、行政院长汪兆铭通电"决定移驻洛阳办公"[1]。3 月，国民党中常会决定以洛阳为行都，而"陪都之设定，在历史地理及国家将来需要上，终以长安为宜，请定名为'西京'，并由中央特派专员担任筹备"[2]。随着西京筹

[1] 《国民政府移洛办公宣言》（民国二十一年一月三十日），西安市档案局、西安市档案馆：《筹建西京陪都档案史料选辑》，西北大学出版社，1994 年，2 页。

[2] 《国民党中常会提议以洛阳为行都、以长安为陪都案》（民国二十一年三月），西安市档案局、西安市档案馆：《筹建西京陪都档案史料选辑》，西北大学出版社，1994 年，3 页。

备组织结构的陆续搭建，陪都建设的各项筹备工作日益展开。在西京筹备委员会开展工作前，既有刘姓委员提出"保存陕西古物"[1]，而在《西京筹备委员会工作大纲》所列的二十一项工作内容中，第二十项即为"调查名胜古迹"[2]。

与此相应，在西京筹备委员会的组织机构中，秘书处下设文物组，"主管保护发扬文物古迹文物等文化事业"[3]。其调查"有关于社会文化者，有关于名胜古迹者，或以照相摄取其真迹；或以书面记述其要点，复以专志之足供参考者，则摘录之以备实际之调查……"其工作与秦汉上林苑遗址约略相关者，有以下数则：

1. 民国二十一年六月二十四日，陈光垚随西京筹备委员会委员长张继（溥泉）到西安赴任，"意欲调查陕西最近至一切情形，藉供筹备陪都之参考"，张继嘱其"作一《西京古迹之调查》"，之后其"就余个人数月来先后所抄零文八篇"及其他附录，合成《西京之现状》，其中第二篇即为"西安之名胜古迹"。其分省城内、东门外、南门外、西门外、北门外等5个区域，介绍西安古迹"共六十八项"，其中所记的"阿房宫"[4]，即上林苑四号遗址。

2. 据民国二十二年七月至二十三年二月年度报告，西京筹备委员会开展了"西安附近古迹调查"，完成"系搜集西安、长安、咸宁等各府县志之关于名胜古迹者"的《西京名胜古迹》编辑，"告竣"《西京考》，"是书考究西京文物，内分沿革、形胜、名山、大川、城郭、宫室、苑囿七章"，并"续加陵墓、寺宇、道路、人物、经籍、金石六章，在编辑中"[5]虽两书均未出版，但从阿房宫及周围上林苑遗址夯土台基分布甚密的情况看，其自应有所登录。

3. 据民国二十九年六月完成的西京筹备委员会工作概况，民国二十九年一月至五月，西京筹备委员会"派有访查专员分赴各处调查，颇有发现，并已在各有名古迹处设立标志，以供游览西京者识别。其名称有如下列：隋唐曲江遗址、唐大明宫、苻坚宫城、石渠阁、阿房宫、汉龙台等七十三处"[6]。

如前述，1933年徐旭生先生已在两次调查后明确指出，之前被称为上天台的夯土台基并非过去认识的阿房宫。1935年，西京筹备委员会在完成大量测量工作后出版《西京胜迹图》，其即在古城村东南用虚线绘制一长方形范围，内书"阿房宫"三字。其位置，正是前述《国立北平研究院五周年工作报告》中徐旭生先生所确定的"阿房宫遗址"。而该图也很快流传、收录于当时出版的很多

---

[1]《西京筹备委员会第一次谈话会记录》（民国二十一年三月），西安市档案局、西安市档案馆：《筹建西京陪都档案史料选辑》，西北大学出版社，1994年，151～153页。

[2]《西京筹备委员会第一次谈话会记录》（民国二十一年三月），西安市档案局、西安市档案馆：《筹建西京陪都档案史料选辑》，西北大学出版社，1994年，151～153页。

[3]《修正西京筹备委员会秘书处办事规则》（民国三十二年八月），西安市档案局、西安市档案馆：《筹建西京陪都档案史料选辑》，西北大学出版社，1994年，19～24页。

[4] 陈光垚：《西京之现状》，西京筹备委员会民国二十二年十一月版，56页。

[5]《西京筹备委员会工作报告（民国二十二年七月至二十三年二月）》（节录），西安市档案局、西安市档案馆：《筹建西京陪都档案史料选辑》，西北大学出版社，1994年，163～171页。

[6]《西京筹备委员会工作概况（民国二十九年六月）》，西安市档案局、西安市档案馆：《筹建西京陪都档案史料选辑》，西北大学出版社，1994年，196～209页。

著作之中，徐旭生先生对阿房宫的认识借此而为更多人所知。因此，1940年西京筹备委员会设立标志保护的阿房宫，就当非我们现在所言的上林苑四号遗址的"上天台"所在。由于阿房宫在汉为上林苑内建筑，保护阿房宫，自然也是在保护上林苑中遗存。

从现有资料看，西京筹备委员会的古迹调查和保护有着明确的目的，除"文化关系国本"[1]等大概念外，主要是因为"名胜古迹之保存于表扬，民族谒陵之规定，大之所以振发民族精神，小之所以号召后之来者，而亦所以增益西京历史文化的价值"[2]，认为"文化为民族精神之表现，其兴衰动关国家之兴亡，故特别重于此项工作"[3]。正因如此，西京筹备委员会在相关工作中，就明确提出"凡遇于文物有关之事，不论何物，皆宜注意"[4]。其有如此目的，一方面与国民政府选定西安为陪都的依据直接相关。"至于陪都之设定，在历史地理及国家将来需要上，终以长安为宜"，因此通过调查发扬西京历史地理地位就名正言顺；一方面也与日军侵华，国难日重，急需阐扬文化增加民族凝聚力有关。当然，这也与主事者们的强烈文物意识息息相关。如西京筹备委员会委员长张继"生平极好研究古代文物，对于关中名胜古迹金石等物尤深赞赏"[5]，在主持西京筹备委员会期间"于陪都规模，若清理地籍、营造街衢、保存古迹，修建先圣先贤祠墓，终其任弗绝。复请重修列代陵庙，自黄帝桥陵以迄唐昭陵，咸请政府修缮，以伸民族意识，并请建武功姜嫄庙、后稷教稼台，以昌农事。又发起每年清明致祭黄帝陵，揭万物本天人本祖之大义，以激励民族之正气……"[6]

不过，虽然西京筹备委员会的遗址保护有着前述一系列高尚的目的，并确实开展了一些具体的工作。但由于当时正值日寇入侵，西安经济凋敝，是时开展的保护工作都很有限，而仅仅立牌标志，也要推迟到1940年才开展。严格地讲，除了前述情况外，当时就再也没有什么具体措施进行遗址保护了。

（二）1949年后的遗址保护

1956年4月2日，为配合农业生产建设，做好文物保护工作，国务院颁发了国二文习字第六号"关于在农业生产建设中保护文物的通知"，要求：

必须在全国范围内对历史和革命文物遗迹进行普遍调查工作。各省、自治区、直辖市文化

---

〔1〕《西京筹备委员会工作报告（民国二十四年十一月至二十七年三月）》，西安市档案局、西安市档案馆：《筹建西京陪都档案史料选辑》，西北大学出版社，1994年，183～188页。

〔2〕《西京筹备委员会成立周年报告》（节录），西安市档案局、西安市档案馆：《筹建西京陪都档案史料选辑》，西北大学出版社，1994年，154～163页。

〔3〕《西京筹备委员会工作概况（民国二十九年六月）》，西安市档案局、西安市档案馆：《筹建西京陪都档案史料选辑》，西北大学出版社，1994年，196～209页。

〔4〕《西京筹备委员会各工作事项（民国三十年）》，西安市档案局、西安市档案馆：《筹建西京陪都档案史料选辑》，西北大学出版社，1994年，223～226页。

〔5〕陈光垚：《西京之现状》，西京筹备委员会民国二十二年十一月版。

〔6〕《沧州张溥泉先生事略（节选）》，西安市档案局、西安市档案馆：《筹建西京陪都档案史料选辑》，西北大学出版社，1994年，237页。

局应该首先就已知的重要古文化遗址、古墓葬地区和重要革命遗迹、纪念建筑物、古建筑、碑碣等，在本通知到达后两个月内提出保护单位名单，报省（市）人民委员会批准先行公布，并且通知县、乡做出标志，加以保护。……

使应该保护的文物单位，得到国家法令上的固定，并有了具体的保护办法[1]。

到该年 8 月 6 日，陕西省人民委员会即很快颁发（56）会文字第 007 号"陕西省人民委员会关于加强文物保护工作的通知"，颁布"陕西省第一批文物古迹保护单位名单"（文件又称其为"陕西省名胜古迹第一批重点保护单位"）。在该名单中，第一个为半坡遗址，第二个为阿房宫遗址。与其他遗址表述不同，在该名单中的阿房宫遗址有两个，分别以阿房宫遗址（一）、阿房宫遗址（二）的顺序排列。在该文件中还有所保护单位的情况"说明"，介绍了当时认定的遗址所在和保护范围，其保护的阿房宫遗址（一）为：

北至车掌村，东至滈河岸，南至上天台南 300 公尺，西至车掌村西 200 公尺。

保护的阿房宫遗址（二）为：

北至古城村，东至上天台（巨家庄东），西至吴村，南至上堡子。

这个范围即构成了当时法律规定的"阿房宫"所在。从保护范围看，在这两个范围中，阿房宫遗址（二）为从徐旭生、苏秉琦，再到夏鼐先生所认定的阿房宫遗址，而阿房宫遗址（一）则南自上林苑四号遗址，北至上林苑六号遗址，不仅是在徐旭生先生提出阿房宫意见之前认为的阿房宫遗址所在，而且也是当地表夯土台基最为密集的地区。如前所述，从之后考古调查、勘探与发掘的情况看，这一区域恰恰是秦汉上林苑遗存的集中分布区。因此，1956 年公布的名称虽是"阿房宫遗址"，但实际保护的是秦汉上林苑遗存。

1958 年，西安市文物管理委员会组织开展了西安市在新中国成立后的第一次文物调查。作为全市范围的第一次的文物调查，其指定有详细的调查登记表。调查表内的"遗址时代和文化性质"栏，清晰透露出当时调查者对相关遗址的认识。从目前所能找到的调查资料看，当时在"阿房宫区"中所调查的秦代遗址共有 3 个，均分别以遗址所在村庄的名字来命名。其中第一个为位于巨家庄村（即前述聚驾庄，下同）的"巨家庄遗址"，在"遗址时代和文化性质"栏填写其为"秦阿房宫遗址内"；第二个是位于"阿房宫村南方 300 米"的"阿房宫遗址"，"遗址时代和文化性质"栏填写其为"秦阿房宫上天台"；第三个是位于府东寨村东北 300 米的"府东寨遗址"，"遗址时代和文化性质"栏填写其为"传说秦始皇磁门"。从上述调查对象的描述看，1958 年的这次调查，是 1949 年后第一次开展的秦汉上林苑遗址调查。

1961 年，国务院正式公布第一批全国重点文物保护单位名单，阿房宫遗址即列入期间。虽然此时受保护的"阿房宫遗址"不再区分（一）（二），且无"说明"具体范围，但从管理的程序看，

[1] 《全国各省、自治区、直辖市第一批文物保护单位名单汇编》前言。

此时所指的"阿房宫"自应与前述陕西省第一批省保单位的范围无大差异。

从陕西省第一批文物保护单位名单对（一）（二）两"阿房宫遗址"所在"说明"看，其中"阿房宫遗址（一）"，大体即是民国二十二年徐炳旭、常惠等先生调查并从俗认定的以阿房宫村为中心的"阿房宫遗址"，而"阿房宫遗址（二）"则是《国立北平研究院五周年工作报告》揭示的第二次调查所获的"阿房宫遗址"位置认识。当时陕西省文物保护单位名单中将二者并列的情况，虽没有否定以"上天台"为代表的，以阿房宫村为中心的"通常认为"，但却第一次以政府法令的形式，认可了徐旭生等先生第二次调查认定的阿房宫位置，使其"得到国家法令上的固定"，这在阿房宫研究史上无疑是一个巨大的进步。从此以后，历次公布的阿房宫遗址保护范围，都毫无二致地将前述范围包含在内。当然，陕西省人民委员会在阿房宫遗址上以（一）（二）区别公布所表现出的即尊重传统认识也尊重考古调查成果"信信疑疑"的"传信传疑"做法，无疑是一种慎重而明智的选择，使包括上天台在内的一大批秦汉上林苑建筑，在有了合法身份后被保护下来。

1992年陕西省进一步细化文物保护单位保护范围，规定受保护的"阿房宫遗址"为：

阿房宫遗址，秦代，位于西安市西郊，1963年3月4日公布。

A、始皇上天台：阿房村南周长31米，高约20米；阿房宫前殿遗址：阿房村西南，东起巨家庄赵家堡，西至古城村，面积约26万平方米；磁石门遗址：三桥镇、武警技术学院操场。

B、（一）：北至三桥镇，东至滈河岸，南至上天台，西至车张村西300米；（二）：北至上天台古城村，东至滈河岸，西至王寺村西500米，南至王寺村和平村东凹里。磁石门遗址同A区。

C、同B区。

从1992年公布的"阿房宫遗址"的保护情况看，其A区保护共三个地点，分别是上天台、前殿遗址和磁石门遗址（与1956年的保护范围相比，新增加磁石门即上林苑六号遗址）。从B区看，其范围则基本上延续了1956年的"说明"，仅在具体村名和保护范围上有所调整。从保护情况看，其"B（一）"对应"始皇上天台"上林苑四号遗址，"B（二）"对应"阿房宫前殿遗址"，第一次以政府法令的形式将《国立北平研究院五周年工作报告》揭示的徐旭生先生1933年暑假后调查"阿房宫遗址"的位置进行命名，也是"阿房宫前殿遗址"名称的近乎第一次出现。同样，包括上天台在内的一大批秦汉上林苑建筑，在"阿房宫遗址"名下得到了合法的身份被保护下来（图版二四三）。

1974年1月，位于阿房宫遗址北侧的时为长安县纪阳公社的小苏村附近发现一批铜建筑构件，与铜构件同出的还有秦代绳纹瓦残片等遗物[1]。之后，在日渐兴起的"农业学大寨"组织农民改土平地过程中，在阿房宫村北约200米处，发现并破坏了一处大型的建筑遗址（因该遗址筒瓦内有"北司"2字，故被名为"北司"遗址）。此事经举报后，省、市文管部门及时制止了进一步破坏，国家文物局下令停止遗址内的平地活动，派黄景略先生赴西安观察了解。1975年春，国家文物局就

---

〔1〕 朱捷元、黑光：《陕西长安县小苏村出土的铜建筑构件》，《考古》1975年2期。

以北京大学师生组成的工作队来对其开展考古清理，参加考古工作队的教师有宿白、俞伟超、高明等著名学者，同学有郭姝、荣大为、缪亚娟、郑渤秋、于文荣等。经北京大学历史系、西北大学历史系师生和西安市文管处人员的共同配合，清理确认其为秦代宫殿遗址，压于其上的晚期建筑为汉代建筑。不仅清理出大型的石柱础，还发现了大量带"北司""大匠""宫辰""宫甲"等陶文的建筑材料。之后，北大师生与西安市文管处人员配合，以该遗址为中心调查了秦阿房宫和汉建章宫等遗址，发现有夯土台基的大型建筑遗址 7 处，即蔺高大队第四生产队砖窑场西侧高地、阿房宫村西侧高地、三桥大队第七生产队暖房西侧高地、8342 部队西侧高地、纪阳寨南侧高地以及阿房宫前殿和上天台等，并对相关遗址进行了钻探、测量、记录〔1〕。

1994 年初，陕西省高等级公路管理局在未征得文物管理部门同意的情况下，擅自在阿房宫前殿夯土台基南侧取土筑路，导致约 2000 立方米的夯土台基遭到严重破坏，引起各界人士的广泛关注。中共中央政治局委员、国务委员李铁映同志分别于 8 月、10 月两次亲临被毁现场，对遗址保护及相关问题提出重要意见。为有效保护阿房宫遗址，西安市文物局组织力量于 1994 年 11 月 1 日至 12 月 25 日在保护区约 10 平方公里范围内进行了大范围的文物钻探与调查。作为阿房宫遗址的第一次考古勘探，经 55 天工作，"总钻探面积 3824437 平方米，总孔数 58163 个，共探出夯址 18 处，实测夯址一处，总面积 610407 平方米，其中较完整的 13 处，此外还探出原始路土两处，面积 39400 平方米，五处大面积黄沙沉积区，总面积约 271400 平方米"，取得丰硕成果，"基本上清楚了基址的分布状况及保存现状，掌握了各基址分布地点的布局、形状和大小范围。在'上天台'遗址东南，首次发现大面积湖相沉积"，并"明确了前殿遗址，'上天台'遗址的具体范围。作为阿房宫主体宫殿的前殿基址，经历了千百年来的自然剥蚀和人间沧桑，现仍保留下一巨型夯土台基，其实际面积达 55 万多平方米"，"为研究阿房宫的基本格局以及对后代宫殿建筑设计规划提供了科学依据和实物资料"，而"在长安县纪阳寨以南台地上新发现四处较完整的基址分布点，对扩大遗址分布的认识，重新划定遗址保护区提供了科学依据。特别是采集到的一批残瓦当、带字陶片等，对判定遗址的时代提供了重要线索"〔2〕，包括上林苑一号、二号遗址在内的该区域中大量秦汉上林苑遗址，经这次工作中被发现并获得了初步了解。

本着为国家文物局制定保护秦阿房宫遗址规划提供可靠的科学依据的宗旨，根据国家文物局的批示，2002 年 10 月中国社会科学院考古研究所和西安市文物保护考古所筹建组成阿房宫考古工作队，"从 2002 年 10 月至 2004 年 12 月，在阿房宫前殿遗址勘探面积 35 万平方米（每平方米以梅花点的形式布孔），试掘和发掘面积 3000 平方米，基本搞清了阿房宫前殿遗址的范围及其所属遗迹的分布"。确认阿房宫前殿"东西 1270、南北 426 米，地面以上现存部分高 9 米"，其"夯土台基北部边缘的东、西部的收分自北向南形成三个台面"，而在"夯土台基北部边缘收分的最南部台面内侧有夯筑土墙遗迹，其与收分台面相对应，亦分为中部和东部、西部三部分。中部墙宽 15 米（其

〔1〕 西安市文物管理委员会李家翰：《阿房宫区域内的一个汉代建筑遗址》，《考古与文物》1980 年 1 期。钱玉成：《"文革"期间的西安大遗址（中）》，《中国文物报》2013 年 3 月 15 日。
〔2〕 西安市文物局文物处、西安市文物保护考古所：《秦阿房宫遗址考古调查报告》，《文博》1998 年 1 期。

南边沿每隔16、则向北缩进0.5、缩进部分东西长5.3米），现存高2.3米（包括现地表以上存留部分，而在发掘的探方内北墙现存高仅1.05米）。发掘表明，该墙南侧有大量建筑倒塌堆积。"并了解到"夯土台基西南部边缘结构与南部边缘结构不同，主要是因为前殿遗址位于龙首原向西南延伸的台地上面（台地海拔394.2~401.4米），故整个台基并非全部是人工夯筑而成，而是利用龙首原的自然地势在上面加工夯筑而成。而夯土台基南部下面原为秦代地面，地势较低，故台基南部全部为人工夯筑而成。台基西南部的局部下面原来地势较高，越往北，地势越低，故人工夯筑部分由南向北逐渐增高（台基西南部的局部断崖处生土高出其外侧现存耕土地面1.2米，其上为夯土台基），至北部自秦代地面向上由人工夯筑而成"。对台基南侧的路土勘探、试掘后确定，其"应为夯筑台基过程中自南向北运土踩踏所致"，最终确定"现认的前殿遗址夯土台基就是秦阿房宫前殿遗址之夯土台基"。并通过"考古资料表明，阿房宫前殿遗址没有遭到大火焚烧"，"通过考古工作发现，阿房宫前殿并没有最终建成，只建成了夯土台基及其北墙、东墙和西墙（墙顶部有建筑）"[1]。

在完成前殿遗址的考古工作后，为了进一步"搞清现在地表尚存的几个古代建筑遗址（均有夯土台基）与阿房宫前殿遗址的关系"，"搞清阿房宫前殿周围有无附属建筑"，而"因阿房宫建筑在秦上林苑内，后来这里又是汉代上林苑故地"，故而"还要把阿房宫的建筑从秦、汉上林苑的宫、观建筑中剥离出来"[2]，阿房宫考古队又从2004年11月年开始，对阿房宫遗址保护范围的相关遗址进行了持续的考古勘探与试掘。

如前所述，2004年11月和2005年3~4月，阿房宫考古队对位于阿房宫前殿遗址西面和西南面的在1994年已勘探发现的纪阳寨遗址、烽火台遗址，进行了勘探与试掘，分别编号为上林苑一号、二号建筑遗址。2005~2006年，阿房宫考古队对阿房宫前殿遗址北面、东北面两处建筑遗址进行勘探、试掘，判定它们"与阿房宫的修建没有任何关系"，编号为上林苑三号、五号建筑遗址。并对位于阿房宫前殿东侧500米左右的原一直被认为是"阿房宫上天台"的夯土台基，进行了勘探与试掘，确认其"属于战国秦上林苑的一处建筑"，编号为上林苑四号遗址。2007年，阿房宫考古队对1992年列入"阿房宫遗址"保护范围加以保护的传为"阿房宫磁石门"的遗址进行了勘探试掘，确认其始建于战国，沿用至西汉早期，编号为上林苑六号建筑遗址。此外，阿房宫考古队还对上林苑三号建筑遗址东北2000米处的曝衣阁遗址进行勘探调查。对阿房宫前殿遗址北2300米处"秧歌台"遗址进行勘探试掘，并在前殿遗址北约2100米清理出汉代涵洞式的大型排水管道，在前殿遗址西北大苏村公路两侧调查发现汉代板瓦片和筒瓦片，在前殿遗址北面狮寨发现含汉代瓦片的文化堆积层，在小苏村采集战国瓦片和瓦当，在东凹里村南发现汉代遗址。从各遗址的出土遗物判断，它们均应为秦汉上林苑内建筑，与秦始皇所建而未完成的建设的阿房宫无涉。

―――――――――――――――

〔1〕 中国社会科学院考古研究所、西安市文物保护考古所、阿房宫考古工作队：《阿房宫前殿遗址的考古勘探与发掘》，《考古学报》2005年2期。

〔2〕 中国社会科学院考古研究所、西安市文物保护考古所、阿房宫考古工作队：《阿房宫前殿遗址的考古勘探与发掘》，《考古学报》2005年2期。

这样，经过 2002～2008 年的考古工作，不仅确定了秦阿房宫的所在和范围，而且更第一次"确定了前殿遗址周边的几处遗址均属战国秦上林苑的建筑遗址，纠正了历史上的讹传"[1]。

在阿房宫遗址考古取得阶段性成果后，西安市秦阿房宫遗址保管所委托陕西古建设计研究所开始进行阿房宫遗址保护规划的编制，2007 年完成初稿，2009 年初通过西安市规划委员会论证，之后根据专家意见又做局部修改和补充后，于当年 4 月上报。2012 年 12 月 30 日国家文物局下发文物保函〔2012〕2180 号《关于阿房宫遗址保护总体规划的批复》，"原则同意阿房宫遗址保护规划"并提出具体的修改建议。

2011 年，中国社会科学院考古研究所和西安市文物保护考古研究院在阿房宫考古队基础上，成立阿房宫与上林苑考古队，继续开展阿房宫与秦汉上林苑的考古工作。2012 年，阿房宫与上林苑考古队在 2011 年考古调查的基础上，组织编写了《阿房宫遗址考古工作计划（2013～2017 年）》并逐级上报。2013 年 7 月 31 日国家文物局于下发文物保函〔2013〕1356 号《关于阿房宫遗址考古工作计划（2013～2017 年）的批复》，在"同意考古工作规划"的基础上提出进一步完善的建议。考古队之后在该区域开展的一系列考古工作，及本报告的整理和出版，都与该批复的指导息息相关。

而经国家文物局批复的阿房宫遗址报告规划，在 2013～2015 年初经过了进一步的修改完善后，2015 年 3 月 30 日经陕西省政府第 5 次常务会议审议通过，陕西省人民政府在 4 月 21 日制定、陕西省政府办公厅在 5 月 11 日下发了陕政函〔2015〕63 号《关于批准公布西安城墙等五处全国和省级重点文物保护单位保护规划的通知》，批准公布实施全国重点文物保护单位西安城墙、阿房宫遗址、龙岗寺遗址、乾陵和省级重点文物保护单位马援墓保护规划。通知要求遗址所在的"西安、宝鸡、咸阳、汉中市政府和西咸新区要严格按照《中华人民共和国文物保护法》等法律规定，在省级相关部门的指导下，尽快制定各保护规划的具体实施方案，切实做好历史文化遗产的保护和管理工作"，并着重强调，"各地各部门要坚持文物保护与当地经济社会发展相结合、与当地群众生产生活水平提高相结合、与城乡基本建设相结合、与当地生态环境改善相结合，努力提升文物保护水平，让人们通过文化遗产承载的信息，记得起历史沧桑，看得见岁月流痕，留得住文化根脉"。

至此，在阿房宫遗址的名目下，原不在保护范围中的上林苑一号遗址、上林苑二号遗址、上林苑三号遗址、上林苑八号遗址，就与之前已列入阿房宫遗址保护单位的上林苑四号遗址、上林苑五号遗址、上林苑六号遗址一起，得到了明确的保护等级和保护责任。

在文物部门紧锣密鼓进行遗址保护的同时，自进入新世纪后，在本报告介绍上林苑遗址密布的西安西郊，各项生产、生活活动迅速发展，一座座违建的厂房、民居拔地而起，遗址不断被分割、被包围、被蚕食、被破坏，在经济开发中如何做好秦汉上林苑遗址的保护，任重道远（图版二四三、二四四）。

---

〔1〕 阿房宫考古工作队李毓芳、孙福喜、王自力、张建锋：《近年来阿房宫遗址的考古收获》，《中国文物报》2008 年 1 月 4 日 7 版。

附　录

附表1　上林苑遗址出土建筑材料数量统计表

器物		一号遗址	二号遗址	三号遗址	四号遗址·高台建筑	四号遗址·北侧建筑	四号遗址·东部遗址	四号遗址·周围采集	五号遗址	六号遗址	七号遗址	八号遗址	九号遗址	十号遗址	十一号遗址	东凹里遗址	王寺遗址	小苏村遗址	新军寨遗址	镐京墓园遗址	大元村遗址	贺家村遗址	岳旗寨遗址	杜家村遗址	集贤村遗址	黄堆遗址	合计
砖	铺地砖	41	1	2		10	2		2		6		1	1											6	1	73
砖	拦边砖A型	2	1				1				4																8
砖	拦边砖B型			2																							2
砖	空心砖	8		3		4		2										1									18
砖	条砖	1									1												1				3
砖	子母口砖										4	1															5
板瓦	A型	95	6	3	4	3	2		2	1				1	1							2				1	121
板瓦	B型	42		3		4					9	1		1											1	4	65
板瓦	C型	46		11		15	1		1	58	380	2	2	2	2	2	2			1	1	1	2	1	2	8	540
板瓦	不分型					1																					1
筒瓦	A型	78	6	11	3	7	3		3	34	110		1	5	1		1		1	1	1	1			2	2	271
筒瓦	B型	16		7		1	3		1		180	1	1	1	2						2			1		1	220
筒瓦	C型			1							70			1								1			1	1	75
筒瓦	不分型			1						1																	2
瓦脊											3																3
圆瓦当	云纹A型										8		2														10
圆瓦当	云纹B型	1		1					1		5		5						1								14
圆瓦当	云纹C型																			1						1	2
圆瓦当	云纹D型																1										1
圆瓦当	蘑菇形云纹A型	27	1	1				3	1					1													34
圆瓦当	蘑菇形云纹B型	5	1	1					2	1			1						1								15
圆瓦当	蘑菇形云纹不分型	2																									2
圆瓦当	葵纹A型					1				1					2				1								5
圆瓦当	葵纹B型					1				1																	2

器物			一号遗址	二号遗址	三号遗址	四号遗址 高台建筑	四号遗址 北侧建筑	四号遗址 东部遗址	四号遗址 周围采集	五号遗址	六号遗址	七号遗址	八号遗址	九号遗址	十号遗址	十一号遗址	东凹里遗址	王寺遗址	小苏村遗址	新军寨遗址	镐京墓园遗址	大元村遗址	贺家村遗址	岳旗寨遗址	杜家村遗址	集贤村遗址	黄堆遗址	合计
圆瓦当	涡纹	A型	2											1													1		4
		B型	2						1						1														4
	变形葵纹													1															1
	连云纹		1							1																			2
	勾云纹														1														1
	凤纹瓦当		1																										1
	长生无极											1																1
	与天无极																1											1
	上林圆瓦当											2				1												3
	延年圆瓦当															1												1
	素面圆瓦当		1				17	2	1																			21
	文字瓦当							2																		1		3
	上林半瓦当											1																1
	延年半瓦当											6																6
半瓦当	山形半瓦当				2							1																3
	素面半瓦当				7					1		1	1															10

附表2　上林苑遗址出土遗物数量统计表

器物			一号遗址	三号遗址	四号遗址	七号遗址	十号遗址	十一号遗址	东凹里遗址	新军寨遗址	杜家村遗址	黄堆遗址	总计
陶器	陶罐	A 型				5							5
		B 型				1							1
		C 型				1							1
		不分型									1	1	2
	陶盆	A 型				6							6
		B 型				4							4
	陶瓷									1			1
	陶釜					1							1
	陶甑					4							4
	鬲足					11							11
	陶纺轮					1							1
	陶饼					1							1
	陶球					1							1
	陀螺					1							1
	火眼						1						1
	陶权		1										1
	器盖					1							1
	夹砂红陶片					2							2
	钱范背范	A 型									1		1
		B 型			1			4	1	5		3	14
	范母							1					1
铜器	货币	半两			1								1
		五铢	1	1		55	2						59
	大泉五十钱范					1							1
	铜环					1							1
铁器	铁钉					1							1
	矛					1							1
	剑					1							1
	刀					2							2
	斧	A 型				3							3
		B 型				1							1
	凿					3							3
	钩					1							1

器物			一号遗址	三号遗址	四号遗址	七号遗址	十号遗址	十一号遗址	东凹里遗址	新军寨遗址	杜家村遗址	黄堆遗址	总计
铁器	夯锤					54							54
	砧					2							2
	镢	A 型				1							1
		B 型				1							1
	铧		2										2
	盂		2										2
	器盖					1							1
	饰件					1							1
石器	研磨器					1							1
	石斧					1							1
其他	鹿角					2							2

附表 3　上林苑遗址壁柱登记表

编号	位置	形状	规格（米）	其他
ⅢT1D：1	中部建筑的北部廊房南壁，壁柱		柱洞面阔 0.32、进深 0.22、现存深 1	础石无
ⅢT1D：2	ⅢT1B：1 北侧 2.8 米处，明柱	柱洞圆形	直径 0.34、现存深 0.06	底部为 ⅢT1C：3 础石
ⅣT2D：1	夯墙南端		柱洞面阔 0.16、进深 0.18、现存深 0.16	础石无
ⅣT2D：2	夯墙北段与宫殿遗址交界处	柱洞圆形	直径 0.2、现存深 1、底部草木灰高 0.25	未见础石

附表 4　上林苑遗址础石登记表

编号	位置	形状	石质	规格（米）	备注
ⅠT1C：1	夯土台基南北近中部，壁柱础石		花岗岩质	长 0.4、宽 0.35、厚 0.195	未扰动
ⅡT1C：1	建筑物南侧底部		花岗岩质	长 0.7、宽 0.65、厚 0.25	已扰动
ⅡT1C：2	建筑物东北侧底部		花岗岩质	长 1.4、宽 0.65、厚 0.22	已扰动
ⅡT1C：3	建筑物东北侧底部，ⅡT1C：2 北侧		花岗岩质	长 0.8、宽 0.7、厚 0.2	已扰动
ⅡT1C：4	建筑物南部，自底部向上 1.4 米处		花岗岩质	长 0.7、宽 0.92、厚 0.3	未扰动
ⅢT1C：1	探方南部，壁柱础石		花岗岩质	长 1.2、宽 1.1、厚 0.45	未扰动

编号	位置	形状	石质	规格（米）	备注
ⅢT1C：2	中部建筑西部的廊房内		油母页岩质	长1.2、宽0.97、厚0.32	未扰动
ⅢT1C：3	ⅢT1D：1北侧2.8米处	圆形	花岗岩质	直径1.13、厚0.32	未扰动，上为柱洞ⅢT1D：2
ⅢT1C：4	ⅢT1C：2西北约2米、下面3米处		油母页岩质	长0.68、宽0.59、厚0.3	扰动
ⅢT1C：5	下部夯土台基西北部		花岗岩质	长0.73、宽0.65、厚0.34	扰动
ⅣT1C：1	高台建筑中部南沿		花岗岩质	长0.8、宽0.65、厚0.18	未扰动
ⅩC采1	台基西北约450米	椭圆形	花岗岩质	长径0.32、短径0.19、厚0.05～0.08	扰动

附表5　上林苑遗址出土陶文登记表

编号	释文	图像	文字形式	规格（厘米）
Ⅲ采：4	安台居室	拓片	戳印，阳文	残长6、宽1
ⅣT2③：15	宫□	拓片	戳印，阴文	长2、宽1.1
ⅣT2③：17	寺右	拓片	戳印，阴文	长2.3、宽1
ⅣT2③：18	衣	拓片	戳印，阴文	上边1.5、下边2、宽1.7
ⅣT2③：19	未	拓片	戳印，阴文	长径3、短径2.8
ⅣT2③：20	宫巳	拓片	戳印，阴文	长2、宽1.1
ⅣT2③：21	宫卯	拓片	戳印，阴文	长2、宽1.1
ⅣT2③：22	北司	拓片	戳印，阴文	长3、宽1.7
ⅣT2③：23	北司	拓片	戳印，阴文	残长2.5、宽1.8
ⅣT2③：24	左司	拓片	戳印，阴文	长1.9、宽0.9
ⅣT2③：25	左司	拓片	戳印，阴文	长1.8、宽0.9
ⅣT2③：26	左司	拓片	戳印，阴文	长1.8、宽0.9
ⅣT2③：31	宫辛	拓片	戳印，阴文	长1.9、宽1.1
ⅣT2③：51	右司	拓片	戳印，阴文	长1.8、宽1.1
ⅣT2③：52	寺右	拓片	戳印，阴文	长2.2、宽1.1
ⅣT2③：53	司、□	拓片	戳印，阴文	长1.2、宽0.8
ⅣT4夯土：3	大□五	拓片	戳印，阴文	长3.6、宽1.5
ⅤT1③：13	左	拓片	刻划，阴文	长4、宽3.6
Ⅹ采：23	大匠	拓片	戳印，阴文	长2、宽1.1

编号	形状	直径（厘米）	周长（厘米）	现存高度（厘米）	桩距（厘米）	备注
I：1	圆	50	155	205	8	第一排
I：2	圆	40	130	170	8	第一排
I：3	圆	39	113	174	83	第一排
I：4	多边	42	125	185	38	第一排
I：5	圆	50	147	255	44	第一排
I：6	圆	45	130	135	115	第一排
I：7	多边	37	117	175	32	第一排
I：8	圆	49	157	225	40	第一排
I：9	三角	11×12×13		77	150	第一排
I：10	圆	35	100	120	127	第一排
I：11	圆	30	92	136	0	第一排
I：12	圆	53	136	240	32	第一排
I：13	圆	45	146	260	115	第一排
I：14	圆	38	122	250	32	第一排
I：15	多边	32	96	118	93	第一排
I：16	圆	43	110	137	0	第一排
I：17	圆	53	158	227	0	第一排
I：18	圆	28	82	93	126	第一排
I：19	多边	39	115	160	34	第一排
I：20	圆	50	141	223	39	第一排
I：21	圆	36	108	55	32	第一排
I：22	多边	39	120	158	24	第一排
I：23	圆	52	156	220	35	第一排
I：24	多边	37	112	140	38	第一排
I：25	圆	32	122	80	90	第一排
I：26	圆	52	162	250	36	第一排
I：27	圆	28	82	70	115	第一排
I：28	十边	42	121	125	72	第一排
I：29	十二边	45	123	114	82	第一排
I：30	圆	50	149	250	18	第一排
I：31	多边	36	106	100	45	第一排
I：32	圆	48	137	237	87	第一排
I：33	十二边	38	123	102	38	第一排
I：34	多边	42	116	73	8	第一排

编号	形状	直径（厘米）	周长（厘米）	现存高度（厘米）	桩距（厘米）	备注
Ⅰ：35	多边	40	122	95	40	第一排
Ⅰ：36	圆	17	65	8	0	第一排
Ⅰ：37	圆	49	148	227	90	第一排
Ⅰ：38	多边	32	80	64	405	第一排
Ⅱ：1	多边	25	70	140		第二排
Ⅱ：2	多边	28	74	433（横倒）	83	第二排
Ⅱ：3	圆	43	128	148	146	第二排
Ⅱ：4	多边	45	143	190	31	第二排
Ⅱ：5	圆	42	135	116	58	第二排
Ⅱ：6	圆	27	95	60	10	第二排
Ⅱ：7	圆	44	150	195	50	第二排
Ⅱ：8	圆	50	150	205	20	第二排
Ⅱ：9	圆	40	111	183	18	第二排
Ⅱ：10	圆	55	122	133	42	第二排
Ⅱ：11	圆	28	83	103	15	第二排
Ⅱ：12	圆	50	146	240	58	第二排
Ⅱ：13	圆	19	60	147	68	第二排
Ⅱ：14	圆	38	126	150	40	第二排
Ⅱ：15	六边	46	126	214	15	第二排
Ⅱ：16	多边	49	137	213	13	第二排
Ⅱ：17	多边	16	52.5	105	152	第二排
Ⅱ：18	多边	40	120	195	114	第二排
Ⅱ：19	圆	28	95	110	0	第二排
Ⅱ：20	十边	40	120	155	0	第二排
Ⅱ：21	圆	50	148	230	0	第二排
Ⅱ：22	多边	38	120	105	123	第二排
Ⅱ：23	多边	38	108	103	8	第二排
Ⅱ：24	圆	24	73	180	10	第二排
Ⅱ：25	多边	23	47	115	20	第二排
Ⅱ：26	多边	24.5	77	146	23	第二排
Ⅱ：27	多边	36	111.5	105	33.5	第二排
Ⅱ：28	圆	44.5	132	230	12	第二排
Ⅱ：29	多边	33	98.5	120	36	第二排
Ⅱ：30	多边	23	77.5	55.5	50	第二排

编号	形状	直径（厘米）	周长（厘米）	现存高度（厘米）	桩距（厘米）	备注
II：31	圆	16	46	76	35	第二排
II：32	十二边	35	144	190	20.5	第二排
II：33	圆	44	133	182	27	第二排
II：34	七边	38	108	138	50	第二排
II：35	圆	38	114	70	73	第二排
II：36	圆	30	85	68	47	第二排
II：37	多边	36	108	62	38	第二排
II：38	多边	43	126	100	67	第二排
II：39	圆	50	142	213	58	第二排
II：40	多边	40	120	110	45	第二排
II：41	多边	35	94	68	28	第二排
II：42	十一边	40	119	200	30	第二排
II：43	圆	50	140	190	23	第二排
II：44	圆	43	128	110	10	第二排
II：45	五边	23	74	52	76	第二排
II：46	圆	42	120	127	45	第二排
II：47	圆	45	142	255	17	第二排
II：48	圆	38	115	172	54	第二排
II：49	圆	47	143	238	58	第二排
II：50	三角	20×21×20	61	62	142	第二排
II：51	多边	39	112	78	120	第二排
II：52	多边	37	112	32	6	第二排
II：53	多边	30	82	43	20	第二排
II：54	圆	37	135	230	70	第二排
II：55	圆	35	110	207	20	第二排
II：56	圆	30	90	30	26	第二排
II：57	圆	35	100	174	65	第二排
III：1	三角	20×24×25	70	100	134	第三排
III：2	多边	40	118	157	17	第三排
III：3	十二边	40	124	140	55	第三排
III：4	圆	45	140	198	115	第三排
III：5	十一边	44	130	125	40	第三排
III：6	圆	17	55	185	90	第三排
III：7	八边	36	113	152	4	第三排

秦汉上林苑（上册）

编号	形状	直径（厘米）	周长（厘米）	现存高度（厘米）	桩距（厘米）	备注
Ⅲ：8	圆	28	83	74	38	第三排
Ⅲ：9	圆	52	166	200	86	第三排
Ⅲ：10	十三边	37	116	107	6	第三排
Ⅲ：11	圆	35	100	29	30	第三排
Ⅲ：12	多边	50	145	210	15	第三排
Ⅲ：13	多边	40	125	117	155	第三排
Ⅲ：14	三角	16×17×14	47	23	110	第三排
Ⅲ：15	多边	13	87	63	42	第三排
Ⅲ：16	多边	38	116	54	24	第三排
Ⅲ：17	圆	50	158	215	15	第三排
Ⅲ：18	圆	37	125	207	36	第三排
Ⅲ：19	多边	35	110	142	8	第三排
Ⅲ：20	十一边	40	118	176	107	第三排
Ⅲ：21	三边	30	90	170	70	第三排
Ⅲ：22	圆	30	90	53	103	第三排
Ⅲ：23	多边	39	120	90	114	第三排
Ⅲ：24	三角	30×33×22	85	86	93	第三排
Ⅲ：25	多边	31	105	115	92	第三排
Ⅲ：26	圆	42	116	175	92	第三排
Ⅲ：27	多边	42	120	168	44	第三排
Ⅲ：28	多边	45	130	215	14	第三排
Ⅲ：29	多边	31	101	155	35	第三排
Ⅲ：30	三角	31×34×30	95	177	173	第三排
Ⅲ：31	圆	23	69	145	46	第三排
Ⅲ：32	多边	14	42	24	0	第三排
Ⅲ：33	圆	35	105	370（横倒）	53	第三排
Ⅲ：34	圆	20	70	170	30	第三排
Ⅲ：35	多边	42	130	185	18	第三排
Ⅲ：36	多边	35	101	135	68	第三排
Ⅲ：37	多边	36	110	134	52	第三排
Ⅲ：38	圆	23	50	78	18	第三排
Ⅲ：39	三角	20×18×18	56	120	103	第三排
Ⅳ：1	圆	18	62	28		第四排
Ⅳ：2	圆	44	120	134	100	第四排

编号	形状	直径（厘米）	周长（厘米）	现存高度（厘米）	桩距（厘米）	备注
IV：3	多边	46	130	48	18	第四排
IV：4	圆	20	75	80	53	第四排
IV：5	圆	26	78	66	67	第四排
IV：6	十二边	44	120	129	18	第四排
IV：7	圆	16	55	118	32	第四排
IV：8	十二边	43	133	124	11	第四排
IV：9	圆	28	96	125	107	第四排
IV：10	八边	40	120	124	7	第四排
IV：11	多边	30	86	40	14	第四排
IV：12	多边	50	137	196	43	第四排
IV：13	圆（横木）	20	54	176	63	第四排
IV：14	十边	38	111	46	105	第四排
IV：15	十一边	42	116	107	6	第四排
IV：16	圆	48	130	195	16	第四排
IV：17	圆（横木）	20	57	227	87	第四排
IV：18	圆	27	80	95	23	第四排
IV：19	圆	18	46	82	16	第四排
IV：20	圆	17	50	100	16	第四排
IV：21	圆	30	94	125	20	第四排
IV：22	圆	47	135	210	18	第四排
V：1	三角	21×16×13	60	113		第五排
V：2	圆	50	157	150	245	第五排
V：3	圆	38	102	62	140	第五排
V：4	圆	19	59	30	63	第五排

附表7　上林苑七号遗址二号古桥木桩数据表

编号	形状	尺寸（厘米）	备注
I：1	圆	直径25	圆形桩洞内有木桩残块
I：2	圆	直径25	不规则圆形桩洞内有木桩残块
I：3	圆	直径32	桩洞内有木桩残块
I：4	三角	斜边20、短边12	木桩底部残存三角棱形
II：1	圆	直径26	残存的木桩底部边有削痕，高度不详
II：2	圆	直径30	圆形桩洞仅存木屑
II：3	圆	直径25	圆形桩洞内有木桩残块
II：4	圆	直径35	桩洞内有木桩残块

秦汉上林苑（上册）

编号	形状	尺寸（厘米）	备注
Ⅱ：5	圆	直径 35	残存木桩底部、边有削痕
Ⅱ：6	圆	直径 30	圆形桩洞内有木桩残块
Ⅲ：1	圆	直径 35	桩洞内残存木桩底部，呈三角棱形，斜边 20、短边 8 厘米
Ⅲ：2	圆	直径 36	圆形桩洞内残存木桩底部，呈三角棱形，斜边 21、短边 15 厘米
Ⅲ：3	圆	直径 30	不太规则的圆形桩洞内存有木桩底部，残存的底部木桩四周有削痕
Ⅲ：4	圆	直径 40	不太规则的圆形桩洞内存有木桩，残存木桩四周有明显削痕
Ⅲ：5	圆	直径 37	桩洞呈不太规则的圆形有略似多边形，内存底部的木桩其周边有明显削痕
Ⅲ：6	圆	直径 35	仅余不规则的圆形桩洞，木桩已朽
Ⅲ：7	圆	直径 30	仅余圆形桩洞，不见木桩
Ⅲ：8	三角	斜边 20、短边 17	仅存木桩底部的三角形桩洞
Ⅲ：9	扁圆	直径 30	仅余桩洞
Ⅳ：1	三角	边长 30	残存的三角形木桩底部，最尖锐的一边其方向朝北
Ⅳ：2	圆	直径 20	圆形桩洞内有三角棱形木桩底部，当为楔进河床的最尖端部分，断面呈三角形，边长 10 厘米
Ⅳ：3	圆	直径 29	圆形桩洞内残有木桩
Ⅳ：4	圆	直径 25	圆形桩洞内有木桩残块
Ⅳ：5	三角	直径 36	残存三角形的木桩底部，最尖锐的一边朝东
Ⅳ：6	圆	直径 30	圆形桩洞内残存木桩残屑
Ⅳ：7	圆	直径 35	仅余不规则圆形桩洞
Ⅴ：1	长方	长 25、宽 20	长方形桩洞内有残三角形木桩，边长 15 厘米
Ⅴ：2	正方	边长 38	桩洞内残存的木桩断面呈八角形，应是圆形木桩近底部时先削成了八个面（至尖端时再削为三个面）。八角形的木桩近似圆形，直径 26，残存的木桩高度 130 厘米
Ⅴ：3	圆	直径 15	仅余圆形桩洞，不见木桩
Ⅴ：4	方	边长 22	近似方形的桩洞内残存有圆形木桩，周边有削痕，木桩直径 15 厘米